特大型碳酸盐岩气藏高效开发丛书

数字化气田建设

刘晓天　汪云福　罗　涛　雍　锐　等编著

石油工业出版社

内 容 提 要

本书以中国石油西南油气田数字化气田建设为例,从数字化气田的概念与发展,到数字化气田的规划设计,再到数字化相关的基础设施保障、技术支撑条件、数据采集与治理方法入手,详细阐述了气田管理所涉及的勘探、开发、工程技术、生产管理、输送与存储、销售与经营以及科研协同支撑等业务领域的信息系统建设与业务应用成效。本书通过图文并茂的方式、通俗易懂的语言,全面阐述了数字化气田建设思路、建设方法、应用效果、经验总结及气田信息化相关知识。

本书可供从事数字化气田设计、建设和管理的工程技术人员阅读,也可供高等教院相关专业师生参考阅读。

图书在版编目(CIP)数据

数字化气田建设 / 刘晓天等编著. — 北京:石油工业出版社,2021.5

(特大型碳酸盐岩气藏高效开发丛书)

ISBN 978-7-5183-4477-2

Ⅰ.①数… Ⅱ.①刘… Ⅲ.①数字技术-应用-碳酸盐岩油气藏-油田开发-研究 Ⅳ.①TE344-39

中国版本图书馆 CIP 数据核字(2020)第 267271 号

出版发行:石油工业出版社

(北京安定门外安华里 2 区 1 号楼　100011)

网　　址:www.petropub.com

编辑部:(010)64249707　图书营销中心:(010)64523633

经　销:全国新华书店

印　刷:北京中石油彩色印刷有限责任公司

2021 年 5 月第 1 版　2021 年 5 月第 1 次印刷

787×1092 毫米　开本:1/16　印张:21.75

字数:500 千字

定价:170.00 元

(如出现印装质量问题,我社图书营销中心负责调换)

版权所有,翻印必究

《特大型碳酸盐岩气藏高效开发丛书》
编　委　会

主　　任：马新华

副 主 任：谢　军　徐春春

委　　员：(按姓氏笔画排序)

马辉运　向启贵　刘晓天　杨长城　杨　雨

杨洪志　李　勇　李　熙　肖富森　何春蕾

汪云福　陈　刚　罗　涛　郑有成　胡　勇

段言志　姜子昂　党录瑞　郭贵安　桑　宇

彭　先　雍　锐　熊　钢

《数字化气田建设》
编 写 组

组　　长：刘晓天
副 组 长：汪云福　罗　涛　雍　锐
成　　员：何东溯　肖逸军　郭奎良　林钟灵　王永波
　　　　　朱　斌　张建平　汪福勇　孙　韵　肖　宏
　　　　　樊锦鹭　张华义　陈柯宇　游　杰　付　新
　　　　　粟　鹏　任静思　陈　果　张　苏　王　琳
　　　　　贺定长　屈　彦　冉丰华　兰云霞　王　佳
　　　　　唐志洁　冯黎明

序

全球常规天然气可采储量接近50%分布于碳酸盐岩地层,高产气藏中碳酸盐岩气藏占比较高,因此针对这类气藏的研究历来为天然气开采行业的热点。碳酸盐岩气藏非均质性显著,不同气藏开发效果差异大的问题突出。如何在复杂地质条件下保障碳酸盐岩气藏高效开发,是国内外广泛关注的问题,也是长期探索的方向。

特大型气藏高效开发对我国实现大力发展天然气的战略目标,保障清洁能源供给,促进社会经济发展和生态文明建设,具有重要意义。深层海相碳酸盐岩天然气勘探开发属近年国内天然气工业的攻关重点,"十二五"期间取得历史性突破,在四川盆地中部勘探发现了高石梯—磨溪震旦系灯影组特大型碳酸盐岩气藏,以及磨溪寒武系龙王庙组特大型碳酸盐岩气藏,两者现已探明天然气地质储量9450亿立方米。中国石油精心组织开展大规模科技攻关和现场试验,以磨溪寒武系龙王庙组气藏为代表,创造了特大型碳酸盐岩气藏快速评价、快速建产、整体高产的安全清洁高效开发新纪录,探明后仅用三年即建成年产百亿立方米级大气田,这是近年来我国天然气高效开发的标志性进展之一,对天然气工业发展有较高参考借鉴价值。

磨溪寒武系龙王庙组气藏是迄今国内唯一的特大型超压碳酸盐岩气藏,历经5亿年地质演化,具有低孔隙度、基质低渗透、优质储层主要受小尺度缝洞发育程度控制的特殊性。该气藏中含硫化氢,地面位于人口较稠密、农业化程度高的地区,这种情况下对高产含硫气田开发的安全环保要求更高。由于上述特殊性,磨溪寒武系龙王庙组气藏高效开发面临前所未有的挑战,创新驱动是最终成功的主因。如今回顾该气藏高效开发的技术内幕,能给众多复杂气藏开发疑难问题的解决带来启迪。

本丛书包括《特大型碳酸盐岩气藏高效开发概论》《安岳气田龙王庙组气藏特征与高效开发模式》《安岳气田龙王庙组气藏地面工程集成技术》《安岳气田龙王庙组气藏钻完井技术》和《数字化气田建设》5部专著,系统总结了磨溪龙王庙组特大型碳酸盐岩气藏高效开发的先进技术和成功经验。希望这套丛书的出版能对全国气田开发工作者以及高等院校相关专业的师生有所帮助,促进我国天然气开发水平的提高。

中国工程院院士

前　言

  自 1998 年出现"数字地球"概念开始,数字化油气田的理论研究与实践经历了近 20 年的发展,国内外许多国际石油公司和能源服务公司不断地结合各自油气田勘探开发生产经验,开展了卓有成效的尝试。

  在国外,国际石油公司初期采用传感器遥测、无线传输、实时数据采集、远程控制等信息与自动化技术,让油气田管理者更直观地了解地下生产动态,更准确地预测油气藏未来动态变化,从而更有效地管理油气生产业务。近年来逐步成熟起来的随钻录井和随钻测井技术、地质导向钻井技术、智能井况分析技术、油藏生产优化技术等,堪称数字油气田技术应用的典范,在科学制定与及时调整生产制度、降低油气生产成本、提高油气田管理效率和工作效率等方面起着不可低估的作用。近几年来,在云计算、大数据、人工智能、机器学习等智能化应用等领域的探索和实践,正在打破行业的传统思维,油气行业新业态不断出现并逐渐形成。

  在国内,数字油气田的研究与探索,早期更多专注于采用先进成熟的信息技术,规范油气田数据的采集与管理、有效支持业务数据查询与专业应用。中国石油通过"十一五""十二五""十三五"信息规划以及 A1/A2/A5/A7/A11/ERP 等项目的建设与推广,中国石化 ERP 系统建设、虚拟现实系统 Petro One,中国海油基于 SAP 的 ERP 系统建设等都是数字油气田技术应用的典型案例。近年来,在国家"信息化与工业化融合"战略指引下,随着信息化从集中建设向集成应用步伐的加快,越来越多的油气田数字化成功建设并正在逐步迈向智能化的探索和实践。

  "十二五"以来,西南油气田以国家"两化融合"为契机,把握信息技术发展大趋势,布局业务领域前沿信息技术应用,全面启动数字化气田建设。西南油气田信息化工作以服务油气勘探开发生产为主线,遵循"业务主导,部门协调,技术支撑、上下联动"的工作机制,着力加强信息化与勘探、评价、开发、工程技术、生产运行、科学研究和经营管理等重点业务的深度融合,场站数字化系统、SCADA 系统全面建成,数据管理与服务系统以及大量专业应用系统不断上线运行,中国石油统建系统的深化应用持续推进,各系统安全稳定高效运行,应用成效显著。数字化气田的建设成果有力地促进了西南油气田业务流程的优化、生产组织的转型升级和创效能力的提升,凸显了信息化支持公司"创新、资源、市场和低成本"战略目标的重要作用,有力地保障了公司主营业务的稳健发展。

  本书以数字化气田建设技术为核心,以西南油气田"十二五"以来的数字化气田建设实践为背景,以业务应用成效为例,详细描述了从数字化气田的概念与发展历程,到数字化气田的规划设计,再到相关的基础设施、技术支撑平台、数据采集与治理、各专业(或业务领域)的支撑系统建设方案等,最后总结了数字化气田建设的业务应用成效。全书共分十五章,第一章,从数字化气田的由来出发,引申到数字化气田的概念、内涵及其主要技术特征,进而通过数字化气田现状和发展趋势分析,明确数字化气田建设与实践的主要方向、重点和思路;第二章,根据西南油气田业务发展战略要求,明确数字化气田总体设计的必要性,确定总体目标、指导方针与建设原则,阐述整个数字化气田的顶层设计,规划数字化气田建设的实施路线;第三章,围绕数字化气田建设与应用的需求,按照通信与信息网络、站场自控与物联网、数据(云计算)中心等几部分,阐述了各类基础设施建设的支撑作用和技术方案;第四章,介绍了支撑数字化气田建设和应用的主要基础技术平台,如数据整合与应用集成平台、地理信息服务平台、移动应用平台等;第五章,介绍了网络安全防护体系建设与部署;第六章,描述了数字化气田相关各类数据的采集及管理的规范、机制、技术手段和实施效果;从第七章到第十四章,分别阐述了西南油气田在天然气勘探、开发、工程技术、管道与储气库、生产运行、生产经营、安全生产与应急、科研协同等业务领域中如何建设相应的支撑系统及其取得的业务应用成效;第十五章,从业务管理、科学研究、经营管理、管理决策和安全应急等五个业务层级,分析和总结数字化气田建设与应用的成效。

本书突出展示了西南油气田数字化气田建设中的思想创新、方法创新、经验总结以及实际工作成效。在本书的编写过程中,得到了王兆年、赵胜、赖文华、王艳辉、李超、易铭、周聪、张琥、黎勇、高伟、张凯旋、金铭等同志的大力支持,在此表示衷心的感谢!感谢昆仑数智科技有限责任公司、北京睿呈时代信息科技有限公司等信息化服务单位的大力支持!

受知识水平所限,书中疏漏和错误在所难免,恳请各位专家、同行和广大读者不吝指正。

目　　录

第一章　概述	(1)
第一节　数字化气田的由来与特征	(1)
第二节　数字化气田的现状与发展趋势	(2)
参考文献	(4)
第二章　数字化气田总体设计	(5)
第一节　数字化气田建设目标	(5)
第二节　数字化气田建设指导方针	(7)
第三节　数字化气田建设原则	(7)
第四节　数字化气田顶层设计	(9)
第五节　数字化气田实施策略与路线	(13)
参考文献	(15)
第三章　基础设施建设	(16)
第一节　通信与信息网络建设	(16)
第二节　自动控制系统与物联网建设	(28)
第三节　云计算中心建设	(51)
参考文献	(56)
第四章　技术支撑平台建设	(57)
第一节　数据整合与应用服务平台建设	(57)
第二节　地理信息服务共享平台建设	(63)
第三节　移动应用服务平台建设	(73)
参考文献	(77)
第五章　网络安全防护体系建设	(78)
第一节　网络安全体系建设目标	(78)
第二节　网络安全技术	(79)
第三节　网络安全部署	(80)
参考文献	(84)
第六章　数据采集与数据治理	(85)
第一节　数据的标准与规范	(86)
第二节　勘探开发成果数据采集与管理	(87)
第三节　井筒工程作业数据采集与管理	(93)
第四节　油气生产实时数据采集与管理	(95)

  第五节 生产运行业务数据采集与管理 …………………………………………（101）
  第六节 地面建设现场数据采集与管理 …………………………………………（107）
  第七节 数据治理 ……………………………………………………………………（118）
  参考文献 ……………………………………………………………………………………（126）

第七章 勘探业务应用 ……………………………………………………………………（127）
  第一节 勘探生产管理 ………………………………………………………………（127）
  第二节 物探工程生产运行管理 ……………………………………………………（150）
  参考文献 ……………………………………………………………………………………（160）

第八章 开发业务应用 ……………………………………………………………………（161）
  第一节 开发生产业务管理 …………………………………………………………（161）
  第二节 作业区数字化管理 …………………………………………………………（177）
  参考文献 ……………………………………………………………………………………（190）

第九章 工程技术业务管理应用 ………………………………………………………（191）
  第一节 工程技术与监督管理 ………………………………………………………（191）
  第二节 井筒完整性管理 ……………………………………………………………（202）
  参考文献 ……………………………………………………………………………………（209）

第十章 管道与储气库业务管理应用 …………………………………………………（210）
  第一节 管道运行管理 ………………………………………………………………（210）
  第二节 管道完整性管理 ……………………………………………………………（217）
  第三节 储气库数字化管理 …………………………………………………………（224）
  参考文献 ……………………………………………………………………………………（229）

第十一章 生产运行业务管理应用 ……………………………………………………（230）
  第一节 生产运行管理 ………………………………………………………………（230）
  第二节 生产动态管理与决策支持 ……………………………………………………（238）
  第三节 设备精细化管理 ……………………………………………………………（249）

第十二章 生产经营业务管理应用 ……………………………………………………（254）
  第一节 天然气开发项目全生命周期管理 ……………………………………………（254）
  第二节 财务共享与控制管理 ………………………………………………………（261）
  第三节 物资供应链管理 ……………………………………………………………（268）
  第四节 油气生产设备全生命周期管理 …………………………………………（274）
  第五节 资产全生命周期管理 ………………………………………………………（281）
  第六节 天然气销售精细化管理 ……………………………………………………（287）

第十三章 安全生产与应急管理应用 …………………………………………………（293）
  第一节 安全生产与应急管理需求 …………………………………………………（293）
  第二节 安全生产管理业务功能 ……………………………………………………（294）
  第三节 应急管理业务功能 …………………………………………………………（298）
  第四节 应用成效 ……………………………………………………………………（304）

参考文献 ……………………………………………………………………………（305）
第十四章　科研协同环境应用 ………………………………………………………（306）
　第一节　科研协同环境建设需求 ……………………………………………………（306）
　第二节　科研协同环境解决方案 ……………………………………………………（309）
　第三节　科研协同环境应用成效 ……………………………………………………（323）
　参考文献 ……………………………………………………………………………（327）
第十五章　数字化气田应用成效 ……………………………………………………（328）
　第一节　业务管理转型升级 …………………………………………………………（328）
　第二节　科研工作高效协同 …………………………………………………………（330）
　第三节　企业经营优化提升 …………………………………………………………（331）
　第四节　管理决策快速精准 …………………………………………………………（332）
　第五节　安全生产智能可控 …………………………………………………………（333）
　参考文献 ……………………………………………………………………………（334）

第一章 概述

在物联网、大数据、互联网+、人工智能、机器自学习等新技术快速发展的时代背景下,对油气田进行数字化建设和管理,是油气采掘企业在变革中实现可持续发展的一项艰巨工程,涉及技术、管理、业务流程再造、生产组织方式优化等一系列创新,并以先进的管理方式和可行的建设模式,深化油气田生产模式的变革,提高油气田生产经营管理水平。自从有了数字油气田建设理念,掀起了油气行业管理创新的巨大浪潮,经过十多年的建设和完善,目前数字油气田建设在国内已经相当成熟。本章通过讲述数字化气田的由来与特征,以及国内外数字化油气田的建设情况和发展趋势,明确了数字化气田的定义和建设内容,作为西南油气田开展数字化气田设计和建设的重要依据。

第一节 数字化气田的由来与特征

1998年初,美国副总统戈尔在加利福尼亚科学中心举行的开放地理信息协会(OGC)年会上第一次提出"数字地球"的概念,并描绘了其蓝图。随后在一些国家、地区或行业内出现了数字城市、数字海洋、数字油田、数字生活等概念或设想。在1999年大庆油气田在国内明确提出"数字油田"概念的同时[1],许多国际石油公司、能源服务公司和国内各油气田企业,也纷纷投入到数字油气田的研究和实践中。数字油气田迅速成为21世纪石油行业和相关业界的热门话题。

随着数字气田理论研究的持续深入,不同的国际学术团体、石油公司对数字气田概念的理解和提法形成不同的流派或分支,但就其实质而言,数字气田的内涵和实质,仍然可以从"数字地球"引申定义中得到很清晰的理解和把握,数字气田应当被视为一个数字性、空间性和集成性三者融合的系统,它汇集了气田基础地理信息和各类专业数据信息,并按照这些信息的空间属性进行组织与管理,最后通过高度集成的信息管理技术和应用软件技术进行有机的融合与形象展示,从而服务于气田相关业务工作。在国内外气田信息化建设实践中,数字气田逐渐成为一种主流的信息化发展模式和建设方向。

数字气田是实体油田业务与数据的有机结合体,强调数据采集与整合、应用集成和跨专业部门应用共享。数字气田,以信息技术(IT)为手段、以气田实体为对象、以空间和时间为组织形式,通过海量数据共享和异构数据融合技术(DT),实现气田整体、多维、全面、一致的数字化表征和展现。数字气田是一个集空间化、数字化、网络化、可视化和智能化特征于一体的多学科综合性系统。数字气田是油气田企业由传统经营管理,向科学、智能、智慧转型发展的时代产物,是油气田企业转变生产组织方式,不断提效率、降成本、增效益,保持可持续竞争优势的必然选择。数字气田是现代油气工业技术与先进信息技术深度融合的产物,是实体气田的虚拟表示,能够汇集气田的自然和人文信息并与之互动,能对气田勘探、评价、开发、生产等阶段的过程和资产价值实现全空间、连续的、实时或准实时的全生命周期管理,进而优化生产管理流程,提高资产净现值(Net Present Value,NPV)[2]。

当前,国内外油气企业已陆续在油气勘探、油气开采、工程技术、油气生产、采油气工艺、地面工程、油气储运、炼化销售、资产管理、财务管理等领域建立了各自的业务管理系统。与此同时,数据库与网络在石油工业中得到广泛应用,积累的数据资产越来越多,油气企业各领域、各专业的数据已被当作一种企业资产进行管理,在对数据进行有效管理的基础上,基本实现了各专业之间的数据共享。随着物联网在油气行业的全面应用,采集了海量的业务数据、实时数据,越来越多应用集成、数据整合和信息展示技术(SOA、BPM、DSB、GIS、BI等)在油气田企业内部得到了广泛应用,使得油气企业数字化管理程度突飞猛进,这也极大地促进了企业工作效率提升、经营效益提升和安全生产管控能力提升,同时也促进了管理和生产方式变革。

数字化气田是由数字油田定义引申而来的,数字化气田是天然气采掘企业信息化与工业化融合的产物,其特征是以气田核心业务的数字化为基础,将实体气田业务与数据有机结合,将抽象的生产活动及管理对象进行直观的数字化体现,强调数据采集与整合、应用集成和跨业务部门应用共享,并利用数据来管理和运营气田。

具体来讲,数字化气田的本质是将油气资源的发现与开发工作进行数字化管理,对气田生产过程和经济活动进行动态决策和快速控制,是以信息集成、数据共享和工作协同作为主要特征的综合管理系统。数字化气田的主要特征包括:

(1)完善的基础设施,包括通信网络、实时数据采集与监控、云计算资源建设、网络安全防护体系等;

(2)统一的IT技术支撑平台,具备数据整合(SOA、DSB、ETL)能力,具备统一提供GIS应用、专业图形、移动应用、流程管理等服务的能力(SOA、ESB、BPM);

(3)全面数据采集与管理,包括勘探生产、开发生产、工程建设、集输净化、管道储气、经营管理等业务成果数据、实时数据的采集与入库,各类业务数据标准的建立;

(4)协同的业务应用平台,包括勘探生产、开发生产、工程建设、集输净化、管道储气、经营管理等业务信息化全覆盖,各业务领域关键流程全信息化流转,各类专业数据全面共享利用,基础工作标准化管理。

第二节　数字化气田的现状与发展趋势

数字化气田的理论研究与应用实践经历了十多年的发展,国内外许多石油公司和能源服务公司也在不断地结合信息技术发展和各自油气田勘探开发生产建设项目,开展着卓有成效的尝试。

理论上数字油气田发展阶段划分有多种标准,但大同小异地都在试图梳理数字油气田发展的脉络和未来趋势。通常说来,数字油气田大致经历了前数字化(模拟计算)阶段、数字化初级阶段、数字化成熟阶段、智能化阶段、智慧化阶段等五个阶段,如图 1-1 所示。目前国内外的数字油气田建设,整体处于数字化成熟阶段向智能化阶段过渡的时期。数字化成熟阶段的标志性成果,是各专业领域内的业务应用信息系统已经建设完成并成为油气公司不可或缺的业务支撑手段,其支撑领域包括油气勘探、钻完井、试油、油气生产、采油气工艺、地面工程、油气储运、炼化(净化)、销售、资产管理、财务管理等。在当前这个发展时期,随着SOA、GIS、移动应用、三维可视化等IT技术的应用,信息化的工作重点已由单个系统建设向多专业数据整合、多系统集成应用迈进,有力地推动了油气公司业务协同、效率提升。

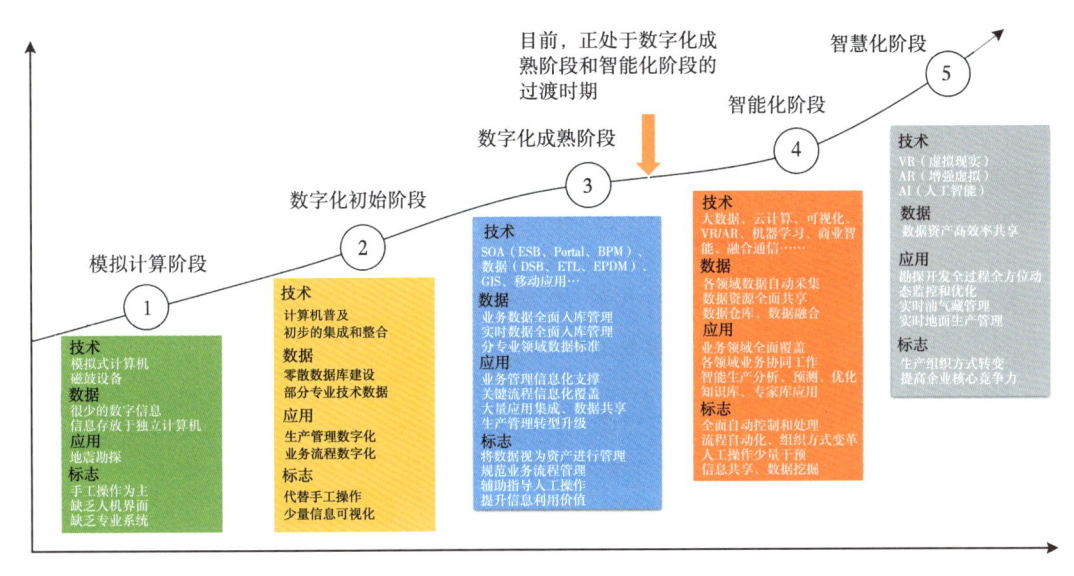

图1-1 数字化油气田发展阶段

在数字化建设阶段,国外石油公司数字油气田建设侧重于采用传感器遥测、无线传输、实时数据采集、远程控制等信息与自动化技术,让油气田管理者更直观地了解地下、地上生产作业动态,更准确预测油气藏未来动态变化或工程作业工艺状况,从而更有效地管理其油气生产和工程作业业务。近年来逐步成熟起来的主要应用有:雪佛龙公司(i-Field)的集中决策、维修计划可视化、油藏管理、单井监控、井网异常监控等;埃克森美孚公司(Digital oilfield)的钻井数据中心、可视化协作中心、油藏模型仿真、智能传感器、移动应用等;英国石油公司(e-Field)的远程监控和诊断、油藏监控、仿真系统、实时油藏管理;壳牌石油公司(Smart Field)的智能井技术、油藏优化分析技术等;挪威石油公司(Integrated Operations)的地下油田实时监控、智能开关井决策、钻井及生产平台、全球支持中心和运营中心等;沙特阿美公司(i-Field)的智能完井、自动化建模和分析、一体化运营集成环境等。这些案例都堪称数字油气田技术应用的典范,在提高油气田业务工作效率、增加油气储量与产量、降低油气生产成本等方面起着不可低估的作用。

在国内,数字气田的研究与探索,更多的是专注于采用先进成熟的信息技术,规范气田数据采集与管理,有效支持业务数据查询与专业应用。中国石油在"十一五""十二五"期间,编制了信息技术总体规划,启动了中国石油勘探与生产技术数据管理系统(A1)、油气水井生产数据管理系统(A2)、企业资源计划管理系统(ERP)等一大批系统的统一建设和统一推广应用;在"十三五"信息技术总体规划中,明确提出要在勘探开发领域开展一批数字化、智能化油气田建设,物联网系统平台进一步拓展实施,云计算平台全面应用,共享服务、大数据分析、人工智能、机器学习和数据仓库应用逐步深入,着力打造"共享中国石油"蓝图。同时,大庆油田提出了建设数字油田、智能油田、智慧油田"三步走"的信息化战略;长庆油田开展了"三端五系统"的数字化油气田建设;新疆油田在已经建成的数字油田基础上开始迈向智慧油田建设;塔里木油田建立了集数据采集、管理、资源、应用"四位一体"的专业数据库与油气田综合主库数据管理应用体系,并正在推动"共享塔里木"的建设[3]。

智能化阶段,是在全面实现数字化的基础上,实现更高应用目标的阶段。对于油气行业,智能化建设是最大化地充分利用最为先进且成熟的理论、技术、方法和手段,以智能辨识、全面感知、自动控制、协同研究、智能分析、实时优化、精准决策等应用为突破方向,其主要实现目标为:(1)通过物联网、工业互联网、移动互联、泛在高速等基础设施建设,实现勘探开发生产状态全面动态感知;(2)通过边缘计算、云计算等技术,实现勘探开发生产状态实时智能分析,辅助人工决策;(3)通过大数据、人工智能技术,实现系统快速自主决策;(4)根据自主决策+人工辅助,实现勘探开发生产自动化的及时部署、全局联动、精准执行;(5)通过机器自学习功能,实现持续的全局动态优化,具备自我修复、自我提升、自我成长能力。

参 考 文 献

[1] 田锋,王权.数字油田研究与建设的现状和发展趋势[J].油气田地面工程,2004(11):52-53.
[2] 李剑峰.数字油田面面观[J].数字化工,2004(9):17-18.
[3] 高志亮,付国民.数字油田在中国[M].北京:科学出版社,2017.

第二章 数字化气田总体设计

西南油气田通过多年的信息化建设,特别是"十二五"以来,认真贯彻信息化与工业化"两化融合"战略部署,紧紧围绕西南油气田战略目标和主营业务发展需求,不断完善"业务主导、部门协调、技术支撑、上下联动"的工作机制,全力推进数字化油气田建设,在"云、网、端"基础设施配套、数据资源共享服务、专业系统集成应用、业务管理转型升级等方面取得了长足进展。基本建成"云、网、端"基础设施系统,初步形成了信息化条件下的生产组织新模式;建成了公司级数据管理平台,为勘探开发、经营管理提供了定制化数据服务;专业系统集成应用成效显著,开启了自动化生产、数字化办公、智能化管理的新模式;建立完善了高效运转的管理体系,提升了信息化建设和管理水平。但就总体建设成效与数字化气田建设目标的要求,还有不小的差距。为加快数字化气田建设,西南油气田认真落实集团公司稳健发展总体要求,贯彻两化融合工作方针,围绕建成 $300 \times 10^8 m^3$ 战略大气区目标,以服务勘探开发生产为主线,满足勘探生产、开发生产、生产运行、科研、经营管理等业务领域对信息化的需求,启动了数字化气田总体规划设计、总体部署并全面展开建设实施工作。

第一节 数字化气田建设目标

西南油气田以《中国石油信息化建设"十二五"发展规划》和《西南油气田"十二五"通信与信息化发展规划》为指导,以勘探、开发、生产和应急为重点,启动了西南油气田"数字化气田"建设总体规划。

西南油气田数字化气田建设总体目标是:

持续构建全面集成的数字化气田、持续支撑核心竞争力打造。紧密围绕勘探开发生产核心业务,以应用整合、集成创新为手段,通过信息系统的全业务覆盖、全过程支撑,全面建成国内一流数字化气田,实现生产运行安全受控、项目研究协同共享、决策分析智能量化、生产经营联动运作,基本形成生产管理、经营管理的辅助决策支撑能力,促进生产经营方式转变,推动劳动组织优化,提高生产管理、科学研究和经营管理的质量、效率和效益,持续提升公司管理水平和效益,全面支撑西南油气田 $300 \times 10^8 m^3$ 战略大气区建设。

西南油气田数字化气田建设预期成效有:

(1)在勘探生产管理方面:依托中国石油统建的 A1 系统,通过集成自建的物探、录井、测井、工程技术等专业数据库和储量等研究成果,建立完善统一的勘探生产管理平台,实现对物探、钻井、录井、测井、试油等生产作业现场数据的动态采集、实时传输和综合应用,实现对地震、探井、储量、矿权等勘探业务全过程、流程化的跟踪管理,为物探部署、目标论证、工程实施、复杂处置、成果发现提供有力支撑。

(2)在开发生产管理方面:通过油气生产物联网完善建设,全面实现生产现场数据的实时采集。深度融合开发基础工作管理要求,建成作业区数字化管理平台,在生产一线实现"岗位标准化、属地规范化、管理数字化"的"三化"目标。通过开发生产管理平台建设，优化公司、气矿两级管理部门业务流程，集成应用专业分析软件，实现油气开发业务"计划、方案、部署、实施"和"气藏、井筒、地面"的一体化管理，在主力气田全面实现"自动化生产、数字化办公、智能化管理"。

（3）在生产运行管理方面：在公司 SCADA 生产监控系统为基本保障手段的基础上，建设以 SOA 技术基础平台、GIS 公共服务平台为基础，集成应用勘探开发实时动态数据和生产作业现场视频，呈现主营业务实时数据的全局视图，实现对公司实现对产、运、销、储全产业链的动态监控、异常分析预警和一体化协同响应，全面提升调度指挥、输配优化和应急抢险等生产运行业务的数字化管理水平。

（4）科研协同方面：依托总部"勘探开发一体化协同研究及应用平台（A6）"项目，建立统一的数据库环境，搭建科研协同平台。以勘探开发一体化研究业务流程为主线，整合数据资源，集成专业软件和研究成果，建立"云环境"下的网络化、跨平台、多专业的一体化研究环境，全面实现研究协同和成果共享，有效提升研究工作效率、降低研发成本，建立勘探开发研究工作新模式，推动决策管理由传统决策向基于知识管理的决策变革。

通过数字化气田建设，生产与经营管理方面将形成两个闭环的流程（图 2-1），实现生产、管理、科研、经营、决策的完整结合。科研部门根据生产情况制定勘探开发方案，提交领导决策，领导根据科研与生产情况做出勘探、开发、生产决策，向生产管理部门下发执行方案，生产管理部门进行生产管理，科研部门进行动态跟踪研究，及时提出调整方案建议，报管理和决策层审批；经营管理部门根据生产情况制定经营方案，提交领导进行经营管理决策，生产管理部门根据经营管理决策指导生产管理，经营管理部门动态跟踪生产情况，及时提出经营管理调整建议，供管理和决策层决策。

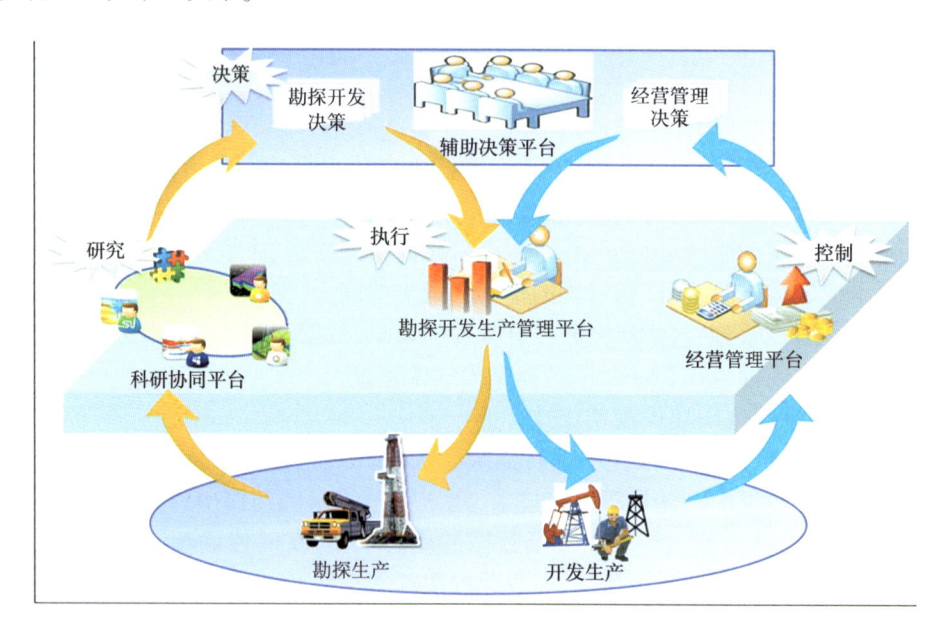

图 2-1 西南油气田数字化气田建设预期效果

第二节　数字化气田建设指导方针

按照西南油气田"持续构建全面集成的数字化气田、强力支撑核心竞争力打造"的信息化总体目标,围绕西南油气田"创新、资源、市场、低成本"的发展战略,制定了数字化气田建设与实施"战略主导、业务驱动、智能高效、协同共享、持续改进"的指导方针,通过两化融合管理体系全面贯彻实施来引领数字化气田建设。

一、战略主导

数字化气田建设目标应以企业战略发展为主导,并为企业战略的实现和持续改进提供可管控的手段;企业战略目标、战略重点应充分考虑信息化条件下企业可持续竞争优势的保持,确保数字化气田建设工作与企业战略的一致性。

二、业务驱动

实施业务驱动发展战略,对企业提高经济增长的质量和效益、加快转变发展方式具有现实意义。以"两化"融合引领公司全面创新,以数字化气田建设应用促进"两化"深度融合,全面提升公司核心竞争力。

三、智能高效

充分发挥现代信息技术在生产要素配置中的优化集成作用,促进信息化与生产建设、经营管理的深度融合,革命性的转变生产组织方式,不断提效率、降成本、增效益,确保实现创新发展、智能发展和绿色发展。

四、协同共享

数字化气田建设需要以开阔的视野、开放的思维建立协同开放共享机制,促进跨企业多领域的业务协同和融合,激活各类主体内在发展动力。

五、持续改进

数字化气田建设要通过持续评测,调整战略、识别与企业战略匹配的可持续竞争优势、打造信息化环境下的新型能力,持续提升公司总体效能效益,实现战略落地和持续改进。

第三节　数字化气田建设原则

西南油气田数字化气田建设,以中国石油总部建设"共享中国石油"的总体部署为指导,坚持与行业趋势紧密结合、与业务发展战略紧密结合,在规划设计中坚持战略性、权威性、整体性和指导性原则,在实施建设过程中遵循六统一、业务驱动、适用性、先进性等原则。

一、规划设计原则

(一)战略性原则

(1)坚持分析研究行业成功案例和发展趋势,将行业最佳实践融入数字化气田建设中来,确保数字化气田建设具有一定的前瞻性;

(2)检查与企业业务发展战略融合、制定与企业业务战略相匹配的技术应用架构,全面支持企业业务战略的发展;

(3)坚持与业务管理和科学研究的流程相融合,充分体现利用信息化技术支撑企业主营业务运行、发展和转型的思路。

(二)权威性原则

在一定时期内,要确保数字化气田的技术选型、项目部署、实施策略等方面的内容具有权威性[1]。

(1)技术选型方面,需要综合各种因素,尽可能利用当前和今后一段时期内最成熟的IT技术工具;

(2)项目设置方面,要确保规划的项目能够按时完成,以便集中力量解决关键问题;

(3)实施策略方面,企业要从资金、人员等方面确保数字化气田建设与实施资源充足。

(三)整体性原则

(1)业务领域全面支撑,不能只支持一部分业务的发展;

(2)数字化建设全面应用,不能只关注网络通信、物联网系统或某几个专业系统;

(3)规划项目全面实施,数字化气田实施要有序开展,相互配合、相互依托,才能发挥"1+1>2"的作用;

(4)信息系统全面集成,专业系统之间要进行有效集成和信息共享,最大限度实现各系统建设成果复用。

(四)指导性原则

数字化气田顶层设计是数字化气田建设的基础,是数字化气田建设的重要依据,因此,数字化气田顶层设计应从各专业领域业务需求、信息化建设技术方案、规划项目的实施方案及投资、进度、范围、风险等方面给予框架性意见和建议,以指导每个项目进行具体实施。

二、建设实施原则

(一)六统一原则

坚持"统一规划、统一标准、统一设计、统一投资、统一建设、统一管理"的六统一原则,制定支持业务发展、可落地实施的信息技术总体规划,坚持按规划建设集中统一信息系统平台,从源头上解决低水平重复问题,杜绝新的信息孤岛产生,实现信息化由分散建设向集成应用建设的阶段性跨越。

(1)坚持统一规划。紧密结合西南油气田的发展战略,统一制定支持业务、逻辑清晰、任务明确、切实可行的信息技术总体规划,形成企业数字化经营的总体解决方案,作为信息化建设的总纲,确保数字化气田建设沿着科学发展的轨道持续推进。

(2)坚持统一标准。建立和推行西南油气田范围内统一的数据标准、应用系统架构标准和信息技术基础设施标准,最大限度地消除异构性,降低信息系统运行维护的复杂性,以尽可能低的成本保障信息系统的高可用性。

(3)坚持统一设计。从全局整体的高度,理清业务和技术的关系,进行系统架构设计。在项目立项阶段,统一组织项目可行性研究,以保持与信息技术总体规划的一致性。在项目实施阶段,统一组织方案设计,形成全局统一的业务模型、数据架构、技术架构和应用架构,保障西南油气田信息系统建设遵循统一的业务流程、数据标准。

(4)坚持统一投资。统一的投资,既支持统一建设、集中运维,又节约软硬件投入和运行维护成本。

(5)坚持统一建设。由西南油气田信息管理部门统一组建项目实施团队,在各二级单位统一组织建设实施,确保在公司范围内建成集中统一的信息系统。

(6)坚持统一管理。在决策层面,建立"信息化工作领导小组+主管领导"的决策体制,负责审批信息技术总体规划和年度工作计划,确定信息化发展方向,部署和督导重点工作,协调解决重大问题;在执行层面,健全和完善以中国石油总部、地区公司和油气矿(采油厂)三级信息部门为主体的组织管理体系,建立一整套自上而下统一的信息化工作管理制度,实现统一、规范管理。

(二)业务驱动原则

以推动业务管理创新为抓手,以强化专业管理为驱动,以全面满足业务需求为最终目标,支撑业务协同、高效运转。

(三)适用性原则

数字化气田规划既要遵循中国石油信息化建设总体要求,又要满足西南油气田自身业务应用实际需求。

(四)先进性原则

数字化气田建设既要保持技术上的先进性,又要具有良好的扩展潜力,能适应未来应用的发展和技术的升级,同时采用成熟、稳定、完善的产品和技术,满足当前应用需求。

第四节 数字化气田顶层设计

一、总体架构设计

西南油气田通过参考国内外石油企业数字油气田建设最佳实践与国内外先进企业信息化技术架构[2],结合最新信息技术发展趋势,采用面向服务、协同工作、平台化设计的理念,提出了构建以 SOA 架构为核心的数字化气田统一技术架构。面向服务的架构(Service-Oriented Architecture,SOA)是一种面向服务的体系架构。SOA 架构能充分利用已有的资源和成果,将复杂的应用和数据发布在统一的技术平台上,实现企业在用信息系统的有效集成和业务构建,降低企业信息化总体拥有成本,提升信息系统使用效率和应用效果。

结合西南油气田信息化建设现状和业务需求,通过对技术发展趋势和最佳实践的分析,形成了西南油气田"数字化气田"建设总体架构设计。该设计涵盖信息基础设施、数据采集与管理、数据集成应用服务、业务应用四个层次,如图2-2所示。

勘探业务平台	开发业务平台	生产运行平台	科研支持平台	经营管理平台	综合办公平台
■ 规划计划管理 ■ 勘探动态管理 ■ 前期项目管理 ■ 井位部署管理 ■ 矿权管理 ■ 储量管理 ■ 钻井工程技术监督 ■ 试油工程技术监督 ■ ……	■ 规划计划管理 ■ 产能建设管理 ■ 油气藏工程管理 ■ 采油气工程管理 ■ 油气集输及净化 ■ 井筒完整性管理 ■ 基建工程管理 ■ ……	■ 油气生产调度管理 ■ 钻井运行管理 ■ 土地管理 ■ 通信电力管理 ■ 应急物资管理 ■ 天然气管道管理 ■ 生产受控管理 ■ ……	■ 勘探开发协同研究环境 ■ 天然气研究支持 ■ 地面工程设计支持 ■ 采气工程研究支持 ■ 安全环保研究支持 ■ 天然气经济研究支持 ■ 重点实验室管理 ■ ……	■ 项目管理 ■ 财务管理 ■ 物资管理 ■ 设备管理 ■ 销售管理 ■ 人力资源管理 ■ 概预算管理 ■ ……	■ 公文管理 ■ HSE管理 ■ 应急管理 ■ 档案管理 ■ 监察管理 ■ 审计管理 ■ 内控管理 ■ ……

数据集成应用服务平台

| 主数据管理 | 专业数据集成 | 数据发布 | GIS应用服务 | 专业图形服务 | 移动应用服务 |

数据采集与管理平台

| 勘探开发工程
作业数据采集 | 勘探开发成果
数据采集 | 油气生产
数据采集 | 地面建设现场
数据采集 | 经营管理
数据采集 |

信息基础设施

| 物联网设备
(传感器、RTU、视频与监控……) | 网络通信设施
(网络、安全防护及附属设备) | 数据中心机房
(服务器、存储、数据库) |

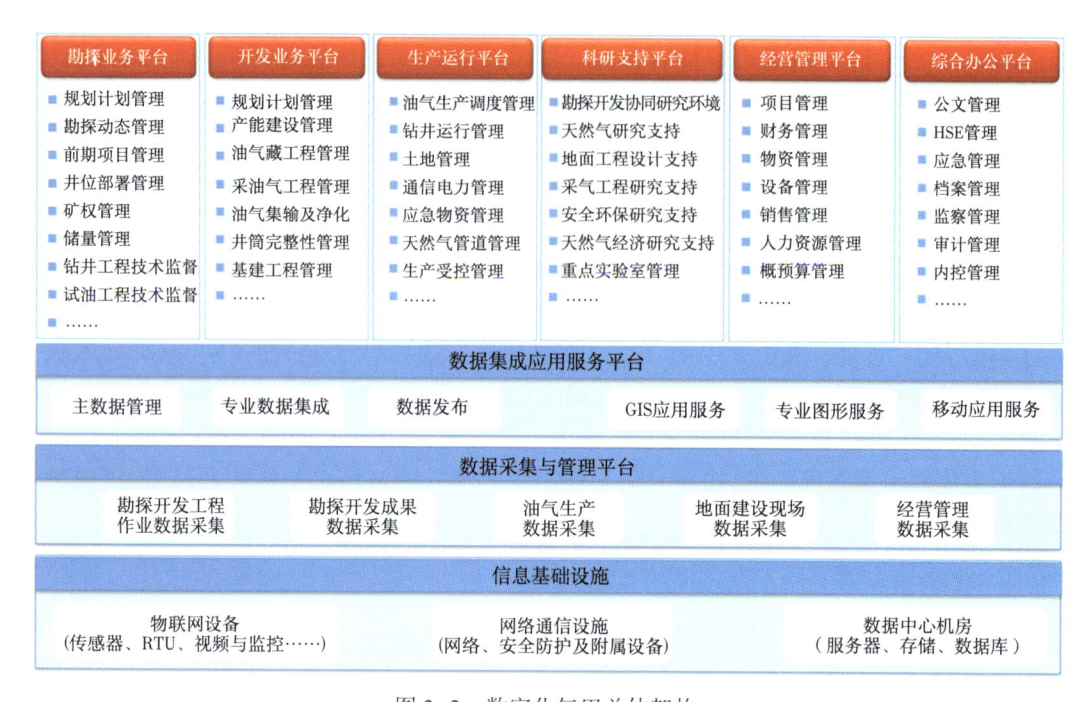

图2-2 数字化气田总体架构

(一)信息基础设施层

信息基础设施层是其他各平台的基础,能够为应用系统提供稳定可靠、性能良好、易于维护、伸缩性强、且满足业务多样性需求的运行环境。信息基础设施由物联网设备、网络通信设施、数据中心机房等几个部分组成。

1. 物联网设备

物联网设备主要实现油气生产现场生产数据和工程技术作业数据的采集,由传感器、RTU、视频与监控等设备构成,具备生产数据自动采集、远程监控、生产预警等功能。

2. 网络通信设施

网络通信设施包括光传输设备和网络设备。光传输设备为网络通信提供基本的物理传输链路;网络设备为网络通信提供路由、交换等基本功能。

3. 数据中心机房

数据中心机房由服务器、存储、数据库等计算机核心资源和供电系统、制冷系统、机柜系统、消防系统、监控系统等辅助设施两大部分构成。数据中心实现对各类服务器和应用系统的集中部署、统一维护。

(二)数据采集与管理层

数据采集与管理层主要实现油气田勘探开发工程作业数据、勘探开发成果数据、油气生产数据、地面建设现场数据、经营管理数据等各类数据的采集、处理、传输、存储。

1. 勘探开发工程作业数据采集和管理

实现钻井、录井、测井、试油作业数据、物化探作业数据、油气生产作业数据、油气集输作业数据(集气、计量、加温、加压、管网)等的采集与管理。

2. 勘探开发成果数据采集和管理

实现地震、测井、钻井、录井、测试、井下作业、分析化验和地质综合等专业成果数据的采集与管理。

3. 油气生产数据采集和管理

气田正式投入生产以后,实现对天然气产量、测试、采气工艺、天然气集输等生产过程数据及技术参数的采集与管理。

4. 地面建设现场数据采集和管理

实现井口装置、站场设施、净化处理厂、集输管网等设施的静、动态数据采集与管理,同时还需完成与这些对象相关的水/电/路/信、周边一定范围内的农田/森林/城镇/村庄的位置分布和气象特征、周边医疗消防力量的分布和设施配备等数据的采集与管理。

5. 经营管理数据采集和管理

实现油气田生产经营管理业务数据的统一管理,包括规划计划、人力资源、财务、资产、物资供应等经营数据,形成对油气田经营管理业务的支撑。

(三)数据集成应用服务层

数据集成应用服务层通过建立统一技术平台,实现勘探、开发、生产运行、经营管理等业务的主数据统一管理,并在此基础上实现专业数据集成,为其他数据系统或上层应用提供数据发布服务;同时统一技术平台还提供 GIS 应用服务、专业图形服务、移动应用服务等公共应用服务,并对各应用系统发布的服务进行统一管理和监控,为上层应用提供共享化的应用服务。

(四)业务应用层

基于数据集成应用服务层形成的标准、规范的数据服务和应用服务,在业务应用层构建勘探生产管理、开发生产管理、工程技术管理、生产运行管理、管道与储气库管理、科研支持、经营管理等业务应用平台。

1. 勘探业务平台

勘探业务管理平台包括规划计划管理、勘探动态管理、前期项目管理、井位部署管理、矿权管理、储量管理、钻井工程技术管理、试油工程技术管理、物探工程技术管理等。

2. 开发业务平台

开发业务管理平台包括规划计划管理、产能建设管理、油气藏工程管理、采油气工程管理、油气集输及净化、井筒完整性管理、基建工程管理等。

3. 生产运行平台

生产运行管理平台包括油气生产调度管理、钻井运行管理、土地管理、通信电力管理、应急物资管理、天然气管道完整性管理、生产受控管理等。

4. 科研支持平台

科研支持平台包括勘探开发协同研究环境、天然气研究支持、地面工程设计支持、采气工程研究支持、安全环保研究支持、天然气经济研究支持、重点实验室管理等。

5. 经营管理平台

经营管理平台包括项目管理、财务管理、物资管理、设备管理、销售管理、人力资源管理、概预算管理等。

6. 综合办公平台

综合办公平台包括公文管理、HSE 管理、应急管理、档案管理、检查管理、审计管理、内控管理等。

二、技术架构设计

西南油气田数字化气田以 SOA 技术架构为核心，通过数据服务总线(Data Services Bus, DSB)整合集成所有数据源，形成覆盖油气田生产、经营、科研、办公等领域的数据全集；再通过企业服务总线(Enterprise Service Bus, ESB)，开发和集成不同的业务应用，以搭积木的方式组装、编排业务功能并在企业服务总线上发布，满足业务应用需要(图 2-3)。

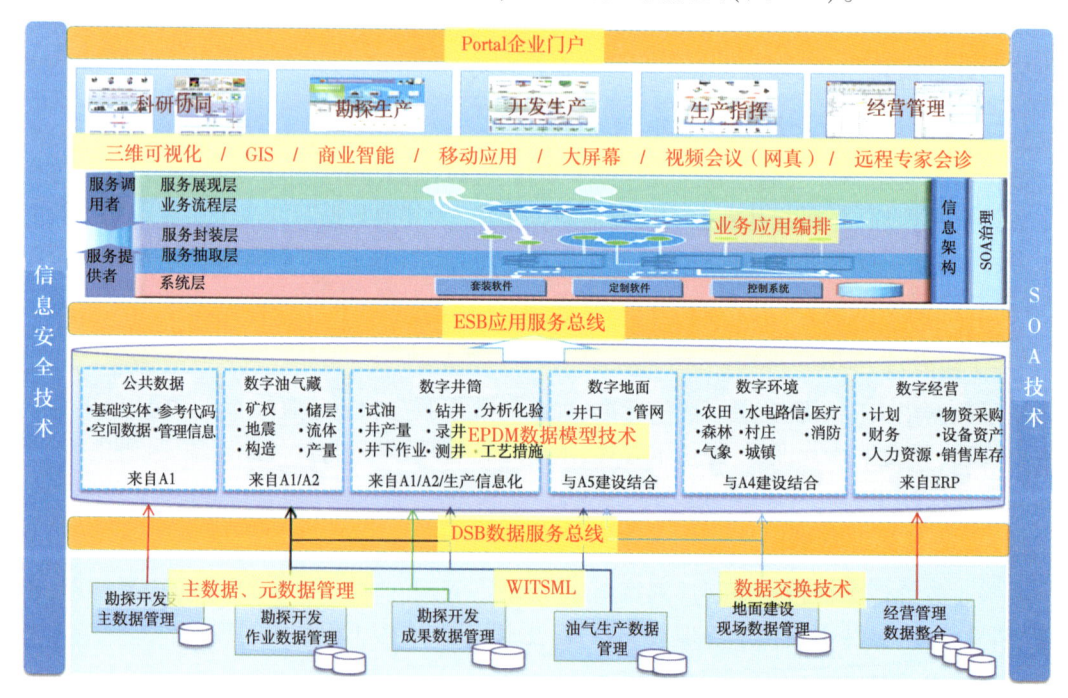

图 2-3 数字化气田技术架构

(一) 数据采集层

在数据采集与管理上,以井场信息传输规范(WITSML)、油气藏监控数据规范(RESQML)、油气生产信息数据传输规范(PRODML)和勘探开发一体化数据模型(EPDM)为基础,采用主数据管理、元数据管理以及数据仓库技术,横向按专业条块划分,纵向按操作(施工)、管理的不同层级定责,实现勘探开发作业数据、勘探开发成果数据、油气生产数据、地面建设现场数据、经营管理数据的标准化、规范化采集与处理。在数据采集层,支撑技术主要涉及专业数据技术标准(或数据规格)、EPDM 数据模型、数据的及时性/完整性/正确性/唯一性/规范性控制、数据质量规则知识库与质量控制技术等。

(二) 数据管理层

数据管理层涉及公共数据、油气藏数据、井筒地质/工程数据、地面工程数据、经营管理数据等。在数据管理层,支撑技术主要涉及主数据、元数据、EPDM 模型、入库数据质量扫描、数据关联关系检查、数据可用性评估、数据交换、数据抽取、数据转换、数据影响性分析、数据血统分析等技术。

(三) 业务服务层

业务逻辑服务架构是统一软件系统架构的核心构件,只要遵循业务逻辑服务规则和统一的 SOA 规范构建的信息系统或功能模块,均能很方便地嵌入到该架构中,实现敏捷地装配和功能集成。支持业务逻辑服务架构的核心技术包括统一的 SOA 架构规范及组件开发和装配技术。

(四) 业务应用层

业务应用层是数字化气田一系列业务应用场景的实现。在业务逻辑服务架构的基础上,按业务需求及业务逻辑装配一系列业务应用。如:勘探生产、开发生产、工程技术、生产运行、经营管理、科学研究等。其应用展示技术主要包括:三维可视化、GIS、商业智能、移动技术、交互式工作环境、视频技术等。

第五节 数字化气田实施策略与路线

西南油气田数字化气田建设与实施,以基础建设、数据标准、集成技术和体系保障为先行,集中抓好数据采集、数据整合、平台化集成、应用系统建设等重点工作,不断提升自动化生产、数字化办公、智能化管理水平,最终目标是为建成 $300 \times 10^8 m^3$ 战略大气区提供强有力的信息技术支撑。

数字化气田建设总体部署分为两步走:

第一步,到 2018 年,基本建成数字化油气田。建成物联网系统和数据整合应用平台,建立覆盖勘探、开发、生产运行、经营管理、项目协同研究以及综合移动办公等全业务的信息支撑平台,基本实现自动化生产和数字化办公。

第二步,到 2020 年,全面建成数字化气田并向智能气田迈进。全面实现自动化生产和数字化办公,基于物联网和业务流程优化的数字化应用集成平台,实现气田动态全面感知、生产运行实时优化、气田生产活动自动操控、综合地质研究专家辅助、决策分析量化支持、生产经营动态联作。

西南油气田数字化气田建设以"两化"融合管理体系贯标为助推引擎[3],紧密围绕"明确目标、完善体系、健全机制、业务主导、持续改进、实质贯标"的两化融合工作思路开展工作,真正将"一把手工程"落实为"一盘棋行动"。首先,通过业务主导,持续完善体系文件,明确机关各部门、二级单位两化融合管理职责和管理流程;其次,按照西南油气田两化融合实施过程管理程序,机关业务部门主导,开展可持续竞争优势和信息化环境下新型能力需求的识别和确定;通过两化融合贯标试点示范,引领西南油气田两化融合贯标全面推广,快速、全面推进数字化气田建设进程。

数字化气田建设的实施策略主要包括以下几个方面:

(1)在数字化气田建设的过程中,落实"业务主导,部门协调,统筹推进"的工作机制,确保数字化气田建设的总体架构、技术方案、项目安排的统一,以满足业务部门的应用需求;

(2)在项目设计和建设上,采用大平台思想,突出整体设计,基础平台先行;

(3)选择重要业务和重点区块为突破口,以扎实开展前期项目(方案论证、可行性评估、初步设计、实施方案)为载体,确立各业务管理平台的核心功能,展示应用前景;

(4)在项目技术方案和实施上,做好与中国石油统推统建项目的衔接,处理好与现有系统的关系。

根据西南油气田数字化气田顶层设计,依据技术实现难易程度和业务需求的紧迫程度,展开前期实施项目,规划项目的实施要按照"基础先行,整体设计,突出示范,全面推进"的实施路线进行项目安排(图2-4)。

图2-4 实施路线图

基础先行:先期完成数据采集系统建设和SOA技术基础平台的搭建,为数字化气田后续项目的建设建立统一的技术基础。

整体设计:对勘探、开发、工程技术、生产运行、科研等主体业务平台进行整体设计,强化数字化气田建设对主体业务的完整支撑。

突出示范:先期开展数字化气田示范工程建设,验证关键技术,进行核心业务数字化应用示范。

全面推进:跟踪评价示范工程成效,修订技术方案,细化辅助决策支持系统建设方案,启动数字化气田全面建设。

参 考 文 献

[1] 何生厚,肖波,毛锋.石油企业信息化技术[M].北京:中国石化出版社,2005.
[2] 陈新发,曾颖,李清辉.数字油气建设与实践:新疆油田信息化建设[M].北京:石油工业出版社,2008.

第三章 基础设施建设

数字化气田基础设施建设主要包括通信与信息网络、站场自控系统与物联网以及数据中心(云中心)建设,它是数字化气田建设的重要组成部分。充分运用物联网、云计算等先进信息技术,不断优化网络架构、整合计算资源、提升应用水平,深入研究并探索实践了"云、网、端"技术架构、实施路线和建设方案,着力构建共享集成的网络与软硬件基础环境,实现了西南油气田计算资源、数据存储和应用系统的集中部署、统一管控,提供了安全稳定的网络接入和绿色环保的 IT 基础环境服务,为系统整体优化、生产组织转型奠定了坚实基础。

第一节 通信与信息网络建设

通信与信息网络是数字化气田的基础和保障,包括光通信传输网、生产网、办公网、语音通信网、无线接入网、应急通信与卫星通信等,为数字化气田数据采集与传输、数据存储与管理,以及各领域业务应用提供了稳定可靠、性能良好、易于维护、伸缩性强的网络运行环境。

一、光通信传输网

光通信传输网(Optical Communication)是以光波为载波的通信网络,用于生产网和办公网高带宽接入,是西南油气田数字化气田建设的基础。光通信传输网采用了 DWDM+SDH 技术,DWDM 波分环网共计 2 波,1 波 10G/s,环网最大传输带宽为 20G,SDH 环网传输带宽为 2.5G,连通了西南油气田和二、三级单位及主要的一线生产区域,已开通各二级单位至西南油气田的生产网 100M 及办公网 1000M 业务,实现了三级单位至所属二级单位生产网及办公网高带宽接入。西南油气田光通信传输网具备主要节点的自愈保护和抗击 3 次断纤的保护能力,达到业界先进水平。

DWDM 网络(Dense Wavelength Division Multiplexing,密集波分复用),采用波分设备组网,40 波系统,各主要节点配套建设了 SDH(Synchronous Digital Hierarchy,同步数字体系)站点作为业务接入设备。

SDH 网络的干线系统主要采用 2.5G 设备组网,支线站场和监控阀室采用 622M 或 155M 设备组网;在 SDH 保护方式上干线采用"1+1"线性复用段(Linear Multiplex Section Protection,LMSP)保护;干线 SDH 设备均可平滑升级至 10G。西南油气田干线光缆网络构成如图 3-1 所示。

(一)技术特点

西南油气田光通信传输网是基于波分复用的全光通信网,比传统的电信网提供更为巨大的通信容量,使传输网具备更强的可管理性、灵活性、透明性[1]。全光通信网具有以下优点:

(1)全光网通过波长选择器来实现路由选择,即以波长来选择路由,对传输码率、数据格

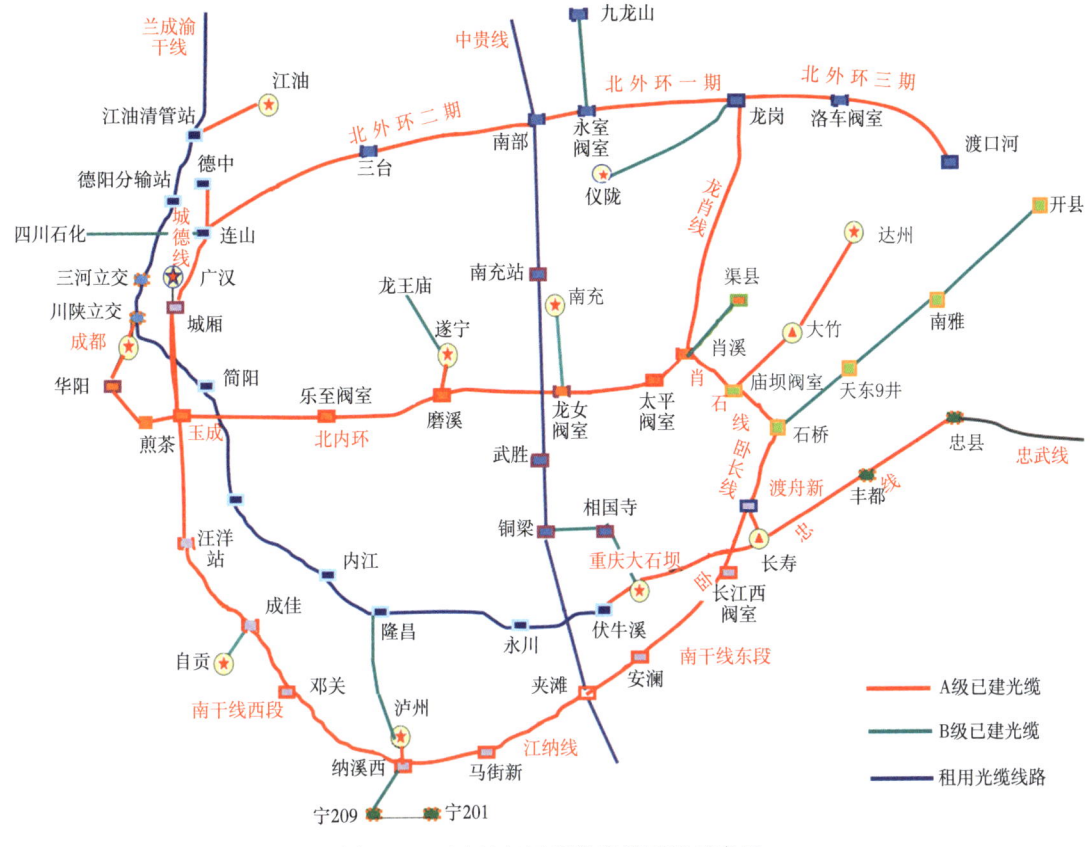

图 3-1　西南油气田干线光缆网络示意图

式以及调制方式均具有透明性,可以提供多种协议业务,可不受限制地提供端到端业务。透明性是指网络中的信息在从源地址到目的地址的过程中,不受任何干涉。由于全光网中信号的传输全在光域中进行,信号速率、格式等仅受限于接收端和发射端,因此全光网对信号是透明的。

(2)全光网不仅可以与现有的通信网络兼容,而且还可以支持未来的宽带综合业务数字网以及网络的升级。

(3)全光网络具备可扩展性,加入新的网络节点时,不影响原有网络结构和设备,降低了网络成本。

(4)可根据通信业务量的需求,动态地改变网络结构,充分利用网络资源,具有网络的可重组性。

(5)全光网络结构简单,端到端采用透明光通路连接,沿途没有变换与存储,网中许多光器件都是无源的,可靠性高、可维护性好。

(二)技术组成

1. 密集波分复用(DWDM)技术组网

DWDM 是一种光纤数据传输技术,它利用激光的波长按照比特位并行传输或者按字符串行传输方式在光纤内传送数据,是光纤网络的重要技术组成部分。DWDM 可以让 IP 协议

(Internet Protocol,网络协议)、异步传输模式(Asynchronous Transfer Mode,ATM)和同步光纤网络/同步数字序列协议下承载的电子邮件、视频、多媒体、数据和语音等数据都通过统一的光纤层传输。在密集波分复用(DWDM)网络中,不同波长的光信号被复用到同一根光纤中进行传送。

DWDM技术包括单纤单向密集波分复用和单纤双向密集波分复用两种,在单纤单向DWDM系统中,一根光纤只完成一个方向光信号的传输,反向光信号的传输由另一根光纤来完成;而在单纤双向DWDM系统中,在一根光纤中实现两个方向光信号的同时传输,两个方向光信号被安排在不同波长上,单纤双向传输允许单根光纤携带全双工通道,通常可以比单向传输节约一半的光纤器件(图3-2)。

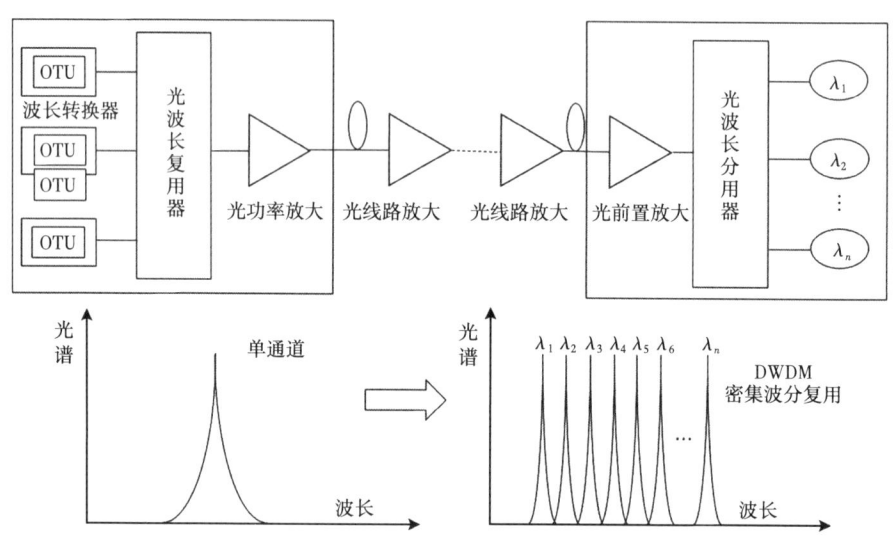

图3-2 DWDM系统的构成及频谱示意图

2. SDH技术组网

同步数字传输体制(Synchronous Digital Hierarchy,SDH)是一种通过复用、映射等相关同步技术的传输方法,为不同速率的数字信号传输提供相应等级的信息结构。可以把SDH简单地理解为集装箱运输。以2M业务(数据、音频、视频等数字信号传输)为例,每个2M业务就是一件货物。先把货物装在一个标准的盒子里,然后在盒子贴上一个指示其位置的标识标签,再把几个这样的贴了标签的盒子装在一个大一点的盒子里,以此类推。然后在货箱上加上有关这箱货物中各个盒子的一些附加信息(段开销和指针),这样就组成了一个集装箱运输车(STM-1)。多个集装箱运输车还可以合在一起形成更长的集装箱运输车队(STM-N)。这样的集装箱车队就在光纤组成的高速公路上行驶,运输货物。在货物的接收端,就按上面相反的方式把货物(2M业务)取出来。上面例子中的各个盒子的规格是统一标准的,也就是说任何厂家的设备只要按这个规格制做盒子装货物,那么货物就可以正常运输。

SDH体制有一套标准的信息结构等级,即有一套标准的速率等级。基本的信号传输结构等级是上述举例里的一个集装箱运输车,即同步传输模块(STM-1),相应的速率是155Mbit/s。高等级的数字信号还有622Mbit/s(STM-4)、2.5Gbit/s(STM-16)等。

SDH 传输技术对各种业务有固定的信道,对业务的 QoS 完全保证,而不需要进行复杂的协议控制,特别适合于实时业务的传输,如调度电话、各种音频信息、实时监控的数据等。如图 3-3 所示为 SDH 设备的逻辑功能构成。

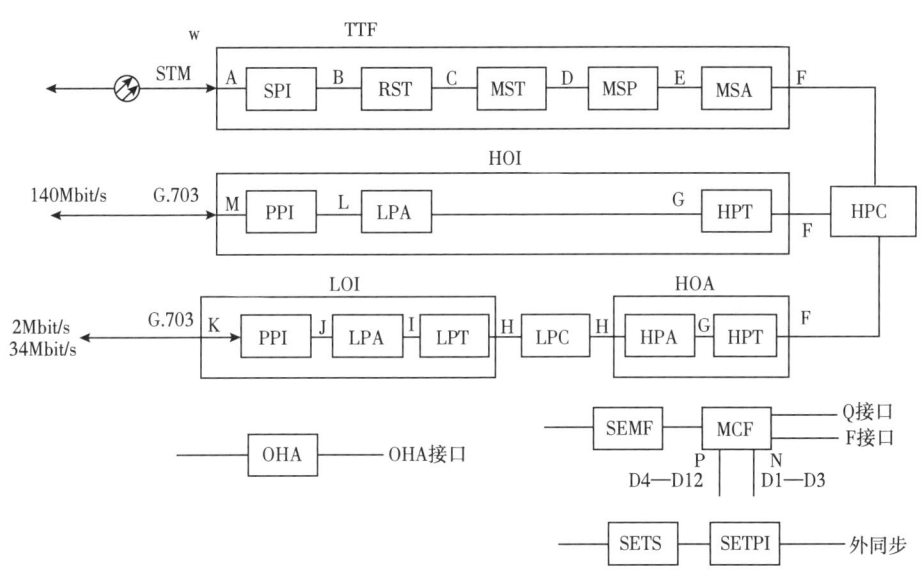

图 3-3　SDH 设备的逻辑功能构成图(以 2Mbit/s 为例)

SDH 技术自从 20 世纪 90 年代引入以来,至今已经是一种成熟、标准的技术,在骨干网中被广泛采用,且价格越来越低,在接入网中应用 SDH 技术可以将核心网中的巨大带宽优势和技术优势带入接入网领域,充分利用 SDH 同步复用、标准化的光接口、强大的网管能力、灵活网络拓扑能力和高可靠性带来的好处,在接入网的建设发展中长期受益。

二、生产网

西南油气田生产网作为西南油气田生产运行及通过 SCADA 对各类油气生产系统监控的主要承载网络,提供了安全、高效、可靠的网络连接,主要用于各层级生产单元的装置、设备、视频和安防等数据的采集和传输,是与西南油气田办公网物理隔离的、独立的网络,如图 3-4 为西南油气田生产网拓扑图。

(一)技术特点

西南油气田生产网采用双网冗余设计(Omni Range Plus)的组网方式,由总调指挥中心(General Management-Dispatch Center,GMC)节点和 BGMC(备用总调指挥中心)节点的 4 台核心网络路由器通过开放式最短路径优先(Open Shortest Path First,OSPF)动态路由协议形成交叉互联构成,各二级生产单位各有 2 台汇聚路由器分别接入 GMC 节点和 BGMC 节点,并向下接入各作业区和生产场站。通过双网冗余的建设,使生产网更加可靠,即使网络节点有任何故障,也不会影响其业务。

双网冗余设计主要特点如下。

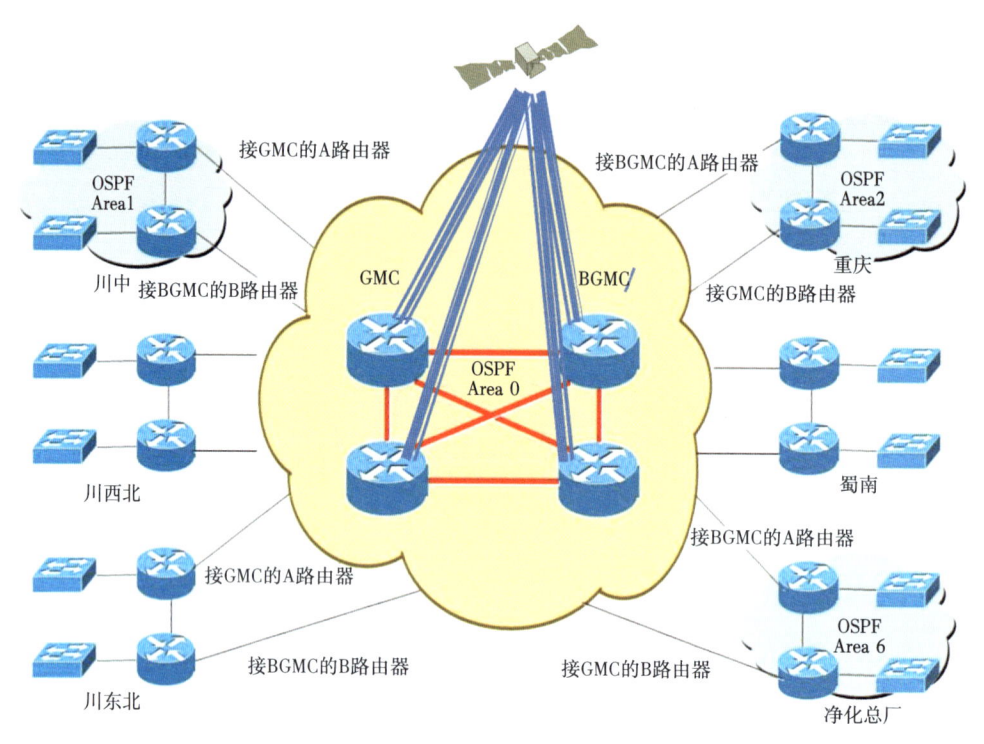

图 3-4 生产网拓扑图

1. 高可靠

当网络中任意一条广域网链路出现故障,流量可以被迅速定向到其他健康的广域网链路上传输,重要生产数据不至于受某一条链路中断的影响,网络依然可用。

2. 可灵活扩展

生产网可以通过西南油气田自建的光通信网络或租用电信运营商专线链路进行扩展,将没有开通专线的新增节点快速融入生产网络中。

3. 高速

通过双网冗余可实现广域链路负载均衡,链路负载均衡意味着多条链路带宽相加让网络更具效率、更快速。

(二) 技术组成

生产网采用双网冗余设计的组网方式,在逻辑上采用核心层、汇聚层、接入层三层架构。

网络冗余就是建立备用的网络以及相关硬件,让网络负载均衡,当主网出现故障不能运行时,备用网络能够马上代替其工作。网络冗余包括网络链路冗余和网络硬件设备冗余。

1. 网络链路冗余

核心层、汇聚层、接入层的重点部位链路采用冗余设计,如图 3-5 所示。

图中 R1、R2、R3、R4 之间均建立了连接,其中一条链路断了,还有备用线路保持网络通畅,冗余网络结构方式包括:核心层网状冗余,汇聚层双回路冗余(即核心层和汇聚层之间采

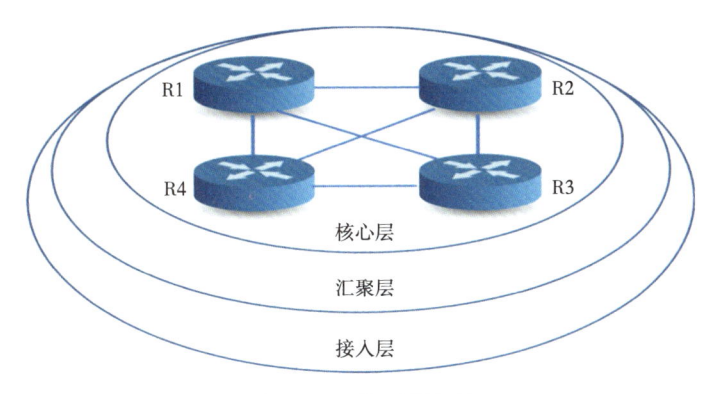

图 3-5 网络逻辑架构

用两条以上的链路连接)。当业务安全保障要求非常高的时候,采用不同网络链路并互做备用,以此建立网络冗余,这样网络稳定的保障性会更高。

核心层作为生产网的高速交换主干,是网络的枢纽中心,重要性突出。核心层设备采用双机冗余热备份确保网络的稳定。

汇聚层是网络接入层和核心层的"中介",就是在接入核心层前先做汇聚,以减轻核心层设备的负荷,汇聚层具有实施策略、安全、工作组接入、虚拟局域网(VLAN)之间的路由、源地址或目的地址过滤等多种功能。

接入层向本地网段提供站点接入。生产网的主用通信链路全部采用自建光通信网络传输,备用电路采用卫星通信地球站(Very Small Aperture Terminal,VSAT)卫星通信链路传输,部分受到地理环境制约,无法通过租用运营商专线或者自建光通信链路接入的单井站,采用4G、3G、卫星、无线通信方式接入。

2. 网络硬件设备冗余

网络硬件设备冗余就是通过重复配置网络的某些关键部件,一旦网络系统出现故障,冗余的设备就会替代损坏的设备,可以在一定程度上为系统提供服务,减少网络故障。网络硬件冗余包括:路由器冗余、交换机冗余,硬件设备的冗余主要是在各关键部位采用双硬件提供服务保障,或者硬件的重要部位采用双配置进行保障。

三、办公网

西南油气田办公网与生产网是物理隔离的,其网络覆盖了所有三级单位,并延伸至大部分中心站和单井站,并通过中国石油西南区域数据中心的代理服务器作为出口,访问外部因特网(图3-6)。

(一)技术特点

西南油气田办公网采用双星型拓扑的技术,能有效解决二级单位单点故障问题,达到网络冗余备份的效果。

星型网络拓扑结构适用于光纤接入网的拓扑结构,由于采用 V5.1 和 V5.2(VB5)或标准接口,因此端局可与用户通过光网络单元(ONU)直接相连。星型拓扑结构的网络属于集中控

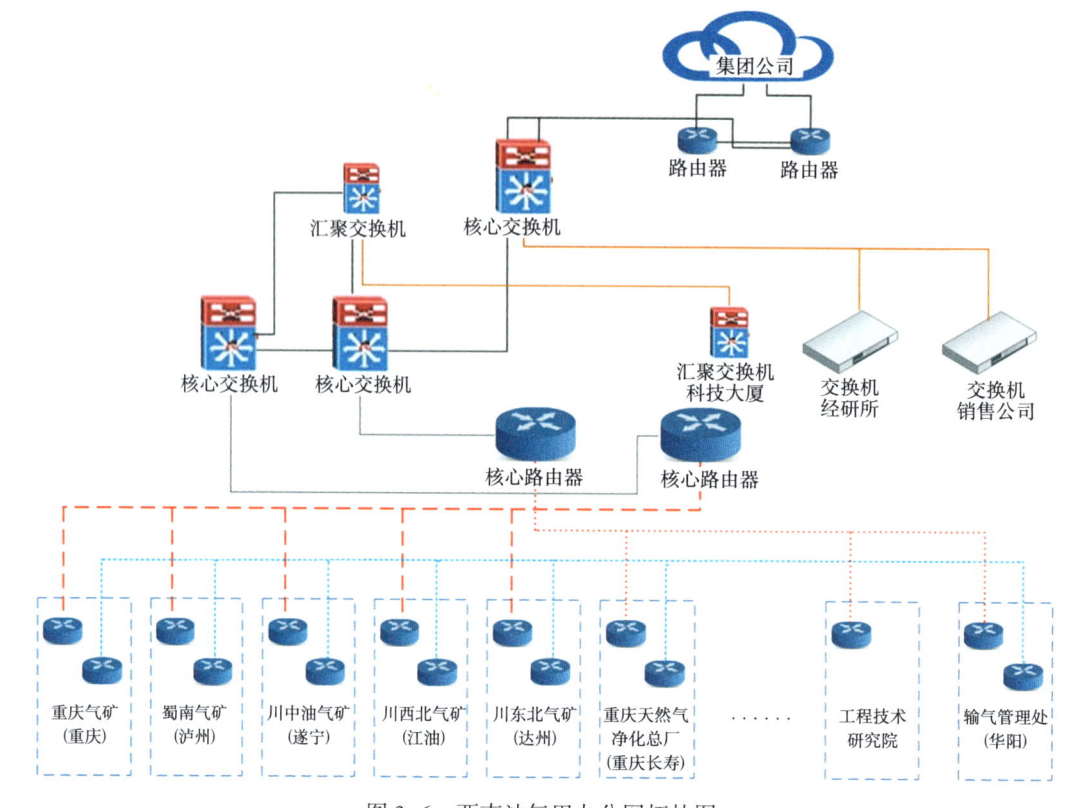

图 3-6 西南油气田办公网拓扑图

制型网络,整个网络由中心节点执行集中式通行控制管理,各节点间的通信都要通过中心节点。

双星型结构(图3-7)适合于网径更大的范围。在每一条线路中设置远端分配节点,节点越多则表明网络的规模越大;节点的功能越多,则网络的性能越佳。远端分配单元主要是将信

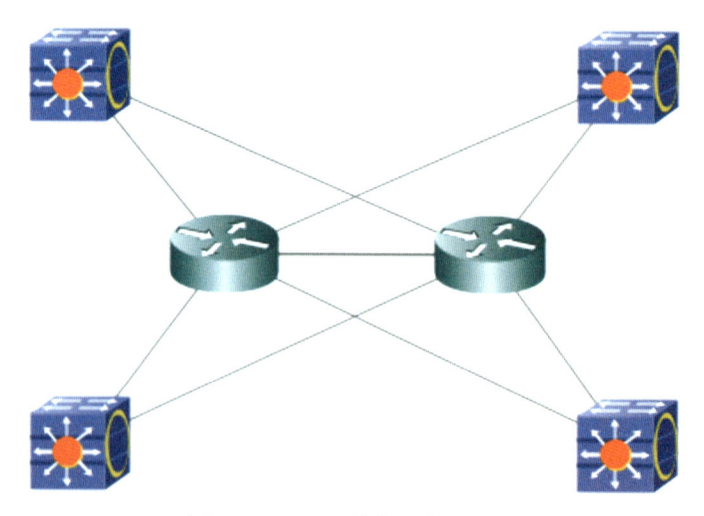

图 3-7 双星型结构网络拓扑图

息分别送入每个用户,并把用户的上行信息集中送入端局。这种网络有许多优点,是目前采用较多的一种结构。

双星型网络拓扑结构是目前应用最广泛的一种网络拓扑结构,其主要特点如下:

(1)结构简单,连接方便,管理和维护都相对容易,而且扩展性强。

(2)网络延迟时间较小,传输误差低。

(3)在同一网段内支持多种传输介质,除非中央节点故障,否则网络不会轻易瘫痪。

(4)每个节点直接连到中央节点,故障容易检测和隔离,可以很方便地排除有故障的节点。

(二)技术组成

西南油气田采用的双星型网络结构,建立了一个高带宽、高质量、高安全、稳定可靠、易管理、可扩展的核心层,拥有清晰的网络管理界面,可以在不同的功能模块分别部署不同的网络服务质量(Quality of Service,QoS)、安全、路由策略并实现互相隔离。它具有极高的可扩展性,能够适应西南油气田未来在网络规模、网络功能等方面的扩展和升级。其技术构成如下:

(1)在核心层方面,核心路由交换区作为网络的数据交换中心,主要负责骨干网各功能模块之间的优化传输,因此,该层网络的高性能与高可靠性是组网的重点。该层级的核心设备成对部署,通过2台核心交换机和2台核心路由器万兆全连接。

(2)在汇聚层方面,如果二级单位属于本地的,则通过1000M以太网直接与核心交换机连接,而如果二级单位距离较远需要通过传输链路才能到达的,则通过1000M自建光通信网络,或者租用电信运营商的专线链路,与核心路由器进行连接。二级单位的数据全部汇聚到西南油气田总部后,再通过核心交换机进行数据交换和处理。

(3)在接入层方面,各基层单位的接入交换机主要通过1000M或者100M的以太网,与汇聚交换机相连,实现访问西南油气田办公网络资源的功能。

四、语音通信网

语音通信网络是指在 IP 为网络层协议的计算机网络中进行语音通信,以语音信号为主并兼有数据信号、传真、图像资料传输的图像网络。西南油气田语音通信网采用软交换技术组网,在成都、重庆、泸州、遂宁、江油分别建成5套软交换系统,实现了双向视频语音通信、电话会议业务等多媒体应用业务。

(一)技术特点

软交换是一种基于软件的分布式交换和控制平台,基本含义就是将呼叫控制功能从媒体网关(传输层)中分离出来,通过软件实现基本呼叫控制功能,包括呼叫选路、管理控制、连接控制(建立会话、拆除会话)和信令互通(如从 ss7 到 ip),从而实现呼叫传输与呼叫控制的分离,为控制、交换和软件可编程功能建立分离的平面。

软交换技术具有开放的网络体系结构,能支持不同类型的业务,是电路交换网向分组交换网演进的主流技术。它独立于传送网络,主要完成呼叫控制、资源分配、协议处理、路由、认证、计费等主要功能,同时可以向用户提供现有电路交换机所能提供的所有业务,并向第三方提供可编程能力。主要特点表现在以下几个方面。

(1)层次化的结构。

基于软交换的网络体系采用层次化的结构,每一层与其他层次之间采用标准协议进行通信,从而提高了系统的稳定性。

(2)具有强大的业务能力。

可以利用标准开放式应用平台为用户提供各种新业务和综合业务,包括语音、数据和多媒体等各种业务。强大的业务能力还不仅指业务的种类,更重要的是体现在业务提供的速度上,最大限度地满足用户的需求。

(3)高效性。

软交换体系结构将应用层和控制层与核心承载网络完全分离,有利于最快、最有效地快速引入各种新业务,大大缩短了新业务的开发周期。

(4)设备的综合接入。

软交换支持众多的协议(mgcp、h.248、h.323、sip等),通过这些协议对设备进行统一管理,并通过各种网关,允许设备的综合接入,从而最大限度地发挥网络的性能。

(5)开放的网络体系结构。

由于软交换"分离"思想使得网络功能部件化,各网络部件之间采用标准的协议进行通信,因此各个部件之间既能独立发展,又能互联互通。

(二)技术组成

西南油气田软交换系统的业务应用平台主要由平台主机和平台服务器组成(图3-8)。平台主机提供多媒体用户注册、呼叫路由,呼叫控制、媒体信令控制,是业务应用平台网关设备。平台服务器提供多媒体业务应用服务、数据库服务以及话单计费服务等。

图3-8 软交换业务应用系统平台架构

从可靠性与安全性考虑,平台主机采用"1+1"的主备配置,每个平台主机都处于激活状态,当其中一台主机发生故障时,它所接入的多媒体用户将被另一台主机接管。每个接入设备有相对独立的控制信令通道分别接入到两个平台主机,当接入设备归属的主用平台主机出现故障后,备用平台主机解闭塞信令链路,接入设备将向备用平台主机注册,并且接受备用平台主机控制。

平台服务器提供多媒体业务应用服务、数据库服务以及话单计费服务等功能。同样平台服务器也采用"1+1"的主备配置,为各地软交换用户提供可靠的多媒体业务应用功能。

五、无线接入网

西南油气田无线接入网主要用于偏远一线场站的生产数据接入,是生产网的延伸。无线接入网是基于电信运营商4G/3G技术搭建的无线分组数据网络,利用第二层通道协议(Layer 2 Tunneling Protocol,L2TP)隧道技术为西南油气田构建的与公众运营商移动网络隔离的虚拟专用网络(图3-9)。生产一线各生产单元可使用无线4G/3G路由器并通过无线虚拟专用拨号网(Virtual Private Dial-up Networks,VPDN)网络安全地访问西南油气田的生产网络[2]。各生产场站的生产数据能通过该网络传输到西南油气田生产网内相关应用系统。

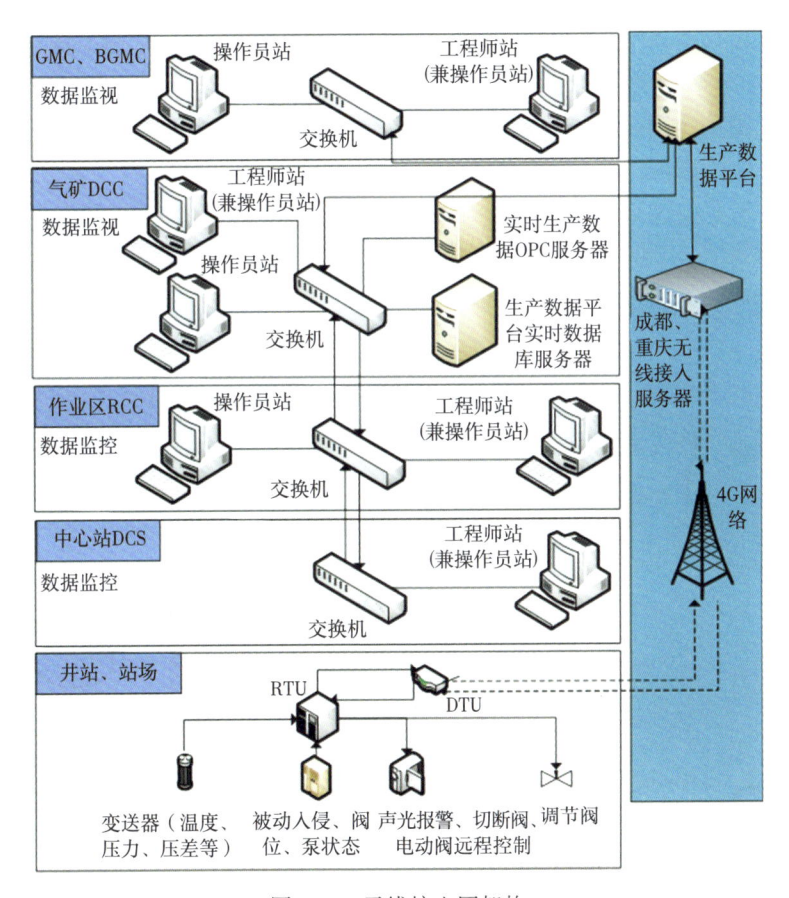

图3-9 无线接入网架构

(一)技术特点

西南油气田无线接入网,采用了4G/3G通信技术,解决了偏远井场生产数据接入的问题。具有以下特点:

(1)移动通信系统数据传输速率大幅提高,第一代模拟式仅提供语音服务;第二代数位式移动通信系统传输速率也只有9.6kbit/s,最高可达32kbit/s,如PHS;第三代移动通信系统数据传输速率可达到2Mbit/s;而第四代移动通信系统传输速率可达到20Mbit/s;

(2)物理层采用多载波技术(OFDM),支撑大带宽,易于实现,频域均衡,算法简单;

(3)带宽灵活配置,支持1.4MHz,3MHz,5MHz,10MHz,15MHz,20MHz;

(4)物理层采用多天线技术(MIMO),可利用丰富的散射径,在不增加系统带宽的前提下,大幅改善系统性能,提高速率和可靠性;

(5)扁平、全IP网络架构减少系统时延,控制层面时延小于100ms,用户层面时延小于5ms;

(6)终端开机即获取IP地址,保持与网络的长连接,可实现网络永远在线,提高终端双向交互业务的稳定性。

(二)技术组成

无线接入是指从交换节点到用户终端之间部分或全部采用了4G/3G通信技术的无线手段,典型的无线接入系统主要由控制器、基站、固定用户单元和移动终端几个部分组成。

生产网的无线接入网是利用电信运营商的无线网络,采用"L2TP+VPDN"技术机制,加以身份认证系统来保障数据的安全性。L2TP协议是一种传统的二层VPN隧道协议,它的承载协议是IP协议,乘客协议是PPP协议。通过L2TP协议,PPP二层链路端点和PPP会话点可以驻留在不同设备上,中间通过L2TP隧道穿越因特网;用户认证则是通过部署在各地的身份认证系统来确保数据安全可靠的传输。图3-10为西南油气田无线接入平台架构。

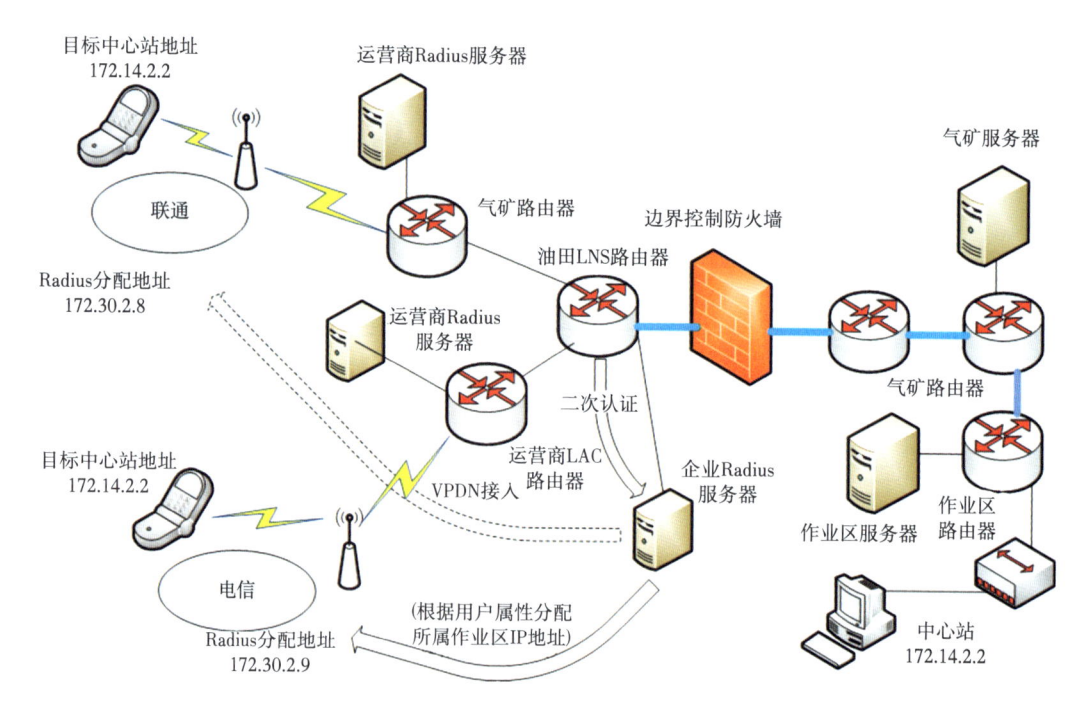

图3-10 无线接入平台架构

六、应急通信与卫星通信

西南油气田应急通信主要包括卫星应急通信车和应急管理系统中的应急通信设备,用于紧急情况下提供现场至二级单位、西南油气田、北京总部的应急通信网络通道,承担了西南油气田应急和重要事件的通信网络保障任务。

西南油气田 VSAT 卫星通信网主要作为 SCADA 数据传输备用链路,与西南油气田光通信网络形成主备链路传输模式,以解决偏远的一线生产单元的通信传输。

(一)技术特点

应急通信是指在出现自然的或人为的突发性紧急情况时,综合利用各种通信资源,为紧急救助、处置指挥、协调救援提供必要通信所需的通段和方法,是一种具有暂时性、为应对自然或人为紧急情况而提供的特殊通信机制,应急与卫星通信系统可以及时、准确、有效地传输信息,同其他通信系统相比,具有以下独特的优势和特点:

(1)覆盖范围广。

它能覆盖其他地面通信手段难以覆盖到的区域,如广阔的海洋、沙漠、森林、高山,支持在偏远地区和全球通信。

(2)对通信距离不敏感。

在卫星通信中,通信速率和成本同两个站之间的距离几乎无关,这常称为卫星通信的距离不敏感性。

(3)信道条件比较好。

卫星通信系统受自然和环境因素的影响较小,信道条件比较好,不像短波通信那样容易受到电离层的影响,可以获得比较稳定的通信质量。

(4)支持移动通信。

卫星通信是一种无线电通信,相对于地面有线通信,可实现对大地域范围内移动用户的支持能力。

(二)技术组成

在应急通信方面,应急通信车通过卫星链路提供通信网络保障,应急管理系统的应急通信主要依靠电信运营商提供的 4G/3G 网络,通过虚拟专用网络(Virtual Private Network,VPN)与办公网进行连接。

在卫星通信方面,卫星通信主站采用无主站、全网状结构的 VSAT 卫星通信设备,网络结构为网状网+星状网混合组网方式。根据数据流向和管理方式分成三级,第一级由 GMC 卫星中心站和 BGMC 备用中心站并列构成网络的顶级;第二级由各二级单位的区域控制中心的地区调度管理中心(District Command Center,DCC)卫星端站构成;第三级由各井站场的卫星端站构成西南油气田应急通信与卫星通信应用架构如图 3-11 所示。

七、建设成效

西南油气田全面建成了光通信网络以及生产网与办公网。建成川渝两地光通信线路总长约 7300km,覆盖西南油气田所有二级单位、作业区、净化厂以及龙王庙、长宁等重要气田,主干

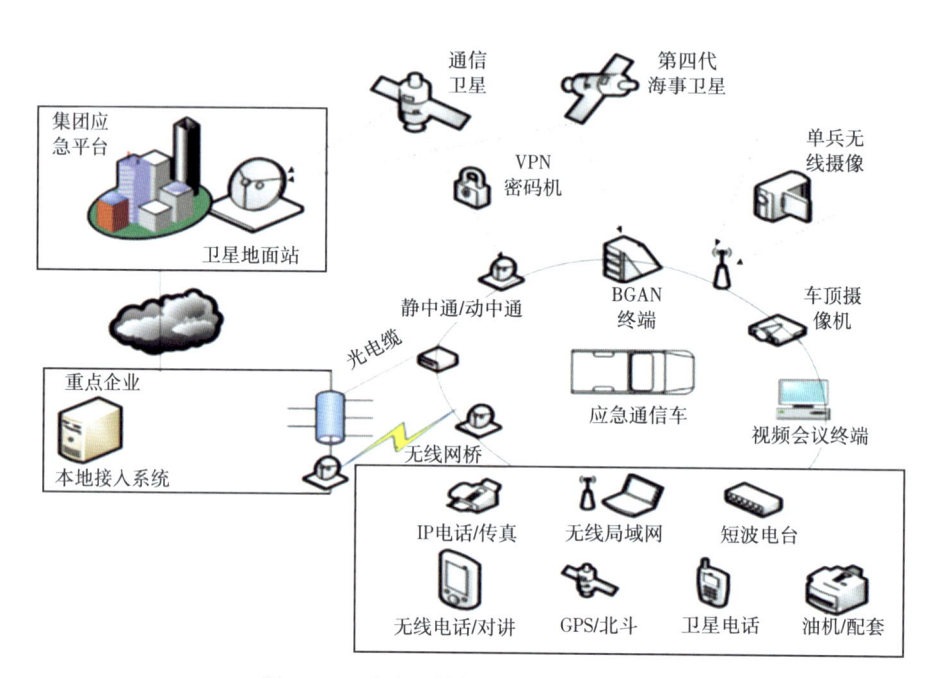

图 3-11 应急通信与卫星通信应用架构

单链达到 10G 传输带宽,交叉环网达到 2.5G 传输带宽,基本实现了川渝地区光通信交叉环网。建成生产网、办公网两套核心网络,生产网实现了所有二级单位、采输气作业区、净化厂、龙王庙气田和长宁页岩气气田主用 100M 网络接入,备用(2~10)M 网络接入;办公网实现了所有二级单位和龙王庙气田主用(300~1000)M 网络接入,备用(40~150)M 网络接入,作业区、净化厂和长宁页岩气气田等采用 100M 网络接入。建成重庆、成都、江油、泸州、遂宁共 5 套软交换核心系统及近 120 个节点用户网关设备,实现了软交换系统与总部应急指挥管理系统(E2 系统)、应急卫星通信车之间的互联互通。无线接入网共接入 1400 余座生产场站,满足了一线场站生产数据安全可靠的传输需求。建成应急通信与卫星通信系统,能够有效应对突发情况的发生。

第二节 自动控制系统与物联网建设

20 世纪 90 年代之前,我国石油天然气工业在油气生产自动控制技术方面,基本上采用常规仪表实现压力、温度、液位就地显示、就地超限报警。井站需要人员值守,工艺过程基本依靠手动操作,流量采用双波纹管差压计进行计量,数据靠人工巡检抄录,产量靠人工计算,调度管理采用电话甚至人工信息传递。随着我国工业化、科技水平的迅速发展,尤其是工业自动化技术的成熟与大规模普及,落后的油气田现场工艺生产自控手段和生产管理水平得到大幅提高,自 20 世纪 90 年代起石油行业成为较早利用数字信息技术的产业之一,国内油气田生产企业极为重视现场传感器、执行器的部署及应用,并通过建立 DCS、SCADA、PLC、RTU 等具备实时采集与远程控制功能的站场自动控制系统,实现油气生产数据信息的自动采集、实时传输和处理,从而达到对油气田生产状况远程感知、实时监视和操控的目的。

自20世纪90年代中期至今,西南油气田生产信息化历时二十多年的建设和完善,建成了全局性的SCADA系统,自上而下搭建了总调指挥中心(GMC)、地区调度管理中心(DCC)、区域控制中心(RCC)、站控系统(SCS)4级管控架构,实现对单井、集气站、加压站、配气站及重要阀室等基础设施的远程监视和控制。随着油气生产物联网、数字化气田的全面建设并日臻完善,气田生产场所实现了数字化管理和精准控制,形成了"无人值守井站+中心站""一个气田,一个控制中心"等新型管理模式,有力地支撑了生产方式的优化变革。

一、站场自动控制系统

站场自动控制系统是数字化气田基础设施建设的重要组成部分,主要包括RTU/PLC系统、DCS系统、SIS系统、FGS系统等工业现场控制系统。RTU/PLC系统主要针对气田阀室、井站、站场的装置、设施、设备的运行数据进行自动采集,并根据采集的数据或上一级系统的指令进行状态控制。净化厂控制系统则由DCS系统、SIS系统和FGS系统3个部分组成。站场自动控制系统的建设,为业务管理人员进行数据分析、远程协作、设备预警提供数据支撑,使得现场操作人员无需再进行手工抄表、录入上报数据,减少了现场操作人员数量,为现场操作人员生产活动、属地管理、制度执行等提供及时、精准的辅助工具。

RTU(Remote Terminal Units)中文全称为远程测控终端,是SCADA系统的基本组成单元。RTU是安装在远程井站现场的一种电子设备,通过侦听现场的传感器信号和工业设备状态,实现对现场信号、生产设备设施的监测和就地控制。RTU也可将测得的状态或信号转换成可在通信介质上传输的数据格式,发送到上一级控制设备(系统),并将从上级系统发送来的数据转换成设备可执行的指令,实现对设备的远程控制。与常用的可编程控制器PLC相比,RTU通常具有优良的通信能力和更大的存储容量,适用于更恶劣的温度和湿度环境,提供更多的计算处理功能。

PLC(Programmable Logic Controller)即可编程逻辑控制器,它采用一类可编程的存储器,用于其内部程序存储,执行逻辑运算、顺序控制、定时、计数与算术操作等面向用户的指令,并通过数字或模拟信号输入/输出,控制各种类型的机械动作或生产过程。开关量逻辑控制、模拟量控制、运动控制、过程及顺序控制、数据采集与处理、自检信号监控、联网与通信,这些功能都可以通过PLC来实现。

在实际油气生产应用中,RTU与PLC的功能相似,主要根据实际应用环境与成本选择使用。PLC侧重于本地控制,主要用于需要逻辑编程以及程序经常需要改动的场所。RTU主要是侧重远程控制,可应用于更恶劣的室外环境当中。两种产品各有其优缺点,主要针对的应用范围及控制对象也不尽相同,具体选型时,要根据使用环境、监测对象、控制动作复杂程度、使用方式等参数确定。部分RTU也具有可编程功能,PLC可以应用的大多数场合,RTU都是可以用的。RTU和PLC有交叉兼容趋势,特别是PLC常常作为RTU应用,而RTU也常常用于PLC应用领域。它们内部的结构及工作原理越来越趋同。

RTU/PLC的硬件主要包括CPU、存储器、以及各种输入输出接口等功能模块,这些模块被集成到电路板中,通过电路板布线完成RTU/PLC各功能模块连接。CPU是RTU/PLC控制器的中枢模块,负责处理各种输入信号,经运算处理后,完成输出。存储器是RTU/PLC记忆系统,用来存储各种临时或永久性数据。输入输出接口通常包括:开关量输入单元、开关量输出单元、模拟量输入单元、模拟量输出单元、脉冲量输入单元、脉冲量输出单元等。这些输入/输出单元连接各种传感器和执行器,是现场输入/输出设备与 CPU 之间的接口电路。通信接口用于与编程器、上位计算机等外设连接,从而构成一个区域范围内的工业设备监测和控制系统。

西南油气田自 2010 年开始在所辖千余座井站/站场大规模开展以 RTU/PLC 站控系统为核心的油气生产信息化及 SCADA 系统完善建设。RTU/PLC 站控系统以 RTU/PLC 控制器为核心,包括现场仪表、控制柜、视频监控设备、语音喊话设备、声光报警设备、入侵探测设备、太阳能供电系统、电动阀、ESD 系统等。RTU/PLC 站控系统主要部署于阀室、单井站、各类站场等生产现场,主要针对各类阀室、井站、集/配气站场的生产工艺过程,通过在站内配置 RTU/PLC 主控制器联接,井口、进/出站管线、工艺装置区设置压力/温度/液位变送器、智能流量计、安全截断阀、电动执行机构等设备,实现对工艺变量生产数据以及设备运行状态数据的采集、传输、数据运算处理与工况报警,同时与声光报警、入侵探测、工业视频监视、语音喊话等设备进行联动,执行气田调度控制中心发送的指令,并同时向调度控制中心发送实时状态数据等,实现数据采集、数据通信、远程控制等功能。

RTU/PLC 系统架构如图 3-12 所示。

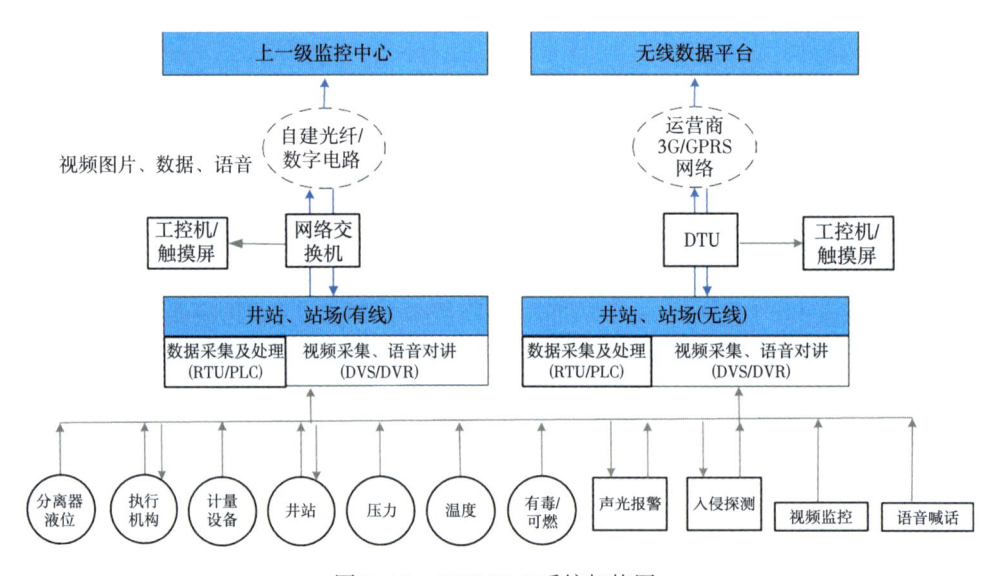

图 3-12 RTU/PLC 系统架构图

现场仪表采集的数据,通过信号线缆上传至值班室或室外机柜中的 RTU/PLC 的采集模块中,经由 RTU/PLC 的 CPU 处理,通过通信模块将数据传输至交换机/DTU,再经由交换机传至本站工控机或上一层监控中心进行数据的处理。数据逐级上传至中心站监控室、区域控制中心、气矿调度中心进行远程监视控制,实现阀室、单井站、丛式井站以及配气站、集气站、输气站的自动化监控。生产工艺流程的自动化无人值守管理,使现场工艺生产运行更加安全受控,极大地降低了井站/站场人员安全生产风险。

RTU/PLC 的主要功能:
(1)数据采集功能,并作数据预处理(如工程单位的换算等);

(2)数学运算、逻辑运算、PID 控制；
(3)天然气流量计算处理；
(4)对内存、I/O 卡、CPU 卡、电源、通信等进行自诊断；
(5)大容量存储,具有至少存储 48h 数据(带时间标签)的能力；
(6)采集并传输智能仪表 HART 数据至气田控制中心的智能设备管理系统；
(7)向上级控制中心传输数据；
(8)接受上级控制中心的设定值或控制指令。

二、气田综合控制系统

气田综合控制系统是西南油气田以龙王庙气田自动化安全管控为目标对象,以气田净化厂 DCS 系统为核心,向上延伸覆盖单井、各类场站、管道阀室等,集气田开发管理、生产操作、生产调度控制、应急处置为一体的大型气田综合计算机控制系统。

(一)DCS 系统

DCS 系统(Distributed Control System)即分布式控制系统,具有通用性强、易于扩展、系统组态灵活、控制功能完善、数据处理方便、显示操作集中、安装简单规范化、调试方便、运行安全可靠的特点,适用于石油天然气、化工、冶金、轻工、造纸等各种生产过程管理控制,能够提高生产自动化水平和管理水平,降低能源消耗和原材料消耗,提高劳动生产率,保证生产安全。

在油气行业,DCS 系统主要应用于气田净化厂、脱水站,作为控制系统的核心,实现对净化厂全厂或脱水站全站生产实体对象的所有工艺变量及设备运行状态的数据采集、实时监控,这些生产实体对象包括:主体装置(脱水、脱硫及硫黄回收、尾气处理)、硫黄成型装置、锅炉及热力系统、火炬及放空系统、空气氮气站、燃料气系统、循环水系统、污水处理装置、生产消防给水站及其他辅助设施。同时也可对重要工艺流程阀门、泵进行自动联锁控制。

西南油气田根据自身生产实际需求及数字化气田建设需要,在龙王庙气田控制中心建立了一套以分布式控制系统(DCS)、安全仪表系统(SIS)、火气控制系统(FGS)为核心,气田井、站、阀室数据采集、远程监控、调度管理及应急处置功能为一体的综合计算机控制系统,对传统 DCS 系统进行了扩展性集成应用。

各井站、集气站和阀室等工艺设施数据的采集均采用现场 RTU/PLC 完成,通过通信光缆与净化厂中央控制室工业以太网直接连接,实现数据远程上传。DCS 系统操作人员在中央控制室通过操作工作站对各井站、集气站、阀室、净化厂工艺装置进行管理、监视和控制,实现对整个生产过程的集中监控和调度管理。

综合控制系统建立在可靠、稳定、高带宽的工业以太网上,运行标准的 TCP/IP 协议,整个控制系统采用两台冗余的 DCS 数据服务器,除了采集 DCS 控制器汇集的净化厂各类装置状态数据、工艺过程外,还要采集各井站、集气站、阀室的运行实时数据,并存储在同一个数据库中。这些数据不仅包括各设备设施运行状态实时数据外,还包括所有的系统报警、事件、历史数据、诊断信息等。在这种情况下,每个操作工作站通过 DCS 服务器均可访问实时数据、历史、报警、事件、诊断等所有信息,并且所有操作工作站可以互为备用。

DCS 系统是采用标准化、模块化和系列化的设计,由过程控制级、控制管理级和生产管理级组成,具有集中操作管理、实时控制、配置灵活、组态方便、高可靠性的特点。其优越性可归纳如下:

(1)自主性:系统各操作工作站通过网络接口连接,独立自主地完成自己的任务,且各操作工作站的容量可扩充,配套软件随时可组态加载,是一个能独立运行的高可靠性子系统。

(2)协调性:高可靠、大容量的工业控制局域网络使整个系统信号充分共享,从总体功能及优化处理方面具有充分的协调性。

(3)在线性与实时性:通过人机交互接口和信号 I/O 接口,对过程对象的数据进行实时采集、分析、记录、监视、操作控制,可进行系统结构、组态回路的在线修改,系统局部故障在线修复。

(4)高可靠性:高可靠性是 DCS 的生命力所在,从结构上采用冗余设计,使得在任一个单元失效的情况下,仍然保持系统的完整性,即使全局通信或功能失效,全系统仍能维持工作。硬件上包括服务器、操作工作站、通信链路都可采用冗余配置,软件上采用分段与模块化设计,积木式结构组装,均极大地提高了系统的整体可靠性。

(5)适应性、灵活性和可扩充性:硬件和软件采用开放式、标准化设计,系统积木式结构,配置灵活,可适应不同用户的需要。当生产工艺、生产流程发生改变时,只需改变系统配置和控制方案,并使用相应组态软件完成一些数据表格即可实现。

(6)友好性:DCS 系统面向工业控制技术人员、工艺技术人员和生产操作人员,采用实用而简捷的人机会话软件,LCD 高分辨率交互图形显示,复合窗口技术画面丰富,总观、控制调整、趋势图、流程图、回路一览、报警一览、计量报表、菜单功能等简洁实用。平面薄膜键盘、触摸屏、滑动鼠标器、跟踪球等操作十分方便。

DCS 系统主要功能:

(1)开放的网络结构,模块化设计。系统采用开放式的数据库,能与 RTU 系统监控网络进行有机连接,接受上级调度控制中心下达的调度控制指令。

(2)具备工艺过程变量 PID 与复杂控制功能及逻辑、顺序控制功能。

(3)具备天然气流量计算与处理(天然气组分和流量参数输入)。

(4)具有强大的人机对话能力,标准的控制组态工具,动态工艺流程、工艺参数及其设备相关状态显示。

(5)能与第三方控制系统(如组控制系统等)通过标准通信接口进行可靠连接,进行数据采集,对第三方控制系统进行监视;通信协议为 RJ-45(TCP/IP)和 RS-485(Modbus-RTU)。

(6)显示报警一览表、实时趋势曲线和历史曲线、数据存储及处理。

(7)打印生产报表、报警和事件报告。

(8)具备完善的自诊断功能和强有力的维护功能,可以定时自动或人工启动诊断系统,并在操作站/工程师站 LCD 上显示自诊断状态和结果。自诊断系统包括全面的离线和在线诊断软件,诊断程序能对系统设备故障和外部设备运行状态进行检查。系统各个设备,包括操作站都有在线更换的功能,即在进行这些设备的更换时,不影响装置正常的生产。

(9)在线组态修改和在线组态下装功能,系统具备在线修改组态能力,并在不影响装置正常生产的情况下,完成组态的下装任务。

(10)系统具有冗余、容错能力。

经过不断的改进发展,当今的 DCS 系统已不是过去的只重视过程调节控制的单一结构系统,而是一个采用标准化、模块化和系列化的设计,由过程控制级、控制管理级和生产管理级组成的一个以通信网络为纽带的系统,操作管理集中、控制相对分散,是一套高可靠性的具有远程数据采集和监控功能的分布式综合控制系统。除龙王庙气田外,我国规模较大的克拉2气田、长北气田、相国寺储气库和川东北罗家寨气田也是成功采用这种控制系统结构,实现了气田和处理厂的统一监视和控制。

(二)SIS 系统

SIS 系统(Safety Instrumented System)即安全仪表系统,一般部署应用于天然气净化厂、脱水站。根据国家石油化工行业标准《石油化工安全仪表系统设计规范》(SH/T 3018—2003),西南油气田采用独立的冗余、容错并具有 SIL3 安全完整性等级的控制系统作为安全仪表系统(SIS),对净化厂各个工艺装置和设施进行安全监控,同时向 DCS 系统提供联锁状态信号。

安全仪表系统通过在监控中心设置工程师站和操作员站,当净化厂上游或下游管道、设备故障时,可部分或全部地切断装置。除自动实施 ESD(Emergency Shutdown Device)的紧急刹车功能外,中央控制室设置了 SIS 系统辅助操作台,当装置泄漏、火灾或地震等险情发生时,手动触发按钮,可关断相应工艺装置。全厂 SIS 系统启动时,全厂联锁停车,并打开相关工艺装置泄压阀。

安全仪表系统实现了净化厂、脱水站各个工艺装置和设施实施安全监控,同时向 DCS 系统提供联锁状态信号。根据需要,可通过 DCS 系统对气田上游或下游的井站、集气站、阀室等进行安全联锁动作,对人身安全、设备及集输系统的正常运行进行控制和保护。

(三)FGS 系统

FGS 系统(Fire Alarm and Gas Detector System)即火灾报警和气体检测系统。部署应用于天然气净化厂及脱水站,包括可燃/有毒气体检测与报警系统、火灾检测与报警系统及消防联动系统等。在中央控制室设置专用工程师站/操作员站。

在现场可能发生可燃气体泄漏的地方,如脱水装置、燃料气系统等工艺设施附近,设置固定点式红外可燃气体探测器;在可能发生有毒气体泄漏的地方,如脱碳装置、硫黄回收装置、尾气处理装置等工艺设施附件,设置固定式有毒气体探测器;在硫黄成型及硫黄仓库,设置紫外/红外火焰探测器。以上信号与现场声光报警器实现报警联动,并接入中央控制室进行报警。当火灾或其他灾害发生时,准确地切换到相应画面,显示出报警部位、报警性质、消防设备状态等。根据判断并在辅助操作台上触发 ESD 按钮,通过 SIS 系统,关闭相应的井口及各工艺装置。

FGS 系统为专用控制系统,由独立的可编程序逻辑控制器(PLC)、图形处理软件、数据库软件、人机界面、打印机等组成。能将所有监控场所的构筑物、设备等布置图存入系统,并能在火警或设备故障报警时,准确地切换到相应画面,并能对火灾自动报警及联动控制系统传输来的数据信息进行处理,建立动态数据库并打印输出,具有语音及图像操作提示功能。该系统通过标准通信接口与 DCS 系统进行数据交换。

(四)综合控制系统

综合控制系统是以部署于龙王庙气田各井、站、场的 RTU/PLC 系统为基础,通过系统集成,在净化厂中央控制室将 DCS、SIS、FGS 系统集成为一套以 DCS 系统和 SIS 系统为核心,具有远程监控、数据采集及调度管理为一体的综合计算机控制系统(图 3-13)。

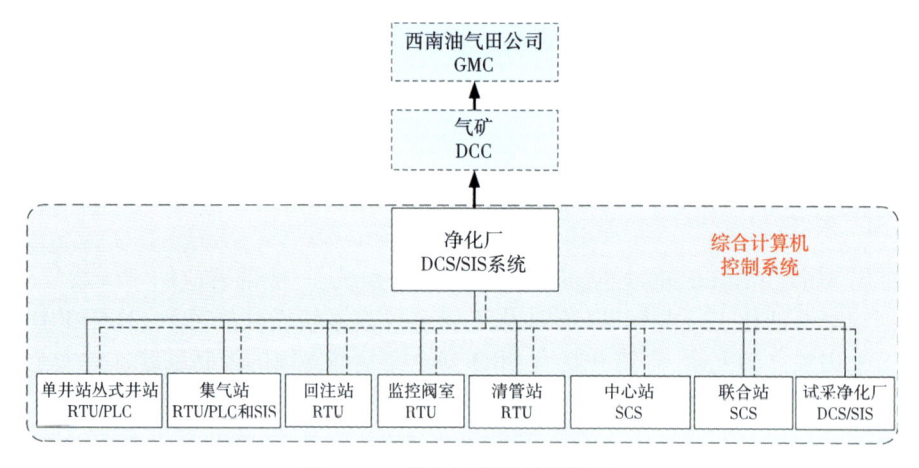

图 3-13 综合计算机控制系统

系统利用先进的计算机网络通信技术和信息管理软件,与远程 RTU/PLC 系统进行有机连接,实现数据与界面的共享统一,采用 DCS 系统操作方式对气田井场、站、厂、线生产运行和输配气进行集中监视控制和调度管理。

综合控制系统操作员站和机柜分别放置于主控制中心中央控制室和装置机柜间。操作人员在中央控制室对各井站、阀室、回注站、集气站、净化厂工艺装置进行集中管理、监视和控制。各井站、阀室、集气站和回注站均采用远程终端装置 RTU/PLC 完成工艺参数的监控和管理,并通过通信光缆和中央控制室冗余工业以太网直接连接。

综合控制系统构成四级架构,如下:

(1)第一级为西南油气田成都总调度管理中心(GMC)。
(2)第二级为气矿地区调度管理中心(DCC)。
(3)第三级为气田控制中心(DCS),位于磨溪第二净化厂中控控制室,由磨溪第二净化厂 DCS 系统负责完成。
(4)第四级为站场控制级(SCS),在气田井站、集气站、远控阀室、回注站等相关工艺设施等处设置 RTU/PLC,磨溪第二净化厂和试采净化厂设置 DCS/SIS 系统。

龙王庙气田内单/丛井站、集气站、回注站、远控阀室等主要的数据采集、过程控制功能由 RTU/PLC 系统完成;试采净化厂和磨溪第二净化厂主要的数据采集、过程控制功能、安全联锁功能由 DCS/SIS 系统完成;气田的监视、控制和调度由安岳气田磨溪区块龙王庙组气藏生产调度控制中心完成(图 3-14);试采净化厂 DCS/SIS 系统作为龙王庙气田的应急控制中心,可实现紧急情况下远程关井等功能。

单井站、丛式井站、集气站和回注站的 RTU/PLC 系统和净化厂的 SIS 系统,利用通信系统接入气田综合计算机控制系统。在 DCS 系统管理网络上设置调度管理,根据自控系统采集的过程参数、报警及视频信号完成对工艺过程的监控和现场维护的操作管理,为调度人员提供整个气田的运行状态和关键参数,为气田的科学调度管理提供可靠的信息化平台。

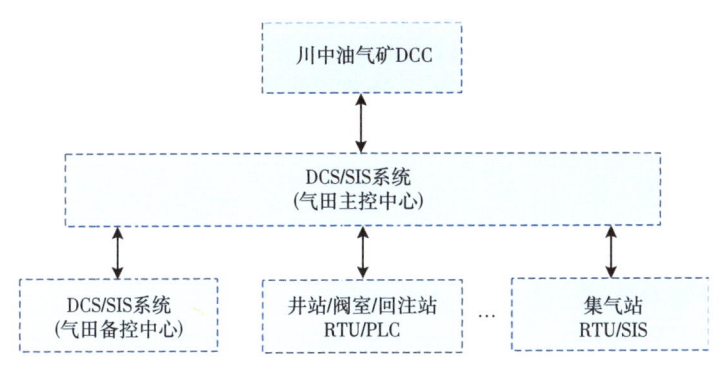

图 3-14 龙王庙气田主控制中心

试采净化厂 DCS 系统具有对内输井站、回注站和集气站的远程控制功能,在紧急情况下,气田主控制中心 DCS 系统故障或瘫痪后,现场通过 SIS 系统和人工干预的方式使装置进入安全状态;内输无人值守站场控制权限自动切换至试采净化厂 DCS 系统,此时,井站、回注站、阀室及集气站可接受来自试采净化厂的远控命令,如远程关井命令等。

综合控制系统对全气田具备紧急关断功能,实现全气田的安全生产受控。紧急关断系统分为四级,分别如下:

一级关断。全厂关断,由安装在控制室内的手动关断按钮触发的关断。此级关断将关断所有的生产系统,打开全部放空阀,实现紧急泄压放空,发出厂区报警并启动消防泵。同时,自动联锁远控关井。

二级关断。全装置关断,所有装置停车,但不放空。同时,启动自动联锁远程关井口。

三级关断。部分装置关断,是由单元系统故障而触发的关断。此级只关断某个故障系统单元,对其他系统无影响。

四级关断。设备关断,由于设备(如阀门)本身误动作或故障,设备在一定时间内故障暂时不影响装置的运行,控制室接收故障报警信号,操作人员进行现场确认、维护、检修,最终使设备投入装置正常运行。

为整合不同品牌自控系统,实现内输井站自控系统与气田控制中心综合控制系统无缝连接,实现对集气站、单井站、丛式井站、回注站和监控阀室及各净化厂的集中远程监视与控制,同时通过 SIS 系统实现整个气藏的全局联锁保护控制和内输场站的局部区域性联锁保护控制,内输场站自控系统全部采用成熟通用的标准 MODBUS TCP/IP、标准 OPC 协议与 DCS 系统进行通信连接,并在 DCS 系统通信服务器前端安装工业防火墙,防止广泛分布的内输井站网络对气田综合控制系统的整体平稳运行造成威胁。

龙王庙气田综合控制系统实现了净化厂→集气站→单井三个控制层级的联锁自动控制功能,包括 DCS 系统、SIS 系统、FGS 系统、SCADA 系统,可以让气田实现井下安全截断阀、井口截断阀、单井出站截断、集气站进/出站截断、集气干线截断、集气总站进/出站截断、净化厂进出站截断、外输气截断的"八级截断"和单井站放空、集气站放空、净化厂放空的"三级放空"的全气藏连锁,在应急状态下达到"快速反应、远程关断、有限放空"。各井场设有安全仪表系统SIS、RTU/PLC 控制系统,井口设置安全截断系统,出站管线设有紧急截断阀,当检测点压力超高或超低时,系统能自动关闭井口。在井场设有火灾探测器、可燃气体探测器、声光报警器和手动报警按钮。报警后通过 SIS 系统触发声光报警器,根据报警规模和危险程度,启动相应的安全联锁。净化厂及气田 DCS、SIS 系统将在两分钟内截断上游气源,确保气田整体安全生产运行。

三、SCADA 系统

SCADA(Supervisory Control And Data Acquisition)系统,即数据采集与监视控制系统,又称地面集输管理与控制系统,是指由多级管理/控制中心组成的、以 RTU/PLC、DCS 系统为基础的天然气集输运行与控制系统。在西南油气田,SCADA 系统由公司总调度中心、气矿调度管理中心、作业区区域控制中心以及多套分布在各站场的远程终端(RTU、PLC)组成,具有包括数据采集与远程控制、数据传输存储、综合组态监控展示等功能。调度控制中心的主计算机通过实时接收来自远程终端采集的数据,或向其发送数据和指令,实现整个工业网络的监控,从而保证生产系统的安全控制及优化运作。

西南油气田根据实际生产管理情况,建立作业区级、气矿级、公司级 SCADA 系统,通过在井场、增压站、集输站等安装数据自动采集器、监控装置及自动化控制设备,实时采集各项生产数据和井场站区域视频信号,通过生产网络将这些数据、信号传输到各级监控中心进行集中管控,通过传感、控制、通信、处理计算、SCADA 软件等技术组合,对油气水井、站库等生产对象进行数据综合处理与分析,实现全面实时感知,为生产指挥提供决策依据,达到生产自动化、实时生产状态可视化、管理决策规范化的目的[3]。

西南油气田 SCADA 系统从上至下由总调指挥中心(GMC)、地区调度管理中心(DCC)、区域控制中心(RCC)及站控系统(SCS)构成(图 3—15)。

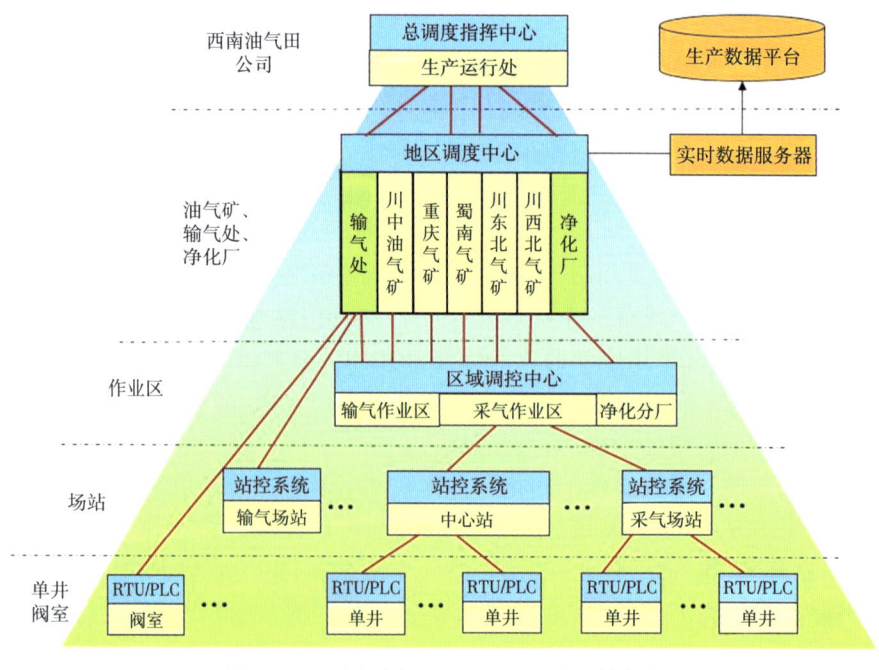

图 3—15 西南油气田 SCADA 系统总体架构

(1)总调指挥中心(General Management-dispatch Center,GMC),它是监视西南油气田天然气产、运、销动态并进行整体生产指挥、调度、管理的最高层。西南油气田管辖的气田、场站、管道(阀室)、处理厂的重要数据逐级上传至 GMC,在西南油气田总部对重点场站的生产过程监视、调度和管理,GMC 不具有对生产过程进行远程控制和直接操作的功能。GMC 实现对天然气重要站场生产参数、大管网运行动态及重点用户用气动态的实时监视,在西南油气田生产运行及调度指挥中发挥了重要作用(图 3-16)。

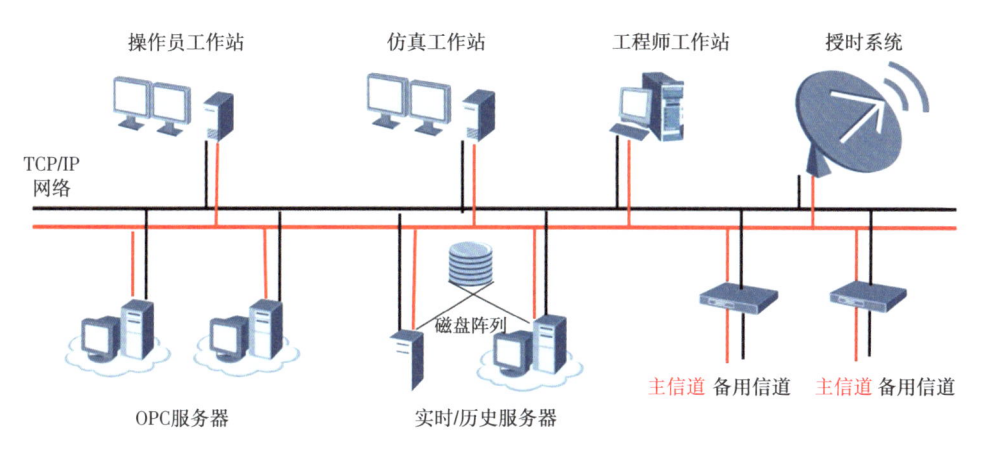

图 3-16 总调指挥中心系统架构

(2)地区调度管理中心(District Command Center,DCC),它负责监视/控制所辖地区天然气生产、管道输送,是执行和下达生产指令并进行调度管理的机构,负责所辖区域内管线和站场的数据采集、现场设备控制,并向 GMC 提供现场实时数据。在西南油气田,DCC 一般不具有远程控制功能,主要设置在 5 个油气矿(采油厂级)及输气管理处(负责商品气的大管道集输)。DCC 的基本功能包括:实时数据接收、处理、展示并上传至 GMC,同时具有工业流程动态显示、实时数据动态趋势及历史数据趋势曲线展示、数据通信管理、事件及报警管理等功能。具有远程控制功能的 DCC,具备与井场、集输站的站控系统(SCS)之间进行控制权切换、异常紧急情况下的控制权抢夺、远程设备紧急停车、工艺站场启停、压力/流量值设定等功能。在 DCC 层级上,实时数据存储在 OPC 服务器上,然后通过单面网闸传送到西南油气田办公网。DCC 系统架构与 GMC 类似。

(3)区域控制中心(Regional Control Center,RCC)负责控制/监视所辖区域天然气生产、管道输送,是执行生产指令并进行生产组织的机构。在西南油气田,RCC 一般都具有远程控制功能,主要设置在作业区级。输气处的作业区 RCC 不具备远程控制功能,只有监视功能,控制权上交给 DCC,实现 DCC 与 SCS 两级控制。RCC 的基本功能包括:实时数据接收、处理、展示及上传至 DCC,以及工业流程动态显示、实时数据动态趋势及历史数据趋势曲线展示、事件及报警管理、数据通信管理等。RCC 支持对 RTU/PLC 的带时标的数据轮询,具备对时标数据的存储管理。具备远程控制功能的 RCC 还具备控制命令下发、与 SCS 之间的控制权切换、异常紧急情况下的控制权抢夺以及远程设备紧急停车、工艺站场进出口以及放空阀门的开关、压力/流量值设定等功能。

(4)站控系统(Station Control System,SCS),是对全站的工艺设备及辅助设施实行自动控制的系统。SCS一般情况设置在单井站、丛式井站、阀室、集气站(中心站)、增压站、配气站、转注水站等生产一线现场。现场压力、温度、流量等工艺参数经过设备仪表的信号转换并依托传输链路传送到站控系统,通过站控系统实现对现场工况的本地监控。SCS的基本功能包括:实时数据的采集、传输、存储、上传,对现场设备、设施、装置甚至工艺流程实现就地控制,同时SCS还具备动态工艺流程展示、实时趋势曲线和历史曲线展示等功能。SCS同样支持对RTU/PLC的带时标的数据轮询、与RCC/DCC间数据同步以及历史数据补传功能,具备与RCC、DCC的控制权切换功能。SCS与RCC、DCC的架构关系如图3-17所示。

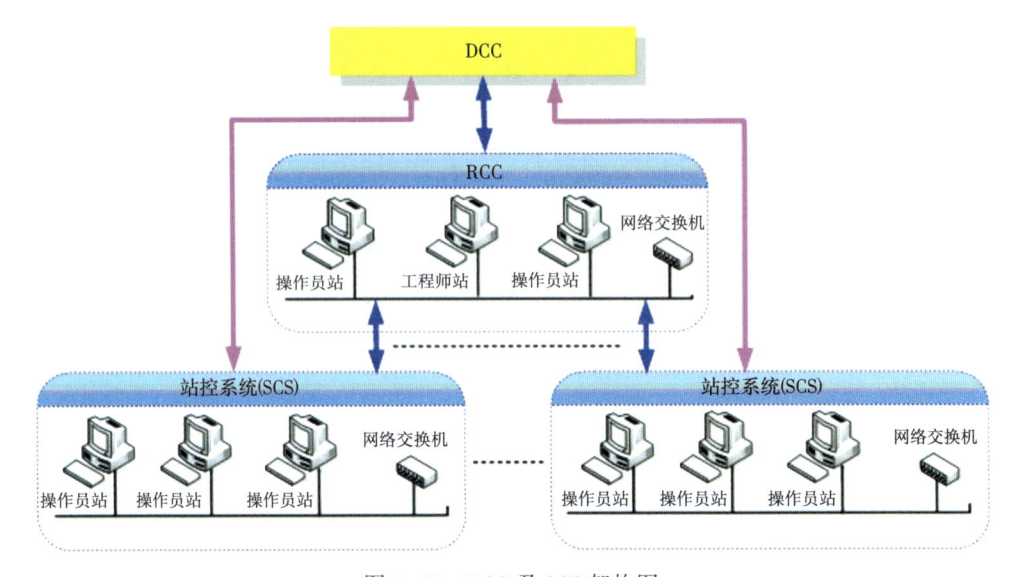

图3-17 RCC及SCS架构图

西南油气田SCADA系统的生产实时数据,首先通过前端各种传感器、RTU/PLC实现实时采集,再经过站控系统(SCS)、作业区监控中心(RCC)、气矿调度中心(DCC)、公司总调中心(GMC)进行逐级汇聚,支撑各级管理部门对生产状态的监控和生产调度管理。在DCC层数据以OPC方式通过单向网闸传送到办公网络,由"生产数据平台"的实时数据库进行统一集中管理,支持各种应用开发。

对于生产现场采集的视频和图片数据,也是依托SCADA的生产网,逐级汇聚、逐级应用、逐级上传,最终存储到办公网的"视频汇接平台",供公司相关管理部门或应用系统使用(图3-18)。

SCADA系统主要功能:

(1)生产过程数字化监控。

天然气的开采、工艺处理、管道输送和存储是一个充满易燃易爆、有毒有害风险的过程,生产实体大部分是高压容器(含管道),操作环境苛刻,风险度较高。通过SCADA系统建设,将自动化技术、信息技术和通信技术进行融合,实现多层级对现场生产数据、工艺设备运行状态的远程自动采集、自动监视、自动反馈、自动控制,使得系统性风险得以有效控制,同时有了SCADA系统的支持,大量减少了现场操作工和管理者,使得人员安全风险相对大大降低。

SCADA的生产过程监控数据主要包括:油压、套压、井口温度、介质压力、介质温度、液位、

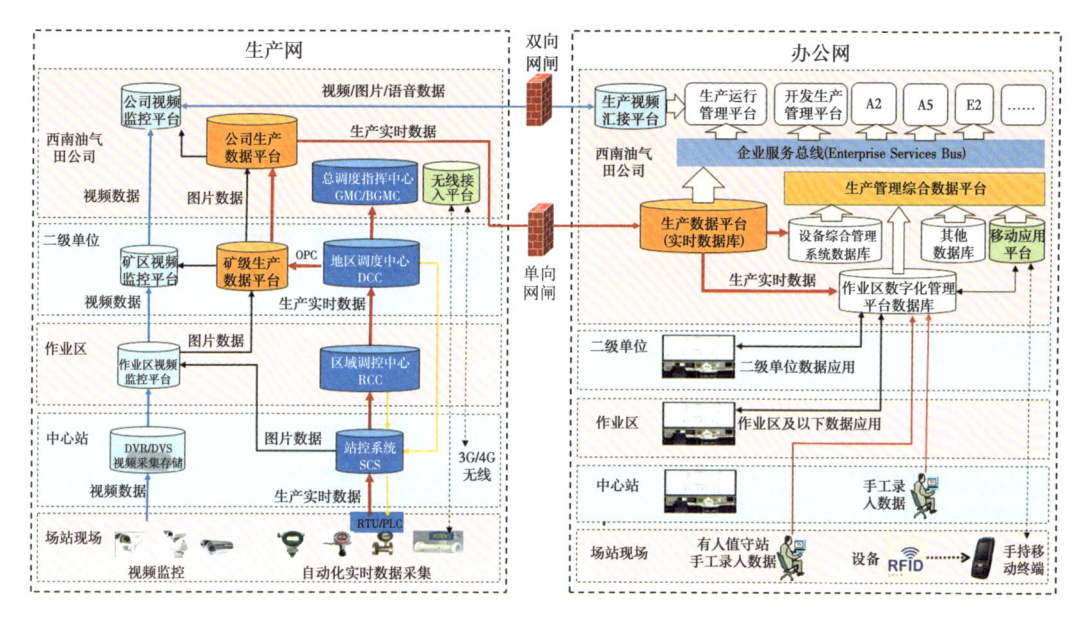

图 3-18 西南油气田生产网与办公网数据流向图

流量、出站压力、流程切断阀阀位、计量参数、气体浓度监测参数、天然气产量、含水量、泵转速、电流、电压、设备状态等。通过管网生产动态图展示、2D 工艺流程图、3D 工艺流程效果图对生产数据进行实时展示监控。

①管网生产动态图:以气田各井、场、站为节点的管线分布为基图,叠合管线设备的运行参数、管线进出口实时数据(本段管线的进口压力、进口瞬时流量、出口压力、出口瞬时流量)等生产信息,达到监视(或控制)全局(或局部)生产动态的目的。

②工艺流程图:又称工艺组态图,是调度监控的主要功能页面。通过工艺组态图,准确反映站场生产工艺过程的全貌和实时生产数据。3D 工艺流程效果图也是根据站场工艺流程设计图,结合现场实际布局,构建各种设备的 3D 模型,形成 3D 效果,显示各种设备的实时生产数据。

③站场全景图:以站场实体为基础进行等比例 3D 建模而成。通过站场全景图可直观形象地表现站场及站内各种设施、设备、建筑物的物理位置、布局、形态。如果叠加实时视频、图片,即可看到这些实体对象的当前外观状况;在全景图中,如果仪器、仪表等物理对象标注对应的实时数据,即可准确了解其生产情况、运行参数等。这种应用方式非常形象、直观,有身临其境的感觉。

(2)数据统计分析。

生产数据统计分析,主要是针对采集、传输到实时数据库的阀室、单井、集配气站、净化厂及相关集输管网的生产数据,进行数据汇总、报表生成、趋势曲线绘制等,对生产信息进行综合统计分析,对生产工况实时诊断,全面掌控气田生产动态,达到优化工况、预测趋势、科学制定生产制度、支撑对气藏动态的综合研究等目的。

(3)安全联锁与控制。

对于站场控制,为避免站内、站外部分泄漏产生的影响,降低井站/站场安全生产风险,在进、出站管线切断阀上设置气动、液动、电动执行机构,实现对进、出站管线切断阀远程集中监控和管理。在井口配置紧急切断阀,远程监视井口切断阀阀位状态,实现对井口切断阀远程集中监控和管理,必要时远程紧急关井。对于具有转水、回注、化学剂加注功能的井站/站场,实现转水泵、回注泵、缓蚀剂加注泵运行状态的远程监视功能。为加强对长时间运行且无人值守机泵运行状态的远程监视,采集机泵运行的电流、电压参数,最终接入作业区监控中心(RCC),实现气田调度控制中心(DCC)对机泵运行状态的远程监视和管理。

井站现场主要的数据采集、过程控制、就地应急关断等功能由站控系统完成;整个气田(作业区级)的运行状况监视、生产调整执行、安全联锁关断由区域控制中心(RCC)完成;归属到同一管理单位的多个气田的监视、生产运行调度由气矿生产调度控制中心(DCC)完成。对于龙王庙气田,整个控制系统以净化厂为核心,将RTU/PLC系统、DCS系统、SIS系统和FGS系统集成为一个综合性控制系统,向上对接SCADA控制系统的地区调度管理中心(川中油气矿DCC),向下连接到阀室和单井,除了可以监控净化厂本身的生产流程和设施装置外,也能实现对上游井场(站)的监控(若净化厂装置突然停车,可自动触发远程关闭井口采气装置),最终实现全气田井场、站、厂线生产监视、管理、控制的网络自动化。

SCADA系统的安全联锁与控制,实现了远控阀室、单/丛式井站、集配气站、净化厂等相关工艺参数超限报警、装置泄漏检测报警以及远程自动控制,使气田站场达到了无人值守管理的要求。这些功能的实现为生产组织及监控、调度管理及协调、数据汇总及分析、问题判断及决策提供了重要手段和依据。

总之,西南油气田SCADA系统建设覆盖了气田全部现役场站的统一的数据采集系统,实现一线生产单元各类日常生产数据的采集、传输、存储、转换,满足了作业区、气矿、西南油气田各级对前端生产数据的监视、存储、管理以及对关键设施运行状态的实时监控和过程控制,有效解决基层单位数据重复录入问题。统一向上提供的原始数据服务,支撑上层各类综合应用的开展,实现一次采集、集中管理、多业务应用。不断完善的数据自动采集能力,提高了天然气生产、输送和销售调配的科学性和安全性,使得工艺流程和管理流程进一步优化,提升了生产效率。

四、油气生产物联网系统

物联网,英文名全称为"the interent of things",是新一代信息技术的重要组成部分,是通过射频识别、红外感应器、全球定位系统、激光扫描器等信息传感设备,按约定的协议,把众多的物理实体对象与互联网相连接,进行信息交换和通信,实现对实体对象进行智能化识别、定位、跟踪、监控和管理的一种网络。物联网概念最早出现于比尔·盖茨1995年出版的《未来之路》一书。1998年,美国麻省理工学院(MIT)创造性地提出了被称作EPC系统的"物联网"构想,"EPC global"旨在搭建一个可以自动识别任何地方、任何事物的开放性的全球网络,即EPC系统,可以形象地称为物联网。1999年,美国Auto-ID首先提出"物联网"的概念,主要是建立在物品编码、射频识别技术和互联网的基础上。

物联网的本质概括起来主要有三个特点:一是互联网特征,即需要联网的物在网络中能够实现互联互通;二是识别与通信特征,即纳入物联网的物一定要具备自动识别并与之通信的功能;三是智能化特征,即网络系统应具有自动化、自我反馈与智能控制的特点。

随着物联网技术的快速发展与成熟应用,数字化气田建设将物联网技术广泛应用于气田天然气生产数据采集、仪表无线抄表、天然气管道输送监测、资产跟踪管理、设备装置物流及应急维护管理等方面。在气田基础设施建设中,物联网逐步与站场自动化融为一体,结合物联网关、HART协议采集器等物联网设备,实现气田井区、计量间、集输站、联合站、处理厂等生产单元的各类生产数据、设备状态信息实时采集与传输,支撑生产指挥中心及生产控制中心对气田生产的集中管理和控制。

(一) 油气生产物联网系统建设

近年来,随着天然气开发生产的提速,各级生产单位对现场实时动态生产数据、现场视频图像和语音对讲等多数据业务的监控与应用需求越来越大,促使西南油气田对生产管理数字化建设的力度进一步加强,油气生产物联网系统进入全面建设实施阶段。

西南油气田油气生产物联网系统以站场自控系统为基础,结合物联网技术,利用传感器、RFID标签、二维码及其他各种感知设备实时采集各种数据及动态对象,全面获取生产实体信息;利用以太网、无线网、移动网将各类数据信息进行实时传输;实现对工艺生产仪表、设备数字化的控制和管理,提高每个生产操作单元的自动化程度,及时、准确、连续地掌握一线生产动态;实现生产重点现场自动连续监控,发生异常情况可快速反应、及时处理,提高应急响应能力;减少员工和车辆出行,降低高压、高温装置的巡检、有毒有害环境下的操作风险;保证油气生产持续、稳定、高效运行,实现物联网数据智能应用[4-5]。

西南油气田油气生产物联网系统建设总体目标是利用物联网技术,建立标准的、规范的、统一的覆盖油气田地面工程油气井区、计量间、集输站、联合站、处理厂等油气生产各环节的数据采集与监控子系统、数据传输子系统、生产管理子系统等数据管控平台,实现生产数据自动采集、远程监控、生产预警等功能,支持油气生产过程管理。利用信息数据集成化、信息数据共享化、数据安全可靠、数据存储量大、支持跨区域跨部门决策等技术优势,通过电子巡井、实时跟踪、过程监控、智能预警等数字化技术应用,建设可视化的生产管理和调度指挥平台,为优化运行方案提供数据支撑,为提高劳动生产率和油气田的管理水平创造条件,实现生产流程、管理流程、资产配置、组织结构、生产方式优化提升以及对油气生产管理的辅助管理决策。

根据业务需求及实现功能的不同,西南油气田油气生产物联网系统建设按四级架构进行设计:即应用层、调度层、监控层和现场层(图3-19)。

应用层:主要指生产数据经过处理之后的应用部分,包括数据平台的应用展示、各种基于数据分析和数据解释的应用。企业办公网从数据平台读取的数据主要用于OA、生产管理指挥系统等的应用。

调度层:是主要行使调度功能的集中管理单元,是实现生产调度管理的重要平台。调度层通常指设置在西南油气田的总调指挥中心和设置在各二级单位的区域调度管理中心。

监控层:是主要行使监控功能的集中管理单元,是实现生产监控、执行生产指令的重要平台。监控层通常指设置在作业区的区域控制中心、中心站监控室和站场监控室。

现场层:主要指实现现场生产数据采集、现场智能仪表设备的静动态信息和自诊断信息数据的采集、声光报警、入侵探测、工业视频监控、双向语音对讲及喊话、远程控制、状态检测及实时故障报警、电量检测及智能管理等功能的单元,包括现场仪表、设备标签、工业手持终端、

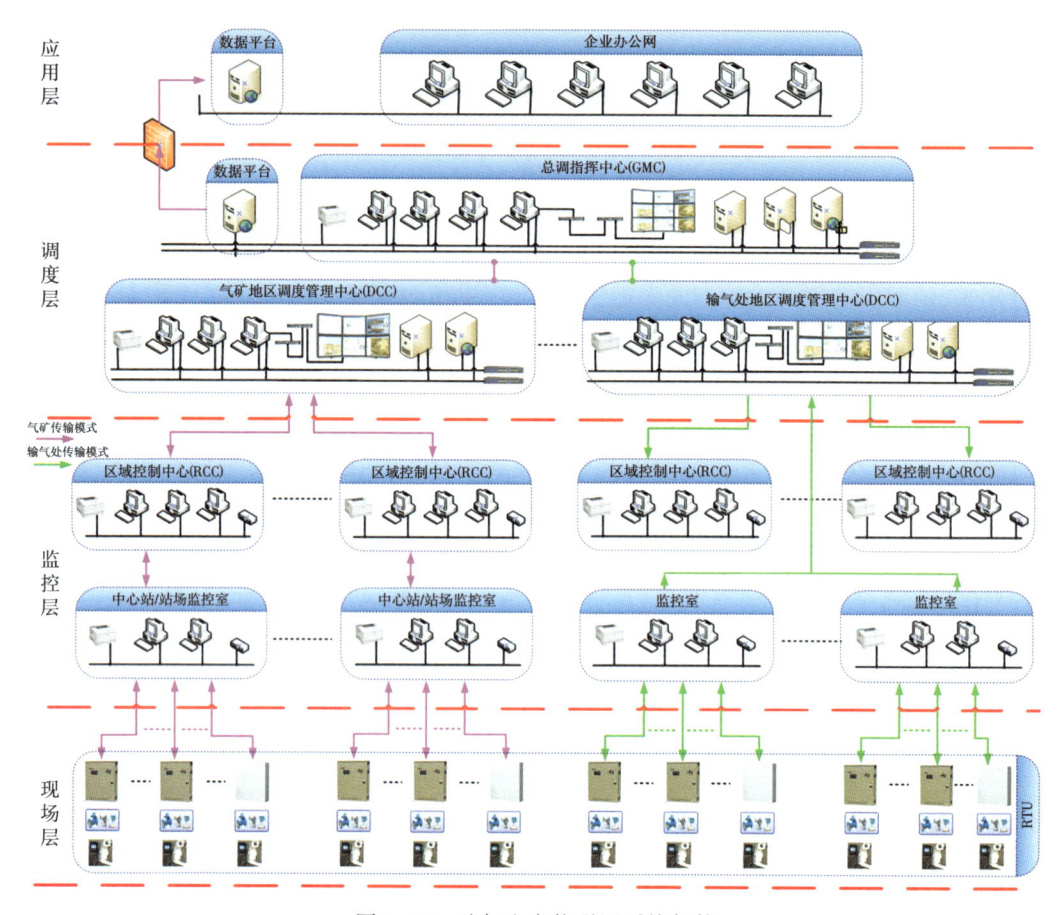

图 3-19　油气生产物联网系统架构

RTU 控制器、控制柜、工业视频监控设备、双向语音对讲及喊话设备、声光报警设备、入侵探测设备、太阳能供电系统、电动阀、ESD 系统等。

西南油气田油气生产物联网系统建设是在原地面工程数字化建设基础上,结合西南油气田 A11 示范建设、SCADA 系统建设、作业区信息化建设及无人值守化管理要求,对现有信息化基础设施进行完善改造。系统建设以生产业务为核心,通过实时数据采集、处理、分析、计算等,为优化运行方案提供数据支撑,为提高劳动生产率和油气田的管理水平创造条件。其最终目标是高效支撑油气生产管理,实现对油气田生产业务的动态监视、智能决策、远程控制与流程优化,对设备的动态管理、故障预警,建成可视化的生产管理和调度指挥平台,促进各业务间高效、安全地进行数据共享与协同工作。

西南油气田油气生产物联网基础设施建设主要包括:生产单元的自动化数据采集及传输系统建设,现场各类智能仪表、设备的静、动态信息和自诊断信息的采集及传输系统建设,覆盖生产场所的传输网络建设,各类站场的视频监视系统建设等。核心建设内容是对上游生产环境和生产过程中各类设备运行状态、工艺流程及管理环节的状态、变化、趋势进行实时或准实时信息反馈、监控,并在所收集信息基础上,对生产过程进行控制、预警、调度和决策。其技术组成及应用主要体现在以下方面:

(1)构建相对独立的生产网与办公网:采用无线和有线相结合的组网方式,建立规范的覆盖西南油气田各种地理环境条件的数据传输网络,为数据采集与监控和生产管理提供安全可靠的网络传输系统。生产网覆盖西南油气田全部现役场站,为生产数据传输、远程控制、视频传输等提供专用数据通信网络;办公网为日常办公需求提供数据通信网络。生产网向下延伸至单井站,办公网向下延伸至有人值守井站。生产网与办公网相互独立,仅在西南油气田总部一级实现生产网到办公网的单向数据传输,满足数据共享及业务应用需求。

(2)建设各类生产单元的自动化数据采集、视频图片数据采集、远程控制及传输系统:采用传感和控制技术构建数字化油气田地面工程的生产运行参数自动采集、生产环境自动监控、物联网设备状态自动监测和生产过程远程控制。建立标准的油气上游生产现场设备状态及工艺流程信息采集系统。同时,支持井站现场作业的自动化检测和控制需求。

(3)在井站/站场等一线生产现场建设以 RTU/PLC 控制器为主的站控系统:实现压力、温度、液位、流量等实时生产数据以及各类仪表设备的实时状态信息的采集监控,并将实时数据逐级传输汇聚在各中心站、作业区、二级单位 SCADA 系统;将视频图片数据逐级传输汇聚在各作业区、二级单位的视频监控平台。实现生产、设备全面实时数据的集中监视与阀门、泵等重要工艺流程装置的远程控制。

(4)在各油气矿及西南油气田总部建设数据存储、转换平台:采用数据处理和数据分析技术构建的涵盖生产数据实时监测、生产分析、安全预警、运行调度、数据管理等功能的信息管理系统,建成实时生产数据集中汇聚、存储、服务的生产数据平台,在此基础上,提供支持油气生产过程监控、分析、管理的应用。

西南油气田油气生产物联网系统具备井口压力超高自动关井、出站压力超低自动关井、自动调压生产、自动排污、进出站自动截断、自动泡排加注、气田水自动转运、自动化计量、自动化脱水生产、自动化增压生产、密闭厂房风机联锁、自动放空点火、管线破管自动关断保护等控制功能,以及压力、温度、液位、阀位、产量、关键设备运行状况、阴极保护等数据的采集和生产远程控制功能。实现了对天然气生产气井、脱水站、增压站、输配气场站的自动化生产,天然气的自动化计量,天然气管道的分段关阀保护;分析、设置各级压力报警参数和控制参数,通过各站场、阀室的各级关键压力点自动监控、报警、联锁截断、自动放空点火,实现气田和管道的安全防控,为无人值守生产、远程集中监控数字化生产模式的应用奠定了硬件基础,为全面实施"井站、阀室无人值守自动化生产;中心站区域监控、定期巡检;作业区 RCC 气田集中调配、管控;气矿管网天然气生产监控调度"的高效生产管理方式提供了技术保障。

西南油气田油气生产物联网系统的建设实施,使西南油气田数字化气田物联网系统具备了统一标准、功能和数据接口的自动化基础平台系统单元;具备了稳定的传输网络,并适应框架流程的变更与灵活定制;具备分层次、可集成应用的数据视频流框架结构;具备模块化、可组装化的系统结构,实现了一线生产单元各类日常生产、管理数据和视频信息的统一采集、传输、集中存储、管理、转发,向各业务应用系统提供准确、及时的原始数据服务,支撑各类综合应用的开展。

(二)油气生产物联网管理应用

油气生产物联网系统对西南油气田生产管理实现主要分为"三步走":第一步,现场数据采集。通过各种传感设备、控制设备自动采集油气生产管网实时数据、智能设备的工作状态,手持终端设备扫描关联现场设备的 RFID 射频标签,实现设备自动化控制、现场巡检、任务执行、问题反馈与闭环;第二步,生产活动作业信息的上传下达。通过通信光缆、无线 4G 通道将生产管理相关指令信息下达至生产现场,生产现场将生产管理执行情况上传至上层管理平台。第三步,业务应用。生产现场上传的数据进入油气生产物联网管理平台,建立设备运维管理、生产活动管理的数据库,并自动智能预警,为油气生产各管理业务的辅助决策提供数据支持。

系统的应用架构按照上述管理流程共分为:采集层、传输层、应用层(图 3-20)。采集层由现场的各种传感设备、控制设备、射频标签和手持终端构成;传输层由通信光缆或租赁运营商的 4G 网络构成;应用层主要是系统上层的应用平台,可综合现场采集的各种生产管理数据,自动生产各类专业报表、图形,支撑油气生产管理各个岗位业务应用。

图 3-20 油气田生产物联网应用模型

油气生产物联网系统功能由现场移动应用功能和物联网平台应用功能构成。具备以下功能:

生产实时监视功能。实时监视现场压力、产量、温度等生产运行重要数据。

现场生产活动管理功能。管理现场巡检、任务执行、维护保养等生产活动,达到生产现场的所有管理活动有标准可依,生产现场管理员工"上标准岗、干标准活"。

设备管理功能。实现生产设备的全生命周期管理,对生产设备的操作有规程可依,对设备运行状态实现全面监控,对智能设备的运行情况进行智能诊断和分析。

智能预警功能。对管网压力和仪表运行状态实时监控,当压力超过正常值和仪表设备异常时,自动报警,达到联锁压力时,自动关闭对应阀门。

油气生产物联网应用功能架构如图 3-21 所示。

现场移动设备提供生产现场设备 RFID 识别和工作任务数据访问能力,完成生产现场与管理平台的设备信息和任务数据交换,通过手持终端完成一线班组的各类生产活动。物联网

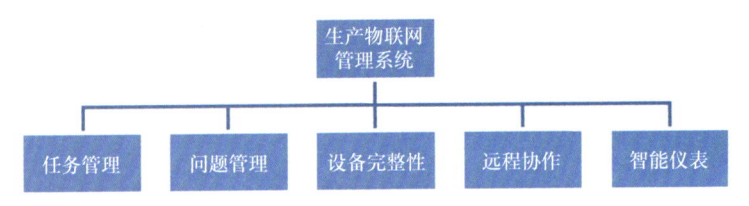

图 3-21　油气生产物联网应用功能架构

平台由物联网系统服务集群组成,通过 Web 发布在公司办公网,提供系统内所有数据的存储、展示、应用和输出服务,物联网平台与现场的手持终端相对应,完成现场数据的归类、统计、分析和应用。

(1)任务管理。深度融合《采集气井站工作质量标准》,包含了:巡回检查、维护保养、动态分析、临时任务、属地监督,在该模块里面可以进行井站工作任务的编制、任务下达、任务执行情况跟踪、任务结果查询,现场工作人员利用手持终端进行定期巡检、设备维护保养、动态分析等完成物联网平台下达的生产工作任务。通过将井站基础工作任务的模块化集成,实现了任务的"制定—下达—执行—反馈"扁平化高效管理,让一线井站员工"上标准岗,干标准活",达到了一线班组生产活动数字化管理的目的(图 3-22)。

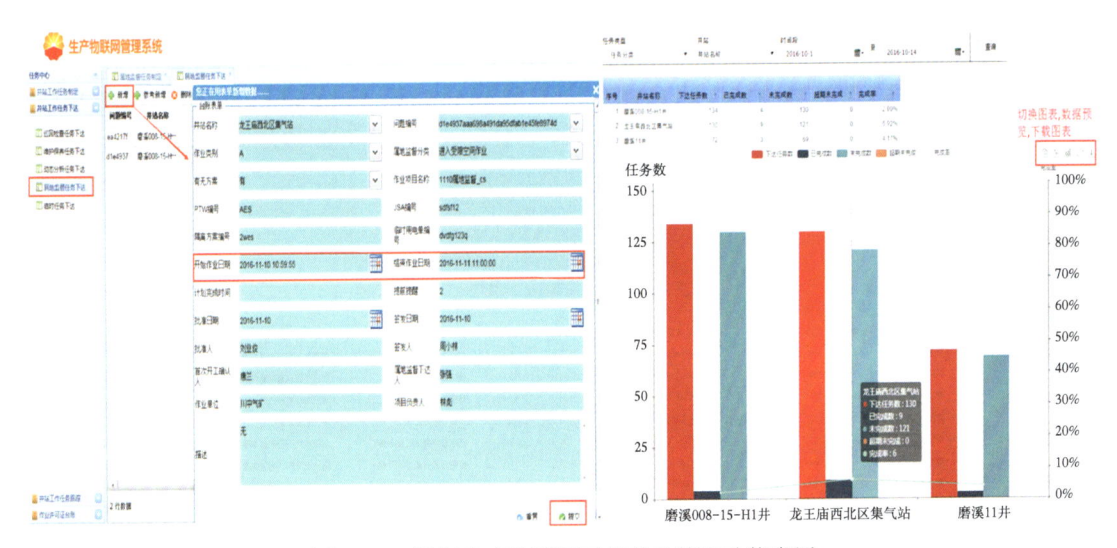

图 3-22　油气生产物联网系统任务管理功能应用

(2)问题管理。在通过手持移动应用执行日常工作的过程中,发现问题或异常情况时可直接从现场将问题上传至物联网平台,平台根据问题类型进行导向,各相关人员通过平台完成问题处理流转,并将问题的处理情况同步至手持终端,在井站通过手持终端即可查询到上报问题的当前处理进度。对即将到期或超期未完成整改的问题,将自动发送短信到相关负责人手机进行提醒。在现场通过上报该问题的手持终端进行处理过程记录(包括文字描述和现场照片)。问题处理、整改完成后,只能通过该手持终端进行现场整改结果确认,完成该问题的闭环(图 3-23)。

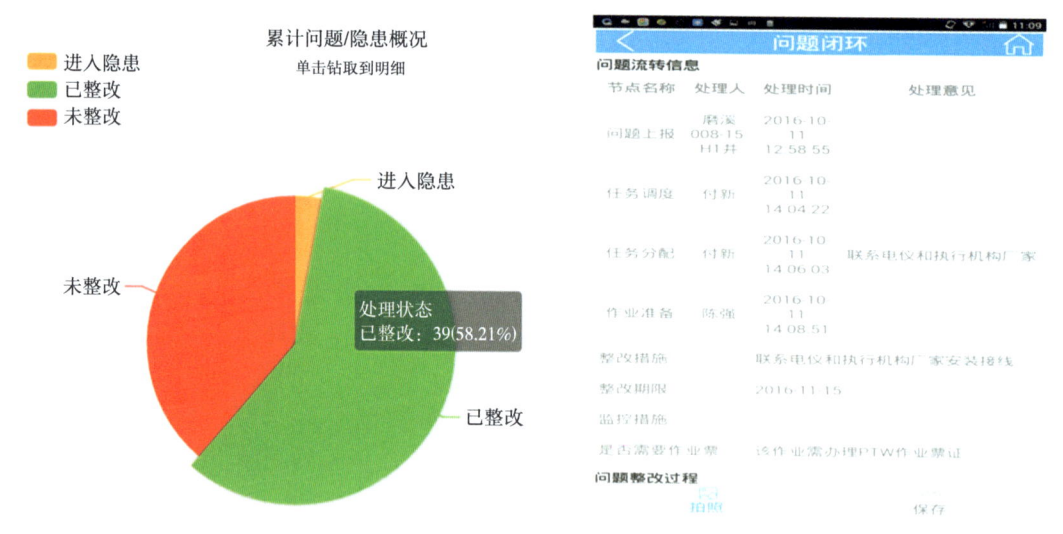

图 3-23　油气生产物联网系统问题管理功能应用

(3) 设备完整性。将现场设备通过射频识别的 RFID 标签接入生产物联网系统，并录入设备的基本参数、图片、技术手册、设计资料、维护保养记录、检维修记录、巡检发现的异常信息等。系统自动将巡检异常信息、维护保养内容、检维修内容关联到设备，对每一台设备都形成一本全生命周期的运维台账记录，建立健全的现场设备数据库，全方位实现站场设备的运维一体化及全生命周期完整性管理，为后续制定有针对性的设备管理措施提供分析基础（图 3-24）。

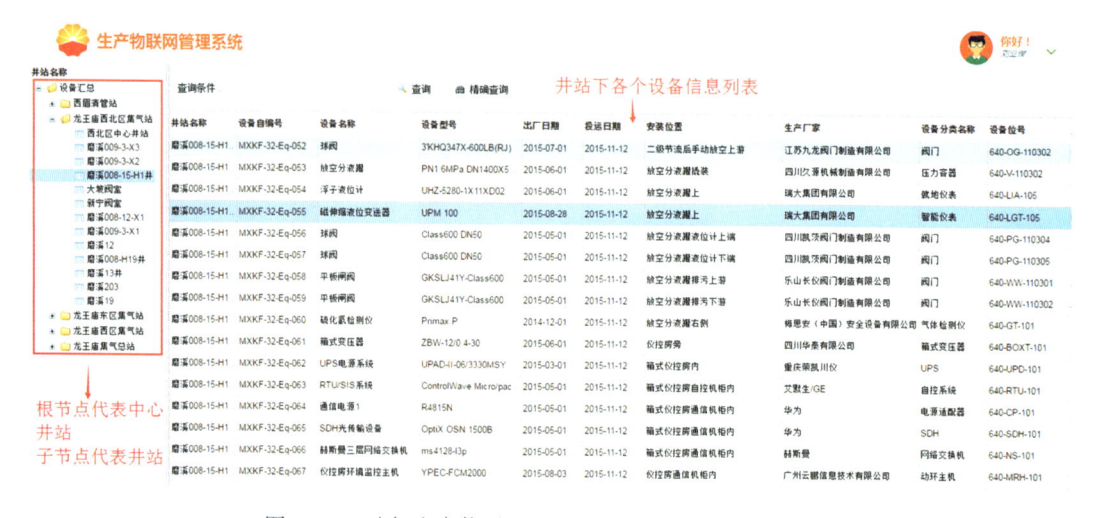

图 3-24　油气生产物联网系统设备完整性管理功能应用

(4) 远程协作。现场工作人员在现场执行任务、处理突发事件遇到困难时，可利用手持终端的远程协作功能呼叫调控中心相关技术人员，进行双向实时视频语音对话，获得远程工作协助，提升现场问题的及时处置效率。

(5)智能仪表。通过物联网管理系统实时采集现场智能仪表的HART信息、智能设备的状态信息、运行实时参数,可与自控系统采集的仪表实时数据进行交互对比,对采集的智能设备的运行参数进行初步智能分析,诊断智能设备当前的运行情况健康,若与自控系统对比差异较大或诊断为非健康状态时,物联网平台将进行报警提示,并自动生成一个问题整改流程,启动设备的维保、检修作业。在仪表检定周期或智能设备保养周期到期前,系统可按照预先设定的时间进行提示,同时可通过短信系统自动发送提示短信到管理人员的手机,督促其尽快开展仪表校检及设备保养工作(图3-25)。

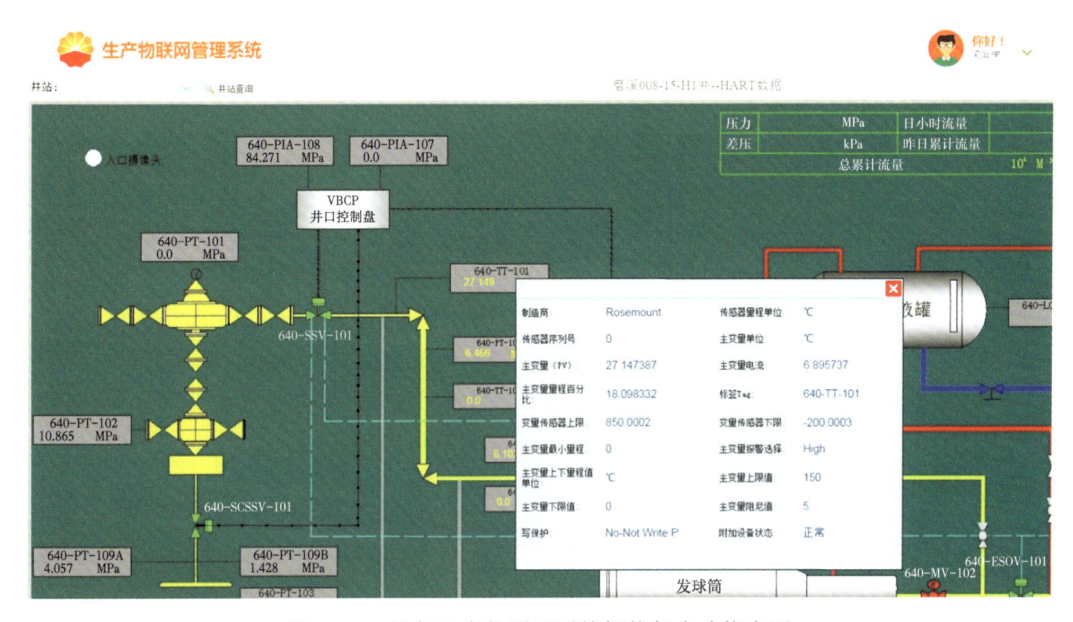

图3-25 油气生产物联网系统智能仪表功能应用

五、工业视频监视与安防

工业视频监视及安防是以电视视频监视为核心,集成双向语音对讲、入侵报警、门禁、仪控房动态环境监测系统为一体的综合性应用管理平台。

高清工业电视监视系统以计算机、服务器、磁盘存储阵列、高清摄像前端、软件为核心,实现视频图像网络监视和管理。气田各个井站根据工艺装置情况,设置固定式枪式摄像机或球式摄像机,对井站/站场井口区、工艺流程区进行监测,摄像机具有移动侦测或区域入侵检测功能,与设置在井场的周界防护或站内区域入侵探测进行报警联动,实现闯入报警。仪控房环境监测系统是将仪控房内的生产环境数据,通过安防综合接入设备上传至调控中心内部集输视频安防管理平台,实现对仪控房内温湿度监视、空调远程控制、烟感探测以及仪控房内视频监视。

视频安防管理为生产现场施工作业、生产属地管理、环境监控等提供了有效的辅助管理手段。利用物联网技术构成的周视频安防报警系统,实现了气田各井站、场站、净化厂的周界防范,并实现报警联动。利用智能视频分析探测系统、红外入侵探测器等,借助高性能计算机对监控图像数据进行高速处理、过滤、识别,从中提取关键信息并按照规则进行实时检测分析,实现越线检测、进出区域检测、车流量计数、人员定位检测等。

西南油气田工业视频监控系统为多级视频监控系统,满足油气田内视频图像的多级远程监控、分级管理、多用户调用、安全访问等需求,其具备强大的系统管理功能,可灵活进行分级授权、在线用户管理、在线设备管理等,同时系统具备开放性,能兼容主流视频设备,能与主流视频系统无缝对接,实现视频系统间的调用转发。

工业视频监控系统由前端视频监控系统、三级视频监控平台及跨网转发平台构成。前端视频监控系统及三级视频监控平台整体部署在生产网,三级视频监控平台采用级联架构。系统管理模式为:西南油气田总部视频监控平台管理下属 7 个二级单位视频监控平台。各二级单位视频监控平台分别管理其下属作业区视频监控平台或净化分厂视频监控平台。跨网转发平台由双向网闸和办公网汇接平台构成,实现生产视频从生产网到办公网的跨网转发。

西南油气田视频监控平台可以实时预览前端图像资源,查询和回放录像,控制前端摄像机云台状态。在生产视频监控系统内,用户权限优先级从西南油气田总部监控平台、二级单位监控平台、三级单位监控平台逐级递增。

作业区视频监控平台作为最接近前端监控系统的管理平台,负责管理前端设备资源,将前端采集的图像资源上传分发给上级平台。

西南油气田生产视频信号通过跨网转发平台与中国石油"勘探与生产调度指挥系统"(以下简称 A8 系统)、"油气生产物联网系统"(以下简称 A11 系统)、"应急管理系统"(以下简称 E2 系统)、西南油气田应急管理系统、西南油气田"盈创天地视频监控系统"等第三方系统进行对接,从而满足中国石油 A8、A11、E2 系统以及其他用户的调用需求。

工业视频监控系统总体架构如图 3-26 所示。

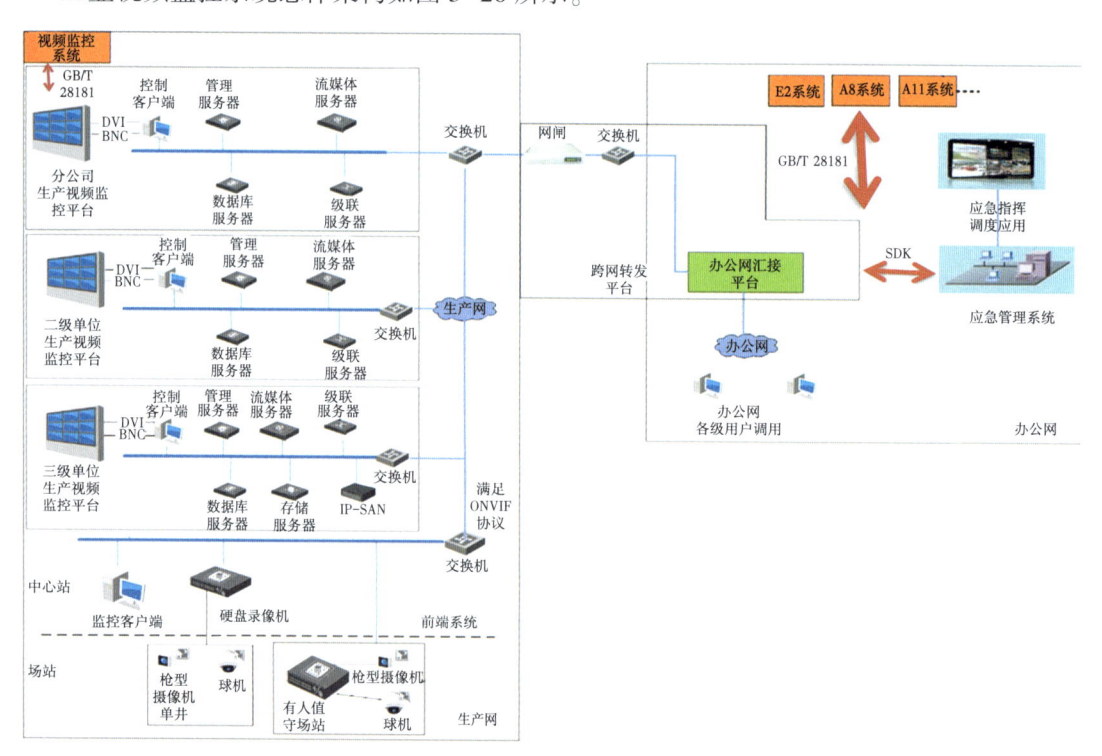

图 3-26 工业视频监控系统架构图

总而言之，西南油气田工业视频监控系统主要由前端监控系统、监控平台和跨网转发平台三大部分组成：

(1)前端监控系统及监控平台部署在生产网内。前端监控系统主要实现对井口、工艺装置区、大门、回注泵房、增压机房等区域的实时监控，并将实时图像上传到各级监控平台。

(2)监控平台按三级部署，自上而下分别为主控平台、二级单位分控平台及作业区分控平台，三级平台之间通过平台级联模块进行级联，实现对工业视频监控系统的管理和远程视频的点播调用，实现对场站图片数据的调用、展示等。

(3)跨网转发平台由双向网闸和办公网汇接系统构成，在主控平台实现生产视频资源从生产网到办公网的跨网转发，供办公网用户调用；采用平台对接方式实现与应急管理系统的视频对接；跨网转发平台提供统一的平台接口，满足中国石油 E2、A8、A11 等第三方系统的视频资源调用需求。

主控平台、二级单位分控平台和作业区分控平台每级架构均采用流控分离的流媒体转发技术，通过流媒体多级联网架构，保障视频信号流畅转发。

六、建设成效

西南油气田油气生产物联网系统的建设以现场生产活动管理和设备运维一体化管理为核心，满足了气藏开发生产、运行管理业务的需求，为面向智能设备数据采集及诊断分析、一线班组现场生产活动管理的标准化及站场设备运维一体化提供了技术解决方案，其应用成效主要体现在以下几个方面。

(一)全面的数据采集与监控，完善场站工业自动化

油气生产物联网系统建设实现了西南油气田现役各类井站、站场的生产数据自动采集、关键流程远程控制、安防设施全面覆盖、安全受控水平全面提升。同时将作业区数字化管理平台与物联网融合，通过手持终端 APP 扫码巡检点 RFID 标签，调用摄像功能自动对其进行对焦拍照，并在照片上打印巡检点名称和巡检日期，随时调阅历史巡检记录，打造全新视频跟随功能。

油气生产物联网系统建设深度融合 DCS 系统，实现工业控制系统的全方位管理。以物联网智能网关为核心，在传统工业生产数据采集的基础上，完善了现场智能设备的运行参数和状态信息采集，包括：智能电表、环境监控设备、智能仪表 HART 采集器、PLC/RTU、光通信设备 SDH 和网络交换机等，将采集到的信息传输到作业区数字化管理平台手持终端和 DCS 系统进行监控组态，实现了工业控制系统管理真正无死角，同时对采集到的数据和状态信息进行初步智能分析和诊断，远程判断现场智能设备的健康状态。

西南油气田油气生产物联网系统全面提升受控管理水平，量化现场巡检工作考核，支撑了公司开发生产从传统生产组织模式向"中心站管理+单井无人值守+远程控制"的转变，促进生产安全稳定运行、人力资源节约优化、生产效率效益提升。通过现场施工、组态调试、基于智能仪表的物联设备管模块开发，实现了生产数据、物联设备管理数据的汇总展示、报表查询、趋势曲线统计分析、通信监控、报警处理、视频监控，优化现场工艺生产联锁控制功能，完善了从中心站、作业区、油气矿、西南油气田总部对井站、场站的数字化分级管理职能，满足了油气生产管理数据的完整性需求。

表 3-1　油气生产物联网功能建设成效

物联网功能	主要内容	达到目标效果	覆盖范围
数据采集与监示	扩展生产数据采集范围，实现生产数据全覆盖	基本生产数据：全覆盖； 扩展生产数据：阴保数据全线监视，动态管理； 辅助生产数据采集：水电气能耗； 仪表、RTU、安防设备状态：全部采集； 通信、供电、UPS、蓄电池状态：全部采集等	涉及全部井站
安全联锁与控制	增加自动控制措施，实现远程及联锁控制功能	泡排自动配兑、自动加注；气田水自动转输/回注；井口切断阀、进出站阀门紧急自动切断；分离器自动排污控制，低液位联锁切断等	涉及全部井站
安防状态监控	扩展视频监控及被动入侵探测范围，实现安防状态监控全覆盖	站场井口、工艺区全部处于视频监控范围内；检测站场井口、工艺区有人闯入状态	涉及全部井站
物联设备管理	提升生产效率效益，降低运维难度	阀门动作状态诊断预警；电机运转电压电流分析；智能仪表数据对照诊断；数据采集回路状态诊断等	涉及全部井站

(二)优化生产管理模式，提高生产管理效率

油气生产物联网改进了信息的采集、传递、控制及反馈方式，将经验管理、人工巡检、手工填报、逐级汇总的传统被动"守株待兔"式生产管理模式，转变为智能管理、电子巡检、自动填报、实时汇总的数字化主动"精确制导"式生产管理模式；应用物联网技术，深度融合DCS系统、高清视频系统、井站RTU系统，对关键节点的就地仪表、RTU实时值、物联网HART实时数据与现场图片进行对比分析，构成"三位一体"的自动巡检模式，支撑现场无人值守管理。将前方分散、多级的管控方式，转变为后方生产指挥中心的集中管控方式，降低人员劳动强度，极大提高生产效率与管理水平。

同时也为优化生产管理流程，构建与数字化油气田相配套的新型劳动组织结构，实施精细化管理创造保障条件。根据生产管理特点，将信息化与劳动组织结构和生产管理流程优化相结合，使作业区与中心站共建、井站结合、多站合建成为可能，从而减少管理层级，完善劳动组织架构；优化一线员工布局，控制一线员工总量，从而把员工和设备的工作效率发挥到最佳水平。通过油气生产物联网建设，实现员工集中工作、居住，将员工从驻井看护、井区巡检、资料录入等简单性、重复性工作中解脱出来，大大改善员工工作生活环境质量，切实为一线员工减负，提高幸福度。同时，员工思想观念和业务素质也将随之发生根本提升，将促进一岗多能、复合型员工队伍的建设。

(三)油气生产物联网以两化融合为指导，推动油气生产数字化、运行管理智能化发展

油气生产物联网系统建设契合了信息化与工业化"两化融合"的理念，满足了油气田各级生产单位要求掌握对现场实时动态生产数据、现场视频图像和语音对讲等多数业务监控的生产运行管理需求。通过现场数据逐级汇聚、集成共享与功能融合设计，实现了与生产数据平台的功能融合建设。通过生产数据平台向油气生产物联网平台传输数据，拓展了油气生产数据的综合展示和应用。同时，为作业区数字化管理平台的建设与应用奠定基础，实现综合业务

应用集成整合,为各级生产管理人员开展数据分析、远程诊断、设备预警等提供技术支撑,实现精准运维、动态管理,夯实作业区"岗位标准化、属地规范化、管理数字化"基础。

油气生产物联网系统通过电子巡井、实时跟踪、过程监控、智能预警等数字化技术应用,提高每个生产操作单元的自动化程度,及时、准确、连续地掌握一线生产动态;实现生产重点现场自动连续监控,发生异常情况可快速反应、及时处理,提高应急响应能力;减少员工和车辆出行,降低高压、高温装置的巡检、有毒有害环境下的操作风险;保证油气生产持续、稳定、高效运行,为西南油气田油气生产运行、指挥调度与实施决策提供全面的数据支撑,提高西南油气田对天然气产运销生产管理的调度指挥与应急响应能力,全面提升油气生产管理水平。

第三节　云计算中心建设

云计算中心是一整套复杂的系统,它不仅包括计算机系统和其他与之配套的设备(例如通信和存储系统),还包含冗余的数据通信连接、环境控制设备、监控设备以及各种安全装置。云计算中心机房建设充分利用、整合现有资源,按照"实用可靠、有效适度、经济节约、技术先进"的总体原则实施。在机房设计、建设过程中还需充分考虑方便今后的运行维护,并能有效降低机房运行及维护成本[6]。

西南油气田云计算中心依托西南区域数据中心机房开展建设。西南区域数据中心机房按照国际B级机房标准,于2018年初建成投运,机房面积约为1700m²。西南油气田云计算中心构建了服务器资源池、存储资源池和网络资源池。云计算整体技术架构采用全球业界范围内公认的三层架构实现,分别是IaaS层(基础设施即服务)、PaaS层(平台即服务)、SaaS层(软件即服务),此外还有配套的云计算数据备份、云安全体系、云计算标准体系以及云计算管控等体系共同组件一个完整的、标准的、开放的云平台技术架构(图3-27)。

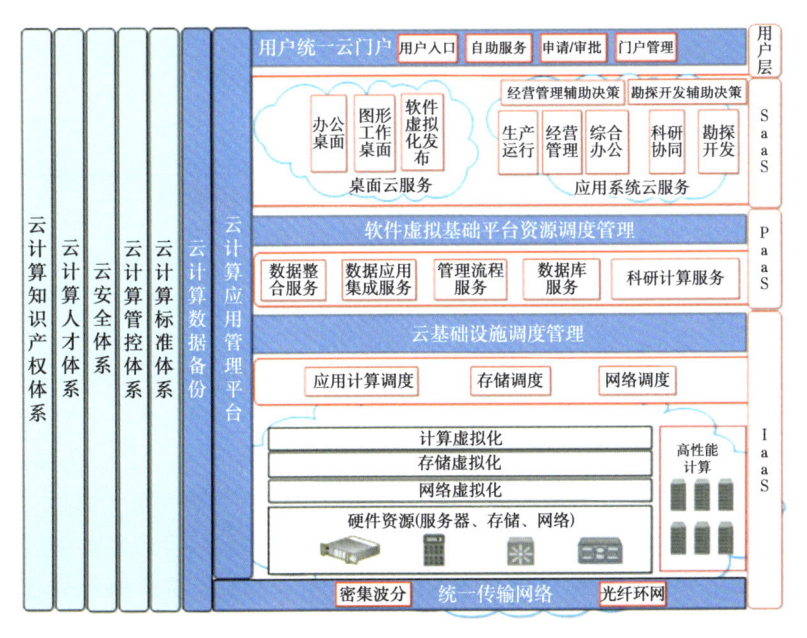

图3-27　西南油气田云计算技术架构

一、关键技术

云计算(Cloud Computing)通过网络以按需、易扩展的方式向用户交付所需的资源,包括基础设施、应用平台、软件功能等服务。云计算呈现深化发展趋势,从虚拟化、网格计算向软件服务化(SaaS)、平台服务化(PaaS)、基础设施服务化(IaaS)方向发展。用户通过服务方式访问整合的基础设施、应用平台和软件功能,从而降低信息资产占用成本,简化IT环境,增加信息平台的整体可用性,提高信息化运营效率,对信息平台的集约化建设和保障有着广阔的应用价值。对于跨地域、多组织实体的大型石油石化企业,云计算为海量数据处理、数据中心的集中化管理、人力资源集约化配置创造了技术条件。云计算主要包括3个特点(图3-28):

(1)云计算通过网络连接大量廉价计算节点,用分布式软件使之虚拟成有机整体,提供可动态伸缩的高性能可靠计算服务,将计算任务分布在由大量计算机构成的资源池上,这种资源池通常采用虚拟化的基础架构。

(2)云计算是一种基于互联网的计算方式,通过这种方式,共享的软资源、硬件资源和各种信息可以实现灵活调配,并且能够将各种资源按需动态分配到需要的应用上。

(3)Internet/Intranet上的用户,可根据需求(云计算环境会判断该访问用户所需要的资源)去访问和使用计算能力、存储空间、各种资源和软件服务。

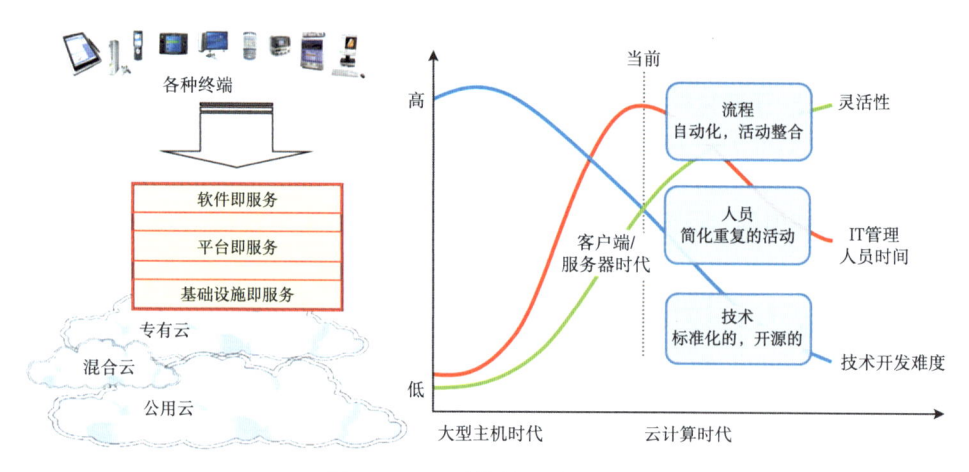

图3-28 云计算技术应用优势

二、建设与应用

针对云计算中心,西南油气田建设了云计算平台,为西南油气田各信息系统项目提供云计算管理服务,实现了西南油气田主体IT基础设施的集中管理,有效地降低西南油气田的IT基础设施建设成本和运维成本(包括机房建设与运行、软硬设施的投资与运维等),形成了西南油气田"一个统一云计算管理平台,多种云计算服务应用"的IT基础服务模式。

云计算平台为西南油气田搭建了一个完整的、标准的、开放的管理平台,实现了企业IT硬件、软件和服务的统一共享,为西南油气田生产、经营、科研和决策提供服务。云计算平台具备良好可扩展性,可满足未来对计算、存储、网络资源池的需求扩充,软件资源可以根据业务需求以动态扩容方式方便、快捷、无缝整合于平台之中(图3-29)。

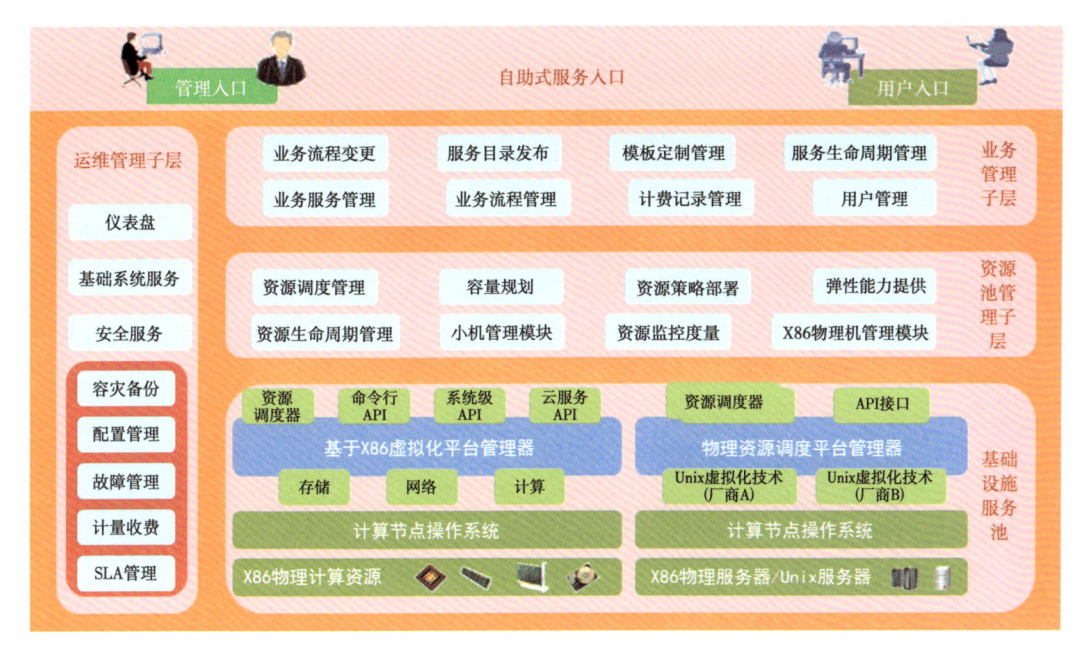

图 3-29　云计算平台应用架构

(一)计算资源池建设

西南油气田云计算平台统一管理了包括 KVM 服务器虚拟化软件的计算资源、VMware 的 Esxi 服务器虚拟化计算资源、小型机服务器(IBM Power 系列)等。

1. KVM 计算资源池纳管

KVM 服务器虚拟化软件的计算资源直接通过 OpenStack 平台创建虚拟机,不需额外设定、配置以及第三方驱动的支持。云计算平台在适配 KVM 虚拟化平台时,每个 KVM 虚拟主机节点只需安装少许组件(图 3-30)。

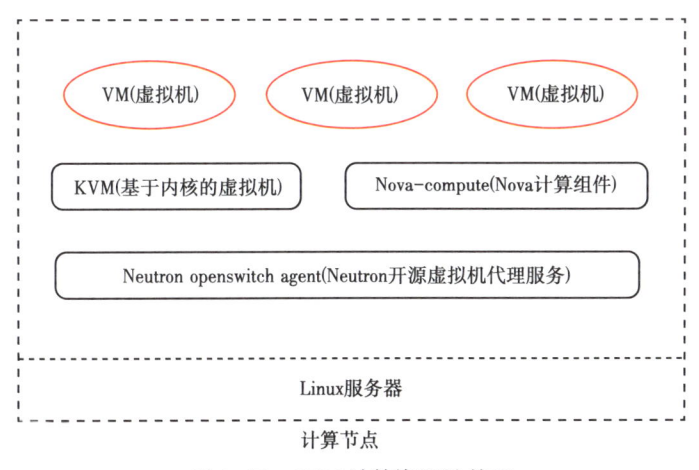

图 3-30　KVM 计算资源池管理

2. VMware 计算资源池纳管

对 VMware 计算资源池进行纳管时,云计算平台通过实现 Open vSwitch 组网以取代原生的 NSX 组网,云平台提供 OVF 镜像格式支持,以改善 vmdk 文件在非 VMware 环境下对文件系统的存储空间占用,并由云平台的 nova 跳过 vCenter 的管理直接控制 esxi 虚拟主机,以改善 VMware 环境下虚拟机的创建、修改等日常管理与操作。

3. 小型机计算资源池纳管

PowerVM 虚拟化平台是对 IBM PowerVM 产品的简称。云计算平台软件在适配 PowerVM 虚拟化平台时,借由 pCenter(第三方应用)来调度 PowerVM 资源。云计算平台管理下的 Power 小型机管理系统网络总体架构如图 3-31 所示。

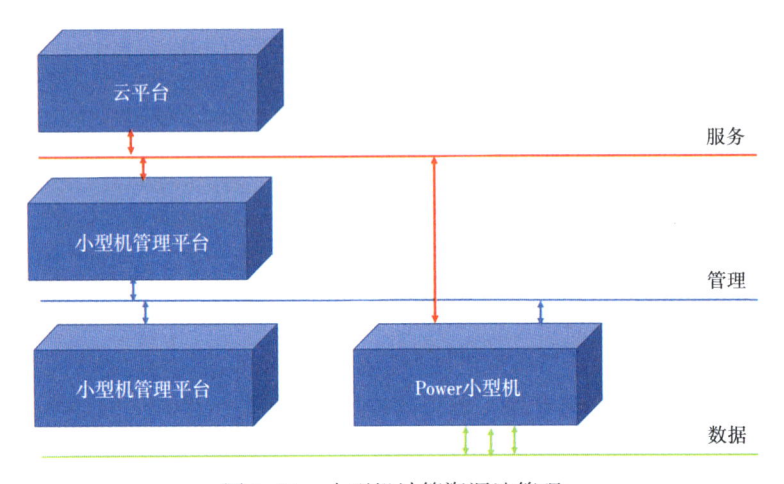

图 3-31 小型机计算资源池管理

(二) 存储资源池建设

西南油气田云计算平台存储资源池主要用于存储虚拟机文件和对象,构建并实现个人云盘服务。具体如下:

(1)虚拟机系统文件:在云计算中心应用系统中存储的虚拟机操作系统映像文件、虚拟机数据文件等,属于非结构化的数据,这种数据不同于一般的数据库文件(结构化数据),对存储性能一般要求不高,但对存储容量和访问频度要求高。

(2)网盘:除了虚拟机文件和数据库存储需求,对于其他的存储需求,统一采用网盘方式提供,满足用户数据存储的需求。

存储资源池以 PC 服务器加挂本地硬盘的方式进行建设,按需扩展。具体组网方式如图 3-32 所示。

分布式存储资源池支持 SAN 存储、对象存储、NAS 存储,根据不同的业务需求,灵活地提供不同的存储类型。在云计算平台中,分布式存储资源池与云平台的对接关系如图 3-33 所示。

分布式存储软件是基于 OpenStack 的云平台的后端存储,作为块存储和 Cinder 对接,作为对象存储和 Swift 对接,还可以和 Keystone、Glance、Nova、Cinder 等模块对接配合。

图 3-32　存储资源池组网图

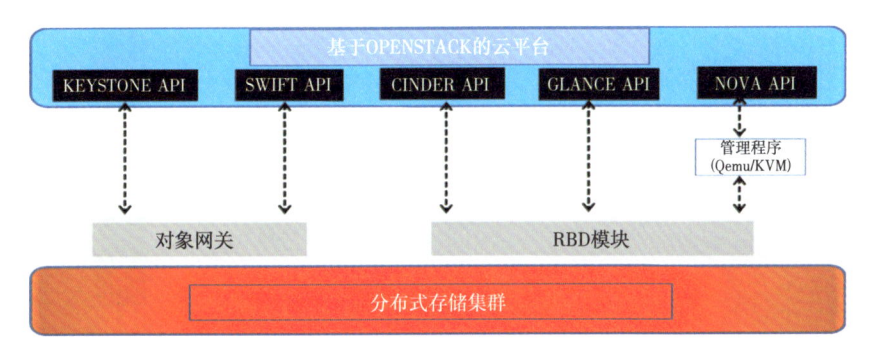

图 3-33　分布式存储资源池与云平台对接关系图

(三) 网络资源池建设

云计算中心基础网络规划和建设需要满足在云环境下能够实现各种业务的安全隔离,能够依据业务需求动态调整和扩展,具备对后期业务灵活的弹性扩展,包括单一业务的规模扩展,单一用户的规模扩展。

云计算环境下,最大的好处在于计算资源能够随需移动。计算资源通过计算虚拟化可以实现在单台的物理机下虚拟化成多个虚机,各虚机需要在各租户网络内部进行迁移,或进行跨集群虚机迁移,其 IP 地址和 IP 网关本身不会变化,同时虚机集群也需要各虚机保持在一个网段之内,所以从整个基础网络来看,需要为整个云计算中心提供一个大二层网络。

西南油气田云计算网络利用 VxLAN 技术,构建一个覆盖型的(Overlay)大二层网络,实现不同云资源池之间的资源互通,物理链路充分利用 IP 网络,实现高带宽、低延迟、可靠、冗余的网络互通(图 3-34)。

图 3-34　西南油气田云计算网络图

通过 VxLAN 技术,以西南油气田底层网络为物理承载,在该物理网络上叠加虚拟化技术,构建逻辑虚拟网络,实现独立的控制平面和转发平面,是物理网络向云和虚拟化的深度延伸,使云资源池化能力可以摆脱物理网络的种种限制,实现传统网络环境条件下将位于不同部署位置的云资源池融合在一起。

VxLAN 的组网涉及 vSwitch、云交换机、云管理平台、SDN 控制器以及传统网络,各组件部署如图 3-35 所示。

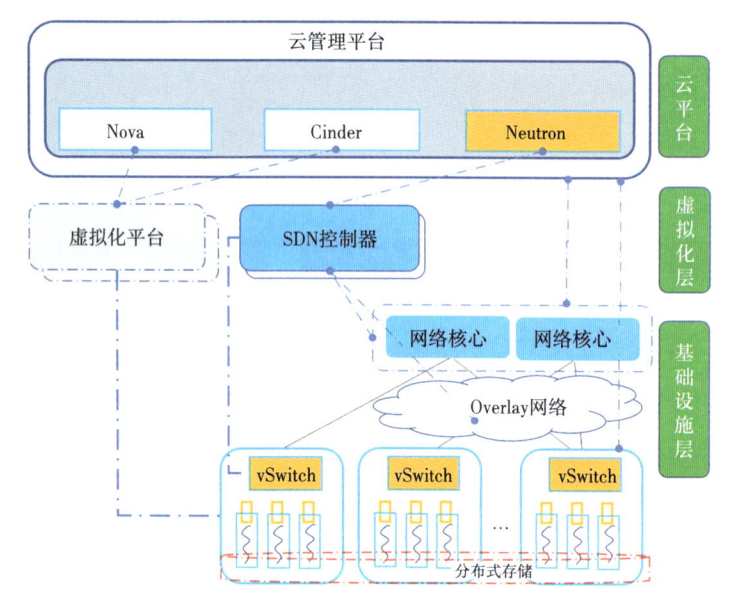

图 3-35　VxLAN 组网图

参 考 文 献

[1] 牛旻,张亮,陈洪雁.ASON 技术在西南油气田光网络中的应用探讨[J].中国新通信,2020,22(01):84-86.

[2] 杨涛,廖明.高可靠性多运营商共享 LNS 接入平台架构探讨[J].通信与信息技术,2015,27(06):70-72,76.

[3] 刘勇.SCADA 系统在油气田中的应用[J].电子世界,2020(6):149-150.

[4] 杜强,刘晓天,汪亮,等.面向油气田生产的工业互联网网络架构及关键技术研究[J].信息通信技术与政策,2020,20(10):37-38.

[5] 管冬平,黄飞飞,程小曼.物联网终端的安全管控技术思考[J].中国石油石化技术与装备,2019,10(01):26-28.

[6] 程志伟.一种基于云服务的数据中心运行维护方法[J].计算机产品与流通,2018,35(10):117.

第四章 技术支撑平台建设

随着数字化气田建设的深入发展,对信息基础软件平台和信息化技术的应用要求也越来越高,为了支撑数字化气田建设,达到信息系统容易集成、灵活扩展、按需复用的目的,西南油气田建设了统一的数据整合与应用服务平台、地理信息服务共享平台和移动应用服务平台等IT技术支撑平台,保障了数字化气田建设快速、有序、高复用,投运后稳定、安全、可扩展。

第一节 数据整合与应用服务平台建设

数据整合,是根据业务应用对数据的需求,从不同的数据库中提取多类业务数据,形成一个综合的业务数据集合。数据整合技术,主要是以中国石油勘探开发一体化数据模型(EPDM)为标准,借助ETL(Extract-Transform-Load,数据抽取转换加载)工具或数据服务总线(DSB),实现数据在物理上或逻辑上的集中统一存储,为企业提供统一、标准的数据共享服务,支撑数据"一次采集、统一管理、多业务应用"以及业务应用"一次开发、集成使用"的数据管理与应用模式。

应用集成,就是把不同建设阶段、不同建设团队、不同技术环境下建成的信息系统,有机地统一到一个综合的用户应用平台上,实现数据信息的有效共享和应用功能的便捷使用。经过多年的技术探索和应用检验,以SOA技术为核心的技术架构体系,已经成为应用集成领域公认的高效适用的企业级应用集成技术。SOA(Service Oriented Architecture)技术,即面向服务的软件架构,将软件系统的不同功能单元规范化为服务组件,并通过标准的接口契约进行组织和关联,使得构建在各种各样的系统中的服务可以以一种统一和通用的方式进行交互,从而使不同软件开发团队、不同历史时期开发的软件功能能够更有效集成和复用,从而大大提高软件开发效率和已有软件资产的利用率。

西南油气田数据整合与应用服务平台就是构建在以SOA架构为基础的统一工作平台,充分利用已有的资源和成果,将复杂的应用和数据统一管理、发布,实现企业已建信息系统的有效集成。

数据整合与应用服务平台由数据服务总线(DSB)、企业服务总线(ESB)、流程管理工具(BPM)、消息中间件(MOM)和统一门户管理(Portal)五个核心组件构成(图4-1)。并在此基础上设计开发了主元数据管理系统、统一权限管理平台和服务管控平台,为各类业务系统的集成应用提供支撑。

数据采集层:由各业务系统完成西南油气田全业务完整数据采集,并提供物理数据库链接或业务数据接口。

数据管理层:以主元数据为纽带形成覆盖油气勘探、开发及生产全业务的虚拟逻辑数据库,并按照业务划分形成统一的数据视图,供业务应用层的各个应用系统使用。通过数据服务总线(DSB)对数据进行集成,其中勘探开发主数据以勘探开发一体化数据模型(EPDM)基本

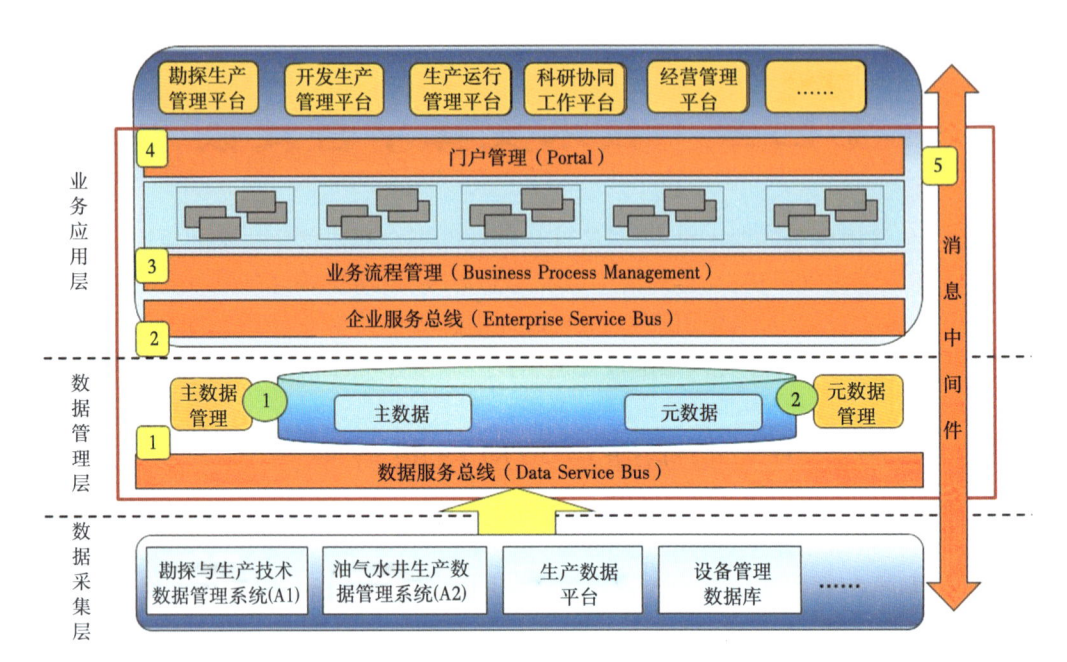

图 4-1 数据整合与应用集成平台集成架构

实体数据管理模型进行统一管理,其他数据通过对 EPDM 模型扩展进行管理,最后通过企业服务总线(ESB)进行数据发布与应用集成。

业务应用层:通过业务流程管理、统一权限、单点认证、页面复用等功能,支撑西南油气田各业务系统的应用集成。

通过数据整合与应用服务平台的建设,实现了以下功能应用:

(1)勘探开发主数据管理。

设计和开发了西南油气田主数据管理系统,实现相关数据的录入及维护(修改)、质量审核、查询使用等数据管理功能。完善数据管理制度与数据服务体系,提供统一的主数据对外服务。

(2)数据整合集成管理。

通过数据抽取、文件导入、数据录入等方式,对现有系统的数据进行物理或逻辑的整合,实现气田生产动、静态数据集成应用,实现跨专业数据共享和数据的自动分发和推送。

(3)数据交换。

按照数据归属关系和数据交换要求,实现数据从工程技术服务方到西南油气田、西南油气田到集团统建系统的统一交换。按照西南油气田内各业务部门间的数据需求关系,实现各业务应用系统间的数据交换。

(4)应用集成发布。

建立统一、标准的应用集成技术平台,实现跨专业、多部门的业务应用集成。基于开放和标准的组件设计开发,为业务应用编排和流程定制提供公共组件服务。对平台内的应用组件进行实时监控与动态管理。

(5)业务流程定制管理。

采用流程编排与定制管理工具,实现业务应用的流程化编排和针对不同业务需要的流程化定制。通过业务应用流程的发布与授权,实现各业务领域的流程化信息支撑。

(6)业务综合应用展示。

根据西南油气田不同部门及下属各业务单位用户的实际要求,定制与用户岗位和负责业务相匹配的应用界面。

一、数据服务总线管理(DSB)

数据服务总线(DSB)基于数据整合技术和数据虚拟化技术实现,功能包括数据的抽取、转换、加载、任务调度、发布数据服务等,可使不同数据标准、格式、存储方式的数据,能够以统一的数据标准进行物理整合或以逻辑整合的方式发布成数据服务。数据服务总线的应用实现了数据集成和数据便捷访问,建立数据之间的通信、连接、组合和集成的数据服务动态松耦合机制,为已建系统和新建系统的数据整合提供支撑。同时,DSB 具有良好的灵活性,能根据用户的业务需求,快速构建所需的数据服务,为用户提供统一完整的数据融合方案,降低实施维护成本。

西南油气田通过 IBM IIS(IBM InfoSphere Information Service)产品集成数据源,基于主数据、元数据管理,按照 EPDM 模型,实现数据的标准化、规范化与一体化管理,形成覆盖油气田生产、经营、科研、办公所有领域的数据逻辑整合,支撑上层应用。目前,数据服务主要包含 3 类:(1)组织机构、行政区划、构造或油气田、物探工区、层系标准、井(含井属性和分层)、场站、处理厂、管线、设备等 18 个主数据查询与变更通知服务;(2)统一权限配置查询服务,统一权限变更通知服务,元数据查询服务等 21 个公共数据服务;(3)生产运行管理、督办业务管理、设备基础数据等 30 余个业务数据服务。

二、企业服务总线管理(ESB)

企业服务总线(ESB)是整个 SOA 应用集成技术架构的核心,是服务部署、控制、路由的基础,具备面向服务、面向消息的特性。企业服务总线是服务的请求者与提供者之间的桥梁,以松耦合的方式实现系统与系统之间的集成,实现服务的地址透明化和协议透明化。

企业服务总线(ESB)由基础软件和服务管控平台共同组成。通过统一的标准规范,对业务数据服务、应用程序服务等各类服务进行标准化服务封装、发布和路由中转,通过服务注册、服务管理、服务监控实现对服务全生命周期的集中管控,降低后续系统的开发和维护成本。

企业服务总线基础软件主要包含服务监控注册、服务网关、数据传输通道、服务日志等功能。

(1)服务监控注册包括了系统注册、服务注册、服务授权等功能,企业服务总线提供了包括 WebService(Web 服务)、REST(Representation State Transfer,表述性状态传递)、WebSource(网络资源)、URL(Uniform Resource Locator,统一资源定位符)在内的多种服务的注册、发布、授权、监控等功能,基本满足公司级系统服务的需要。

(2)服务网关包括安全认证、服务路由、日志记录等功能,是服务接入的核心功能区域。

(3)数据传输通道主要使用消息中间件配合集成总线进行实现,保证数据的封包、数据的协议与格式转换并进行正确的转发,是服务接出的核心功能区域。

(4)服务日志是服务监控和服务性能分析的主要功能区域,也是服务管控、调配、错误分析的基础。

服务管控平台包括前端展现功能和后端交互功能。前端展现功能实现服务管理和服务监控；后端功能主要结合企业服务总线基础软件，通过开发接口和产品功能调用，实现与产品功能交互（图4-2）。SOA服务管理贯穿于服务的全生命周期，覆盖服务识别、服务定义、服务设计、服务实现、服务测试、服务部署、服务使用、服务运维、服务退役等环节。SOA服务治理包括：服务资产管理、服务运行监控、版本管理、服务动态更新、服务质量管理、服务水平管理、安全管理等，通常通过规则配置实现应用管理功能。

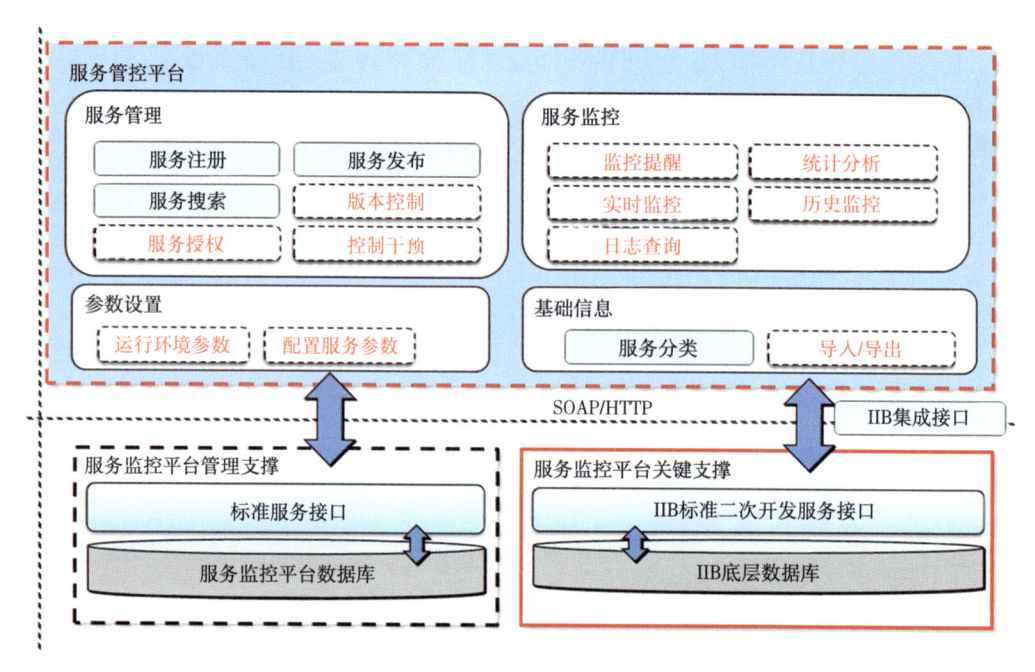

图4-2 服务管控架构

通过企业服务总线ESB，西南油气田实现了主数据服务、统一权限管理服务、川渝管网数据服务、生产运行数据服务，生产受控数据服务、移动应用、GIS地图服务共计50余个数据或应用服务注册和管控。通过数据服务和应用服务发布，业务系统可在系统中直接进行调用和集成，由传统的点对点接口调用转变为总线方式的服务调用，提高了服务的复用性和可维护性。

三、流程管理工具（BPM）

业务流程化，就是将信息、技术、人员要素，通过多个角色、多项活动的有序排列与组合，最终转为预期产品、服务或者某种结果的过程。业务流程管理（BPM）技术，是基于SOA架构，按照既定的业务过程串联起各不同信息系统中的有关应用组件，并向用户提供流程化使用模式的技术。BPM技术更加注重与系统之间的业务流程流转和业务数据的流转，为不同信息系统间共享数据和应用提供更有效的技术手段。

业务流程管理，核心包含业务流程流转和业务待办集成两部分内容：

（1）业务流程流转，能根据业务规则、权限规则等各种预设，触发不同的流程或输出相关的协同作业信息,具有服务组合、服务编排及并发处理的能力。业务流程流转强调面向服务的企业级端到端业务流程管理,能够实现跨部门跨系统的业务流转(图4-3)。

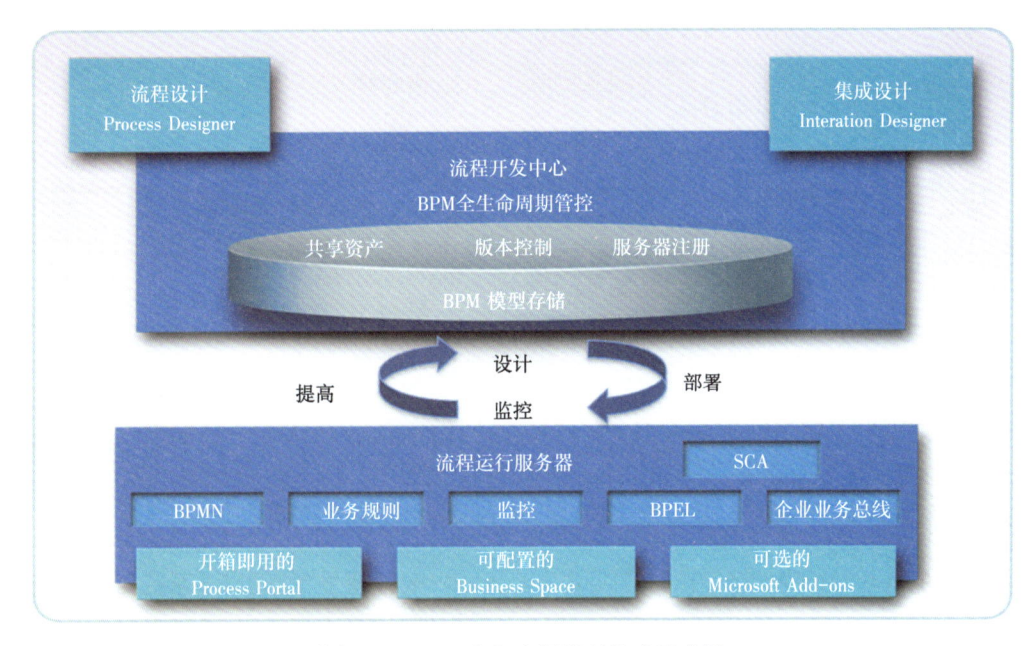

图4-3 BPM业务流程管理技术示意图

(2)业务待办集成,则是通过单点认证,多系统任务汇集等功能实现各个系统的待办业务统一展示、统一管理、统一推送,实现业务人员方便快捷地处理分布在各个系统中的待办任务。业务流程管理(BPM)技术还包括了流程监控管理功能,能够实现对各在用流程的实时监控、动态管理和运行效率评估等。

西南油气田在数字化气田建设和应用过程中,依托BPM流程管理技术,逐步实现了各类业务流程的自动化线上流转运行。构建了以流程为纽带、服务为节点、运转灵活、可动态优化的流程驱动型应用机制,为西南油气田持续优化业务流程、提升业务运行效率提供了有力技术支撑。

四、统一门户管理(Portal)

统一门户管理(Portal)是一种Web应用,通常用来提供个性化、单点登录、统一权限管理、信息源内容聚集,并作为信息系统表现层的宿主。Portal主要功能包括单点登录、统一权限管理等。

(一)单点登录功能

单点登录是集成展示的基础,通过各个业务系统页面认证方式实现"一次认证、多处登录"的功能,将各个业务系统的页面壁垒打通,实现页面的互相嵌入。

单点登录基于Token(令牌)的方式实现。西南油气田各应用系统都实现了基于中国石油AD域(Active Directory,活动目录)的认证方式,用户在统一登录界面输入用户名、密码后,统一认证中心将用户名、密码发送到AD域上进行验证,如果通过,则生成一个Token,并通过

URL 的方式发送给应用系统。应用系统接收到 URL 后,解析 Token 并发回单点登录服务器进行验证,通过后则认为用户合法(图 4-4)。

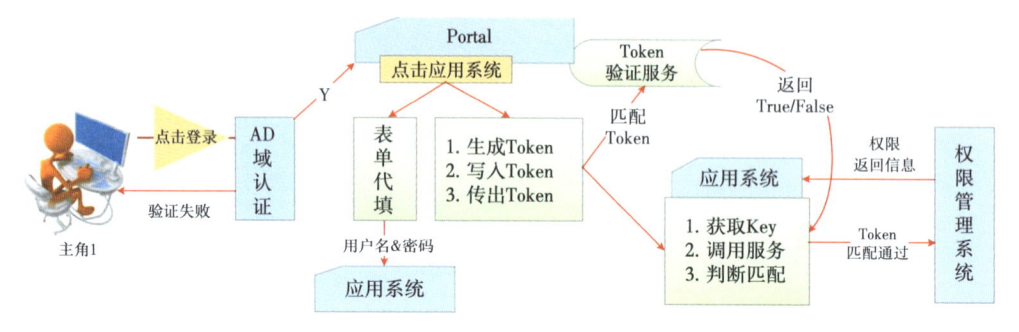

图 4-4　单点登录示意图

这种方式不再使应用系统直接与 AD 域进行认证,而是通过认证中心来统一管理登录状态信息,从而实现单点登录。

(二)统一权限管理

在实现单点登录的基础上,开发了应用系统统一权限管理平台,完成了系统权限的统一配置。统一权限平台作为企业内部各应用系统的权限管理平台,其最大用途在于将各应用系统的系统资源与权限进行统一管理,减少系统间的异构管理,降低运维成本,同时为集成展示提供用户的权限依据,方便根据不同的用户权限展示不同的集成界面(图 4-5)。

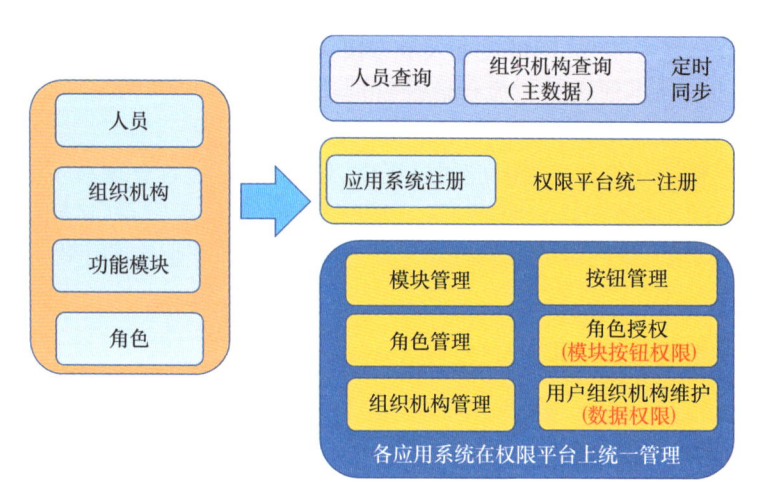

图 4-5　统一权限管理架构

西南油气田基于 Portal 技术,开展对各应用系统的单点登录改造,通过统一权限管理平台的开发部署,逐步实现各应用系统功能和数据权限的集中、统一管理,逐步统一各系统权限设置方式,极大地方便了业务系统的访问,改善了业务系统的用户体验,提升了用户的操作便利性和快捷性,实现了"一套账号、一次登录、多系统应用"的目标。

五、主元数据管理

主数据是用于标示和关联各类业务数据的核心业务实体数据,是被各个应用系统共享、相对静态、核心、高价值的数据,须在整个企业范围内保持唯一性、一致性、完整性、准确性和权威性。

元数据是描述数据属性信息,如数据来源、数据隶属关系、数据版本、数据更新信息等。通过元数据管理,可在数据模型间建立数据间的关联关系,并基于此实现多个业务系统数据库的逻辑整合应用。

西南油气田以中国石油 EPDM 数据模型标准中的基本实体数据模型为参照,建立了统一的勘探开发主数据管理系统,构建了涵盖组织机构、地质单元、工区、井、井筒、地质分层、站库、管线、项目、设备等核心业务实体的主数据统一管理技术基础,形成了"谁产生、谁负责"的工作机制,实现了勘探开发主数据采集、提交、审核、发布全生命周期管理,并基于 SOA 技术以服务方式为勘探开发动态展示平台、生产运行管理平台、设备综合管理系统、统一权限平台、生产受控系统、在线培训管理系统、作业区数字化管理平台、督办系统、井筒完整性管理系统等提供主数据及其属性规范值的查询服务和主数据变更通知。同时,西南油气田还建立了用于应用系统间主数据一致性管理和业务数据逻辑关联管理的元数据管理系统,形成并保存了各业务系统数据间的匹配关系,保证了油气田范围内勘探开发数据的一致性和逻辑关联的准确性。

六、应用成效

数据整合与应用集成平台是西南油气田数字化气田建设关键平台,其建设效果直接影响西南油气田数字化气田建设的最终效果。数据整合与应用集成通过 SOA 基础工作平台、主数据管理子系统、元数据管理子系统实现对西南油气田数据整合和应用集成,支撑上层应用系统。通过数据整合和应用,有效的支撑移动应用、GIS 服务等,全面为西南油气田上层应用提供共享化的应用服务技术支撑。

按 SOA 架构理念,西南油气田完成了生产运行管理平台、作业区数字化管理平台、开发生产管理平台、勘探生产管理平台的顶层架构设计,有效降低了实施难度和建设成本。完成了井筒完整性管理系统、督办管理系统、生产受控管理系统在 SOA 软件平台上的部署,实现单点登录、统一权限管理、数据共享等集成应用服务。实现了由传统的以"系统"为中心建设,向"流程+服务+平台"为中心的信息化建设模式转变,支持"按需扩展、服务共享"的运维模式,可快速适应业务变化,有效降低系统建设费用和运维成本,更好地提高油气田数字化水平。

第二节 地理信息服务共享平台建设

地理信息系统(Geographic Information System,GIS)是综合了地理学、地图学、遥感和计算机科学的综合信息系统,它具备空间形象展示能力,又兼具传统信息管理学的数据分析和数据展现能力。GIS 技术以电子地图为基础,将地图的可视化元素与传统数据库的数据资源集成为空间信息,实现对象位置与属性的空间分析和处理。随着应用的深入和技术的发展,GIS 已上升为"地理信息服务"(Geographic Information Service),近年来,逐渐发展为"地理信息科学"

(Geographic Information Science)。

地理信息系统(GIS)在最近30多年内取得了惊人的发展,已经广泛应用于不同的领域,通过采集、存储、查询、分析和显示地理及空间数据,广泛应用于资源调查、环境评估、灾害预测、国土管理、城市规划、邮电通讯、交通运输、军事公安、水利电力、公共设施管理、农林牧业、统计、商业金融等几乎所有领域。

中国石油通过统一的地理信息系统(A4)建设,为各地区油气田公司的油气勘探、油气田开发、生产指挥、地面建设、油气储运以及经营管理等诸多业务,提供了标准统一、易集成、可灵活扩展的空间信息服务和应用支撑,提高了石油天然气勘探、开发、生产和经营管理水平。中国石油A4系统的建设和投运,极大地提高了西南油气田"数字化气田"的应用成效[1]。

一、GIS技术在天然气勘探开发行业的应用

地理信息系统油气田GIS数据可视化,就是借助GIS技术,将矿权、气井、场站、管线、设备等地面设备设施的地理坐标及其几何特征和周边环境要素,在电子地图或三维仿真环境中形象地进行展示,同时也可将地下的油气构造、层位、地质体、储气库、井轨迹、井身结构、井下工具等油气对象的空间展布和相互间的空间关系形象地表达和展示出来。利用GIS技术进行勘探开发生产数据的可视化展示,使用户能够更直观、形象地看到地理空间相关的各类专业数据信息,便于对业务信息的掌握,也能够基于GIS技术进行一些地理空间相关分析和统计,其应用主要表现在以下几个方面:

(一)GIS在天然气勘探领域的应用

天然气勘探过程中积累了大量的基础数据和图形数据,这些数据包括区带、构造、矿权、气藏、地震工区、测线、井位、井身结构、层位等。利用GIS技术可以对这些数据进行存储和管理,为工作人员和管理者提供一个完整、灵活和易于使用的资料管理和综合应用的环境。GIS技术在天然气勘探领域的应用成效主要包括三个方面:

(1)基于GIS的可视化特性,把地理数据(地形图、地质图、山川、道路、城镇等)和勘探专业数据结合在一起,利用GIS数据表达功能,直观展示勘探对象在实际空间的展布情况及空间关系,同时可以生成相关数据表格、图形和专题分析图等;

(2)利用GIS导航功能,在桌面上(或移动端)直观、快速定位勘探对象,查询其详细信息;

(3)利用GIS技术,可以先期了解井位、地震施工工区等的地表情况,分析作业施工的可行性,辅助设计施工方案,远程完成对现场的"踏勘"工作。

(二)GIS在天然气开发生产中的应用

GIS技术在天然气开发生产中的应用,其用户主要包括开发生产管理部门、研究机构、生产实施单位,应用范围主要包括:

(1)气藏管理。利用GIS技术,结合气藏数据库,可以准确、直观地展示天然气资源在全盆地的空间分布情况及其基本特征。定位到某个气田或气藏后,可以了解该气藏的详细信息、开发生产动态、气水变化界面等,从而为单井配产配注、气藏科学合理开发提供快速信息查询。对于目前国家大力发展储气库建设、保证能源平稳安全的形势下,GIS技术用于储气库的管理,也能发挥其技术特色和优势。

(2)气井管理。利用 GIS 技术,把多个不同类型数据库(包括生产实时数据库)的数据综合关联到一起,可以快速地确定气井的物理位置,查询单井产量、井下装置。同时,也可以把所有邻近井放到同一张地图上来进行综合分析,了解到同一气藏或者同一管理单元的生产井的产量及其变化趋势、工作状况以及检维修情况等信息,便于天然气生产单位进行关联分析、精准管理、综合决策。

(3)场站管理及地面生产设施管理。天然气场站包括单井站、集气站、加压站、配气站、综合站等。各类天然气场站都有数量不等的各种地面生产设施和设备,包括脱水/脱硫/脱杂质设备、加压设备、站场管线关断及调节设备、污水储运设施、信息采集和监控设备等。利用 GIS 技术并关联相关数据库,可以快速、直观定位这些设备设施的物理位置,直观展示其外观实体,查询它们的基本信息、运行状态信息等。

(三) GIS 技术在天然气管道建设及管理中的应用

(1) GIS 在管道设计阶段的应用。

通过 GIS 的数据集成功能,以天然气管线周边环境矢量化地形图及影像图为基础,集成管线周边一定范围内的人口、环境、植被、经济等各类资源数据,利用空间查询、搜索、定位和 GIS 的空间分析功能进行叠加分析、缓冲区分析、最短路径分析等操作,为管道走向路由的选择、路由的优化、站场的选择、工作量统计、施工图设计提供辅助支持。

(2) GIS 在管道建设中的应用。

管道建设是指按照施工图进行管道焊接与铺设的工作。利用 GIS 的可视化功能,可以直观展示管道本体所有施工信息及配套设备设施安装信息,记录管道线路、穿跨越、伴行路等管道自身的位置坐标信息。通过地理信息系统与管道建设功能管理系统的集成,可形象地记录和展示出管道建设工程的施工进度、变更情况、实际完成状态等信息,生成相应的制图,协助管理人员监控施工进度。同时将实际施工建设数据定期或实时地转入地理信息系统,为后续的"数据化移交"提供先进的技术手段。

(3) GIS 在管道运营管理中的应用。

由于天然气管道一般都具有距离长、埋藏隐蔽、高压、介质易燃易爆、介质有毒有害(含硫甚至是高含硫)等特点,安全环保标准和要求极高,在其建成投后,必须进行可靠、精准、快速、全系统的全面管控,才能实现安全高效、长期平稳地生产。通过地理信息系统和管道本体属性数据、管道生产运行数据、设备监测数据进行集成,可以直观地反应出整个管道系统的运行状态,形象地进行状态不正常点提示、问题发生点报警,及时告知管理者进行管道的维护、检修、关断、抢修等操作,最终达到管道运营"生产调度高效科学、控制操作智能可靠、应急处置及时有效"的目标。

二、GIS 平台功能设计

西南油气田基于中国石油地理信息系统(A4)的空间数据标准、应用服务标准、开发规范等一系列地理信息标准规范,以 ESRI ArcGIS 为技术核心,采用 ArcGIS Server + Oracle 数据库模式,开发搭建了西南油气田公共 GIS 服务平台。

西南油气田地理信息服务共享平台总体功能上划分为数据层、服务层、应用层三层架构,系统架构如图 4-6 所示：

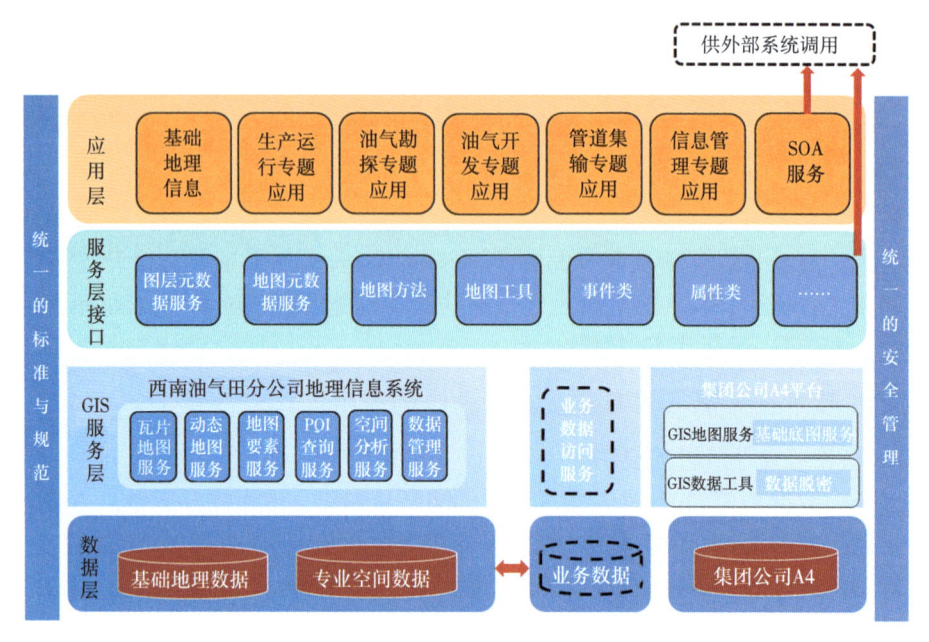

图 4-6　西南油气田公共 GIS 服务平台系统架构图

三层架构的功能划分如下：

（1）数据层：包括中国石油地理信息系统（A4）基础地理数据、西南油气田专业空间数据两部分内容，基础地理数据提供全国小比例尺、西南地区局部大比例尺基础地理数据，专业空间数据提供西南地区大比例尺基础地理数据、专业空间数据、空间位置数据、三维模型数据等。

（2）服务层：提供基础地图服务、专业空间数据共享服务和 GIS 应用服务。数据资源层是西南油气田地理信息服务平台的基础，为地理信息服务平台提供数据资源，主要包括基础地理数据和业务专题数据。其中基础地理数据包括地理矢量地图数据、影像数据、数字高程模型数据。业务专题数据包括油气勘探数据、油气开发数据、管道集输数据、生产运行数据和信息管理数据等，这两类数据构成了西南油气田地理信息服务平台的数据基础。

通过服务层接口，应用系统可以通过统一的入口直接调用 GIS 服务，实现 GIS 服务的统一共享和一致调用，实现了业务应用与 GIS 服务的松散耦合，提高了系统的可维护性。

（3）应用层：通过服务层提供的 GIS 服务，支撑基础地理信息查询、生产运行专题应用、油气勘探专题应用、管道集输专题应用等。应用层是西南油气田地理信息系统的应用主体，主要包含基础地理信息门户、基础 GIS 功能、生产运行、油气勘探、油气开发、管网集输及信息管理等 5 个地理信息示范应用以及数据分析共 8 个功能模块，为非编程用户提供了业务应用相关的地理信息及空间数据的查询、定位和基础的空间分析功能。在应用层，还提供了保障西南油气田地理信息系统安全稳定运行的后台管理功能，包含基础配置、权限配置、扩展配置模块，主要实现身份识别、访问控制、服务管理、目录查询等基础管理功能。

西南油气田地理信息服务共享平台是实现空间信息资源共享服务的关键，采用 SOA 架构,便于其他业务系统调用对应服务实现自身的地理信息应用。该平台通过提供多种满足标准 Web 服务的访问接口来发布地理服务,服务类型分为数据服务和功能服务两大类,数据服务可进一步细分为地图瓦片服务、动态地图服务、地理要素服务等,并提供多种应用程序访问接口,功能服务分为地理空间信息处理服务和地理空间分析服务两大类,提供各类基于地理信息的空间处理和分析功能。截至目前,地理信息服务平台提供 6 大类共 104 个地图及空间分析服务接口,包括基础服务类(3 个)、专题服务类(6 个)、地图接口类(74 个)、地图控件接口类(16 个)、业务应用接口类(3 个)、应用扩展类(2 个)。

西南油气田地理信息服务共享平台实现的主要功能有:

(1)把数据封装成地图基础服务、地图数据服务,把这些服务发布到数据整合与应用集成平台上,为整个西南油气田提供统一的 GIS 功能应用,避免了其他业务系统在 GIS 应用方面的重复开发,提高了应用系统的建设速度。

(2)建立了公共地理信息图层和各类油气业务专题图层,并提供这些图层的对外服务。

(3)西南油气田地理信息服务共享平台配套提供服务形式的地图控件、接口等,用户通过系统提供的 API,可在自己的信息系统环境中进行 GIS 应用的快捷开发,实现访问、操作和编辑等功能。同时,通过西南油气田地理信息服务共享平台的门户,可以直接浏览使用系统提供的生产运行、油气勘探等专题图应用为整个西南油气田的信息化建设提供 GIS 应用支持。

三、公共基础服务

西南油气田地理信息服务共享平台的目标是为西南油气田建立统一的地理信息空间数据管理、公共 GIS 应用和服务平台,为地理信息深化应用提供基础服务支撑。具体包括以下几点:

(1)空间数据的统一管理和共享:以中国石油地理信息系统(A4)空间数据标准,建立切合西南油气田实际需求的空间数据模型。

(2)提供地理信息共享服务:依托中国石油地理信息系统(A4)框架与资源,实现导航、可视化、空间分析等地理信息共享服务,为其他应用系统提供 GIS 服务支撑。

(3)实现公共专题应用功能:建设生产运行、油气勘探等专题应用,实现查询、统计、空间分析等基本应用,为科研工作和生产管理提供空间信息支持。

西南油气田地理信息服务共享平台将西南油气田各个业务系统中所需要的 GIS 应用进行了统一梳理,同时按照统一的标准进行数据建设与业务功能接口的建设,最终为各个业务应用系统提供统一 GIS 应用服务接口,避免了相应的业务系统在 GIS 应用方面的重复开发,避免了资源的浪费,同时也相应了提高了具体应用系统的建设速度。

四、专题应用

西南油气田地理信息服务共享平台的业务功能主要包括:油气勘探专题图服务、油气开发专题图服务、管道集输专题图服务、生产运行专题图服务、信息管理专题图服务这 5 个主要的业务功能模块。

(一)油气勘探专题图服务

油气勘探专题图服务为地图上叠加展示矿权构造单元、油气单元、探井、断层线、工区、测线等主要专业信息分布情况,并根据实际业务情况利用GIS渲染方式对矿权构造单元、探井油气储量、工区等内容进行分类分级展示,以达到直观表达、易于理解的目的,在业务人员实际工作中发挥展示、辅助规划、说明、记载的作用。

图4-7为西南油气田油气勘探专题图全局初始化图。

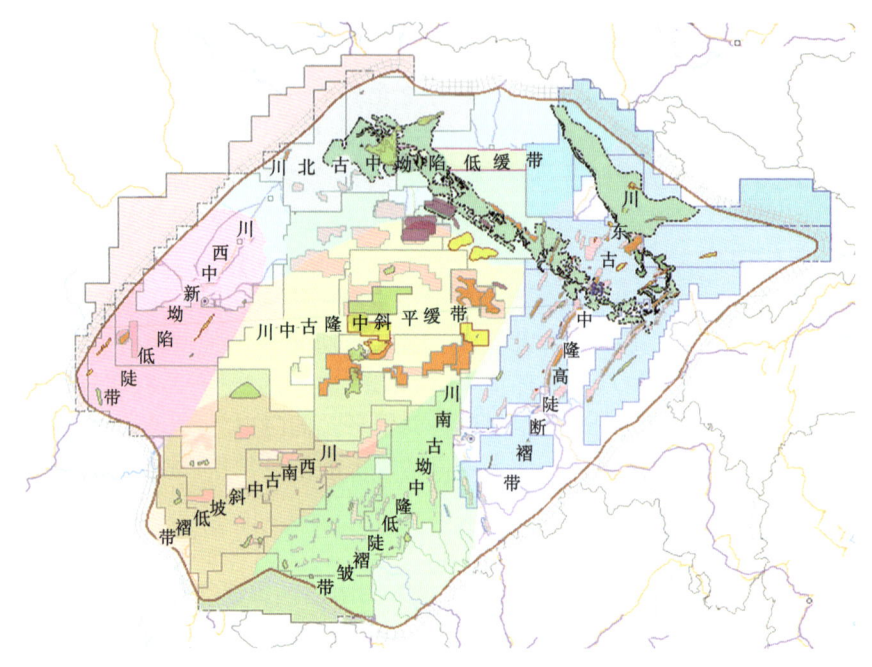

图 4-7 油气勘探专题图——全局初始化

图4-8为川中古隆重斜平缓带油气勘探主题图局部放大图。

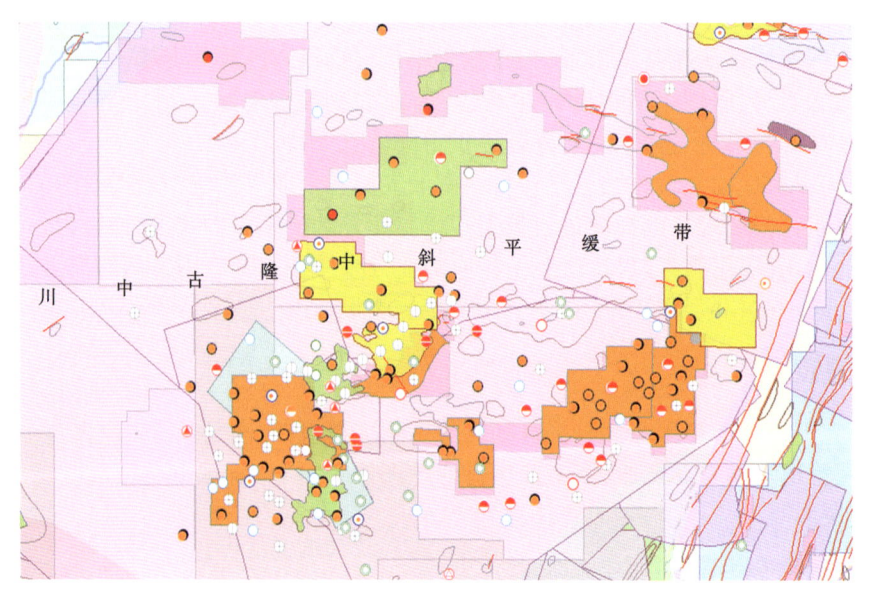

图 4-8 油气勘探专题图——局部放大

(二) 油气开发专题图服务

油气开发专题图服务在地图上叠加展示开发区块、物探工区、开发井等主要专业信息的分布情况,并根据实际业务情况利用 GIS 渲染方式对开发区块、开发井、物探工区等内容进行分类分级展示,以达到直观表达、易于理解的目的,对开发生产活动进行模拟,帮助油气开发部门合理、高效地进行开发生产工作部署。

图 4-9 为全局初始化的油气开发专题图。

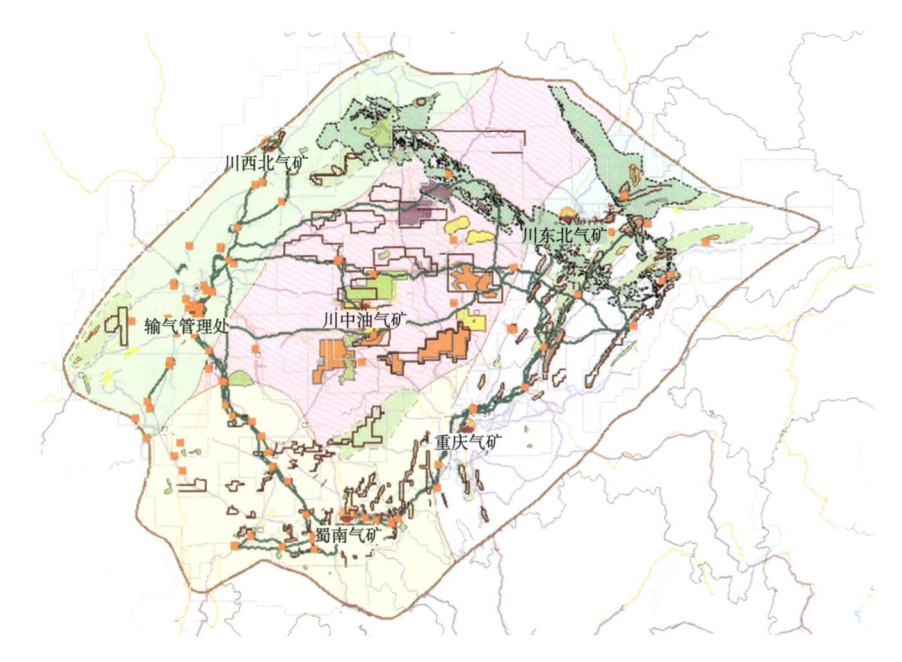

图 4-9 油气开发专题图——全局初始化

图 4-10 为进行了局部放大操作的油气开发专题图。

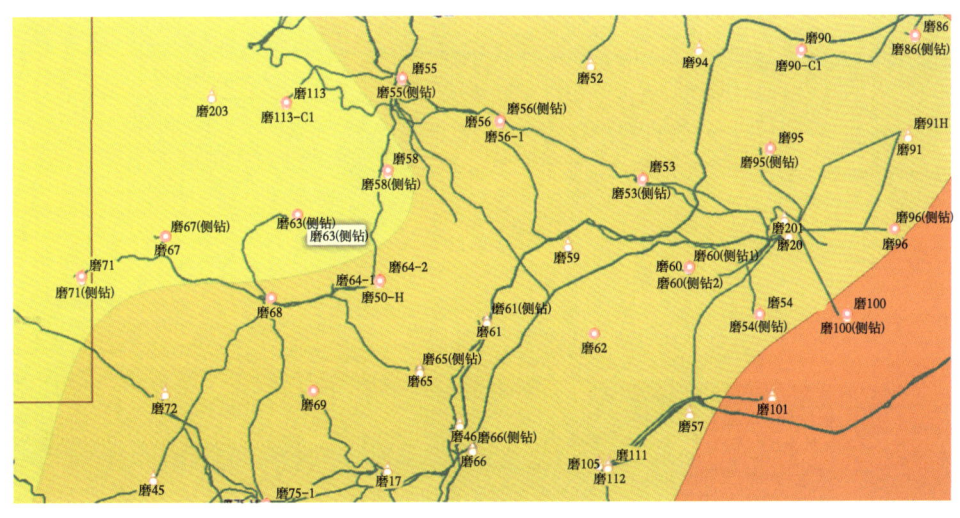

图 4-10 油气开发专题图——局部放大

(三) 管道集输专题图服务

管道集输专题图服务在地图上叠加展示站库、管道、以及管道周边标桩、穿跨越、焊口、地下障碍物等附属设施等主要专业信息的分布情况，并根据实际业务情况利用GIS渲染方式对站库、管道等内容进行分类分级展示，以达到直观表达、易于理解的目的，在业务人员实际工作中发挥展示、辅助规划、说明、记载的作用。

图4-11为全局初始化的管道集输专题图。

图4-11 管道集输专题图——全局初始化

图4-12为局部放大的管道集输专题图。

图4-12 管道集输专题图——局部放大

图4-13为在地图上叠加管道附属设施的分布图。

图4-13　管道集输专题图——管道附属设施分布

(四)生产运行专题图服务

生产运行专题图服务在地图上叠加展示生产井、站库、管道等主要专业信息的分布情况,并根据实际业务情况利用GIS渲染方式对生产井、天然气管道、站库等生产运行动态进行分类分级展示,以达到直观表达、易于理解的目的,在业务人员实际工作中发挥生产动态监视、生产调度管理、说明、记载的作用。

图4-14为初始化生产运行专题图。

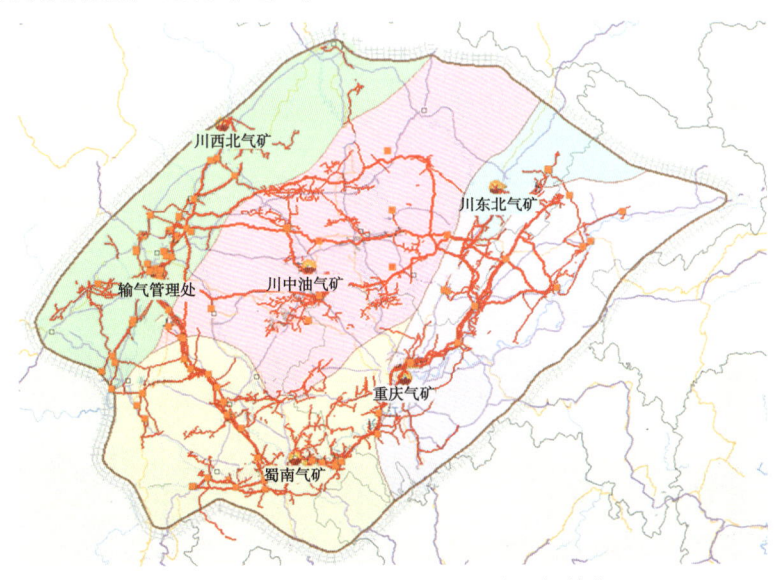

图4-14　生产运行专题图——全局初始化

图 4-15 为局部放大的生产运行专题图。

图 4-15　生产运行专题图——局部放大

(五) 信息管理专题图服务

信息管理专题图服务实现油气田网络通信线路在地图上分布的展示,包括通信线、通信节点、通信状态等内容,如图 4-16 所示为信息管理专题图的初始化。

图 4-16　信息管理专题图——全部初始化

如图 4-17 为局部放大的信息管理专题图。

图 4-17　信息管理专题图——局部放大

第三节　移动应用服务平台建设

西南油气田移动应用平台旨在基于西南油气田现有业务应用资源、计算资源、存储资源及网络资源等 IT 资源，实现西南油气田信息化移动服务能力，构建一套覆盖移动设备管理、应用开发测试、应用版本管理、应用发布管理、安全机制等特性的企业级移动应用服务管理和企业移动应用支撑平台，实现智能终端设备远程网上办公，为油气勘探、开发、生产提供移动办公、生产管理业务移动应用等服务。通过企业移动应用平台建设，以移动终端为集成载体，以移动用户为集成"宿主"，作为西南油气田办公网和油气生产物联网的有效补充和延展，解决生产现场网络连接的"最后一公里"[2]，支撑相关业务在野外、异地、特殊场所的便捷应用，逐步实现 3A（Anywhere、Anytime、Anything）的 IT 服务。

一、业务需求

随着移动应用技术日趋成熟，充分利用移动设备信息交互的高效性与便捷性，扩展企业信息的传达途径，提升信息传达的及时性，增强企业整体运作效率，满足员工个性化、多元化和碎片化工作需要，西南油气田参考国内外企业级移动应用平台体系，建设了一套适合西南油气田的移动应用平台和移动服务管理体系。

通过移动应用平台的建设实现安全的接入和可控的终端管理，构建适配市场主流移动设备的企业移动管理平台。该平台在满足统一技术规范、统一安全架构、统一运营平台的基础上涵盖移动设备管理、移动内容管理、移动应用管理、移动安全管理、移动应用开发等功能。平台功能需求如下：

（1）建设移动应用软件平台。功能包括移动设备接入、移动设备管理、移动应用开发和移动应用管理等。

（2）建立移动数据安全接入通道。通过部署独立的移动数据安全接入网关、转发服务器等硬件设施,建设统一的移动数据安全接入办公网的通道,实现移动设备通过外网安全接入西南油气田办公网。

（3）建立移动应用开发标准规范。通过建立西南油气田移动应用开发的标准规范,支撑企业短/彩信发送、通知公告推送、公共办公、专业信息浏览、专业数据查询、移动审核审批等移动业务应用（APP）开发。

二、平台功能设计

西南油气田移动应用平台由基础架构服务、软件平台服务、客户端平台、移动基础平台、移动应用后端、移动服务管理、移动安全管理、移动服务治理、关键组件等9大模块组成,如图4-18所示。

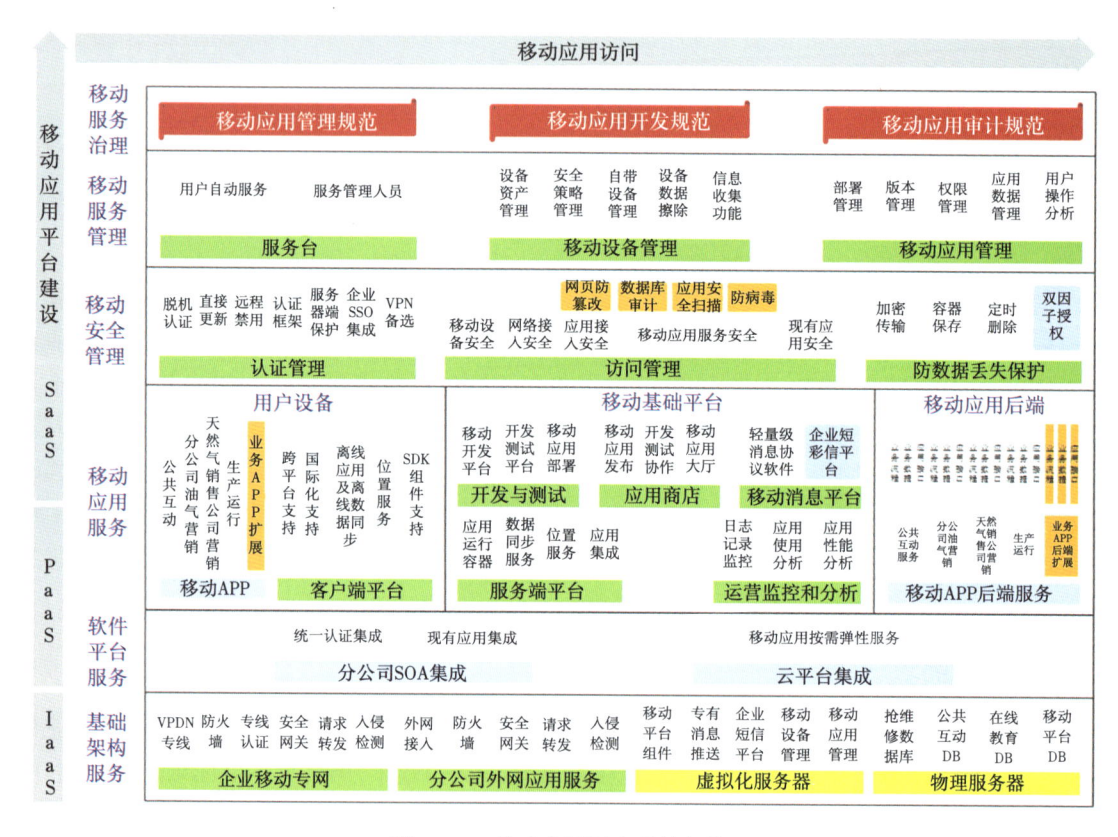

图4-18 移动应用平台总体架构

（1）基础架构服务。

主要包括服务器、存储、安全接入服务,为移动应用平台提供物理基础设施和可扩展的部署环境（IaaS）。其中,安全接入服务负责将移动设备（App）安全地接入内网,同时兼具用户认证授权、数据加密、路由和流量控制功能。西南油气田通过转发服务器、防火墙（安全网关）等硬件设施，搭建了移动安全接入通道，实现了基础资源虚拟化、平台产品部署高可用，并具有充分的可扩展性。

（2）软件平台服务。

通过与西南油气田数据整合与应用集成平台、云计算平台的集成，提供统一、共享的软件功能服务和统一身份认证服务。通过 PaaS 应用连接服务，实现移动客户端和传统系统的整合与复用。

通过软件平台构建，提供具有跨平台的混合开发引擎，丰富的模板和插件支持，内置各种标准协议组件。同时，统一移动业务前后端标准开发技术，高效整合对接多种企业业务的移动应用开发平台。

（3）客户端平台。

客户端平台是用户端移动应用的支撑平台，包含了跨设备的支持能力和对移动终端的全面支持，为企业移动 APP 的开发提供完整的支持。客户端平台提供跨平台解决方案和国际化支持解决方案，兼容 WEB 开发、原生开发、混合模式开发，并支持多语言，多种日期格式等国际化需求。

（4）移动基础平台。

移动基础平台是企业移动应用运行的通用核心功能，提供一系列的开发构建工具，帮助开发人员快速构建、测试、部署和运行移动应用。同时为移动前端 App 和后端服务提供统一的运营分析、服务调用、服务集成、安全控制和运维管理等支撑服务。

（5）移动应用后端。

移动应用后端是企业移动应用的核心服务层，为移动终端应用提供关键的后台应用服务，主要包括业务逻辑与流程服务模块、接口服务模块、业务应用数据库服务等。

（6）移动安全管理。

全面的移动安全控制，包括数据保护、设备丢失保护、用户认证授权、访问控制等，从网络层、传输层、应用层和设备层等全方位实现相关的安全管理控制机制和措施，保障移动应用的前后台安全。

（7）移动服务管理。

建立统一集中的服务台，向所有移动终端和用户提供统一的技术支持服务，实现移动应用和移动设备的统一管理服务，包括统一的服务台、移动设备资产管理、移动应用的分发管理等。

（8）移动服务治理。

制定"移动应用管理规范""移动应用开发规范"和"移动应用审计规范"等标准和规范，建立西南油气田的移动应用平台服务管理体系，制定相应的指导方针、规章制度等。

西南油气田移动应用平台在数据采集、视频监控、业务协同、移动办公等领域得到了广泛的应用（图 4-19），极大地提高了工作效率，降低了生产成本。

在信息安全控制方面，西南油气田移动应用平台提供包括用户接入的安全性验证、权限管理等安全控制措施，以保证移动应用本身的安全性。如图 4-20 所示。

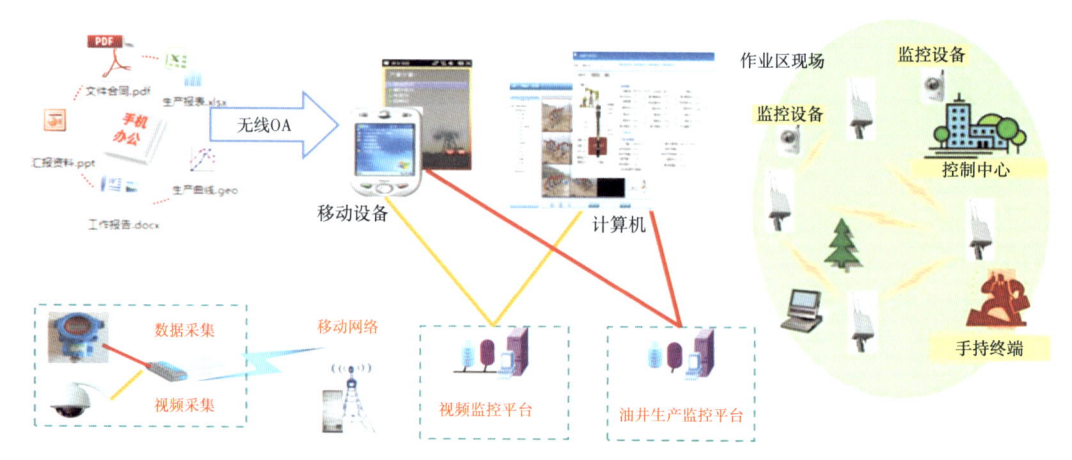

图 4-19　移动应用平台总体架构

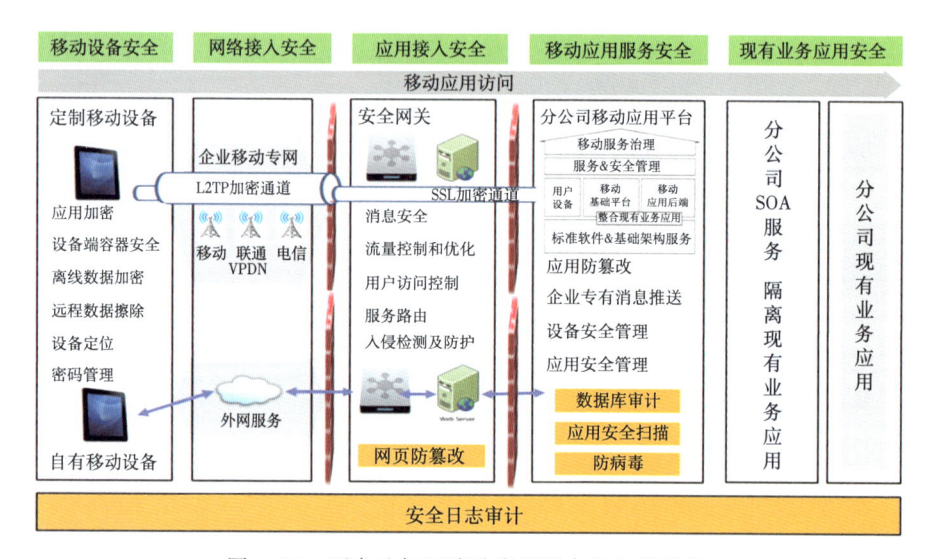

图 4-20　西南油气田移动应用平台安全设计图

三、应用成效

西南油气田移动应用平台构建了安全、稳定、高效的移动应用基础管控平台(图 4-21),推动油气田业务应用移动化,为西南油气田各类生产和经营管理活动提供便捷的信息技术支撑服务。

(1)增强企业整体执行力。

移动应用实现了办公人员可在任何时间、任何地点处理与业务相关的任何事情,可以摆脱时间和空间对办公人员的束缚,提高了工作效率,增强了远程协作能力,尤其是可轻松处理常规办公模式下难于解决的紧急事务,从而极大地提高内部办公效率,促进内部信息沟通。

移动系统不受空间限制,拓展企业办公空间、提高办公效率。办公处理不再受到时间和空间的限制,轻松实现业务快速响应,较大程度地增强了企业整体执行力(图 4-21)。

图 4-21　移动应用在生产安全受控管理系统中的应用

（2）有效提高了工作效率。

移动化应用同样也为生产运行、油气营销等业务带来了更高的工作效率。生产运行、油气营销移动应用提供了工作人员所需的各种信息（包括产品、实施生产营销数据），协助业务人员高效、快速地完成工作。利用移动信息化技术，现场工作人员可以通过移动设备实时获取位置和生产运营信息，实现了企业业务流上的便捷化。通过移动应用，可以有效解决管理者必须在专业系统上完成审核、审批、决策等事务的烦恼。企业可以借助移动化技术实现对工作进行高效的管理与运作，整体节约时间成本。

（3）优化了资源分配和利用。

企业在生产运行、油气营销等业务上花费了大量的时间和精力用于员工管理和资源分配，通常资源管理要通过后端系统非常繁复的报表、统计信息来呈现，移动应用提供多种功能列表、日程和可供调遣的员工名单，即使业务人员不在办公区域，也能确保工作的不间断正常进行，优化了资源分配和管理的效率。利用移动应用为员工提供基于通告和地理位置信息的实时日程列表，同时接入办公、生产业务系统信息，便于信息的查询和调用，从而在一定程度上优化了资源的分配和利用。

参 考 文 献

[1] 官庆,杨平,唐志洁.利用 GIS 软件参与生态红线管理与空间数据质量探讨[J].天然气技术与经济,2020,增刊(1):34-37.
[2] 童贤.移动通信技术在物联网中的应用[J].基层建设,2019,06(11):392.

第五章　网络安全防护体系建设

近年来,我国十分重视信息网络安全,已经将信息网络安全作为优先发展的前沿技术列入了"国家中长期科学和技术发展规划纲要(2006—2020年)"。十八大工作报告指出,网络安全已成为国家安全的重要组成部分,保障网络安全是贯彻落实党的十八大精神,转变经济社会发展方式,促进国民经济和社会信息化健康发展的重要基础和支撑。中国石油在2015年明确提出要贯彻落实国家对网络安全工作的要求,应对当前网络面临的严峻威胁与挑战,提升网络安全工作水平,切实保障集团公司网络安全,为中国石油稳健发展提供强有力支撑。

在信息化工作中,网络安全建设尤为重要,是众多项目成功建设、系统平稳运行的基础保障。按照西南油气田"十三五"通信与信息化发展规划,在基础设施部分详细规划了"信息安全防护体系升级改造项目",它是数字化气田信息系统基础设施保障的重要组成部分。以国家信息系统安全等级保护要求为基本依据,结合中国石油相关管理规定和成功经验,西南油气田设计了集安全管理制度、安全管理技术和态势感知为一体的网络安全体系架构,并按照设计对现有的网络安全、主机安全、应用安全和数据安全防护等进行全面的加固、升级和补充建设[1]。

第一节　网络安全体系建设目标

根据国家法律法规和集团公司网络安全建设整体规划,西南油气田要建设符合等级保护和集团公司相关规范要求的网络安全防护体系,在管理和技术层面具备对网络安全事件的发现、抵御、审计和处置能力。

依据《中华人民共和国网络安全法》和网络安全等级保护基本要求,遵循中国石油相关规章制度,通过网络安全保障总体规划、网络安全管理体系建设、网络安全技术策略设计以及网络安全产品集成应用等多方面构建,规划符合西南油气田业务特点和需求的网络安全体系架构,使后期工程运行于全方位、多角度、高效防御的网络安全域中,并满足信息系统安全等级保护二、三级的需求,将西南油气田安全防护被动的局面转化为主动防御,能抵御目前和未来一段时期内的威胁,实现对全网安全状况的态势把控和感知,更好地保障公司网络信息安全可靠,保障整个西南油气田信息系统的正常运行。具体建设目标如下:

(1)网络安全监督覆盖率达到100%。指对国家、地方、集团公司通报的问题、上级网络安全检查中发现的问题、自监测及自查中发现的问题完成督促整改、复核并向上级主管部门完成回复等工作,监督范围是西南油气田公司及所属或控股公司各级单位。

(2)对核心系统及网络设备日志审计率达到100%。指通过日志审计系统将其实时采集的各安全设备、网络设备、主机、操作系统,以及各种应用系统产生的日志、事件、报警等信息汇集并完成审计,对发现的问题实施闭环管理。

(3)对办公网、生产网重要服务器及网络区域入侵实时监测及防护覆盖范围达到100%。通过西南油气田"信息安全防护体系升级"和"油气生产物联网安全防护体系"建设完成该指标。

在信息安全防护体系建设方面,建成办公网网络安全管理和网络安全态势感知一体化的网络安全体系,完成以下4方面的建设和各子任务目标:

(1)网络安全。通过防火墙划分网络安全域,实现对网络访问控制的精细化管理;部署网络威胁检测分析系统,实现对网络威胁和攻击的实时检测与预警。

(2)主机安全。部署堡垒机系统,实现对服务器主机和重点网络设备远程操作日志的记录和保存;部署日志分析系统,实现服务器主机和网络设备日志的统一分析。

(3)应用安全。部署WEB应用防火墙,实现对重要网站系统应用层的安全防护,实现黑白名单访问控制,防范网页篡改、网页挂马等入侵行为。

(4)数据安全。部署终端数据泄漏防护系统,实现对外发送敏感信息和重要数据行为的预警提示、追溯取证及统一管理。

在油气生产物联网安全防护体系建设方面,做好生产网安全区域划分,落实边界安全防护措施;建设信息安全集中监控系统,强化安全配置和补丁管理,进一步完善信息安全防护的基本手段,建成覆盖全生产网包括管理制度在内的信息安全防护体系。

第二节 网络安全技术

随着西南油气田信息化的迅速发展,对公司的网络安全保障能力提出了巨大挑战。西南油气田按照集团公司网络安全整体部署,以及信息系统等级保护定级的原则,将不同安全保护等级的信息系统划分在不同的安全域来管控。按照等级保护的要求,从物理安全、网络安全、主机安全、应用安全、终端安全和数据安全等层面进行设计,在划分确认保护等级的基础上,将相同安全级别的信息系统进行统一管理,以安全域的形式进行整体防护,分别对域内、域间、域边界进行相应的防御部署。

西南油气田采用以下6类安全技术,保障信息安全(图5-1):

(1)物理及环境安全。

物理环境安全控制是指为保护区域内的信息系统设备、信息资产、存储介质以及其他设施免受物理环境事故以及未经授权的物理访问等人为破坏所造成损失而采取的一系列安全控制集合。物理安全包括物理位置的选择、物理访问控制、防盗窃和防破坏、防雷击、防火和电力供应等10大类。

安全技术
物理安全
网络安全
主机安全
应用安全
终端安全
数据安全

图5-1 信息安全技术架构

(2)网络安全。

网络作为信息系统的基础设施,起着连接不同的信息终端、传递信息的作用,在信息安全的体系架构中占有举足轻重的地位。网络安全主要包括结构安全、访问控制和安全审计等等方面。

(3)主机安全。

主机系统安全控制是指为了在信息系统的系统层达到各安全等级的安全目标,满足对主机系统的用户身份鉴别、访问控制等各方面所提出的技术要求。

(4)应用安全。

应用安全控制是指为了在信息系统的应用层达到各安全等级的安全目标,满足对应用系统的标识鉴别、访问控制、安全审计、系统保护等各方面所提出的技术要求。西南油气田的自建系统已集成西南油气田统一的用户 AD 域认证,对用户进行身份标识和鉴别,获取登录用户的相关权限信息,在应用系统中根据权限系统返回的权限信息,予以管理与控制。

(5)终端安全。

终端安全主要包括终端准入控制、终端安全管理、运行安全管理和终端介质管理几个层面。

(6)数据安全。

在数据安全方面,西南油气田遵循国家相关涉密文件管理标准和规范,制定了相关数据安全管理条例,包括:禁止使用公共即时通信软件传送工作文档;禁止标密的文件资料,通过电子邮件或者使用外部商业化的云盘存储发往互联网,并通过一定的技术手段,实现企业重要文件由内网外发可控制、可审计。

第三节 网络安全部署

西南油气田按照集团公司网络安全整体部署方案,在办公网开展了桌面安全管理、网络安全域、用户身份管理与认证等网络安全项目建设,实现了数据通信网络的基本安全保障。

在生产网络上,西南油气田总部和各重要二级单位设置了防火墙作为核心服务区的安全保护,并通过 2 台安全隔离网闸实现生产网与办公网的安全隔离。

在办公网内,将不同安全保护等级的信息系统置于对应级别的安全域中进行保护,实现域间防护。通过边界访问控制实现安全域边界防护。在安全域内进行了深度防护,安全域内防护包括:物理安全加固、网络层安全加固、主机安全加固、应用安全加固、终端安全加固、数据安全加固(图 5-2)。

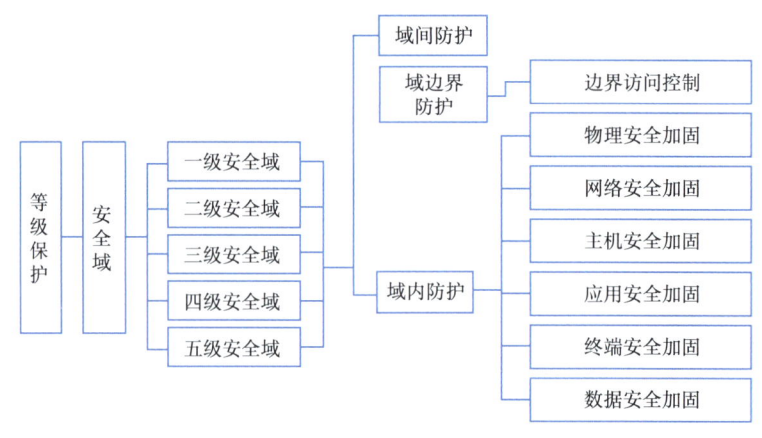

图 5-2 安全域防护示意图

一、安全域边界防护

不同安全级别的安全域相连接，就产生了安全域边界。通过在边界上建立可靠的安全防御措施，以防止来自安全域外部的入侵。

为了提高西南油气田总部和二级单位内部网络的安全性，在各个安全区域边界通过现有的路由器和 3 层交换机的边界部署了路由控制功能，在网络层面保护西南油气田安全域之间的安全访问和控制，如图 5-3 所示。

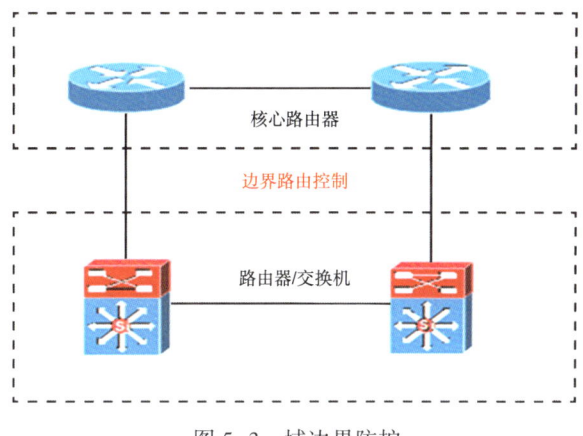

图 5-3　域边界防护

另在西南油气田网络核心层部署了入侵防御系统，能在应用层对那些被明确判断为攻击行为、会对网络、数据造成危害的恶意行为进行检测和防御。

二、安全域内防护

（一）网络安全

（1）在核心层和重要二级单位部署冗余链路和冗余路由器，以保障网络高可用性；

（2）由于传统的网络安全设备对于应用层的攻击防范，尤其是对 WEB 系统的攻击防范作用十分有限，因此西南油气田部署了 WEB 应用防护系统（Web Application Firewall，WAF），采用一种专门的机制来阻止对 WEB 服务器的攻击行为，对其进行有效的检测、防护，以保障 WEB 应用服务器的安全（图 5-4）。

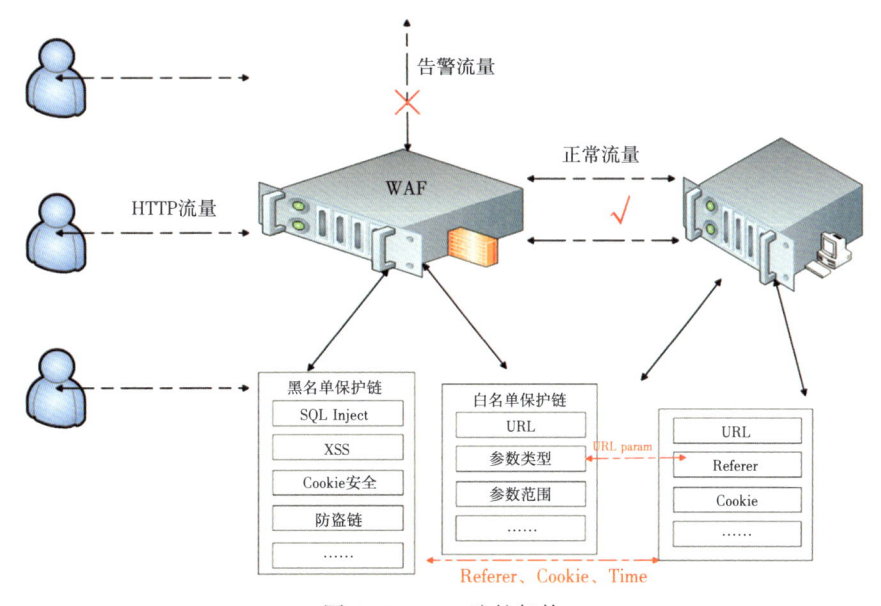

图 5-4　WAF 防护架构

(二) 主机安全

按照中国石油安全配置基线要求,提升各系统主机自身的安全状况。基线内容涵盖了Windows、Linux的操作系统以及各主要厂商的路由器交换机等,对操作系统或者网络设备的配置进行了基础的规范,以保障主机安全。西南油气田配置有基线检查设备,可以主动检查操作系统是否符合基线标准,并给出整改方法(图5-5)。而网络设备,则需要登录设备进行人工检查和加固(图5-6)。

序号	描述	等级
1	检查是否已启用并正确配置SYN攻击保护	可选
2	检查是否将SNMP团体名称的权限设置为"只读"	一般
3	检查是否已开启Windows防火墙	可选
4	检查是否已删除SNMP服务的默认public团体	可选
5	检查是否已启用TCP/IP筛选功能	可选
6	检查是否已安装防病毒软件	一般
7	检查是否已关闭Windows自动播放	可选
8	检查是否已关闭不必要的服务-DHCP Client	重要
9	检查是否已正确配置服务器在暂停会话前所需的空闲时间量	可选
10	检查系统是否已安装最新补丁包和补丁	一般
11	检查是否已启用Windows数据执行保护(DEP)	可选
12	……	可选

图5-5 Windows Server 基线列表(部分)

图5-6 基线加固工具

(三) 应用安全

中国石油统一建设了集中身份管理与统一认证平台,西南油气田的自建系统已集成该平台统一的用户AD域认证,对用户进行身份标识和鉴别(图5-7)。

同时,部署了日志审计设备,旁挂在公司核心交换机上进行安全审计,记录安全日志,确保IT内部审计机制的有效执行。

(四) 终端安全

西南油气田采用的是中国石油统一部署的桌面安全软件进行终端安全管理(图5-8),包括病毒防护和桌面安全管控平台,并通过上述系统具备的策略管理和补丁分发功能对所有安装VRV客户端软件的终端计算机进行控制和审计,并在办公网内启动了强制安装防病毒和内网管理及补丁分发客户端的准入策略,提升了西南油气田对办公网内接入计算机终端的安全管控能力[2]。

◆ 第五章 网络安全防护体系建设

图 5-7 身份管理与认证平台

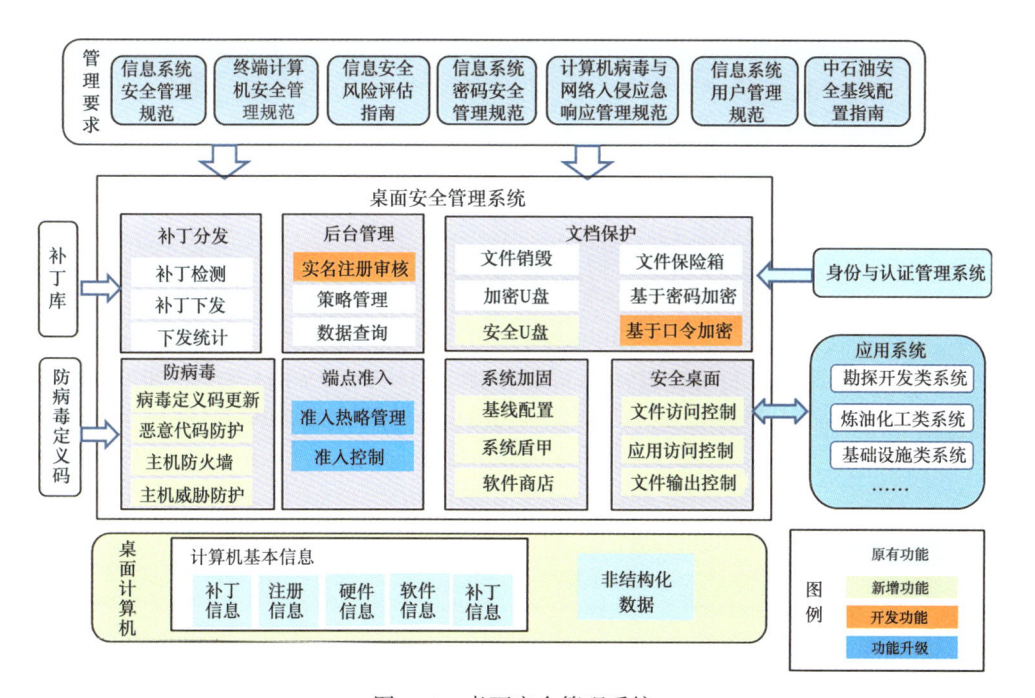

图 5-8 桌面安全管理系统

— 83 —

(五) 数据安全

通过部署数据防泄漏系统[3],对西南油气田办公网的相关终端及网络数据进行数据防护与审计,在桌面安全系统(2.0)的基础功能上扩展实现了以下功能:敏感信息发现、定位、终端泄露防护、网络泄露监控、文件扫描和终端电脑全盘扫描,如图5-9所示。

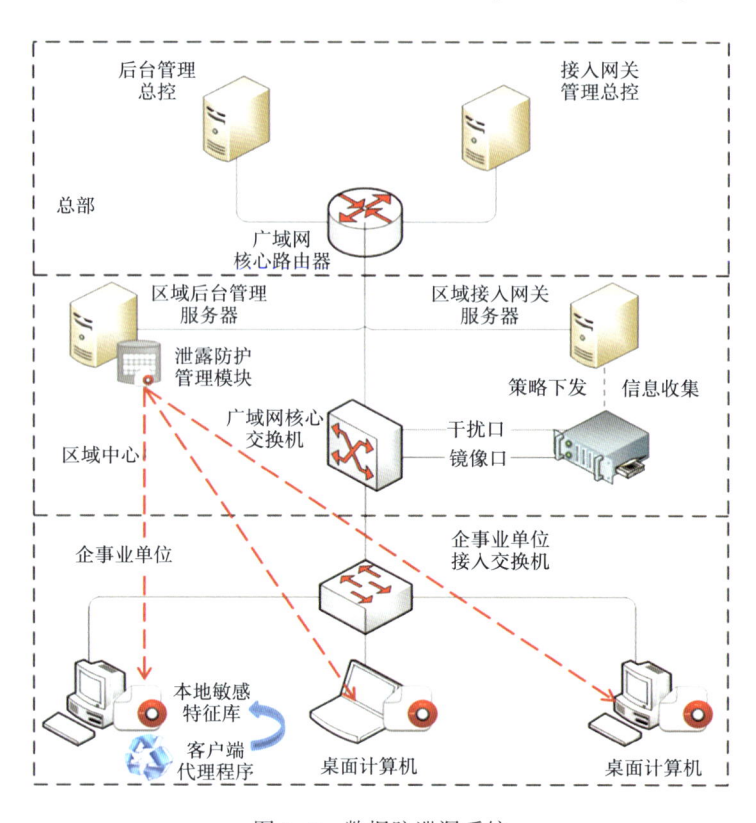

图5-9 数据防泄漏系统

参 考 文 献

[1] 管冬平.网络安全法在石油网络安全管理中的深化应用[J].网络安全技术与应用,2019(02):83-84.
[2] 黄飞飞,刘晓天,王洪彬,等.终端数据防泄漏安全管理思考[J].网络安全技术与应用,2019(08):78-79.
[3] 杨智.数据加密技术在计算机网络通信安全中的应用[J].科学与信息化,2019(24):1.

第六章 数据采集与数据治理

现代大型企业,随着各类数据(信息)量呈爆发势增长,在数据的使用上都面临相似的挑战。企业越大,信息化程度越高,产生并需要使用的数据就越多,而面对越来越多的数据,就更需要制定一套有效的数据采集、存储、加工、使用与治理策略,以确保方便、安全、快速、可靠地利用数据进行决策支持和业务应用[1]。

西南油气田在数字化气田总体规划的指导下,以数据整合与应用集成为基础,遵循数据管理与业务应用分离的原则,按专业大类统一规划建设数据采集平台,实现勘探开发工程作业数据、勘探开发技术数据、油气生产数据、地面建设数据、经营管理数据等各专业数据的完整采集;通过按业务链的数据整合,实现所有数据在公司层面统一集中管理;通过数据推送、分发与共享,支撑上层各个业务应用。由此,设计形成了按数据源、数据采集、数据管理和业务应用四个层次的数字化气田数据采集与管理架构(图6-1)。

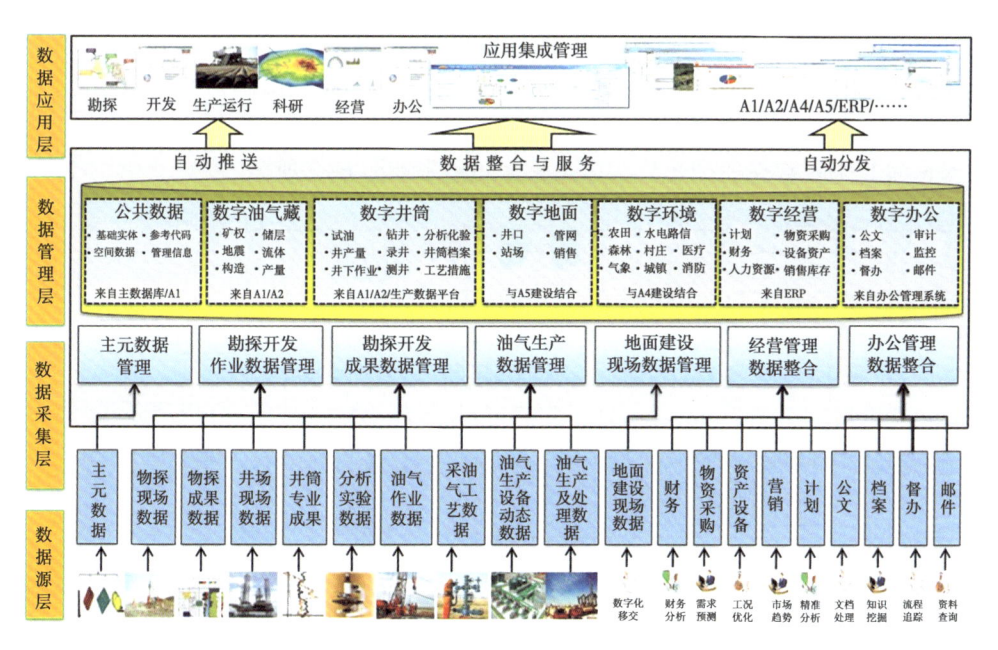

图6-1 数据采集与管理架构图

基于数字化气田建设总体规划的数据统一采集和管理的思想,西南油气田以 EPDM 模型为基础,参照现有的数据规范,形成了西南油气田统一的数据标准,并以此数据标准为指导,在现有的数据采集、存储、传输和使用流程规范基础上,建立体系完善、范围明晰、内容统一的数据采集和管理标准。同时确定了主数据管理、数据采集与数据治理的三步走的建设目标:第一,建立勘探开发主数据管理平台,保障企业主数据的准确、及时、唯一,为多业务系统数据整合应用提供手段,提高基础数据的权威性和价值;第二,结合勘探开发成果数据采集系统与油气生产物联网、生产数据平台的建设,拓展建立勘探开发作业数据和地面建设现场数据采集系统,实现主体专业数据全面采集,满足各业务对数据应用的需求;第三,同步展开数据治理工作,从组织战略、架构、治理、标准、质量、安全、应用和数据生命周期等角度评估企业数据管理现状,分析企业数据存在的问题,构建数据治理体系,制定合理的评价体系与审计规范,确保数据质量,提升企业数据资产管理和应用水平。

第一节 数据的标准与规范

中国石油勘探开发数据模型标准(简称 EPDM 数据模型),是基于 POSC(石油行业标准数据库模型)、PPDM(公共石油数据模型)、EDM(Land-Mark 公司标准石油数据库模型)等国际组织或企业数据模型标准,建立并逐步优化完善形成的中国石油范围内勘探开发生产领域的统一数据模型标准[2,3]。EPDM 数据模型,包括 9 个核心实体类的数据模型,并向外衍生出 16 个专业实体类的数据模型,还包括了各实体数据相关的属性规范值。

9 类核心实体是:地质单元、物探工区、井、井筒、生产单元、组织机构、设备、站库、项目。

16 类专业实体是:基本实体、地球物理、钻井、录井、测井、试油试采、井下作业、地质油藏、样品实验、油气生产、勘探生产管理、生产测试、井位设计、规划计划、项目管理、文档管理。

属性规范值采用中华人民共和国石油天然气行业标准《油气田勘探开发数据项属性规范值》(SY/T 6184—2014)。

中国石油 EPDM 数据模型主要实体及相互间关系如图 6-2 所示。

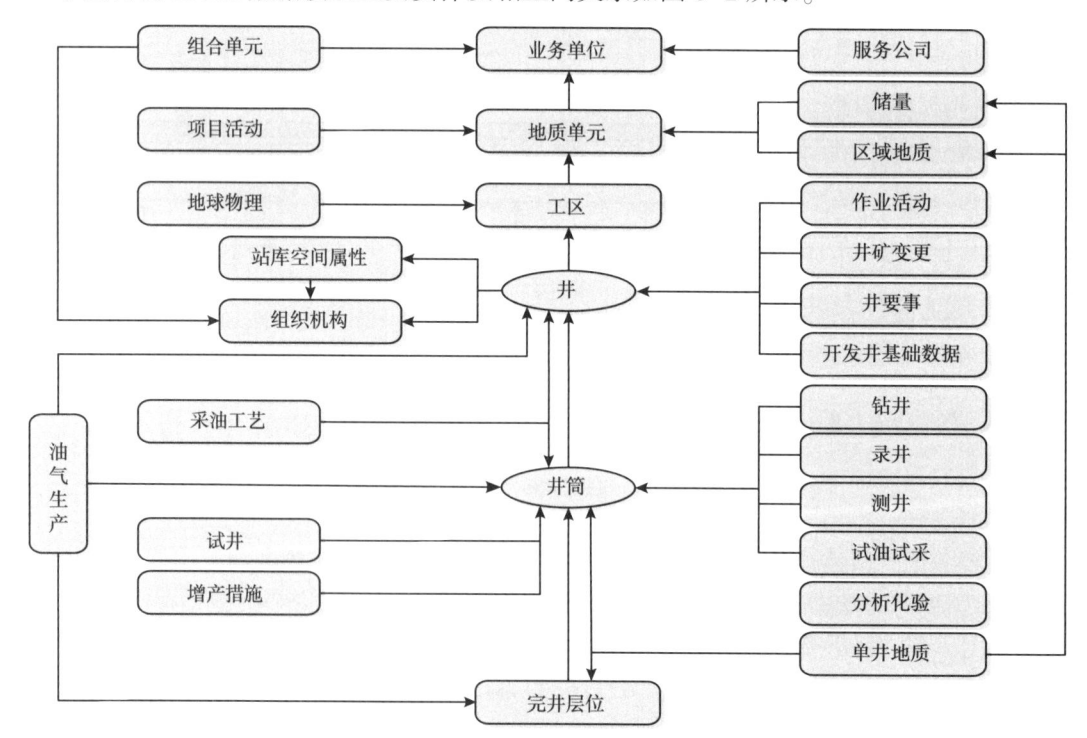

图 6-2 中国石油 EPDM 数据模型主要实体及相互间关系图

中国石油 EPDM 数据模型,按照面向对象的思想,通过强化核心实体间的关联关系,打通了勘探与开发两大业务领域间的数据关联通道,也把业务过程中的主要动态信息和业务活动后的技术成果数据紧密关联起来,有效保证了勘探开发生产领域各类数据的一致性,更大范围上提高了数据的共享程度和综合运用能力。

在西南油气田数字化建设中,以中国石油 EPDM 数据模型为基础,实现了对基本实体、钻井、录井、测井、试油、井下作业、生产测试、油气生产 8 个专业的业务数据采集与管理。同时还编制了《数字化气田油气生产数据接入规范》《数字化气田工程技术数据接入规范》和《数字气田勘探生产技术数据接入规范》,推动了油气田各类业务数据的标准化管理,为数据集成共享和综合应用奠定了坚实的基础。

第二节 勘探开发成果数据采集与管理

勘探开发成果数据是指勘探开发过程中形成的相关动、静态成果数据,包括物探数据体(大块数据)、测井数据体(大块数据)、钻井数据、录井数据、测井数据、试油试采数据、样品实验分析数据、油气生产数据、地质油气藏数据等。在勘探开发业务信息化发展过程中,西南油气田结合数字化气田建设总体规划和自身业务与管理的特点,在业务流程管理和项目管理等方面进行了卓有成效的尝试,并逐步地形成了西南油气田独具特色的勘探开发数据正常化管理模式。数据正常化采集和管理模式在勘探与生产技术数据管理系统(简称 A1 系统)中的应用,既满足了勘探开发技术数据的采集与管理的要求,又适应了油气田勘探开发业务管理的实际需要,实现了油气田数据管理业务的科学化与精细化[4]。

一、勘探与生产技术数据管理

作为勘探开发成果数据采集、管理和应用的系统,勘探与生产技术数据管理系统(A1)覆盖了包括勘探、评价与部分开发业务,涉及页岩气等新业务,数据范围包括基本实体、地震(含大块数据)、测井(含大块数据)、钻井、录井、井下作业、测试、分析化验类的动态、静态数据以及科学技术研究类的结构化数据和非结构化文档,支撑了面向油气勘探开发的综合研究业务,建立了规范、统一、安全、高效的勘探开发数据管理和服务体系,并通过应用勘探开发一体化的数据模型和标准,逐步形成规范的工作流程及勘探开发研究项目环境和信息共享平台,提高了勘探开发一体化研究、设计、规划与决策的科学性,如图 6-3 所示。

为了支撑西南油气田勘探与生产技术类相关业务,勘探与生产技术数据管理系统采集与管理的数据覆盖多个专业,形成了配置灵活、数据采集方式灵活、数据接入方式多样以及数据审核流程全面的数据采集端,满足了勘探开发成果数据进入 A1 系统主库"正常化、常态化"的要求,并为龙王庙数字化气田、采油气与地面工程运行管理系统(A5)井下作业系统、页岩气数字化气田等系统建设和业务应用提供了强有力的数据支撑。

针对工程作业现场数据采集面向不同业务对象以及不同应用目的,存在着数据采集标准不统一、数据重复录入的现象,A1 系统通过整合川庆钻探公司的工程技术一体化平台、工程技术生产运行管理系统(A7)、工程技术物联网系统(A12)的数据库模型,形成一套统一的数据集成规范,实现了物探、钻井、录井、测井、试油试采、研究成果、地质油气藏、勘探开发动态数据

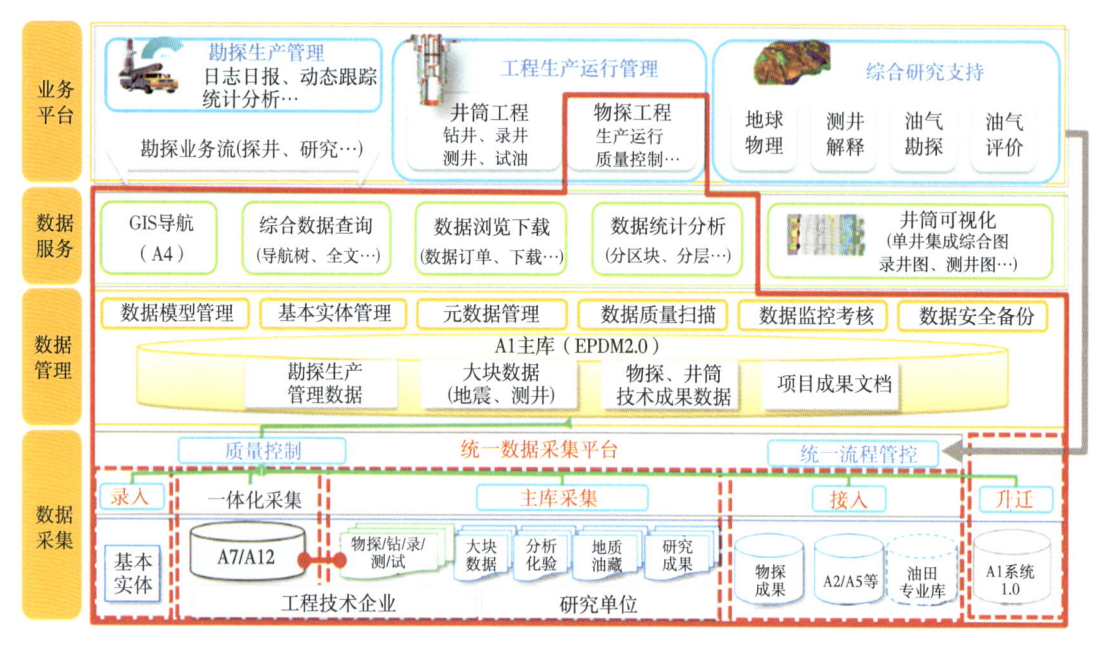

图 6-3 中国石油勘探与生产技术数据管理系统(A1)总体架构图

(钻井日报、录井日报、井控日报、钻井液日报数据等)等勘探开发技术数据的一体化采集和管理,保证了勘探开发技术数据入库时效性、完整性、准确性。

通过接入分析化验数据管理系统、物探成果汇交系统、测井数据汇交系统等,分别实现了样品分析实验成果数据、地震大块数据体、测井大块数据体的采集和管理(图6-4)。

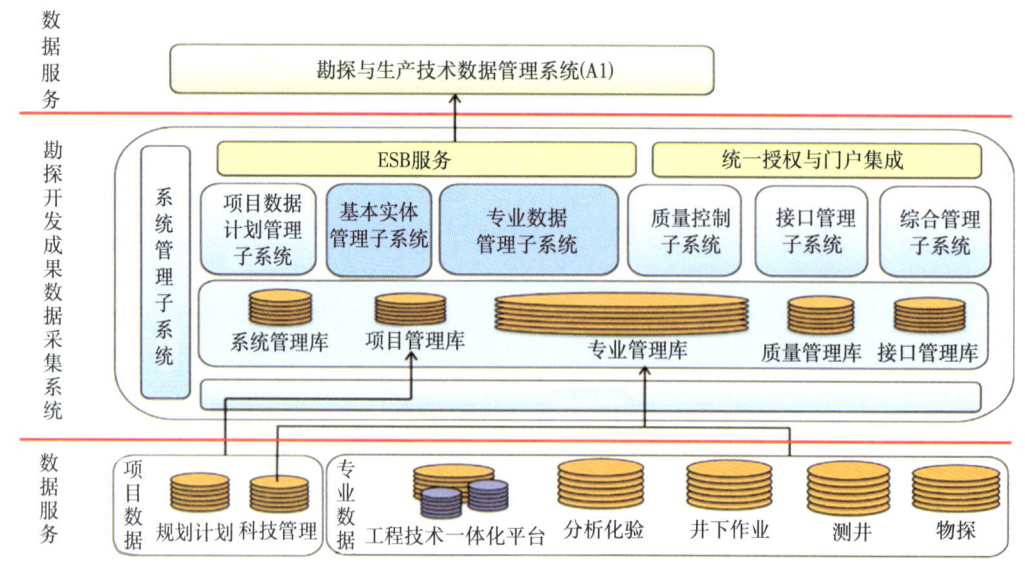

图 6-4 A1 系统数据采集架构

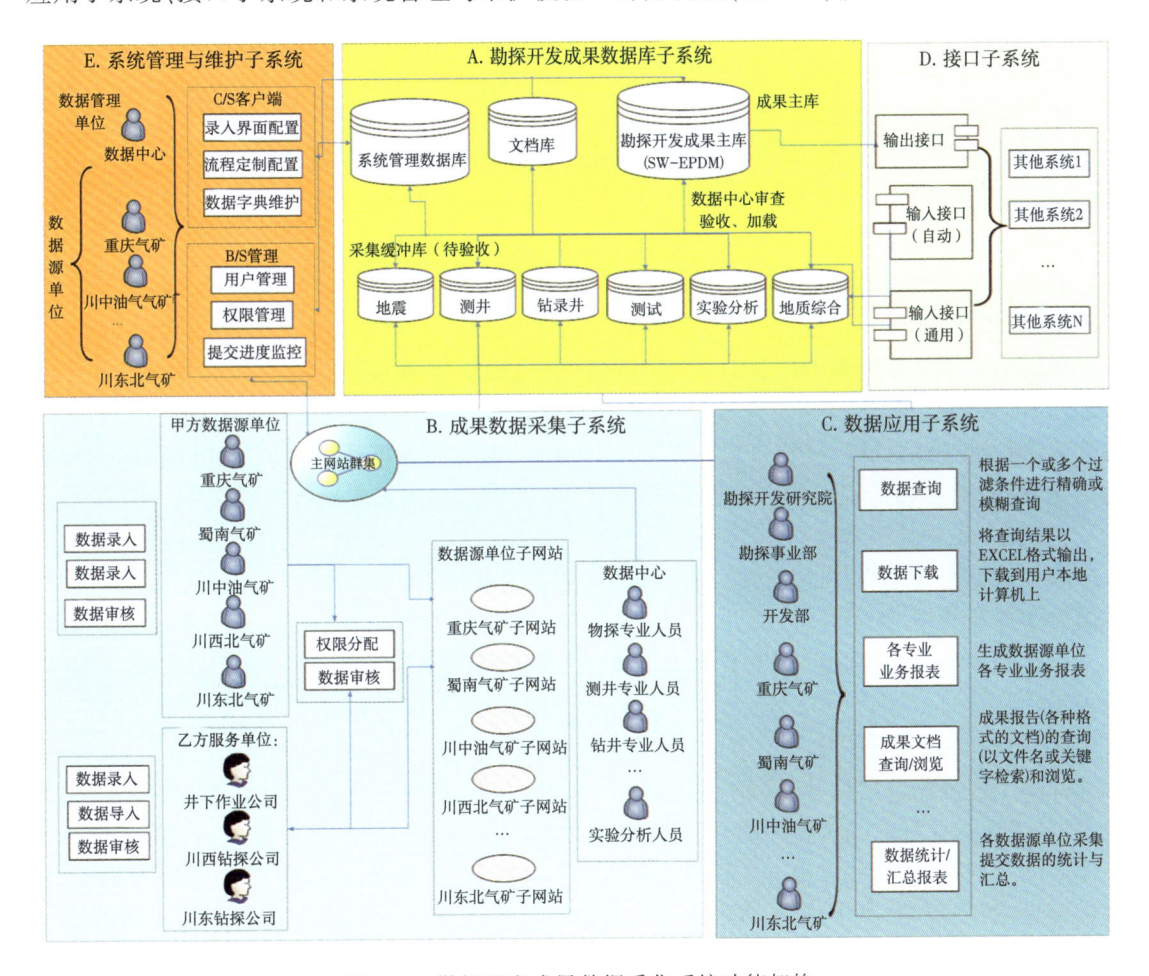

二、勘探开发成果数据采集

勘探开发成果数据采集系统是 A1 系统数据采集的重要补充,系统以《西南油气田分公司勘探与生产专业数据管理实施细则》为依据,以 EPDM 模型为数据标准,提供一个面向数据源单位的统一的数据采集平台。通过该采集系统,数据源单位可以在规定的时间内,按照规范的业务流程、统一的标准、规范的格式和质量要求将数据采集、录入、审核入库,西南油气田数据中心经审核验收合格后加载进入数据主库,最后同步到 A1 系统,实现集中管理和综合应用,从而形成健全、规范的勘探开发成果数据采集与管理体系[5]。

勘探开发成果数据采集系统由勘探开发成果数据库子系统、成果数据采集子系统、数据库应用子系统、接口子系统和系统管理与维护模块 5 部分构成(图 6-5)。

图 6-5 勘探开发成果数据采集系统功能架构

(1)勘探开发成果数据库子系统。

勘探开发成果数据库子系统基于 EPDM2.0 模型,存储和管理了物探、钻井、录井、测井、试油试采、样品实验、油气生产、地质油气藏等各大专业结构化成果数据和非结构化数据,是采集系统的核心数据。

（2）成果数据采集子系统。

成果数据采集子系统完成数据采集、提交、建设单位审核、数据中心审核、最后入库的采集流程，数据主要获取方式是以接口子系统为基础，对接工程技术一体化平台、分析化验数据管理系统、地震数据汇交系统、测井数据汇交系统、页岩气文档库等，同时支持 EXCEL 采集模板导入或人工录入。

（3）数据应用子系统。

数据应用子系统主要是支撑相关业务应用，同时提供数据入库进度监控、质量控制、预警与督办以及数据服务等。

（4）接口子系统。

接口子系统提供数据字典管理、数据映射管理、采集模板管理、输出接口管理、输入接口管理、数据接口总线服务（建立统一的数据总线和接口标准，所有的数据接口都总线上注册和发布）、安全控制、接口方案管理、接口注册与发布等功能。

（5）系统管理与维护子系统。

系统管理与维护模块主要分为两部分功能，一部分功能是完成系统本身的用户、权限的管理；另一部分功能是完成对基本实体的维护管理，包括组织机构维护、属性代码表维护、油气田单元维护、构造单元维护、工区数据维护、井和站库数据维护。

数据采集方式：

（1）地震数据体采集。

地震数据体又称地震大块数据，主要为 SYG-Y、SYG-D 地震数据体文件，包括单炮记录、SPS、卫片、采集报告（地震施工设计报告、地震施工总结报告等）、多媒体文件、现场处理剖面、图件等，以及后续的处理、解释资料。以"项目+工区"的方式来下达采集项目，并通过"地震数据汇交系统"对接物探工程技术服务公司的相关数据管理系统来实现数据的采集。

（2）测井数据体采集。

测井数据主要是测井处理、测井解释成果，分为常规测井、特殊测井 2 类，包括测井任务、井筒力学参数数据、测量环境、测井曲线索引、测井项目、特殊测井项目等。以"项目+井"的方式来下达采集项目，并通过"测井数据汇交系统"对接测井服务公司的相关数据库来实现数据的采集。

（3）井筒工程数据采集。

井筒工程数据包括钻井、录井、井下作业、测试（包括试油）、分析化验类等与井筒相关的数据，分为结构化和非结构化两类，包括井工程的动、静态数据，其中动态数据主要是正钻井每日作业动态信息，如钻井日报、A7 日报、录井日报、井控日报、钻井液日报、试油日报等；静态数据主要是钻井、录井、井下作业、测试、分析化验类等作业完成后的成果数据。井筒数据的采集以"项目+井"的方式来下达采集任务，并通过对接"川庆工程技术一体化库"完成数据的采集。

（4）科研成果数据采集。

勘探开发科研成果数据主要为非结构化的报告文档，包括盆地评价、区带评价、圈闭评价、油气藏评价、开发方案设计、开发方案实施、开发方案调整、油气藏废弃评价 8 大类研究成果的报告、图件及其属性数据。科研成果数据分综合研究类与单井研究两大类，综合研究类按组织机构、项目名称、项目类型、开始时间、结束时间、成果交付时间等下达采集任务,单井研究类按项目、组织机构、地质单元、工区、井、井筒等来下达采集任务。

通过勘探开发成果数据采集系统,确保新产生数据及时采集进入A1主库,实现勘探开发成果数据正常化集中采集、存储和管理,解决A1系统的数据源问题,为勘探开发业务管理提供数据支撑。

三、勘探开发数据质量控制

数据质量是保证数据应用的基础。数据质量是指对数据从计划、获取、存储、共享、维护、应用、消亡生命周期的每个阶段里可能引发的各类数据问题。数据质量控制包括对数据进行识别、度量、监控、预警等一系列管理活动。衡量数据质量的指标体系较多,最为典型的几个指标包括:完整性、准确性、时效性、规范性(又称有效性)、一致性和唯一性等。

数据质量是数据价值含量的指标,问题数据的存在,会影响数据的使用效果,降低数据的价值和生命力,甚至会失去用户对该数据库(或系统)的信任。对于油气勘探开发专业数据而言,完整性、准确性、及时性相对较为重要,是保证数据有效应用的基础。

(1)完整性:描述数据信息缺失的程度,即数据是否存在缺失。数据缺失的情况可以分为数据信息记录缺失和字段信息记录缺失。如果数据不完整,用户不仅不得不通过其他方式补齐数据,不仅会增加用户的工作量,还会降低数据的可信度,甚至丧失其使用价值。

(2)准确性:亦称正确性,是衡量数据是否与实际采集的物理量保持一致的指标,也就是说是否存在错误的数据。如果数据不准确,会导致用户研究结论错误或决策失误,这是致命的,即"宁可没有数据,也不能有错误的数据"。

(3)时效性:是指数据仅在一定时间段内对决策具有价值的属性。数据从产生到录入数据库存在一定的时间间隔,若该间隔较久,数据获取不及时,会错过最佳决策时机,导致分析得出的结论失去了借鉴意义,使这些数据丧失应有的价值。

(4)规范性:又称有效性,描述数据遵循预定的语法规则的程度,即数据是否按照要求的规则采集、存储,是否符合其定义(类型、格式、取值范围等),是否满足算法需求。数据的规范性是确保数据正确、完整入库的前提,不规范的数据将导致解读歧义、量纲混乱、无法入库,所以必须通过制定数据标准、数据属性规范等加以限制,甚至定制带约束条件的采集模板来解决。

(5)一致性:存放在不同"位置"的同一数据是否相同,主表与从表相同或者类似的字段其字段值是否一致。数据的一致性也是数据正确性的一个方面,存放在不同系统、不同数据库、不同表单的同一数据其数值存在差异,将使用户在应用数据时无所适从。

(6)唯一性:有2层含义,一是同一个数据是否重复存储,二是是否存在重复采集(录入)。数据的唯一性是降低数据存储冗余、提升数据权威、方便数据维护的指标,一般不允许重复存储(主外键字段除外),但过分强调唯一性有时会降低数据访问效率。数据采集要注重源头采集,不允许多头录入、重复录入。

重视数据质量管理工作,追求获得完整、准确、规范、及时和一致的数据,是实现数据资产管理的重要任务之一。西南油气田勘探开发数据质量控制的基本思路是:

(1)在管理层面,制定发布并不断完善相关"数据管理办法"和各类专业数据管理"实施细则",明确责、权、利,加强监督考核,层层落实落地。对乙方提交的数据,在合同中加以明确(包括内容、数量、时间等)要求,数据管理单位具有合同验收的签字权。

(2)在技术层面,通过技术手段加强数据采集、入库全过程运行监控,实现数据提交线上"督办"。同时,借助数据逻辑校验、数据图示化、质量控制规则库等质量管理工具,对数据的采集、存储、管理与应用实行全生命周期追踪控制。如图6-6为西南油气田勘探开发数据质量控制体系。

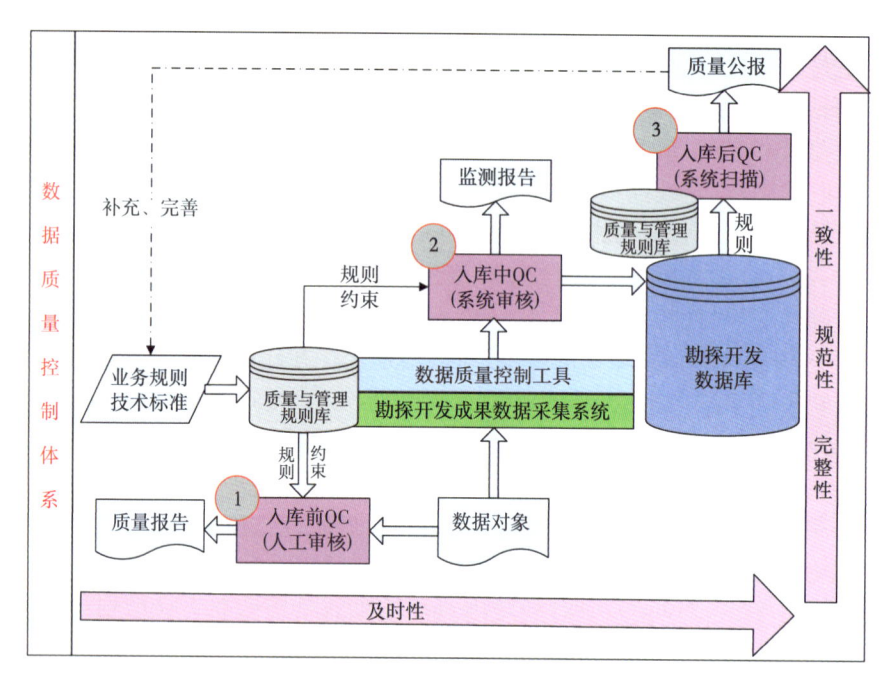

图6-6 数据质量控制体系

西南油气田勘探开发技术数据是通过建立"勘探开发成果数据采集系统",实现源头采集,并在公司层面实现统一管理,最终支持各业务应用。数据质量控制的实施策略是"入库前人工审核、入库时系统控制、入库后扫描评估、最后整改完善"[6]。具体做法体现在如下5个方面:

(1)在数据采集前要定义一套数据质量控制指标或约束条件,形成质量规则。如果是通过系统采集数据,要把控制指标或约束条件固化到采集页面或接口端;如果由人工填表采集,要形成带约束条件的采集模板,例如:在Excle采集表中,对某些字段附加约束条件(如重要字段必须填写,值域须在取值范围内,并别只能在固定选项中选取,拒绝填写覆盖率低于90%的提交),尽量将不合格数据阻隔在提交前。

(2)在数据逐级提交时每一级都要进行人工检查或抽查,主要是对数据的完整性和正确性进行审核。此项工作比较艰苦,需要对照原始资料进行,审核人员对专业也要比较熟悉,至少要有一定程度的了解。同时,IT人员应尽量开发质量控制工具,提供数据扫描结果(包括数据项填写的覆盖率,计划规定提交的数据表是否填写齐全,数据范围曲线等),辅助审核人员审查数据。

(3)建立数据质量规则库,在对采集到的数据进行入库加载时,通过程序检查数据的格式,确保数据的规范性。同时,对某些数据按照数据质量规则进行自动检查和控制(例如:井深数据是递增的),对不规范或有问题的数据,逐级返回修改。数据质量规则库不是固定不变的,它随着业务数据范围的扩大而扩大,也随着数据管理者对业务数据的不断加深理解而不断细化、扩充、完善、精准。

(4)对入库后的数据(尤其是老数据)要定期进行扫描,形成数据质量公报,告知数据源单位进行整改,确保数据切实可用。

(5)数据管理者要主动与数据的使用者进行沟通,收集数据的使用情况,及时获取问题数据的明细。另外,必须提供方便、畅通的数据质量反馈意见提交通道,鼓励数据使用者及时"举报"问题数据。对问题数据要制定整改计划和措施,及时落实,正确整改。对短时间内难以整改的数据要进行临时性封存,不再提供服务,直至整改完毕。

总之,数据质量管理是一项技术工作,更是一项涉及多部门(多专业业务)、多单位(包括甲乙方)、多层级的管理工作,只有业务管理层、数据管理单位、用户群体齐心合力,项目管理单位与技术服务方齐抓共管,管理制度与技术手段双管齐下,才能使数据质量管理工作见到成效,才能形成良好的数据治理生态环境,才能最终实现"干净完整、切实可用、结构清晰、维护方便"的公司数据资产化管理目标。

第三节　井筒工程作业数据采集与管理

井筒工程作业数据包括建井工程中的钻井、录井、测井、试油、完井等作业的动、静态数据。西南油气田依托"勘探开发成果数据采集系统"实现井筒工程作业静态成果数据的采集,依托"工程技术与监督管理系统"实现动态数据的管理与应用。井筒工程作业动态数据的及时采集与应用,为西南油气田各业务单位提供井筒工程作业进展情况、钻遇层位、油气水显示、作业过程重大发现、工程故障与处理、工程监督与安全等,提供了综合一体化应用分析服务。

一、井筒工程作业数据采集

为了支撑工程技术与监督管理系统业务应用,工程技术与监督管理系统基于 SOA 技术平台,以西南油气田钻井、试油、完井管理数据库为核心,借助 DSB 数据服务总线技术集成和整合了川庆钻探公司工程技术一体化数据库和监督人员管理数据库,实现监督人员管理数据、现场生产动态数据、现场工控数据、成果资料数据集成应用;借助 ESB 服务总线,以规范的业务分类为专题,为工程技术与监督管理系统提供统一规范的应用服务。

作为工程技术数据的数据源,系统统一整合了 A1、A7、A12 的数据模型,集成了钻井、录井、测井、井下作业的成果、动态、视频数据,满足西南油气田工程技术与监督管理业务对钻井设备监控、钻井数据监控和钻井数据分析等功能模块的数据需求。

工程技术与监督管理系统数据采集方式为自动采集和手动采集两种:

(1)自动采集通过以下组件实现。

井场信息传输标准(Wellsite Information Transfer Specification,WITS)数据适配器:其目的是通过无线通信以及硬件,对从井场传输到数据中心的数据定义统一的格式和信息内容进行传输,实现 WITS 数据的采集,该组件功能包括采集设备连接配置、WITS 数据对象与数据库映射配置、WITS 传输通道配置、WITS 数据接收与发送控制、WITS 数据采集监控。WITS 数据采集是最主要的井场数据采集方式。

井场信息传输标准整合语言(Wellsite Information Transfer Standard Markup Language WITSML)客户端：实现 WITSML 数据的采集，该组件功能包括 WITSML 发送端地址与权限配置、WITSML 对象与数据库映射配置、WITSML 采集控制、WITSML 采集监控。

用于过程控制的 OLE[Object Linking and Embedding(OLE) for Process Control OPC]数据适配器：实现设备通过 OPC 协议发送数据的自动采集，该组件功能包括 OPC 发送端地址与权限配置、OPC 对象与数据库映射配置、OPC 采集控制、OPC 采集监控。OPC 协议支持发送远程控制指令，可实现设备的远程控制，从系统扩展性的角度，未来可开发 OPC 数据控制接口。

定制数据格式适配器：由于现有部分数据采集设备仍然使用私有的数据接口进行数据采集，自定义接口用于少量现有的数据采集设备。根据不同的私有数据格式，可开发相应的数据采集适配器。

(2)手工采集方式包括以下功能组件。

文件数据导入组件：开发 LIS、DLIS、LAS、ASCII、Excel 文件导入组件，根据数据格式开发相应的数据解析与数据可视化功能。

手工录入工具组件，根据录入数据的类型开发相应的表单。

采集层调用数据层的数据访问服务，将采集数据存储在存储系统中，采用 Client/Server 或基于富客户端的 Browser/Server 结构实现。

二、井筒工程作业数据管理

工程技术与监督管理系统存储了工程实施过程中动态数据、实时工控数据、视频数据、成果资料数据和人员管理数据，支撑工程监督管理、工程技术业务管理和工程现场实时监控功能应用，并基于西南油气田数据整合与应用服务平台实现对外部系统提供数据服务、数据交互功能。

为了实现工程技术与监督管理系统数据正常化，开发了数据监控模块，用于对每日钻井、试油和录井专业数据上报情况进行跟踪监控，确保数据正常传输，监督技术员按时填报数据，保障了系统的数据源。图 6-7 为工程技术与监督管理系统数据监控功能页面。

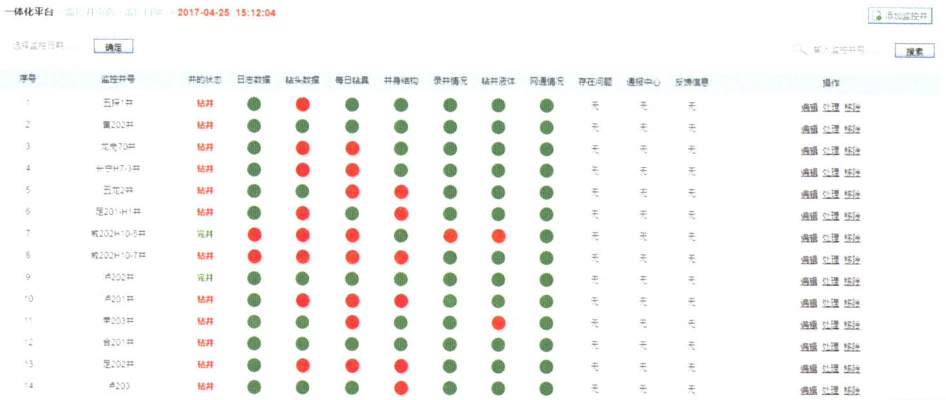

图 6-7　数据监控模块

通过工程技术动静态数据转化技术以及实时、动态、成果数据的质量控制方法,实现了工程技术数据动静态一体化管理,保证了工程技术数据采集的准确性、及时性、完整性和规范性,有效解决了动静态数据质量不高和分散管理的问题。

三、井筒工程作业数据服务

工程技术与监督管理系统功能包括:生产运行、单井数据查询、实时数据、视频监控、随钻地质导向、工程预警、钻井数据分析、录井数据数据分析、测井数据分析、井下作业数据分析等业务模块,同时具备地球物理成果数据查询接口和现场监督管理模块,实现了在一个平台下多专业数据集成发布的功能。

工程技术监督与管理系统采用WEB应用服务器为应用容器,在WEB应用服务器中部署上层应用所需的基础服务。从系统的可扩展性出发,采用了基于SOA架构的数据总线作为一体化服务平台,对外提供数据服务(包括图形控件、报表控件、表单服务、流程服务、检索服务、日志服务、安全服务、实时数据访问服务等),以满足外部系统对接需要。

工程技术与监督管理系统实现了对包括钻井、录井、测井、井下作业和监督管理的动静态数据的综合管理及应用,用户能够更及时和更直观地查看作业现场的实时动态,实现了钻井工程数据的集中管理,全面满足西南油气田各层级、各业务管理部门对井筒工程技术数据的应用需求。

第四节 油气生产实时数据采集与管理

油气生产实时数据指的是油气生产过程中产生的秒级、毫秒级数据、图片视频数据。生产实时数据包括生产井、集气站、输气站、配气站、增压站、脱水站、回注站和净化厂等所产生的实时数据以及各作业区流媒体服务器产生的视频图片数据。

西南油气田通过"生产数据平台"的建设,依托覆盖在役场站的生产网络及物联网数据采集系统,提高数据自动采集应用能力,生产数据平台实现一线生产单元各类日常生产实时数据和视频图片数据的采集、传输、存储、转换,实现一次采集、集中管理、多业务应用,有效解决基层单位数据重复录入问题,同时实现了统一向应用层提供原始数据服务的功能。生产数据平台的建成为西南油气田信息化建设提供了强大的数据支撑,为各级生产、管理部门提供了基于办公网络的实时数据应用,使生产和管理人员能及时掌握井站、站场、管线等一线生产单元的生产运行情况。西南油气田生产数据平台实时数据采集、传输、存储、应用流程如图6-8所示。

生产数据由场站现场自控系统采集并逐级上传到达二级单位地区调度管理中心(DCC),通过二级单位的汇聚服务器将数据汇聚到生产数据平台。视频图片数据由作业区直接推送至生产数据平台。通过生产数据平台将图片、视频、数据进行统一发布。生产实时数据通过单向网闸透传至办公网,视频图片数据通过双向网闸实现跨网的视频服务点播。生产实时数据在办公网上存储于"生产数据平台",并通过数据服务总线和流媒体服务,向上层业务系统提供实时数据,支持基于实时数据的专业应用。

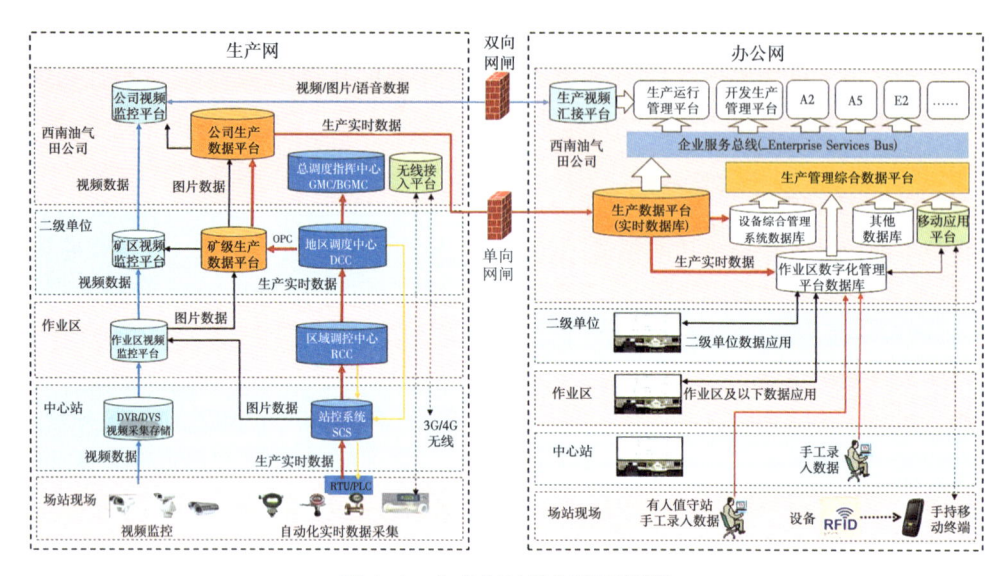

图 6-8 生产实时数据流框架图

一、生产实时数据采集和传输

西南油气田生产实时数据包括西南油气田下辖各站场自控系统、SCADA 系统以及油气生产物联网系统所采集的压力、温度、流量等各类一线生产单元的实时生产数据及视频图片数据。所有生产实时数据汇聚于生产数据平台（图 6-9）。

生产实时数据按照五级架构进行逐级传输、汇聚、应用。根据业务需求及实现功能的不同，数据流向按照现阀室、井站、站场→中心站→气田控制中心→气矿调度中心→总调中心的顺序进行逐级上传。

现场实时数据首先上传至管辖中心站监控室，中心站监控室接收到数据后，逐级上传至气田控制中心或地区调度管理中心，最终汇聚至二级单位生产数据平台。

实时视频及图片通过现场前端摄像机、视频服务器或硬盘录像机进行采集，上传到各级视频监控平台；视频监控平台按三级部署，分为西南油气田总部主控平台、二级单位分控平台及气田分控平台。三级平台之间通过平台级联模块进行级联，实现对工业视频监控系统的管理和远程视频的点播调用等。

西南油气田生产实时数据采集主要在生产网内完成，应用主要在办公网内完成。在两网间通过单向网闸建立数据传输通道，将生产网实时数据同步至办公网，屏蔽办公网对生产网的影响，保障生产网安全。在办公网内搭建油气生产实时数据库，通过生产数据平台向上层应用系统（A2/生产运行系统等）提供统一的数据服务，支撑基于生产实时数据的应用。

生产数据平台中采用轮询和 API 推送两种模式的混合汇聚技术，兼容多厂商 DCC 和监控软件接入，满足生产信息化建设期过渡阶段和断线补传功能的需求。

(1) 采集器轮询：二级单位 DCC 和作业区监控软件提供 OPC Server，前置采集器可通过 OPC Client 固定周期（同步方式）从 OPC Server 中提取数据，或者基于数据变化（异步方式）从 OPC Server 中提取数据。采集器与各 OPC Server 之间形成环形网络，采集器轮询各 OPC Server 获得当前实时数据。

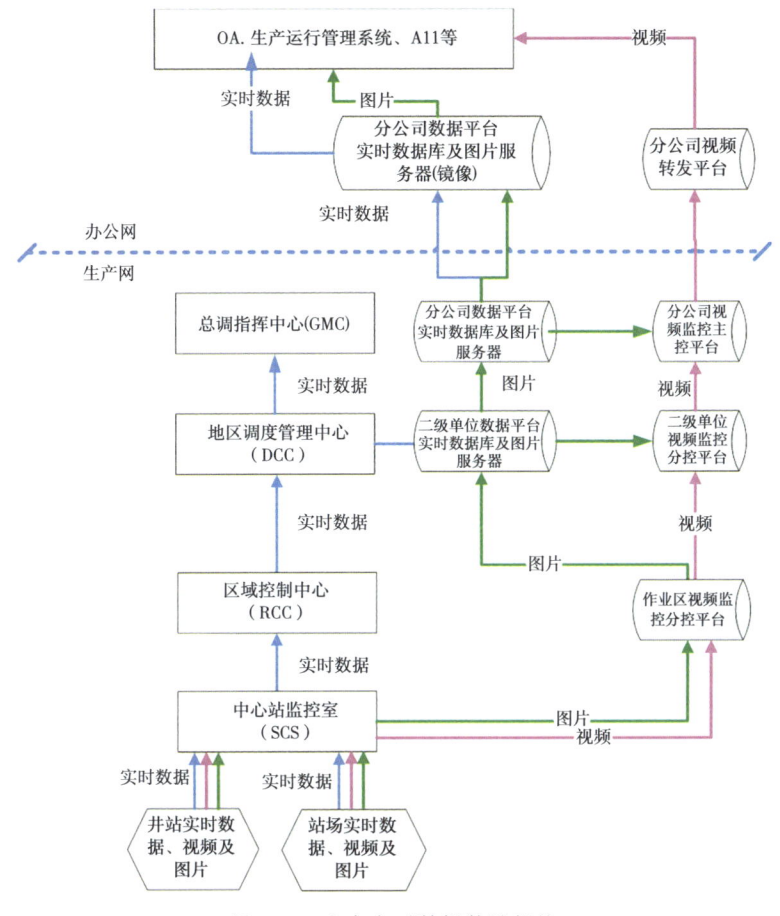

图 6-9　生产实时数据传输架构

（2）API 推送：中心站监控软件通过应用程序接口（API）直接向二级单位实时数据库推送补传数据。

为了保障数据可靠传输，实现了在中心站站控系统（SCS）向下（RTU、PLC）和向上（二级单位生产数据平台）断线补传功能。当采集服务器与实时数据库网络断线或者其他原因访问实时数据库失败时，采集设备的数据可在本地缓存。当实时数据库恢复后，通过写入历史数据方式插入到实时数据库。断线补传功能要求中心站的站控系统 SCS 在本地关系型数据库中存储历史数据，存储的时间间隔也需要严格执行总体技术方案的标准要求。断线补传包含下层断线补传功能和上层断线补传功能。

下层断线补传功能：指的是中心站站控系统到生产现场采集系统（RTU、PLC）之间出现通信故障，生产现场采集系统每小时记录重要数据，最长可满足保存一个月本地缓存。待通信恢复后，由站控系统监控软件将现场记录的重要数据传回。

上层断线补传功能：指的是二级单位生产数据平台与中心站站控系统之间出现通信故障，待通信恢复后，二级单位生产数据平台能够从 SCS 将通信故障期间漏传的历史数据按照设置的频率（每个小时一条记录）取回。

二、生产实时数据管理

实时数据库是存储对实时性要求高的时标型信息的数据库管理系统。目前,实时数据库已经应用到众多领域,它的应用范围还在不断扩展,产生了多样化的实时数据库的应用模式。西南油气田通过油气生产信息化建设搭建了生产数据平台,实现了面向井、站、库、管网等油气生产实时动态数据和视频/图片的汇聚、存储和发布,并为基于实时数据的应用提供了统一的数据支撑。

对于生产数据平台数据源的管理,主要包括数据点命名规则管理和数据点属性配置管理,通过规范数据点命名规则和数据点属性配置要求,达到对生产数据平台数据源的数据质量控制与规范管理。

对于数据源的数据质量管理由各二级单位相关的系统管理人员负责,数据质量检查工作需要依据数据点命名规则、数据点中文描述规则等业务规则对数据源中的数据进行检查。

西南油气田生产数据平台的生产实时数据系统采用实时数据库产品进行搭建,实时数据库管理系统不仅为系统提供了高性能的数据处理能力,同时其相关配套软件齐全,能够满足西南油气田数据平台子系统的生产数据相关需求,系统建设在实时数据库及其配套组件的基础上,进行配置、开发,实现平台各模块功能。

由于实时数据对象范围广、类型多、采集频率高、存储体量大,为了实现实时数据有效管理和应用,保证实时数据质量和服务效率,西南油气田选用美国 OSIsoft 公司的 Plant Information System(以下简称 PI)作为实时数据库。截至 2018 年 10 月,西南油气田接入生产数据平台的实时数据达 10 万余点。视频图片系统为自主开发,采用 ORACLE 数据库进行搭建,并自主开发了视频图片采集与汇聚功能、视频图片管理功能、视频图片发布与展示功能。在生产数据平台 PI 实时数据管理工具基础上,定制开发一套实时数据管理工具,以实现各级信息管理部门对数据状态的实时管理、对数据质量的及时把控。PI 实时数据库的自带 PI System Management Tools(SMT)管理工具,实现报警管理、数据管理、数据源接口管理、标签点管理、数据库权限管理等基础管理。定制开发的实时数据管理工具的应用对象,主要针对系统管理和运行维护人员,集成了实时数据的接入点号、接入类型、接入单位等相关信息,实现对这些信息的查询、统计、数据质量扫描、网络与数据平台性能监控等功能。

实时数据管理工具主要功能如图 6-10 所示。

生产实时数据管理工具主要实现的功能包括:

(1)实时数据完整性管理控制。

生产数据平台实时数据由现场自控和物联设备进行采集,遵循"西南油气田分公司油气生产物联网系统建设规范"提出的采集标准,主要包括井口压力、进/出站压力、井口温度、天然气流量、污水液位、阀门开度、气体浓度等生产数据以及测量仪表、计量仪表、增压机、电动执行机构、泵设备等智能仪表设备状态数据。

在进行现场数据点编码、组态时,须查看采集的数据是否齐全。若采集的数据有缺失,及时检查现场仪表、变送器等设备是否工作正常,及时排除故障,确保在数据从采集端采集数据传输至生产数据平台数据的完整性。

实时数据传输至生产数据平台后,各二级单位及西南油气田总部相关数据管理人员对实

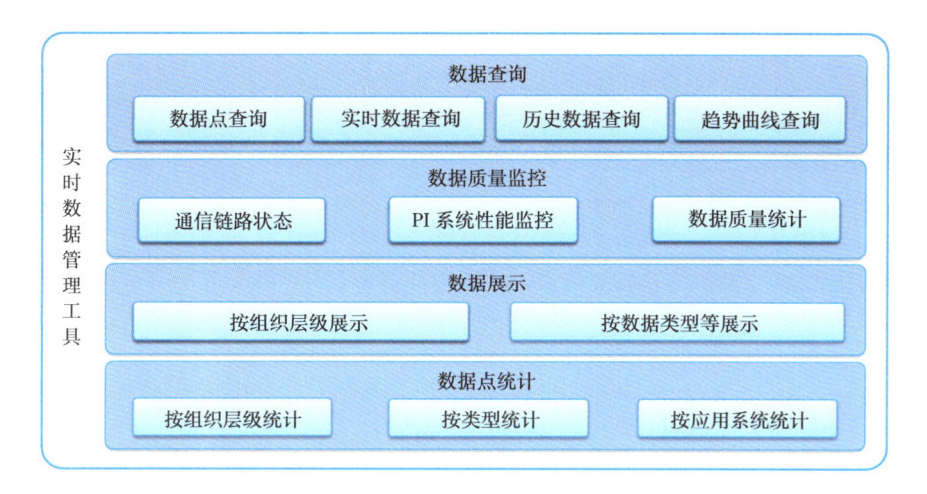

图 6-10　实时数据管理工具

时数据点的命名、描述、属性配置进行检查,避免点号命名、描述、属性配置的缺失或错误,导致实时数据点接入生产数据平台后的数据匹配失败。

(2)实时数据及时性管理控制。

生产数据平台实时数据由现场 RTU/PLC、HART 协议采集器、交换机等自控、网络设备完成数据的采集传输。现场技术人员可通过 RTU/PLC 配套的配置调试工具,实时观察采集数据的刷新变化情况,中心站、作业区、二级单位各级技术人员可通过 SCADA 组态软件对实时数据传输、更新情况进行监测。若出现数据点不刷新或网络中断等异常情况,须立即进行处理。

数据在传输过程中由计算机系统自动检测数据的实时性和完整性,若数据在传输过程中由于网络原因出现滞后现象,系统程序可自动进行数据恢复更新。

(3)实时数据规范性管理控制。

实时数据规范性主要指现场实时数据传输至生产数据平台后数据点编码命名、数据点描述、数据点属性的规范性。各二级单位及西南油气田总部数据质量管理人员配合系统实施技术人员,对实时数据接入二级单位、西南油气田总部各级数据平台的数据点编码、数据点属性、数据点描述按相关规则进行检查。数据点编码按分公西南油气田数据库编码统一规范要求进行;数据点描述方式按照统一规范要求,以满足数据点的唯一性、可查性;数据点属性配置应满足生产数据平台数据库中的数据点属性配置,避免属性配置缺失。

生产数据平台的建成运行为西南油气田信息化建设提供了强大的数据支撑,为各级生产、管理部门提供了基于办公网络的实时数据应用,使生产和管理人员能及时掌握井站、站场、管线等一线生产单元的生产运行情况。

三、生产实时数据服务

数据服务是指生产实时数据传输到办公网后,存储在生产数据平台的实时数据库中,依托组态技术、实时数据分析处理技术,在办公网对油气田、气矿、作业区各层级的业务应用进行数据发布服务,实现对生产井、场站装置、集输净化的生产动态的实时化展示,支撑业务人员及时掌握生产动态信息(图 6-11)。

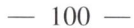

图 6-11　办公网基于生产数据平台的二次组态图

生产实时数据的发布是通过生产数据平台 PI 系统的数据发布接口实现,其发布接口包括 OPC Server 接口(支持 OPC DA 2.0 协议)、OLEDB 接口(支持 SQL92 标准)。

生产实时数据服务发布功能具体包括:

(1)基于实时数据的应用。

采用 B/S 架构进行画面开发,实现各生产井站的工艺流程、画面监视、趋势曲线、数据查询、数据回放、3D 画面等多个功能的展示,用户可在办公网内对生产现场运行情况进行实时查看。

(2)对其他应用系统数据发布。

生产数据平台提供多种对外发布数据的驱动,主要包含 OLEDB、ODBC、JDBC、OPC、Web Service 等,实现与外部系统进行数据发布服务,使各上层应用系统均可使用数据服务接口获取原始数据。通过生产实时数据发布服务,实现在用、在建信息化系统获取单井或场站的数据点基本信息(如创建时间、修改时间、单位等)、单井或场站的数据点实时数据、历史数据、派生数据(最大值、最小值、平均值、数据取整、数据保留小数点后 2 位等数据计算)、单井或场站的已绘制的工艺流程图以及获取生产数据报表等。

中国石油集团统建的油气生产物联网系统(A11)是基于 OPC 接口方式获取实时数据,生产数据平台建立 OPC Server 服务,通过 OPC Client 连接到 OPC Server 服务上,获取所需的实时生产数据。西南油气田自建的龙王庙数字化气田系统和生产运行管理系统均是基于 PI OLEDB 中间件的方式获取、存储实时数据并发布成 Web Service 接口(图 6-12),供该系统进行调用。

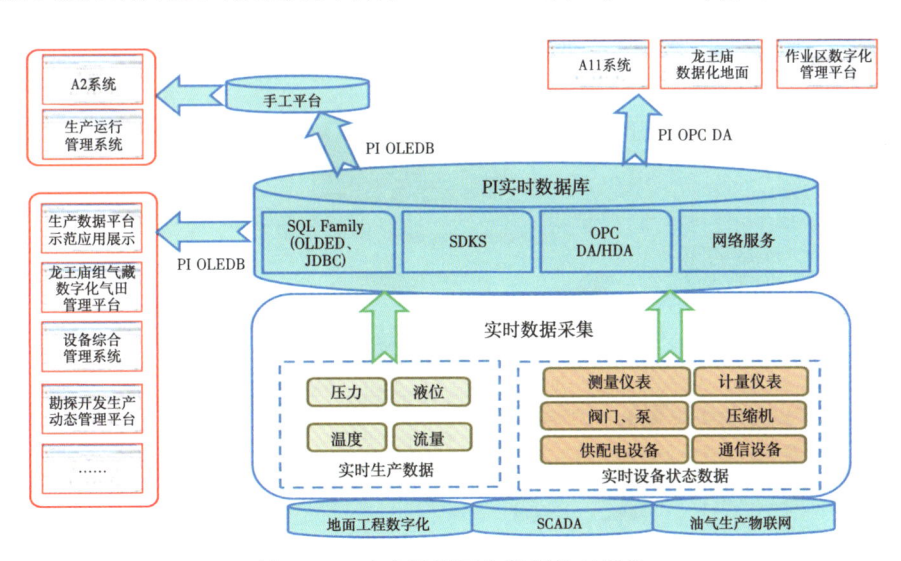

图 6-12 生产数据平台数据发布现状

第五节 生产运行业务数据采集与管理

生产运行业务数据主要包括产量与工艺数据和生产运行数据,其中产量与工艺数据是指油气水井生产过程中以产量为核心的各类油气生产动静态数据,产量与工艺数据的采集和管理是为了满足各油气矿、西南油气田和中国石油总部的生产运行、过程监控与管理,支撑相关各生产单位、业务管理单位、科研决策单位用户的日常工作管理和数据应用的需求,最终实现中国石油油气水井生产信息资源共享。

生产运行数据主要包括生产调度数据(包括管网调度数据)、土地管理数据、钻井运行数据、设备运行数据、自然灾害防治数据、水电综合数据、油地关系协调等数据,是生产运行管理业务的核心数据支撑。

一、产量与工艺数据采集及应用

中国石油油气水井生产数据管理系统(A2)建立了油气生产业务数据采集、传输、存储、处理、分析、发布和应用于一体的信息化系统,支撑产量与工艺数据采集、管理和应用。

西南油气田 A2 系统从 2005 年开始建设,历经了系统建设、初始化数据建设、应用功能扩展与深化应用新业务单位数据建设、2000 年前历史数据建设,截至目前已完成 2.0 版升级。该系统涉及的业务范围主要包括产能建设、开发生产及规划计划三方面,开发了以产量为核心的生产数据的采集、存储、处理、报表、查询访问、动态分析、关键指标预警等功能,满足站、作业区、油气矿、油气田公司、中国石油的生产管理需求。截止到 2018 年 A2 系统完整管理了 6 大油气生产管理单位 35 个作业区近 5000 口油气水井的生产动态数据,成为西南油气田开发生产管理的重要数据支撑平台。

A2 系统通过构建中国石油、油气田公司、油气矿、作业区、场站五级统一的生产数据管理体系架构,规范了油气水井生产业务和数据管理流程。在纵向上实现了井站、作业区、油气矿、油气田公司及中国石油总部数据贯通;在横向上统一集成了数据采集、存储管理以及日月年报、数据查询等相关应用功能,如图 6-13 所示为 A2 系统应用架构图。

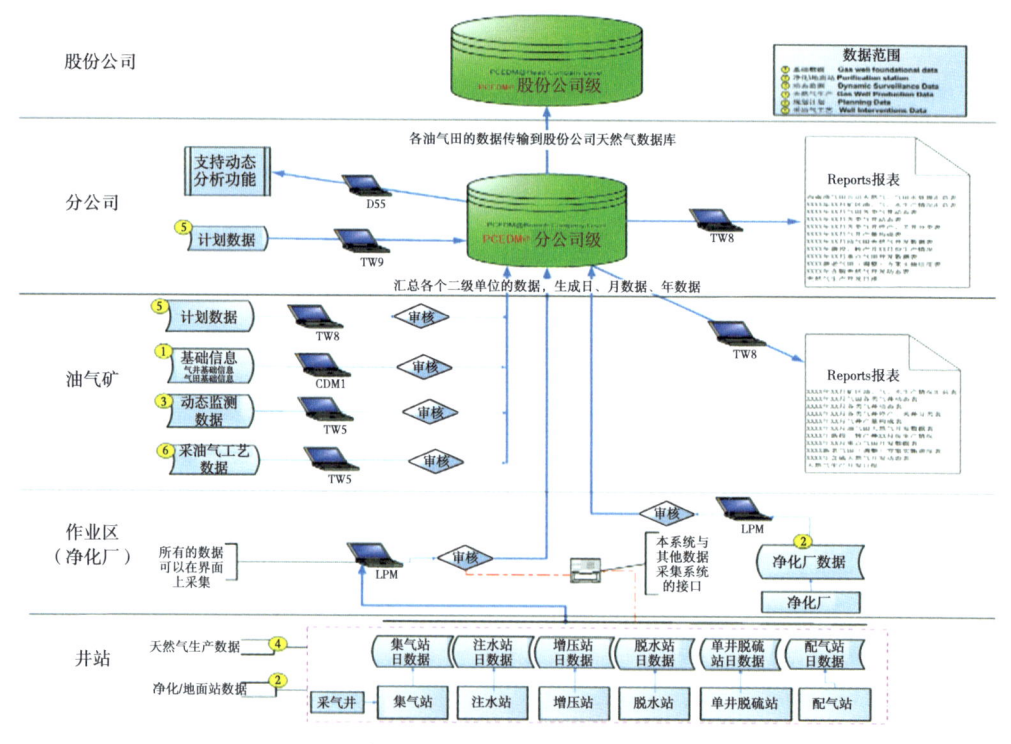

图 6-13 A2 系统应用架构图

A2系统功能包括数据采集管理、数据存储管理、应用系统管理以及数据应用管理：

(1)数据采集管理。主要实现油气水井在生产过程中产生的数据的采集、计算、审核和上传；

(2)数据存储管理。用ORACLE实现油气生产数据的存储管理，是整个系统的核心；

(3)应用系统管理。主要实现业务规则维护管理、生产管理报表生成等功能；

(4)数据应用管理。除报表查询、数据查询等数据应用功能外，还可根据用户角色定制特色化展示应用。

(一)数据采集功能

A2系统分为井站、作业区、油气矿、西南油气田总部和中国石油总部5层组织机构。数据主要是依托"生产数据平台""生产运行管理平台"等外部系统同步完成自动采集，部分数据在作业区手动录入，数据自下而上逐级上报。

生产数据每日由作业区审核后上传进入A2主库。油气矿负责向A2系统录入井的基本信息，并按时将计划数据、动态监测数据、工艺措施数据审核后录入A2主库。西南油气田总部负责计划数据录入，经过A2系统进行处理发布，并生成相应报表与曲线。成果数据定期向中国石油总部进行上传。

(1)油气水井基础数据采集。

按基础信息主要包括井、站库、地质单元、组合单元、组织机构等核心实体数据的注册、变更，这些数据是支持生产数据采集、生产日报、油气藏月报等其他应用的基础。油气水井基础数据采集主要是通过作业区、油气矿、西南油气田总部层面定期手工录入、更新。

(2)油气水井生产数据采集。

油气水井生产数据采集方式包括从外部系统通过接口的方式和备用手动补充录入2种方式获取，其中生产日数据主要是通过油气生产物联网和作业区现场人工录入的方式采集、传输到生产数据平台，生产数据平台根据A2中间库的数据请求，以ESB/DSB数据服务、数据库直连方式等方式进行数据推送、加载到A2主库(图6-14)。

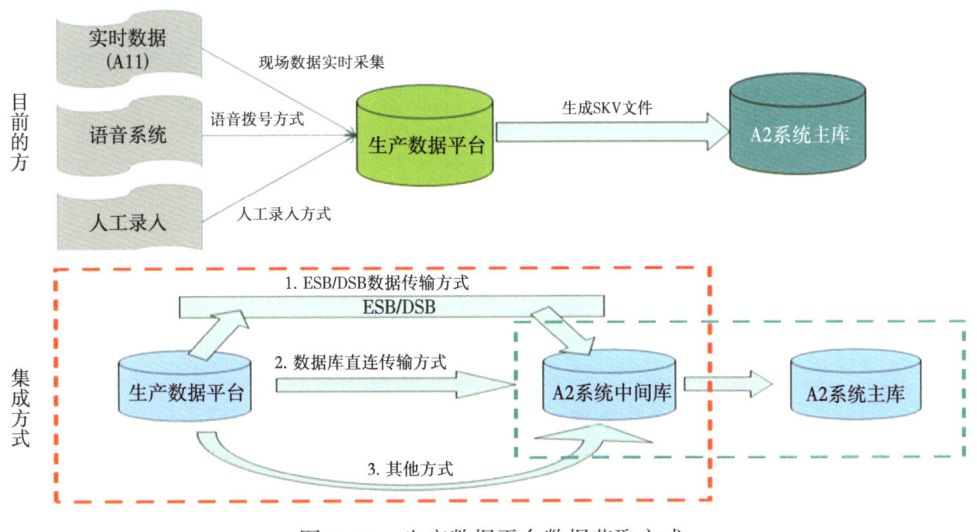

图6-14 生产数据平台数据获取方式

数字化气田建设

油气水井生产数据采集模块实现了源数据的规范采集和统一录入,主要包括采出井生产日数据、采出井状态日数据、注入井生产日数据、注入井状态日数据、采出井计量日数据、关井数据、站库处理日数据、站库进站日数据、站库出站日数据、站库消耗日数据等,采集数据项达590多项,如图6-15为日数据补充录入界面。

图6-15 日数据手工补充录入页面

同时建立严格的数据质量标准和直观的质量控制手段(图6-16),以保证数据质量。

图6-16 日数据审核与发布页面

(二)数据服务功能

A2系统提供了多种数据应用及数据服务,其中报表、曲线的生成、查询主要基于A2系统数据库直接开展,而对其他系统提供数据服务的主要方式是基于A2系统提供的API接口。但随着A2系统不断与专业应用软件、统自建系统的数据集成,传统以中间库方式、同构数据库job编程、异构数据库开发数据推送接口等方式造成管理与运行维护难度加大,因此需要转变数据传输及服务模式。基于西南油气田SOA平台,采用企业服务总线(ESB)与数据服务总线(DSB)逐步开展数据推送接口的升级工作,从而实现数据传输接口可视化定制及定时数据推送。目前A2系统共计完成21个服务定制开发,实现了6张报表17类关键指标的数据服务共享,为其他系统提供了数据支撑。

后续开发的生产数据动态分析、关键指标预警等功能,深化了 A2 系统的应用。

二、生产运行数据

生产运行数据主要依托生产运行管理平台进行采集和管理。生产运行管理平台基于西南油气田统一的 SOA 技术平台框架,结合遍布川渝地区各级机构的生产业务管理需求,实现了管控一体化的天然气生产运行综合业务管理,覆盖了西南油气田生产运行处、各二级单位生产运行科、作业区生产调度室及生产现场,满足生产动态实时监控、生产安全实时把控、生产运行与生产应急指挥实时化、全过程可视化的管理需要。平台通过对原有各生产运行相关系统的升级改造和应用集成建设,形成了生产调度管理、土地管理、钻井运行管理、自然灾害防治管理、水电管理、油地关系协调管理、移动应用以及数据服务 8 个子应用,实现对生产调度、钻井运行、土地、水电、自然灾害防治、油地关系协调等专业信息化管理,是生产运行管理业务的核心支撑。

(一) 数据采集功能

生产运行管理平台参照中国石油统一的数据模型,优化和规范油气生产管理数据的采集流程,依托数据整合与应用服务平台的主数据管理和数据服务总线,按照具体业务规则将外部系统的数据逻辑整合到生产运行管理平台数据库中,以支撑系统应用,具体数据来源如表 6-1 所示。

表 6-1 数据源系统及集成的安全相关数据

分类	系统名称	提供数据
统建系统	勘探与生产技术数据管理系统(A1)	物探、钻井、录井、测井、测试、分析实验、综合研究等
	油气水井生产数据管理系统(A2)	计划数据、油气井生产数据、措施数据、动态监测数据等
	采油气与地面工程运行管理系统(A5)	完井数据、井下作业数据、气井防护数据、三高井数据、地面工程数据等
自建系统	工程技术与监督管理系统	项目动态、钻井工程作业动态、监督资质、复杂事故等
	生产数据平台	各类井场、站库、管网的生产实时数据、视频监控数据、设备运行数据等
	生产运行管理平台	生产计划、管网集输数据、钻井数据、土地、水电、自然灾害防治、油地关系等
	设备综合管理系统	设备台账数据、设备运行数据、设备检维修数据等
	营销管理系统	终端客户档案、计划数据、销售数据、终端公司购销数据、油品化工产销存数据等
	HSE 生产系统	危害因素数据、风险评估数据、事故隐患数据、隐患评估数据等
	西南油气田应急管理系统	应急预案、应急资源、视频信息、图像信息等

基于西南油气田数据整合与应用服务平台,生产运行管理平台接入了油气生产实时数据,整合了已有生产运行相关系统,形成了基于实时数据的生产动态监控与分析,确保油气生产与集输管网平稳运行,形成集调度、钻井运行、土地、水电、自然灾害防治与油地关系协调业务于一体的流程化、实时化、可视化生产运行管理信息化,提升生产运行管理水平和调度指挥决策

能力,支撑生产运行业务管理向智能化发展。

(二) 数据管理功能

生产运行管理平台依据天然气安全生产运行相关行业标准,基于西南油气田 EPDM(Exploration and Production Data Model)标准规范,存储、管理了生产数据、人员数据、设备数据、操作及作业数据、QHSE 数据。

(1)生产数据主要为生产动态数据,包括:计划数据、物探安全动态、钻井动态、试油动态、油气生产动态、集输/净化动态、长输动态;

(2)人员数据包括人员基本信息、资质信息、人员动态、考核信息等;

(3)设备数据包括台账数据、档案数据、运行数据、检维修数据等;

(4)操作/作业数据包括技术规范、操作规程、作业票证、现场管理等数据等;

(5)QHSE 包括质量数据、健康数据、安全数据、环境数据等。

(三) 数据服务功能

生产运行管理平台与外部系统进行数据交互,主要通过数据服务的形式。数据服务接入充分利用专业系统成果,避免数据多头录入造成的数据口径不一致、质量参差不齐、重复录入等问题,实现数据共享利用。如下表 6-2 为生产运行管理平台接入的第三方专业系统的数据服务清单。

表 6-2 生产运行管理平台接入数据服务

序号	交换内容	外部系统	接口方式	流向	频率
1	生产实时数据	生产数据平台	OLE DB/OPC/SDK	接入	实时
2	生产动态数据(d/h)	生产数据平台	数据服务	接入	h/d
3	主数据	主数据管理系统	数据服务	接入	随机
4	钻井管理动态数据	A7 系统	数据服务	接入	随机
5	生产视频链接	生产视频监控系统	流媒体链接	接入	随机
6	统一权限管理数据	统一权限管理平台	数据服务	接入	随机
7	用户基础数据 用户计划数据	营销平台	数据服务	接入	日
8	单井采气类计划数据	开发平台	数据服务	接入	日
9	地理信息数据	A4 系统	数据服务	接入	随机
10	设备静态数据	设备综合管理系统	数据服务	接入	随机
11	设备月动态数据	设备综合管理系统	数据服务	接入	月
12	井下作业动态数据	井下作业管理系统	数据服务	接入	随机

根据西南油气田统一 SOA 技术架构要求,按照相关标准实现对外数据服务,即:将需要对外提供的数据按照统一的 EPDM 数据模型进行抽取与组织,形成数据服务,数据服务在 ESB

组件上的注册与发布,并通过 SOA 平台向其他系统提供数据,表 6-3 为生产数据管理平台提供的数据服务。

表 6-3　生产运行管理平台数据接出列表

序号	数据分类	外部系统	数据流向	频率
1	生产日动态数据	A3 系统、A8 系统、A11 系统、重庆数字化管理系统、重庆气矿受控系统、川西北气矿短信系统、龙王庙气田数字化系统、ERP 系统、天研院腐蚀监控系统	接出	日
2	钻井日动态数据	勘探与生产系统、开发井产能管理系统	接出	日
3	钻井基础数据	A7 系统	接出	随机
4	用户日动态数据	营销管理信息系统(城市燃气数据/输气处/蜀南气矿)	接出	日
5	管线日动态数据	输气处管存系统	接出	日
6	应急物资、库存数量等	E2 系统	接出	随机
7	应急物资编码	ERP 系统	接出	随机

生产运行管理平台使用统一的西南油气田主数据系统提供的主数据,使相关业务数据在西南油气田各业务系统中更好地共享,打破信息孤岛现状,提高主数据的权威性和利用率。

第六节　地面建设现场数据采集与管理

地面建设现场数据采集与管理,主要实现地面建设过程中纸质资料的电子化管理、施工过程以及成果数据的采集,满足地面建设数据的统一管理、资源共享,为物资管理、施工过程管理和生产运营提供数据支撑。

一、地面建设前期数据采集

为满足地面建设管理和后期生产运营管理的需要,在地面工程建设前期进行伴随式数据采集,保证数据采集的及时性、准确性和完整性,实现对地面工程建设的管理,为生产运营期提供数据基础。主要采集的数据包含基础地理信息、三维模型数据、采办数据等。

(一) 基础地理信息

为满足地面建设业务和生产运营管理的需要,采集如表 6-4 所示内容的地理数据,构建基础地理信息,可通过购买存档卫星影像的方式实现。

表 6-4　GIS 影像数据一览表

数据类别	数据精度	内　　容	范围
数字线划图(DLG)	1:1000000	定位基础、水系、居民地及设施、交通、管线(第三方管线)、境界与政区、地貌、植被与土质	管道途经行政区划
	1:50000	定位基础、水系、居民地及设施、交通、管线(第三方管线)、境界与政区、地貌、植被与土质	沿线两侧各 1km

续表

数据类别	数据精度	内 容	范围
数字正射影像（DOM）	15m	全色卫星影像	沿线两侧各10km
	2.5m	全色卫星影像	沿线两侧各3.5km
	优于0.61m	全色卫星影像	沿线两侧各0.5km
数字高程模型(DEM)	90m格网	DEM规则格网点	管道途经省级行政区划

(二)三维设计成果

三维设计成果为结构化数据,包含线路工程:设备表(.excel)、材料表(.excel);站场工程:报表清单(设备表、材料表、支吊架表等)(.excel)、三维模型(.RVM、.NWD、.IFV、.DWG格式)等数据。

该类数据直接通过设计成果接口植入,存入地面建设数字化管理系统数据库,为物资管理、施工管理和将来的生产运营提供数据基础。

(三)传统设计成果移交

传统设计成果为非结构化数据,电子化后植入数字化移交系统,部分数据作为在线归档的资料进行整理后提交。包含线路工程:文字报告及附件(.PDF)、管网布局图(.PDF)、线路走向示意图(.PDF)、线路带状平纵面图(.PDF)、单体工程平纵面图(.PDF)、技术规格书及数据表(.PDF);站场工程:文字报告(.PDF)、图例符号及文字代号(.PDF)、总工艺流程图(.PDF)、站场工艺管道原理流程图(.PDF)、站场工艺管道及仪表流程图(.PID)(.PDF)、设备技术规格书及数据表(.PDF)、单管图(.PDF)等,站场设计施工图纸资料见表6-5、线路设计施工图纸资料见表6-6、工程物资采办数据见表6-7。

表6-5 站场设计施工图纸资料数据一览表

资料类别		内 容
站场设计施工图纸资料	图纸内容	立项审批资料(可研及初设报告、初步设计、项目实施方案、安全预评价、环境影响评价、职业卫生评价、地质灾害危害性评价、压覆矿产资源评价、水土保持方案、节能评估等); 勘察测量资料(包含场站设计坐标、宏观管网图等); 设计/施工图(自动控制图纸资料,如阀室、站场、维抢修中心等;通信图纸资料,如综合、站场/SDH光纤通信等; 供配电图纸资料,包括内电、外电、阀室、站场等;机械图纸资料,包括机制、加热炉、压力容器等;总图及运输文件图纸资料,包括阀室、站场等;建筑图纸资料,包括阀室、站场、维抢修中心等;结构图纸资料,包括阀室、站场、维抢修中心等;给排水图纸资料,包括综合、站场、维抢修中心等;消防图纸资料,包括综合、阀室、站场等;供热图纸资料,包括综合、站场/热力管网、站场/锅炉房等;采暖、通风与空气调节图纸资料,包括综合、站场、阀室等;维修、抢修图纸资料,包括维抢修队、站场/维抢修中心等;工艺图纸资料,如阀室/阀组间、阀组区、站场/管线等); 技术资料(包含消防设施/火气探测/工业视频分布图表、应急预案、安全评价、环境评价、操作维修手册等); 影像图件、征地资料等
	图纸格式	纸质资料(需进行电子化)、CAD电子图、PDF格式图纸、三维设计资料

表 6-6　线路设计施工图纸资料数据一览表

资料类别		内　容
线路设计施工图纸	图纸内容	线路图纸资料，如线路段、管线等；穿跨越图纸资料，如开挖穿越、定向钻穿越、山岭隧道穿越等；防腐、保温和阴极保护图纸资料，如线路段、阀室等；伴行道路文件图纸资料，包括伴行道路资料图纸、道路地理位置图、伴行道路说明书等
	图纸格式	纸质资料(需进行电子化)、CAD电子图、PDF格式图纸、三维设计资料

表 6-7　工程物资采办数据一览表

类别		内　容
管道站场工程物资采办数据	工艺数据	阀门、执行机构、工艺管线、工艺管线焊口、防腐补口、开孔、站场管材、弯头/热煨弯管、法兰、三通、异径接头、管帽
	防腐与防护数据	阴极保护电位桩、固态去耦合器、极性排流器、阴极保护在线监测系统、内腐蚀监测系统、恒电位仪、阴极保护电位传送器、阴极保护智能光端机、阴极保护分线箱、绝缘接头保护器
	自动控制数据	HART协议数据采集器、物联网安全网关、无线传输器、RFID电子标签、防爆手持终端、站控系统、远程诊断/维护系统、阀室监控/监视系统、计量系统、压力变送器、压力表、差压变送器、差压表、压力开关、温度变送器、热电阻、温度开关、平均温度计、液位变送器、可燃气体探测器、火焰探测器、感温探测器、感烟探测器、手动报警按钮、光纤感温火灾探测器、清管球通过指示器、限流孔板
	通信数据	光纤通信设备、高频开关电源设备、话音交换设备、工业电视监控前段设备、工业电视监控后端设备、周界入侵报警后端设备、周界入侵报警前端设备、会议电视设备、路由器、交换机、光纤预警设备、电视设备、无线对讲机设备
	供配电数据	110(66)kV SF$_6$密闭式组合电器、油侵电力变压器、干式电力变压器、中压开关柜、中压交流大功率变频调速驱动系统、中压变频调速驱动系统、中压软启动柜、中压电容补偿装置、低压开关柜、直流电源系统、不间断电源、EPS电源、箱式变电站、变电站综合自动化系统、配电箱、场区照片设备、小型发电设备、发电机组
	机械数据	清管器收发球装置、放空立管、放空火炬、埋地罐、过滤器、换热器
	消防数据	阀门、执行机构、消防泵、消防泵电机、稳压设备、消防栓、气体自动灭火设备
	采暖、通风与空气调节	组合式空调、防爆分体空调、机房专用空调、多联空调机、通风柜、自净式空气过滤器
	材料数据	线路管材、站场管材、弯管母管、感应加热弯管、焊条、焊丝、套管用绝缘支撑块及端部密封套(带)、弯头、三通、异径接头、管帽、补口、电缆、光缆、手孔、硅芯管

二、地面建设现场数据采集

主要采集的数据包含周边环境数据、现场测量与测绘数据、三维模型数据、完整性数据(管道站场)、生产运行数据、安全应急数据以及一体化虚拟现实四维展示数据。具体如下：

(一)周边环境数据

根据安全应急业务需要对采集气管线经过的地市级行政区划内的社会经济要素、救援力量的分布等信息进行采集。主要内容见表6-8。

表 6-8 周边应急信息入户调查数据一览表

范围	对象	数 据	数据来源
A:沿线两侧各200m	单户居民	户主姓名、地理位置(经纬坐标)、常住人口数量、老人数量、儿童数量、行动不便人员数量、户型、联系电话、行政隶属	测量与调绘
B:沿线两侧各500m	密集居民区	居民区名称、地理位置(经纬坐标)、总户数、总人数、四层及四层以上楼房数量、建筑物数量、负责人、联系电话、行政隶属	
	村委会、乡镇政府所在地	名称、地理位置(经纬坐标)、行政隶属、辖区人口数量、负责人、职务、联系方式	
	敏感目标:厂矿、学校、车站、商场、集贸市场、影院、公园、监狱、托儿所、养老院、宗教建筑、交通运输枢纽、海滩、码头等人口密集地段和人员活动频繁的地区	单位名称、地理位置(经纬坐标)、占地面积、常规人口数量、负责人、职务、联系方式、行政隶属	
	保护区	名称、地理位置(经纬坐标)、类型(生态系统类、野生生物类、自然遗迹类、水源保护类)、主要保护对象、占地面积、负责人、职务、联系电话、行政隶属	
	重大危险源:易燃易爆仓库、加油站、鞭炮厂、危化品工厂等	单位名称、地理位置(经纬坐标)、危险源类型、危险源名称、危险源数量、负责人、职务、联系电话、行政隶属	
	沿线抢险资源	资源名称、单位名称、地理位置(经纬坐标)、负责人、职务、联系电话、资源数量、资源收费标准、行政隶属	
	水库、运河、洪水区域等水文信息	名称、地理位置(经纬坐标)、年平均流速、最大速度、最小速度、最高水位、最低水位、流向、是否为饮用水源、是否为季节性河流、长度、高风险月份、管理单位、值班电话、行政隶属	
C:沿线两侧各5km	公安、交警队伍	机构名称、地理位置(经纬坐标)、行政隶属、警察人数、负责人、职务、联系电话、值班电话	
D:沿线两侧各10km	医疗救护机构	机构名称、地理位置(经纬坐标)、行政隶属、医院等级资质、可容纳伤员、床位数量、医生数量、护士数量、救护车数量、负责人、职务、联系电话、值班电话	
	消防救援队伍	机构名称、地理位置(经纬坐标)、行政隶属、消防员人数、消防车数量、负责人、职务、联系电话、值班电话	
	内部单位抢修队伍	机构名称、地理位置(经纬坐标)、行政隶属、主要救援对象、救援人数、负责人、职务、联系电话、值班电话	
	应急道路(各应急救援力量通往管线设施的主要道路和道路特征点)	路段名称、行政隶属、道路宽度、车辆数量、道路等级、状态、道路特征点说明(收费站等关卡(名称、位置)、桥梁(位置、长度、宽度、车道数量、限高、限重))(需要测量路由)	

(二)现场测量与测绘数据

管道站场测量与测绘分别包括测量采集管道本体及附属设施数据和测绘管道沿线两侧各100米范围的1:2000带状地形图以及站场围墙外周边200m范围1:500地形图。并将此类数据导出管道带状图,同时录入场站与管道完整性系统,成果坐标系为西安80和2000国家大地坐标系,具体现场测量与测绘数据见表6-9。

表6-9 测量与测绘数据一览表

数据类别		内　　容
管道站场测量成果	数据内容	测量控制点、测量点集、焊口、弯管/弯头、地下障碍物、第三方交叉、第三方并行、地锚、绝缘法兰、压重块、盖板、套管、阴保点、管材、防腐、穿跨越、硅管接头、人手孔、放空管、测试桩、转角桩、穿越桩、警示牌、截水墙、护坡、挡土墙、防冲墙、站场阀室(围墙、管道进出围墙位置)
	数据格式	EXCEL、WORD
管道站场测绘调查成果	数据内容	地形图测绘: 管道沿线两侧各100m范围1:2000带状地形图(管线位置测绘的起止点在站场进出站的第一个控制阀) 站场围墙外周边200m范围1:500地形图; 管道站场周边环境调查: 管线基本情况(含材质)、管段基本情况(含材质)、管线途径阀室调查、站场基本情况、阀室基本情况、相邻桩之间管段(含材质)、探坑情况、桩号、检测头情况、管道沿线(站场周围)滑坡及危崖情况、站场周围200m建构筑物情况、管线测绘范围内建筑物情况、穿跨越情况、阳极地床情况(含材质)、管线露管、浮管情况、管线沿线高压线情况、管线两侧重要元素、地下线缆及建、构筑物、套管、管道测试桩、牺牲阳极(含材质)、管道电绝缘、站场设施情况(含材质)等
	数据格式	DWG、EXCEL

(三)三维建模数据

针对净化厂、站场、井站、管线进行三维场景搭建,主要建模对象包括设备设施、阀门仪表、地面建筑、工艺管道本体、大中型穿跨越及附属设施等,具体三维模型数据见表6-10。

表6-10 三维模型数据一览表

类型	涉及建模内容(所列为主要建模内容)
井场	抑制剂药剂罐、缓蚀剂药剂罐分离器、水套炉、收球筒、发球筒、火炬、采气树、气田水罐、排污泵、摄像头、阀门、自控及火气系统仪表、工艺管线、箱式变电站、仪控房、风向标、标牌、氮气瓶、消防瓶、避雷针、基座、红外线防闯入、地面等
站场	清管收发装置、清管接收装置、汇气管、原料气气液分离器、放空火炬、放空分液罐、缓蚀剂加注橇、水合物抑制剂加注橇、空压机橇、柔性叶片泵、阀门、自控及火气系统仪表、工艺管线、风向标、标牌、氮气瓶、消防瓶、箱式变电站、仪控房、摄像头、地面等

— 111 —

续表

类型	涉及建模内容(所列为主要建模内容)
净化厂	贫液循环泵、再生塔顶回流泵、胺液补充泵、胺液置换泵、TEG 循环泵、TEG 补充泵、凝结水泵、Ⅰ效循环泵、Ⅰ效冷凝水泵、事故泵、混合冷凝水泵、回用冷凝水泵、离心母液泵、装置给水泵、锅炉除盐水泵、装置除氧水泵、锅炉除氧水泵、锅炉给水泵、浓水输出泵、成品水泵、反洗水泵、一级增压泵、二级增压泵、计量泵、集水池提升泵、循环水排污提升泵、检修污水池自吸泵、事故原液提升泵、过滤提升泵、调节池提升泵、污泥提升泵、水解酸化池循环泵、液硫泵、盐浆泵、循环水泵、取水泵、转输泵、气田水闪蒸罐、闪蒸罐、再生塔顶回流罐、氮气水封罐、溶液储罐、溶液配制罐、重沸器凝结水罐、净化空气罐、TEG 闪蒸罐、TEG 补充罐、再生气分液罐、TEG 储罐、排污罐、凝结水罐、酸水压送罐、TEG 再生气分液罐、闪蒸气分液罐、高压放空分离罐、低压放空分离罐、除盐水罐、凝结水罐、反洗水罐、热力除氧器、分气缸、定期排污扩容器、连续排污扩容器、缓冲罐、非净化空气储罐、净化空气储罐、氮气储罐、盐酸罐、酸雾吸收器、液硫储罐、杀菌搪桶、污水处理气田水罐、火炬仪表空气罐、含硫污水压送罐、燃料气稳压罐、吸收塔、再生塔、闪蒸气吸收塔、TEG 吸收塔、中温工业型逆流式玻璃钢冷却塔、原料气重力分离器、湿净化气分离器、贫富液换热器、再生塔重沸器、贫液空冷器、酸气空冷器、贫液后冷器、酸气后冷器、除氧水冷却器、胺液预过滤器、活性炭过滤器、胺液后过滤器、机械过滤器、活性炭过滤器、产品气过滤器、取样器、高低篮式过滤器、石英砂过滤器、空冷器、无热再生吸附式干燥器、贫液冷却器、TEG 贫/富液换热器、产品气分离器、TEG 溶液过滤器、产品气过滤器、酸气分离器、液硫捕集器、酸气预热器、空气预热器、热段冷凝器、气气换热器、克劳斯冷凝器、一级 CPS 冷凝器、取样冷却器、一二级液硫鼓泡器、蒸汽减温器、液硫池喷射器、无阀过滤器、110kV 变压器、无阀过滤器、余热锅炉、主燃烧炉燃烧器、主燃烧炉、尾气焚烧炉、主风机、鼓风机、鼓风机烟道、喷油螺杆式空气压缩机、鼓风机、罗茨鼓风机、罗茨水环真空泵、离心机、桨式搅拌机、阀门、自控及火气系统仪表、工艺管线、风向标、标牌、池类、房屋、棚子、平台、消防设施、摄像头、地面等
管线	穿越、跨越、堡坎、套管等

(四)完整性数据

根据《管道完整性管理规范》(Q/SY 1180—2009)和《油气田地面建设工程(项目)竣工验收手册》及运营期的业务要求,采集管道、场站建设全生命周期的数据,主要采集的数据见表 6-11。

表 6-11 站场施工过程记录数据一览表

类别		内 容
站场施工过程记录数据	工艺数据	阀门、执行机构、工艺管线、工艺管线焊口、防腐补口、开孔、站场管材、弯头/热煨弯管、法兰、三通、异径接头、管帽
	防腐/阴保数据	阴极保护电位桩、固态去耦合器、极性排流器、阴极保护在线监测系统、内腐蚀监测系统、恒电位仪、阴极保护电位传感器、阴极保护智能光端机、阴极保护分线箱、绝缘接头保护器
	自动控制数据	SCADA 系统、HART 协议数据采集器、物联网安全网关、无线传输器、RFID 电子标签、防爆手持终端、站控系统、远程诊断/维护系统、阀室监控/监视系统、计量系统、压力变送器、压力表、差压变送器、差压表、压力开关、温度变送器、热电阻、温度开关、平均温度计、液位变送器、可燃气体探测器、火焰探测器、感温探测器、感烟探测器、手动报警按钮、光纤感温火灾探测器、清管球通过指示器、限流孔板、控制电缆
	通信数据	光纤通信设备、高频开关电源设备、话音交换设备、工业电视监控前段设备、工业电视监控后端设备、周界入侵报警后端设备、周界入侵报警前端设备、会议电视设备、路由器、交换机、光纤预警设备、电视设备、无线对讲机设备

续表

类别		内容
站场施工过程记录数据	供配电数据	10(66)kV SF$_6$密闭式组合电器、油侵电力变压器、干式电力变压器、中压开关柜、中压交流大功率变频调速驱动系统、中压变频调速驱动系统、中压软启动柜、中压电容补偿装置、低压开关柜、直流电源系统、不间断电源、EPS电源、箱式变电站、变电站综合自动化系统、配电箱、场区照片设备、小型发电设备、发电机组
	机械数据	清管器收发球装置、放空立管、放空火炬、埋地罐、过滤器、换热器
	总图与运输数据	站场/阀室/管理处/维抢修机构总图信息
	建筑结构数据	建筑物、构筑物、电梯、储罐基础、消防水池、设备基础、阀室/阀组区钢护笼
	消防数据	阀门、消防泵组、稳压设备、消防栓、气体自动灭火设备
	供热数据	蒸汽锅炉、热水锅炉、电锅炉、燃气热水器、供热换热器、全自动软水器、循环水泵、补水定压装置、除氧器、锅炉给水泵、软化水箱、加药装置
	暖通数据	组合式空调、防爆分体空调、机房专用空调、多联空调机、通风柜、自净式空气过滤器

线路施工过程记录数据见表6-12。

表6-12 线路施工过程记录数据一览表

类别		内容
线路施工过程记录数据	管道基础数据	管道工程、管线、中线桩、站场/阀室/管理处/维抢修机构、线路段、进出站口
	线路数据	钢管、短节预制、热煨弯管/弯头、冷弯管预制、焊口、防腐补口、防腐补伤、保温、中心线控制点、地下障碍物、小型穿跨越、水工保护、伴行道路、标志桩、警示牌、线路附属物、地质灾害监控系统
	穿跨越数据	大中型穿跨越、套管
	防腐/阴保数据	阴极保护测试桩、阴保电缆、阴保电缆连接点、辅助阳极地床、固态去耦合器、排流装置、牺牲阳极
	通信数据	光缆单盘测试、光缆敷设、光缆单独穿跨越、光缆人(手)孔、光缆接头、通信标石
	供配电数据	站场阀室外供电线路

项目管理相关文件和数据见表6-13。

表6-13 项目管理数据一览表

分类	内容
油气管道工程建设单位项目管理文件清单	预可行性研究文件清单、可行性研究工作文件清单、规划选址文件清单、用地预审文件清单、专项评价工作、批复类文件清单、备案制文件清单、专业评价工作、专业评价文件清单、项目核准文件清单、初步设计管理工作文件清单、开工准备文件清单、施工图设计文件清单、物资管理文件清单、物资采购文件清单、服务采购文件清单、外部协调(外协)文件清单、投产试运行准备文件清单、投产试运行文件清单、项目科研文件清单、质量管理文件清单、进度计划管理文件清单、HSE管理文件清单、投资管理文件清单、交工验收文件清单、专项验收合同文件清单、消防设施专项验收文件清单、防雷防静电设施验收文件清单、水土保持设施验收文件清单、建设项目竣工环境保护设施验收文件清单、档案验收文件清单、竣工决算审计文件清单、初步验收文件清单、竣工验收文件清单、其他文件清单

续表

分类	内 容
油气管道工程项目核准文件清单	项目核准文件清单
油气管道工程总承包商项目管理文件清单	实施准备文件清单、设计管理文件清单、采办管理文件清单、中转站管理文件清单、外协管理文件清单、施工管理文件清单、招标管理文件清单、EPC合同(协议)/费用文件清单、进度管理文件清单、质量管理文件清单、HSE文件清单、往来文件清单、竣工资料文件清单
油气管道工程投产文件清单	专项验收手续和协议文件
	投产组织管理文件
	投产交接管理文件
	投产申请与实施文件

工程竣工验收阶段数据见表6-14。

表6-14 工程竣工验收数据一览表

类别		内 容
管道站场工程竣工验收数据	竣工图档	总图及运输文件图纸资料、工艺图纸资料、结构图纸资料、自动控制图纸资料、通信图纸资料、供配电图纸资料、机械图纸资料、建筑图纸资料、消防图纸资料等
	初步验收交付文件	建设项目初步验收方案、项目竣工验收报告、项目建设总结、EPC管理总结、勘察设计总结、施工建设总结、物资采办及引进工作总结、监理工作总结、PMC工作总结、无损检测工作总结、生产试运行考核总结、决算审计意见、工程组审查意见、经济组审查意见、档案资料组审查意见、初步验收意见、初步整改报告、初步验收意见书
	竣工验收交付文件	项目竣工验收申请文件、项目竣工验收通知、项目竣工验收实施方案、项目建设总结、EPC管理总结、勘察设计总结、施工建设总结、物资采办及引进工作总结、监理工作总结、PMC工作总结、无损检测工作总结、生产试运行考核总结、决算审计意见、初步验收整改情况报告、质量监督报告、工程组审查意见、经济组审查意见、档案资料组审查意见、竣工验收鉴定书
	消防专项验收交付文件	消防设计申报文件、建设工程消防设施设计审核意见书、建设工程消防验收申请表、建设工程消防验收申请文件、消防设施技术检测、建设工程消防验收合格意见书
	水土保持设施验收文件	水土保持方案实施工作总结报告、水土保持设施验收申请文件、水土保持工程施工总结报告、水土保持设施监理工作总结报告、水土保持设施监测总结报告、水土保持设施验收评审意见、水土保持设施验收意见
	竣工环境保护验收文件	建设项目竣工环境保护设施验收申请文件、竣工环境保护验收调查报告、竣工环境保护验收评审意见、竣工环境保护验收批复文件
	安全设施竣工验收文件	建设项目安全设施验收申请文件、建设项目安全设施验收评估报告、建设项目安全设施验收评估报告预审意见、建设项目安全设施验收评估报告评审意见、建设项目安全设施验收批复文件
	职业病防护设施竣工验收文件	建设项目职业病防护竣工验收(备案)申请文科、建设项目职业病危害控制效果评价报告、职业病危害控制效果评价报告的评审意见、职业病防护设施竣工验收会议记录、建设项目职业病防护设施竣工验收批复文件
	档案验收文件	建设项目档案验收申请文件、建设项目档案验收意见、建设项目档案验收批复文件
	竣工决算审计文件	决算审计通知书、决算设计报告、决算审计处理决定、决算审计决定执行情况与决算审计建议落实情况报告书、决算审计意见书

运维阶段生产运行数据见表6-15。

表6-15 生产运行数据一览表

类别	数据类型	内　　容
生产运行数据	生产实时监控	集气站、阀室的生产工艺实时/历史数据； 包括：出站压力、出站流量、进站压力、进站流量、天然气瞬时流量、天然气日累计、天然气总累计、EPS/UPD状态、自动阀门状态等
	管道阴极保护数据	集气站、阀室、管道的自然电位、电流等
	管道腐蚀监测信息	集气站、阀室的腐蚀探针数据和腐蚀挂片数据

运维阶段安全应急数据见表6-16。

表6-16 安全应急数据一览表

数据类别	数据内容
HSE数据	环境/安全/职业健康/事故事件/危险品和综合管理数据
安全应急管理数据	应急管理相关资料和应急指挥调度信息
安全环境监测数据	实时视频监控数据/火气监测和硫化氢监测数据/安全联锁关断数据/管道巡线数据
气象监测数据	实时温度/压力/风向/风速/湿度数据

三、地面建设数字化移交

地面工程数字化移交系统主要面向特大型气田地面工程建设、竣工移交和地面生产运行三大阶段的业务管理，实现站场（厂）和管道完整性、生产运行、安全应急等数字化管理和展示。

通过地面工程建设管理，可实现地面工程建设期的工程进度、工程质量的实时掌控；通过物联网实时监控，可实现生产现场生产和工艺动态的实时感知；通过地面生产动态管理，可随时掌握地面生产运行动态、进行生产运行分析；通过生产调度与应急管理，为气田生产运行监控和应急指挥提供可靠信息支持；通过现场作业管理，实现作业标准化管理；通过管道与站场完整性管理，实现管道与站场设备、设施的全生命周期管理；通过三维可视化培训，提升员工工作技能及绩效。

(一)业务功能

以《油气田地面建设数字化工程信息移交规范》和《竣工验收手册》为依据，建立现场数据填报、参建单位数据上传、第三方采集数据入库、项目管理部集中管控等多维一体的业务应用平台，一套数据标准、一个统一数据库，实现地面工程建设实施全过程数字化管控。

1. 三维设计成果管理

系统通过对三维设计成果（SP3D、PDMS文件）导入、人工建模等方式，构建三维精细化场景，针对管道本体及附属设施进行抽象与组件化管理，支持模型单元自动组装、设备上下游关系、管线上下游关系的动态管理，同时采用优化算法，实现精细化管道三维模型的快速加载与渲染。通过三维协同设计的应用,使系统图中符号与三维设备指向同一数据源,建立严格关联关系,保证了系统图与三维布置逻辑对应,实现对工程计划、设计流程和设计文档的一体化管理及应用。

2. 施工数据管理与质量监控

根据地面工程施工图纸进行地面工程设备及工艺流程建模,并开展伴随式施工数据采集和测量测绘,同步搭建三维场景,实现施工数据管理。同时,接入施工期间视频监控系统,提供施工现场的远程监控和施工问题在线会商功能。施工数据管理与质量监控子模块的功能,主要体现在以下几个方面:

(1)施工数据采集。将建设期勘察、设计、施工、竣工各个阶段生成的资料和数据进行整理、录入,为下一阶段提供数据信息支持。

(2)施工数据审核。根据地面生产运行的最终要求,依据严格的审核流程,对施工数据进行细致检查和审核,确保运营期所需工程建设过程中的数据资料全面准确。

(3)数据资料可追溯管理。通过对各阶段数据的元数据信息进行有效管理,实现项目建设过程的全生命周期跟踪,并为风险评估和完整性评价提供数据基础。

3. 施工现场可视化

针对施工过程中的重要工序进行照片或影像的数据采集,实现对地面工程施工现场的可视化掌控。系统可将各类施工可视化数据按照真实的地理位置与真实三维模型绑定,同时可根据时间顺序查询各个工序的可视化数据,便于项目管理人员了解施工现场情况和进行数据回溯。

可在系统中查询到各项目的重要工程的位置和详细信息。针对施工过程中重点关注的部位和发生重要事件的地区进行伴随性的拍照和数据采集。系统可将施工过程中发生的重要事件中的照片、语音、影像、调整措施、施工指令通过时间轴整理出来,通过在系统中进行事件回溯,可以了解到重大事件发生的关键节点和全过程。

4. 数字化移交

当地面工程建设完成,准备将工程移交给运营单位转入投产运行时,要开展竣工验收。在竣工验收的过程中,可根据数字化移交规范将系统中存储的数据进行自动整理,直接从系统中导出标准的电子版移交资料,实现设计期、建设期的数据与运营期的数据应用无缝对接。地面工程建设管理中,因为是同一套系统支撑了设计期、建设期及运营期的应用并管理各阶段的所有资料,所以数字化移交会以一套系统的方式将施工过程中的数据和竣工成果进行移交,便于运营单位快速掌握情况、快速转接到运营模式。数字化移交,包括图档资料电子化移交和施工成果矢量化移交两个子模块。

(1)图档资料电子化移交。

通过地面工程图档资料电子化移交,能够按照图档资料的管理标准体系,将可研、勘察、设计、施工等阶段的图纸资料、立项报告、可行性研究报告、地质勘察、施工记录等资料信息无缝对接到运营管理模块,支撑多专业的图件、表格、实体数据、文档报告进行多维度的关联检索和基于业务专题的定制查询,并能够把传统二维表格化管理的各种图件、表格、实体数据、文档报告关联到三维模型,实现各类图档资料的快速检索、电子移交和分类归档(图6-17)。

图 6-17　图档电子化移交

(2)施工成果矢量化移交。

通过地面工程施工数据管理功能,可将各种测量、测绘、三维建模形成的矢量化信息无缝对接到运营管理模块,并通过真实三维场景和地形地貌结合起来进行立体呈现,管理者可直接通过三维模型查找到各类测量、测绘施工成果详细信息及周边的地形地貌(图 6-18)。

图 6-18　矢量化移交

(二)应用成效

地面建设管理系统,主要管理地面工程勘察设计到施工建设再到投产运行的各类数据,按照《管道完整性管理规范》(Q/SY 1180.7—2009)《中国石油天然气股份有限公司油气田地面建设工程(项目)竣工验收手册》及《油气储运项目设计规定》等三个标准来进行设计、开发和实施。在专业数据模型方面,参照了 APDM、ISO15926、ISO 19775-X3D 等数据模型标准和

WITSML、PRODML、RESQML 等数据传输标准,来明确数据采集内容、规范数据整合方法,确保地面工程数据的完整性、时效性,最终以高质量的数据来支撑数字化地面建管一体化功能的实现。

通过地面建设管理系统建设,地面工程管理和气田运行管理可以统一在一个数字化平台上,形成地面工程建管一体化快速支撑生产运行管理。一方面,地面建设期间采集的数据及时地存入系统,通过二维和三维图形进行场景重建,直观反映实际的建设情况,并与计划和设计对比分析,精确把握施工进度和质量;另一方面,工程投产后,地面工程中所有设施设备的基础数据无缝接入气田生产运行系统,结合井场采集的生产数据以及地质、气藏数据快速地支撑起气田的生产运行管理。

截至 2017 年底,地面建设管理系统已管理 36 万余条结构化数据,主要包括设备基础数据、管道基础数据、测量测绘数据、检验检测数据、施工数据、管理流转数据、周边环境数据、应急物质数据;62 万余个非结构化数据,主要包括空间地理数据、图档资料数据、照片影像数据等。

第七节　数据治理

信息系统建设发展到一定阶段,数据资源将成为企业的战略资产。与实物资产管理相比较,数据资产管理还处于非常原始的阶段。目前很多企业对其数据资产类别和数量都缺乏全面了解,数据质量、数据安全、数据资产评估、数据资产交换等精细管理、价值挖掘和持续运营则更为薄弱,加强数据资产化管理是现阶段推动大数据与实体经济深度融合的重要手段。数据治理是对数据资产管理行使权力和控制的活动,是数据管理的一部分。

一、数据治理体系的概念

数据管理,旨在确保企业获得高质量数据资产,对数据开展行之有效的管理,以降低风险和提升数据资产利用价值,而有效的数据治理才是数据资产形成的必要条件。数据资产管理包括两个重要方面:一是数据资产管理的核心活动职能,二是确保这些活动职能落地实施的保障措施,包括组织架构、制度体系。数据资产管理贯穿数据采集、应用和价值实现等整个数据生命周期全过程[7]。

业务的数据化和数据的业务化,是当前各行业、各领域数据服务和应用的重点和趋势。为了促进组织有效、高效、合理的利用数据,2018 年中国国家信息化标准委员会发布了《信息技术服务　治理　第 5 部分:数据治理规范》(GB/T 34960.5—2018)标准,其在数据获取、存储、整合、分析、应用、呈现、归档和销毁过程中提出了数据治理的相关规范,从而实现运营合规、风险可控和价值实现的目标。

数据治理是在数据责任明晰的前提下,为促进数据有效使用和发挥业务价值而展开的业务、技术和管理相结合的一系列实践活动。构建数据治理体系是为了建立数据及其拥有者、使用者、支撑系统之间的和谐互补关系,从整个企业的视角协调、统领各层面的数据管理工作,确保企业内部各层级人员能够得到及时、准确的数据支持和服务。

数据治理的任务是从组织战略、架构、治理、标准、质量、安全、应用、数据生命周期等角度评估企业数据管理现状,明确企业数据存在的问题、指导数据治理体系的构建、制定合理的评价体系与审计规范,监督数据治理内控、合规和绩效,确保数据治理工作达到预期目标。

综合各数据治理相关理论、规范,目前行业内形成了较为一致的数据治理体系框架(图6-19),明确了数据治理的顶层设计、治理环境、治理域、治理过程等。

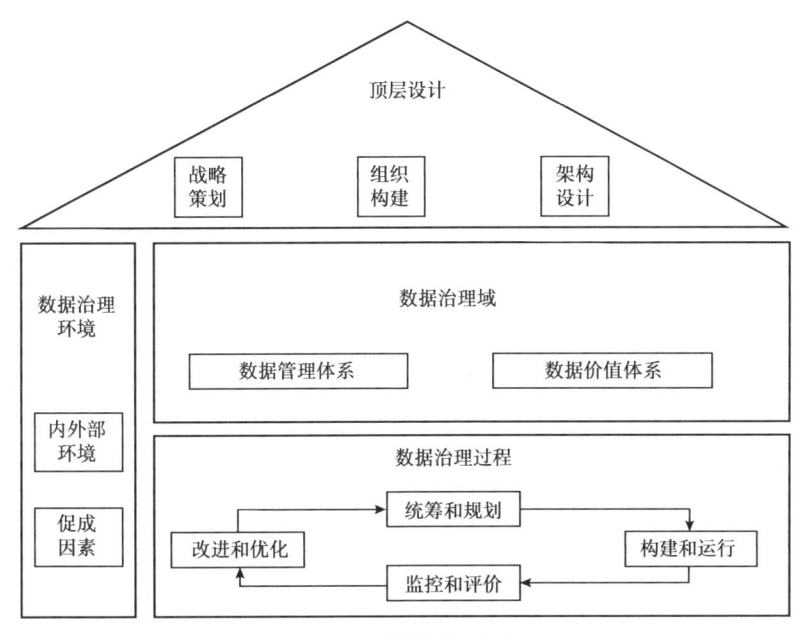

图 6-19 数据治理框架

顶层设计包含数据相关的战略规划、组织构建和架构设计,是数据治理实施的基础;数据治理环境包含内外部环境及促成因素,是数据治理实施的保障;数据治理域包含数据管理体系和数据价值体系,是数据治理实施的对象。数据治理过程包含统筹和规划、构建和运行、监控和评价以及改进和优化,是数据治理实施的方法。

二、勘探与生产数据治理方法

(一)勘探与生产数据治理顶层框架

通过对数据治理相关理论的深入研究,结合国内外数据治理先进理念,形成西南油气田勘探与生产数据治理顶层框架(图6-20)。

数据治理贯穿于数据从创建、获得、存储、维护到使用全生命周期。西南油气田数据治理顶层框架主体分为四大部分,数据采集治理、数据管理治理、数据服务治理及数据机制治理。

数据采集治理是指对数据采集过程进行优化,从而保证数据采集完整、准确、及时的管控活动。

数据管理治理是指对数据管理过程包括数据存储、数据集成、数据服务等进行管控,从而实现数据资产优化的过程。数据管理治理同时要考虑符合数据管理政策,保证数据使用安全。

数据服务治理是指对数据服务进行规范、优化的过程,其目的是让系统使用数据更加便捷、用户使用数据更加人性化。

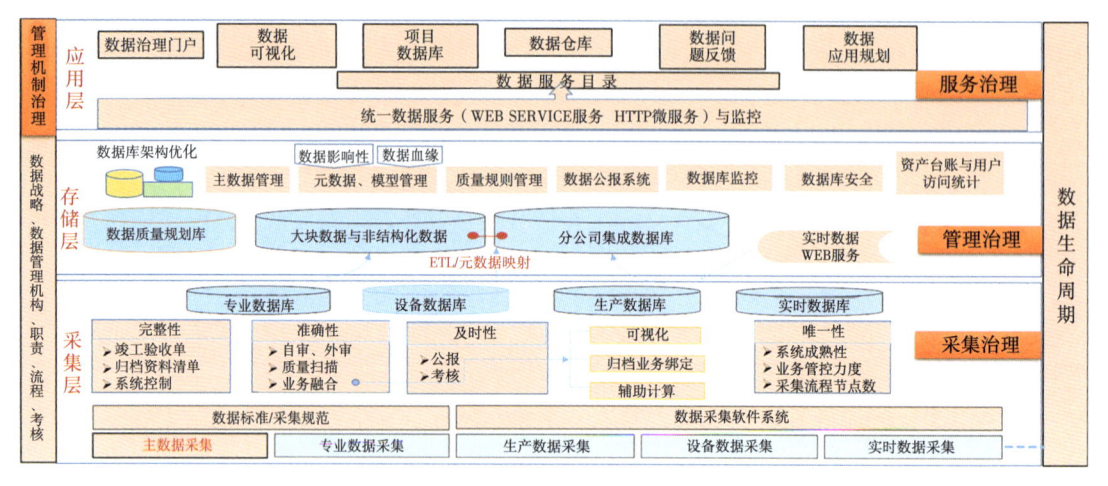

图 6-20 勘探与生产数据治理顶层框架

数据机制治理包括建立西南油气田数据战略、健全数据组织管理架构、明确数据管理责任、优化数据管理流程、完善数据考核。

(二) 数据采集治理

西南油气田天然气勘探与生产数据采集治理主要从主数据采集、井筒专业数据采集、生产数据采集等方面进行具体功能的设计。

1. 主数据采集

主数据作为核心业务实体数据,其影响至关重大,主数据采集应独立部署,并支持以下功能:

(1) 支持 GIS。主数据大多具有空间属性,通过 GIS 展现主数据分布,可以直观了解主实体分布,进一步防止数据录入错误。

(2) 相邻对象提示。为业务人员提供相邻的实体对象,如录入井号时,提供邻井井号信息。

(3) 强约束。对主数据进行强化约束,如空格、大小写、非法字符等不合规信息的控制。

(4) 提醒功能。有些实体数据需要分阶段录入,如井基础信息,开钻即需录入,完钻时需补录数据,通过提醒功能,让业务人员补录后续数据,以保证主数据的完整性。

(5) 审核功能。主数据录入、增删改等操作需要完善的审核流程,明确各类主数据产生、入库、修订、废除的责任人。

(6) 列表查询与统计。采集系统应提供不同权限的主数据列表查询功能,为录入人员提供主数据列表、数据完整性与质量统计情况。

如图 6-21 所示,为井号主数据录入界面功能图。

2. 井筒专业数据采集

井筒专业数据采集治理涉及数据采集、数据审核、数据入库、归档四部分,数据采集包括采集任务建立、数据录入、内审。数据采集任务是基于竣工验收单形成的,以作为数据入库的考

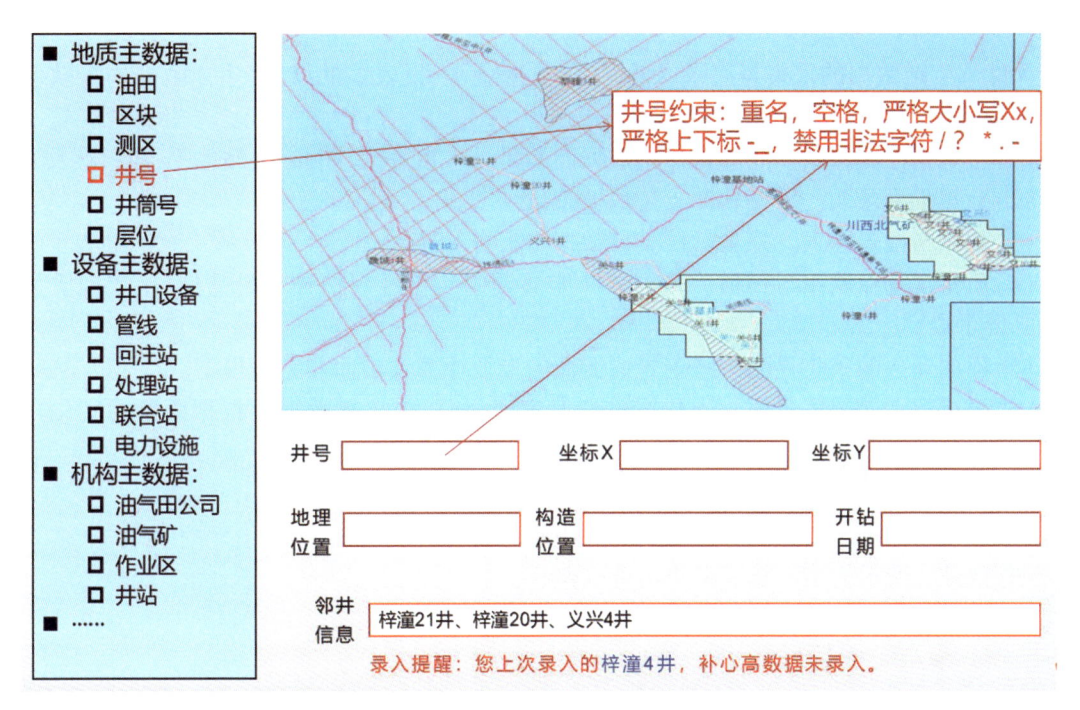

图 6-21 井号主数据录入界面示意图

核控制。数据录入基于专门的数据采集软件,该软件结合勘探开发业务特点,支持数据批量导入、质量规则控制、数据解编、报表生成、图形生成等功能。数据录入须指定专门的录入人员,并经过上岗培训。根据完善的数据采集规范,指导和约束数据录入工作。如图 6-22 为井筒专业数据采集治理框架图。

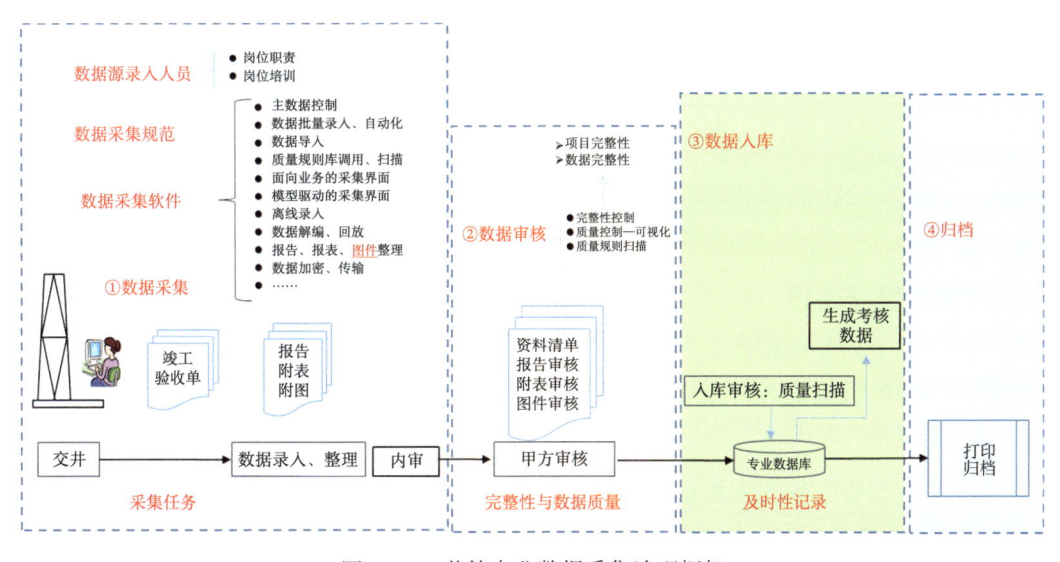

图 6-22 井筒专业数据采集治理框架

3. 生产数据采集

天然气生产数据的采集具有录入频率高、数据量小、报表多的特点,生产数据采集软件支持以下功能:

(1)主数据控制。用户能够选择主数据而不是录入主数据,如井号、站库等,应直接关联。

(2)数据批量录入。采集软件支持数据批量录入。

(3)数据与报告导入。采集软件支持数据与报告的导入。

(4)质量规则库调用与扫描。采集软件能够调用质量规则扫描当日数据,是数据质量控制的必要手段。

(5)面向业务的采集界面。采集界面要面向专业业务人员而非数据模型。

(6)模型驱动的采集界面。当数据模型发生变化时,采集界面能够根据模型的变化自动调整界面。

(7)实时数据接入。采集软件支持实时数据接入。

(8)报表与图形。支持业务报表和相关生产曲线的自动生成。

如图 6-23 所示为生产数据采集治理框架。

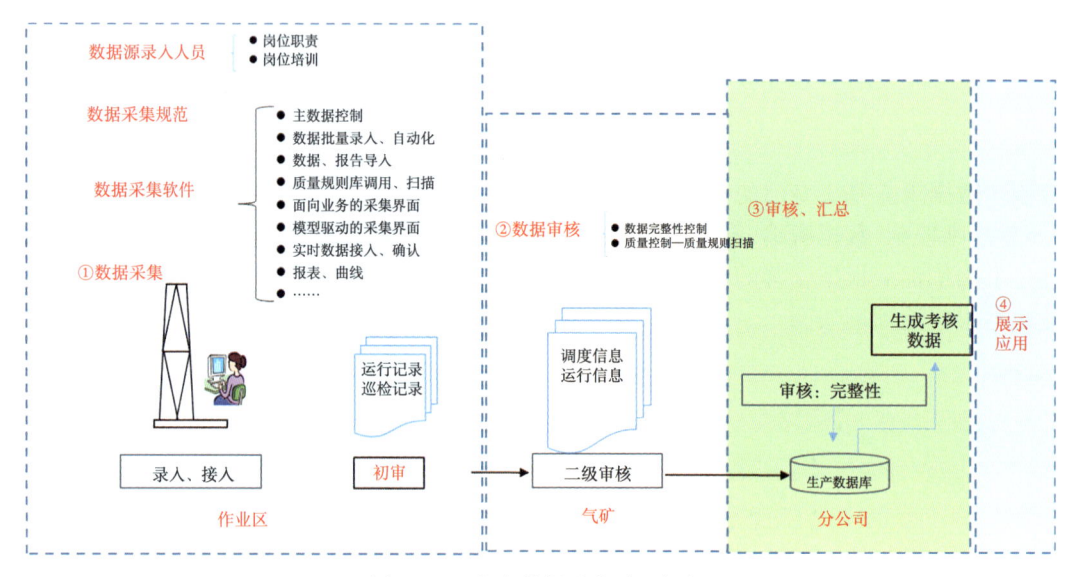

图 6-23　生产数据采集治理框架

(三)数据管理治理

西南油气田天然气勘探与生产数据管理治理主要从主数据管理、元数据管理、数据模型管理、数据质量规则、数据资产台账管理等方面进行具体功能的设计。

1. 主数据管理

主数据管理要有完善的主数据质量规则,包括主数据质量控制、非法字符控制、坐标范围控制、归属关系控制等内容。

(1)主数据质量控制包括数据完整性控制、非法字符控制、坐标范围控制、归属关系控制。

(2)非法字符控制指主数据命名中不能有非法字符,如空格、大小写控制等。

（3）坐标范围控制是指当用户录入相关数据时，系统能够根据用户身份及相关信息自动控制坐标录入范围（结合 GIS 实现）。

（4）归属关系控制是指主数据通常有一定的归属关系，如净化厂数据，其归属数据有下游管线数据、上游管线数据，井归属关系包括井别归属、气田归属、站库归属等。

（5）主数据统计分析是一项主数据管理日常工作，包括主数据完整性统计、主数据质量统计及主数据归属关系统计。通过主数据统计分析，让业务人员了解主数据质量情况，进一步改进主数据质量。

2. 元数据管理

元数据管理，其主要内容包括影响性分析、血缘分析。

影响性分析：元数据管理的重要功能，指模型发生变化时，影响的系统、数据表、存储过程、视图与应用。

血缘分析：数据管理关键功能，是指数据源头分析。当数据不正常时，分析其来自哪个系统的哪张表，经过怎样的运算得出的。

3. 数据模型管理

数据模型管理是指对数据库系统模型设计文件（PDM）的集中管理。模型管理可以作为元数据管理的一项补充，和元数据管理一起实施。模型管理应具备以下功能：

（1）模型数据采集：对不同系统的 PDM 设计文件进行采集、入库。

（2）模型对比：模型版本之间对比、模型与实例对比、实例与实例对比，能够对比模型之间的差异情况。

（3）模型升级：采用系统手段，实现模型升级。

（4）模型多版本管理：相同系统不同模型版本的集中管理。

4. 数据资产台账管理

数据资产台账是数据管理人员及业务专业人员了解数据和掌握数据实际情况的主要方法。通过数据资产台账的管理使数据管理人员能够明确数据存量、加强数据管理，进而通过提升数据及其元数据质量来确保数据资源满足业务需求。

(四)数据服务治理

西南油气田天然气勘探与生产数据服务治理是提高数据服务水平的控制性活动，其目的是规范和优化数据服务，深化数据应用，最大化的发挥数据资产价值。

（1）统一数据服务。

结合西南油气田 SOA 平台框架，基于 A1、A2、生产实时数据库等数据库系统，在用户数据需求的基础上，采用统一的技术路线来建立统一的数据服务。当前数据服务主要有 SQL 服务、web service 服务、http 微服务等。

（2）统一的数据服务目录。

西南油气田已经建立了基于 SOA 的服务架构，并在此基础上建立数据服务目录体系（图6-24），为各应用系统提供服务，满足系统集成与快速开发需求。数据服务目录体系总体架构包括数据服务目录的提供者、管理者和使用者 3 个角色，规划、编目、注册、管理、服务和使用 6

项活动。

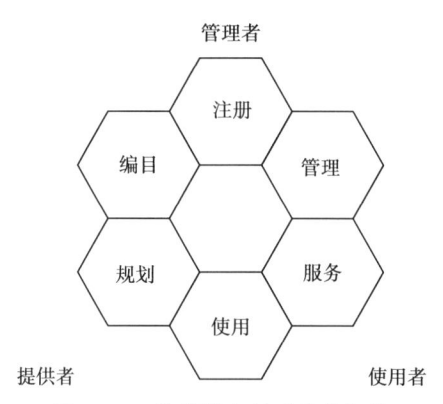

图 6-24 数据服务目录总体架构

(3)数据可视化。

根据勘探与生产数据来源,构建统一的数据可视化服务组件。数据可视化是指由数据直接或经过简单加工、处理后,生成直观、易懂的图形或表格,例如,可以用录井数据及解释成果生成录井综合图,用测井数据生成测井综合图等。数据可视化可以帮助用户直观的了解数据、发现归类,同时可帮助用户发现数据质量问题,提升数据质量,提高数据应用水平,促进数据的开发利用。由数据生成的图形也可直接用于对数据的验收或对项目实施质量的考核。

(4)项目数据库。

项目数据库是按照某个天然气勘探开发的研究主题,基于特定的专业软件,将一定范围内的各类数据,组织成规范的数据集,直接服务于专业研究软件,为勘探开发研究工作提供方便快捷的数据服务,支撑专业研究项目。项目数据库一般是以工区为单元的形式建设,也可建立全盆地的项目库。

建设直接支持勘探开发研究的项目数据库,是实现数据有效治理的重要手段。通过项目库建设、应用,对比专业软件需求,可以不断完善专业数据库,并改进数据质量。同时,借助项目库建设,搜集整理成果数据,不断丰富专业数据库内容,满足不同单位的研究人员、不同时期(多轮次)的研究项目对同一研究对象的数据需求。

(五)数据机制治理

天然气勘探与生产数据机制治理是数据治理的重要内容之一。在西南油气田成立数据治理委员会,明确数据治理目标,加强数据管理办法的制订,确保数据管理办法有效执行,定期评估数据管理成熟能力,解决数据管理过程存在的问题,不断提升数据管理能力。信息管理部门与业务主管部门负责按照相应的数据管理办法进行监督与考核,数据建设单位负责数据采集与数据质量,数据管理单位负责数据运维与服务。

三、勘探与生产数据治理实施效果

数据治理是一项长期的、贯穿全局的系统性工作,其各项工作的开展均要围绕从根本上提升数据质量、加强数据应用、实现数据应有价值的目标进行。西南油气田通过开展勘探与生产数据治理,从战略、管理、操作等层面形成了一整套较为完整的体系及方法,有力地促进了数据管理能力的提升及数据质量的提高,从而也大幅提升了数据应用的程度和水平。

(1) 构建了与西南油气田发展战略匹配的勘探与生产数据治理顶层框架。

西南油气田以深入开展两化融合为契机,牢牢锁定西南油气田整体发展战略,通过分析勘探与生产数据在西南油气田整体战略中的定位及现状,制定了数据治理战略规划及相匹配的组织职能、规章制度等,加强了业务与信息的深度融合,逐步形成了业务主导、信息搭台的良好局面,同时明确了勘探与生产数据采集、数据管理、数据服务、管理机制等数据治理层面的具体工作内容,指引西南油气田勘探与生产数据治理整体工作的开展,遵循该框架,有效实现勘探与生产数据质量的提升,为相关生产开展提供数据支撑。

(2) 摸清了西南油气田勘探与生产数据现状,明确了需要改进的薄弱环节。

通过勘探与生产数据治理工作开展,从业务流程、数据流程、数据管理、系统支撑、数据质量等层面进行了全面梳理,理清了数据流程与业务流程不匹配现状、主数据及元数据分散管理是造成当前西南油气田勘探与生产数据质量不高、数据应用不充分的主要原因。根据整体框架设计,规划了勘探与生产数据和业务流程匹配、主数据及元数据治理相关路线及设计,为全面弥补当前薄弱环节指明了主要思路和方法。

(3) 制定了详尽的数据治理实施方案,为数据治理工作的持续性开展提供了方案指引。

结合西南油气田勘探与生产数据治理整体框架及现状,针对各具体薄弱环节,按照整体规划、分步实施、业务急需有限、效益明显优先原则,对于重要且具备实施条件的项目优先考虑,形成了西南油气田数据治理实施方案,编制了近期、中期、远期数据治理实施项目规划,为数据治理项目具体开展提供指导(图6-25)。

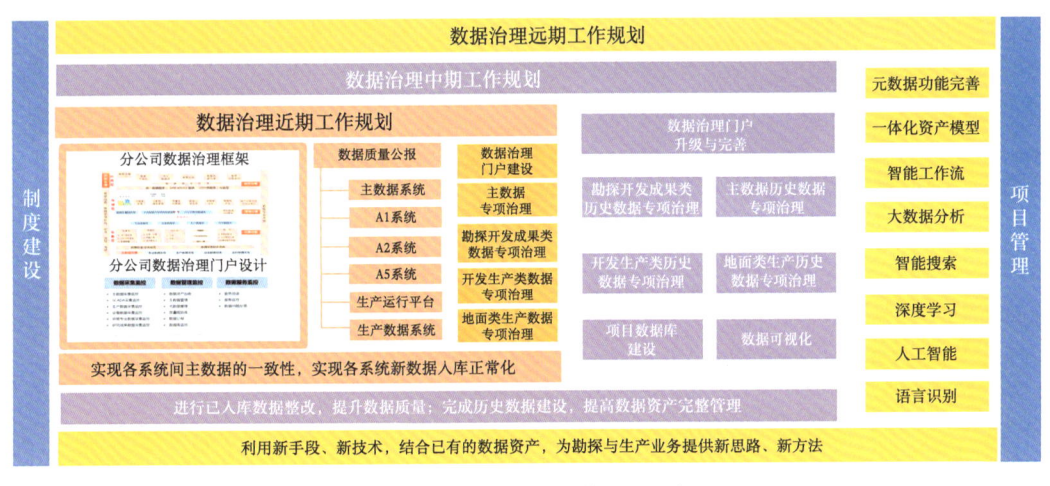

图6-25 数据治理工作规划示例

(4) 开展了一系列勘探与生产数据治理具体工作,勘探与生产数据质量稳步提升。

西南油气田切实意识到数据治理的紧迫性、重要性,依据勘探与生产数据治理整体规划,开展数据治理门户建设,实现勘探与生产数据资产情况的全面管理。勘探与生产数据的采集、传输、存储、应用等各环节直观展示,实现数据资产源头可追寻、过程可管控、使用可跟踪,从全生命周期角度对勘探与生产数据资产进行管理,有效提升数据管理水平;开展主数据及元数据管理完善工作,实现将勘探与生产各相关主数据及元数据的统一管理,确保各相关数据的一致性,为西南油气田勘探与生产数据集成应用奠定了基础。同时,元数据管理的提升,有力支撑了勘探与生产数据血缘关系及影响分析;开展实时数据治理完善,从源头实现了物联网数据与其他应用数据的统一、融合,有效降低了基层人员数据采集强度,实现了实时数据的准确、有效应用。

各项具体数据治理工作的开展,全面助推了西南油气田勘探与生产数据质量的提升,为各项业务提供了便捷、准确、高效的勘探与生产数据支撑,有力地助推了西南油气田数据资产管理整体战略的稳步推进。

参 考 文 献

[1] 袁满,等.石油数据组织与分析[M].青岛:中国石油大学出版社,2016.
[2] 刘希俭.企业主数据管理实务[M].北京:石油工业出版社,2017.
[3] 马涛,黄文俊,刘景义,等.石油勘探开发数据模型标准研究及进展[J].信息技术与标准化,2015(12):69-73.
[4] 张华义,汪福勇,任静思,等.油气田勘探开发数据管理与应用技术体系探索[J].天然气工业,2012(5):85-88.
[5] 刘新,孙韵,唐志洁.勘探开发成果数据正常化业务管理模式探索[J].中国管理信息化,2013(18):42-44.
[6] 张华义,刘新,罗涛.数字油田建设中的数据质量控制方法研究[J].天然气勘探开发,2015(1):88-93.
[7] DAMA international.DAMA 数据管理知识体系指南[M].北京:清华大学出版社,2012.

第七章 勘探业务应用

油气勘探是指为了寻找和查明油气资源,利用各种勘探手段了解地下的地质状况,认识生油、储油、油气运移、聚集、保存等条件,综合评价含油气远景,确定油气聚集的有利地区,找到储油气的圈闭,并探明油气田面积,搞清油气层情况和产出能力的过程。油气勘探的主要业务包括探矿权管理、地质调查、油气储量探明、地球物理勘探、钻探及相关活动。

西南油气田在天然气勘探业务领域中,开展了勘探生产业务管理平台建设,从而有力支撑了公司勘探业务的管理、提升了业务管理水平。勘探生产业务管理平台,是数字化气田的重要业务应用平台之一,按照平台化建设理念打造了全线上的业务流程、有效集成了现有系统的业务数据与应用,实现了不同层级、不同单位基于同一工作平台的信息充分共享与业务高效流转。

通过勘探生产管理平台的建设和应用,西南油气田实现了油气资源管理部门、勘探项目执行单位以及科研院所等各业务单位间的业务协同,实现了从矿权、储量、规划计划、勘探部署、前期项目到物探与探井生产的全程流程化业务线上运行管理,能够高效地执行勘探生产计划与部署,随时掌握勘探生产动态,及时发现勘探生产过程中出现的问题,快速协调勘探生产各方面的资源,快速制定和实施生产调整优化决策,明显提高勘探生产业务的工作效率和管理水平。

第一节 勘探生产管理

西南油气田在勘探生产管理领域,以中国石油统一建设的"勘探生产技术数据管理系统(A1)"及油气田自主建设的勘探业务相关应用系统为基础,按照平台化思想和集成化思路,通过数据整合和业务应用集成,建成了勘探生产管理平台,实现了勘探生产决策、组织、研究与施工的流程与成果管理,满足勘探生产管理业务跨专业、跨公司、跨部门的一体化、协同化工作的需求,提升了勘探生产业务管理的效率和水平。

一、业务需求

四川盆地是典型的叠合盆地,勘探开发层系多,资源分布地域广,待发现资源量大,具有天然气资源丰富但勘探开发技术难度大的特点。随着天然气勘探难度不断加大,勘探领域不断扩展,勘探方法不断创新,勘探历史不断延长,勘探研究和决策过程中的勘探数据信息的收集、处理以及有效利用的难度也越来越大。

面对勘探业务流程复杂、关联学科领域多样、生产施工单位众多、数据信息体量大且类型复杂、数据源管理分散等情况,必须以信息化手段整合业务数据、集成系统应用,建立跨专业、跨部门的一体化业务协同工作平台,来助推现有工作模式与管理流程的转型升级。

从业务需求上,勘探生产管理从矿权、项目、工程生产管理到储量管理遵循严格的业务顺序,同时各项业务的成果存在一定的流转关系。勘探生产管理平台需要满足审查审批、进度跟踪、工作协调、任务发布、通知通告、数据推送等勘探生产流程管理的业务需求。

从系统功能上,勘探生产管理平台建设应满足矿权与储量管理、勘探生产规划部署与项目管理、物探工程生产运行与协调管理、井筒工程生产运行与协调管理业务范围对应的业务流程管理及专业功能应用管理需求。

从技术实现上,要遵循西南油气田"十三五"通信与信息化发展规划,以 SOA 技术架构为核心,通过数据服务总线技术(Data Services Bus,DSB)整合集成所有数据源,形成覆盖油气田勘探领域生产、经营、科研、办公所有的业务数据;再通过企业服务总线技术(Enterprise Service Bus,ESB),开发和集成不同的业务应用,以搭积木的方式组装、编排业务功能,来满足勘探生产业务应用。

勘探生产管理需要以规划部署和项目管理为主线,实现勘探生产规划计划与项目管理、矿权与储量管理、物探生产与协调管理、探井生产与协调管理 4 大业务的链接、协同和相互支撑(图 7-1)。

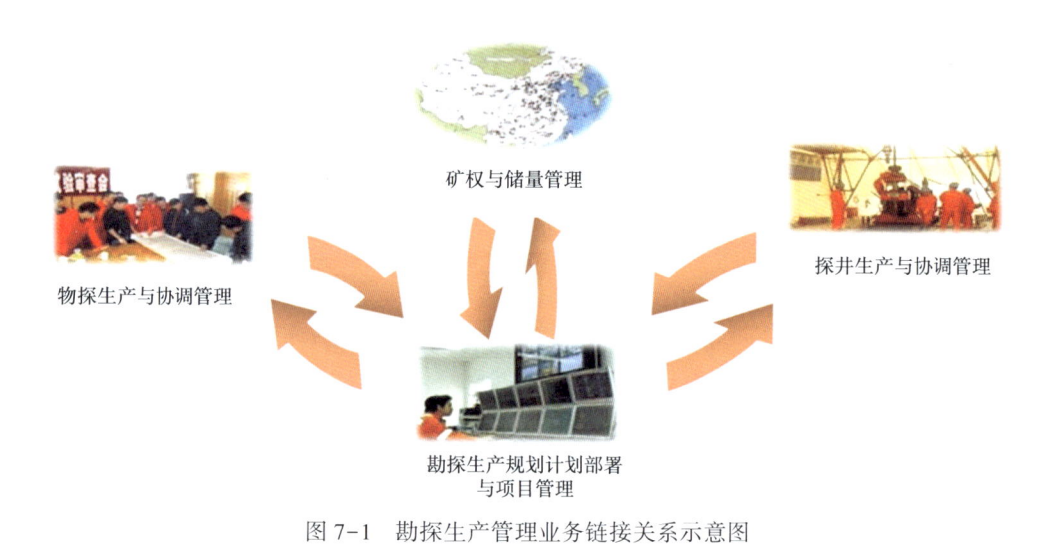

图 7-1 勘探生产管理业务链接关系示意图

(一)勘探生产决策管理需求

在勘探生产业务决策上,为勘探业务管理部门和勘探项目管理单位提供科学、准确的辅助决策支持,是勘探生产管理业务需求的重要内容,具体包括勘探生产总况关键指标分析、勘探生产动态关键指标分析、重点探井实时生产运行指标分析、勘探生产关键指标预警分析、勘探生产辅助决策分析与展示及勘探生产综合生产调度与应急指挥等内容。

(二)勘探生产业务协同需求

勘探生产管理核心业务包括了矿权管理、规划计划管理、圈闭管理、勘探项目管理、物探工程生产管理、井筒工程生产管理、储量管理。在每一项核心业务的管理过程中,都需要不同专业、不同部门甚至不同单位的人员参与,需要各类数据信息及成果共享,需要开展高效的协同交互工作。

勘探生产管理协同工作,需要高效的信息化环境支撑。在统一业务管理平台环境下,以业务流程为驱动,通过业务管理全过程中关键业务活动节点的信息化,支持跨部门跨专业的协同应用和成果共享,实现各类管理任务上传下达、各类方案设计审核流转、各类工程实施动态管理、各类成果数据验收上报等网络化运行,有效实现甲方与乙方、科研与生产、现场与后方的协同工作。

(三) 勘探生产专业应用需求

对于勘探生产管理而言,需要在规划计划编制、矿权储量信息管理、勘探项目部署设计、物探工程和井筒工程相关的技术方案设计、生产动态信息监控与过程跟踪分析等业务方面,提供适用和高效的专业应用功能,包括信息数据查询、报表曲线查询、算法公式定义、文件方案调取、成果经验存查、标准规范查询等(图7-2)。

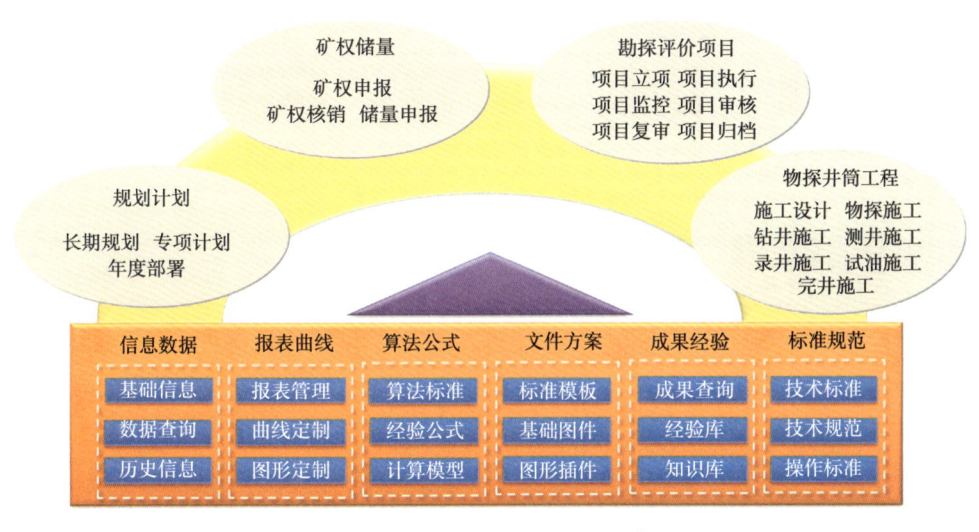

图 7-2 勘探生产功能应用需求

二、总体设计

西南油气田为适应四川盆地勘探大发展的新形势,需要通过信息化手段,整合数据、集成系统,建立跨专业、跨公司、跨部门的一体化勘探生产管理业务协同平台,助推现有工作模式和管理流程优化转型,提升勘探生产管理的工作效率和业务水平。勘探生产管理平台的整体建设思路如下:

(1) 平台化设计:在统一技术平台基础上,整合勘探生产现有数据,集成勘探生产现有系统,在整合、集成的基础上进行平台应用功能的开发;

(2) 一体化集成:通过勘探生产管理平台建设,实现地质与工程一体化、科研与管理一体化、现场与后方一体化的勘探生产全过程应用集成,包括勘探生产规划计划、部署与设计、项目审查、施工监督、质量控制、项目验收、成果归档等业务应用;

(3) 流程化组装:基于勘探生产管理实际业务流程,采用业务流程管理技术(Business Process Management,BPM)串接流程流转功能与专业应用功能,满足勘探生产业务流程管理应用需求；

（4）场景化定制：按不同岗位、不同角色的应用需求来定制用户的业务应用环境和工作界面；

（5）协同化应用：通过消息推送、待办提醒、流程流转等手段，实现不同层级、不同岗位、不同地域的业务关联用户相互间协作与高效工作。

（一）总体架构设计

勘探生产管理平台总体架构设计，严格遵循 SOA 框架思想，从数据管理、技术实现、综合应用、界面定制等方面进行设计与构建[1]。平台总体架构分为数据、集成服务、应用与展示访问等四个层级（图 7-3）。

图 7-3 勘探生产管理平台总体架构图

（1）数据层。

数据层，是平台总体架构的基础，是组织和管理平台业务应用所需各数据的有效技术手段和机制。目前勘探生产管理相关的地质油气藏、物探、钻井、录井、测井、试油、井下作业、分析化验及各类研究成果数据，大多是存储在不同的系统当中并由各个系统分别进行数据的采集、存储与管理。平台总体架构的数据层，是通过数据服务总线技术（Data Services Bus, DSB）将各信息系统中的专业数据整合集成，并以数据服务方式向平台总体架构的上一个层级提供业务数据支持。

（2）集成服务层。

集成服务层是平台总体架构的核心，是利用企业服务总线（Enterprise Services Bus, ESB）

技术建立业务应用功能的管理机制。集成服务层管理的各类服务可由面向用户的功能模块或其他服务调用。同时,通过集成服务层,可实现各类业务应用功能的灵活组合,增强平台的可扩展性、安全性,从而提高勘探生产业务平台适应业务变化的能力。

(3)应用层。

应用层是平台的专业技术应用功能层,包括业务应用、流程管理和应用场景等几个部分。其中,业务应用部分,包括矿权管理类、储量管理类、规划计划部署与前期项目类、物探管理类、探井管理类、综合展示统计类等6大类专业功能;流程管理部分包括了矿权管理、储量管理、勘探规划计划管理、勘探项目管理、物探生产管理及探井生产管理等业务的在线流程化流转应用;应用场景部分,通过对不同用户在平台上的业务流程节点与应用功能的匹配,实现不同用户在勘探生产的综合管理、综合执行、生产操作管理、生产监督管理及综合展示等5大类应用场景。

(4)展示访问层。

展示访问层是平台向用户提供服务的交互层。展示访问层以个人桌面应用为主,也包括大屏展示及移动应用。个人桌面应用要根据不同用户的应用场景分别定制实现;大屏展示主要是综合信息和动态数据展示;同时根据特定用户角色,可以将业务流程流转或关键信息推送至移动应用端。

(二)业务活动梳理

业务活动梳理,是勘探生产管理平台建设的基础性工作。业务活动梳理的目的,是为了更好地组织和响应勘探生产过程中的业务应用和信息化需求,以满足信息化对勘探生产管理业务的支撑。业务活动梳理,围绕某一项具体业务,梳理业务过程和不同层级的组织部门与二级单位的负责环节和业务操作内容,并通过业务流程管理技术固定业务活动的先后顺序及相互间的信息传递关系,支持各相关单位和部门共同完成某一项具体业务从开始、执行到最终结束的整个过程。

勘探生产管理的业务活动梳理,从矿权、规划、年度部署、部署总体设计、前期项目、物探生产、井位部署、探井生产到储量管理,都需要遵循一定的业务顺序[2]。另外,各项业务的成果存在一定的流转关系(图7-4)。

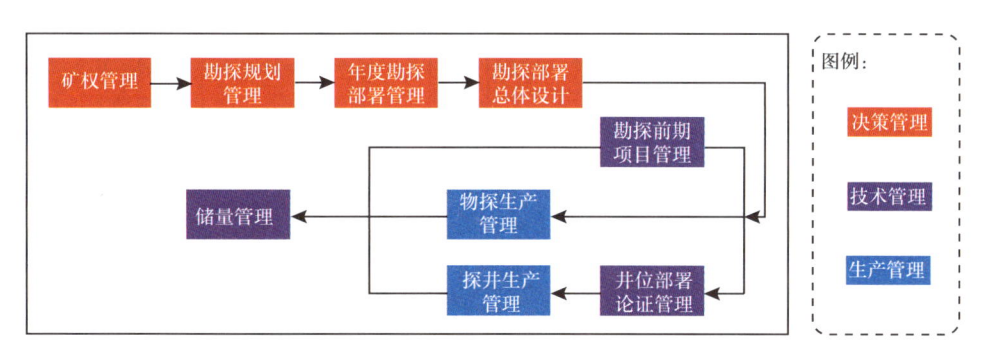

图7-4 勘探生产管理业务活动流转关系图

业务活动梳理结果,可以通过业务流程图充分展现出来(图7-5)。业务流程图包括了业务部门、流程活动节点、平台应用功能及现有应用集成四个部分。

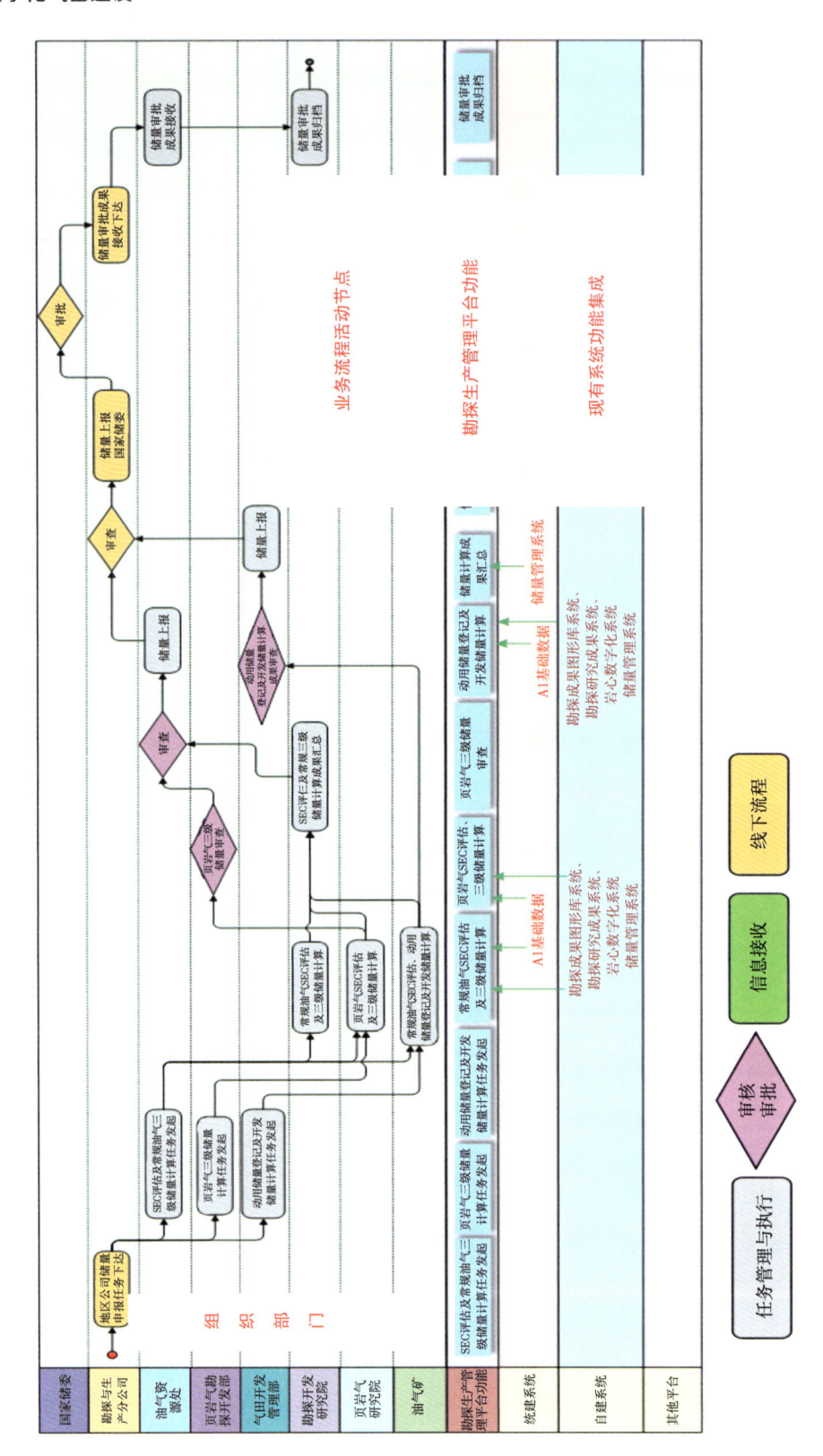

图 7-5 勘探生产管理业务流程梳理成果示例图（储量管理流程）

(三)应用拆分与设计

应用拆分与设计,是在业务活动梳理基础上,对支撑各业务活动流程节点的应用进行梳理、划分和设计。应用拆分与设计的核心思路是,根据已经确定的流程节点的具体业务需求,梳理出平台所有需要实现的业务应用功能,并按照平台化建设和模块化组装的思路,对梳理出来的业务应用进行等颗粒度的拆分和设计。这些功能将能够完全满足勘探生产管理平台的业务所需。

勘探生产管理平台应用拆分和设计,是针对每个业务流程节点的业务活动需求进行分析和最佳粒度的拆分与设计,保证既满足业务流程节点的应用需求,也最大程度实现应用功能的复用(图7-6)。

应用拆分和设计,形成了勘探生产管理平台的两大类应用功能,包括通用功能与专业功能。其中,通用功能主要实现业务流程流转的下达、接收、审核审批、汇总及归档等办公流程流转需求。专业功能主要满足勘探生产管理特定专业应用需求,包括专业计算、文档编制、专业分析、生产管理、生产监控等专业应用,还包括勘探生产综合展示、生产信息综合查询、生产动态综合分析等非流程化的应用功能。

(四)业务流程设计

业务流程设计,是勘探生产管理平台面向业务用户提供流程化服务支撑的关键。基于勘探生产业务的行业标准和相关油气田业务管理规范,开展勘探生产管理流程的设计,实现业务流程中的任务下达与接收、方案文档的审核审批、资料成果的汇总与上传下达及成果归档等功能。同时,业务流程设计对矿权与储量、规划计划与前期项目、物探生产与探井生产等业务活动中的文档编制、指标计算、生产管理、生产监控、项目验收等专业过程进行描述。

西南油气田勘探生产管理,包括矿权管理流程、储量管理流程、勘探规划管理流程、年度勘探部署管理流程、勘探部署总体设计管理流程、勘探前期项目管理流程(含地震老资料处理解释管理流程)、探井井位部署管理流程、物探生产管理流程以及探井生产管理流程等9类业务流程,涉及近20个与勘探生产管理相关的职能处室(直属机构)、项目管理部门、科研支撑单位及外部施工(协作)单位,总体上包括150多个重要业务活动节点。例如,储量管理流程包括了10类业务单位、26个主要业务活动节点(图7-7)。

再例如,探井生产管理流程也包括了10类业务单位、46个主要业务活动节点(图7-8)。

(五)现有应用集成设计

勘探生产管理平台充分考虑前期信息化建设成果,既充分延续勘探生产业务用户习惯,又最大程度节约建设成本。勘探生产管理平台对现有应用的集成方式主要包括界面集成、服务集成与数据集成三种方式(图7-9)。

(1)界面集成。

针对与勘探生产管理平台设计功能强相关、功能相对完整的现有应用功能,采用界面集成的方式进行业务应用集成。界面集成是平台建设中成本最低的集成方式。

(2)服务集成。

针对已经采用SOA架构的现有系统应用,通过服务集成方式对该现有应用进行集成和服

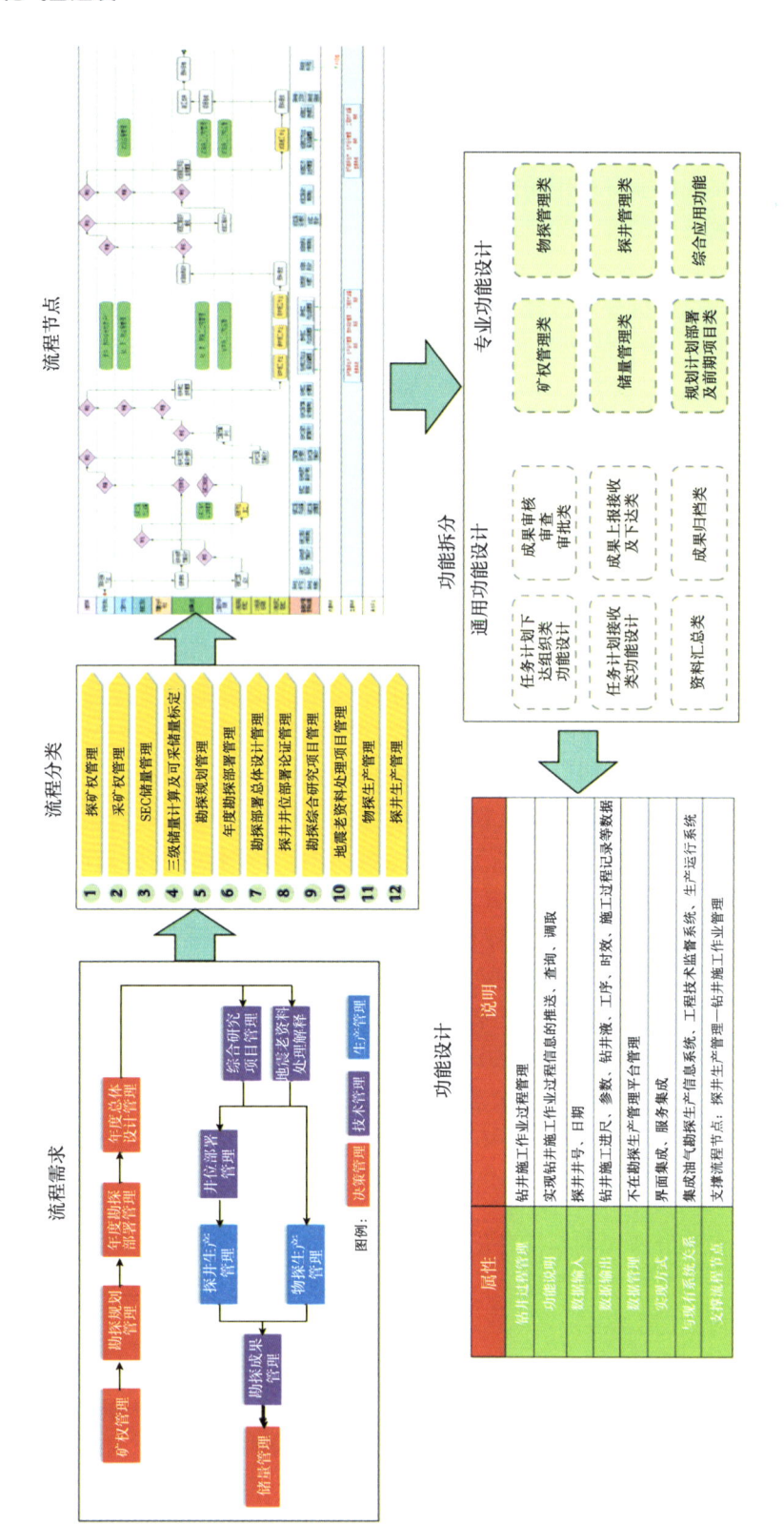

图 7-6 勘探生产管理业平台功能拆分与设计步骤

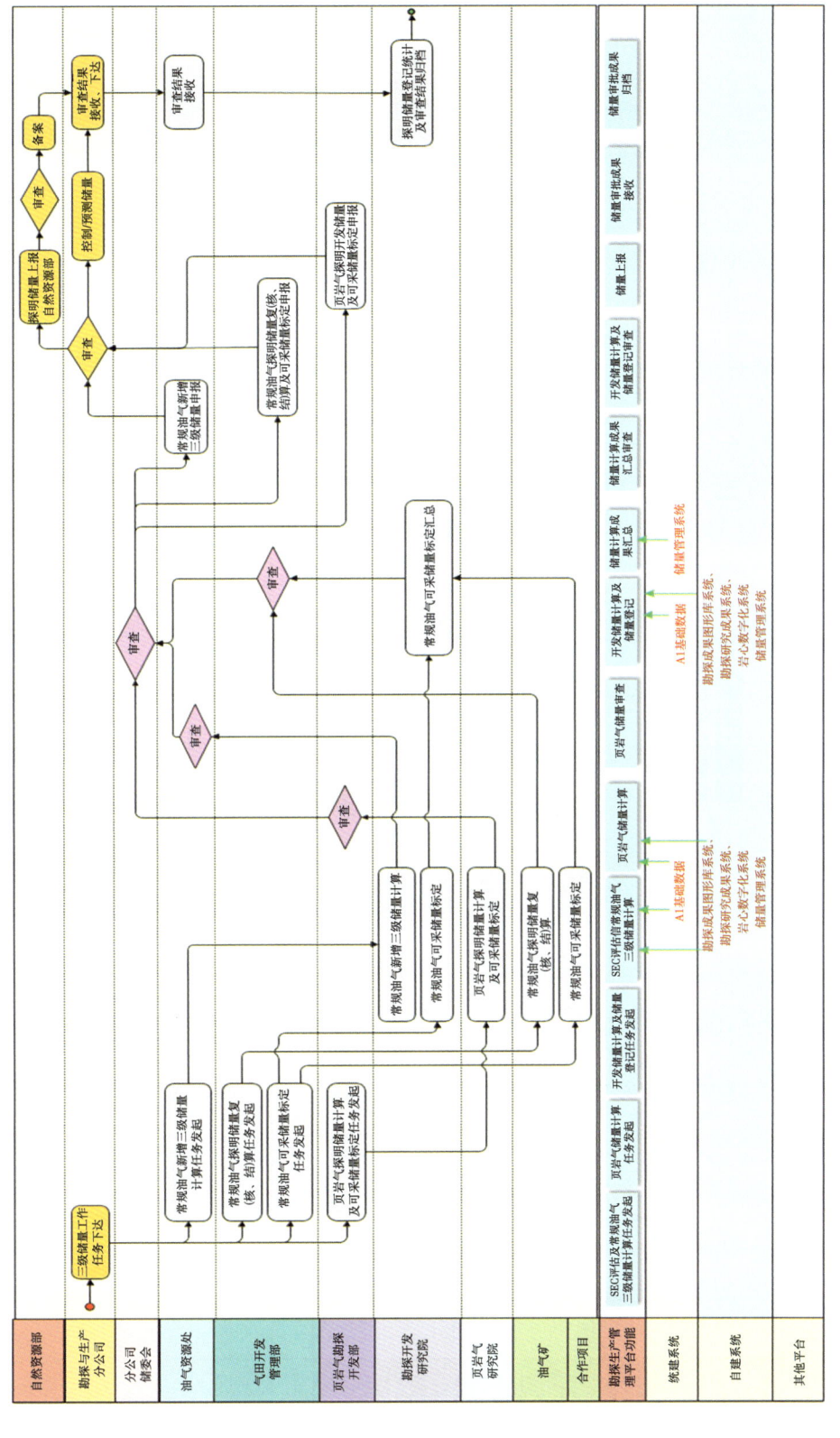

图 7-7　国内三级储量管理流程设计图

◆ 数字化气田建设

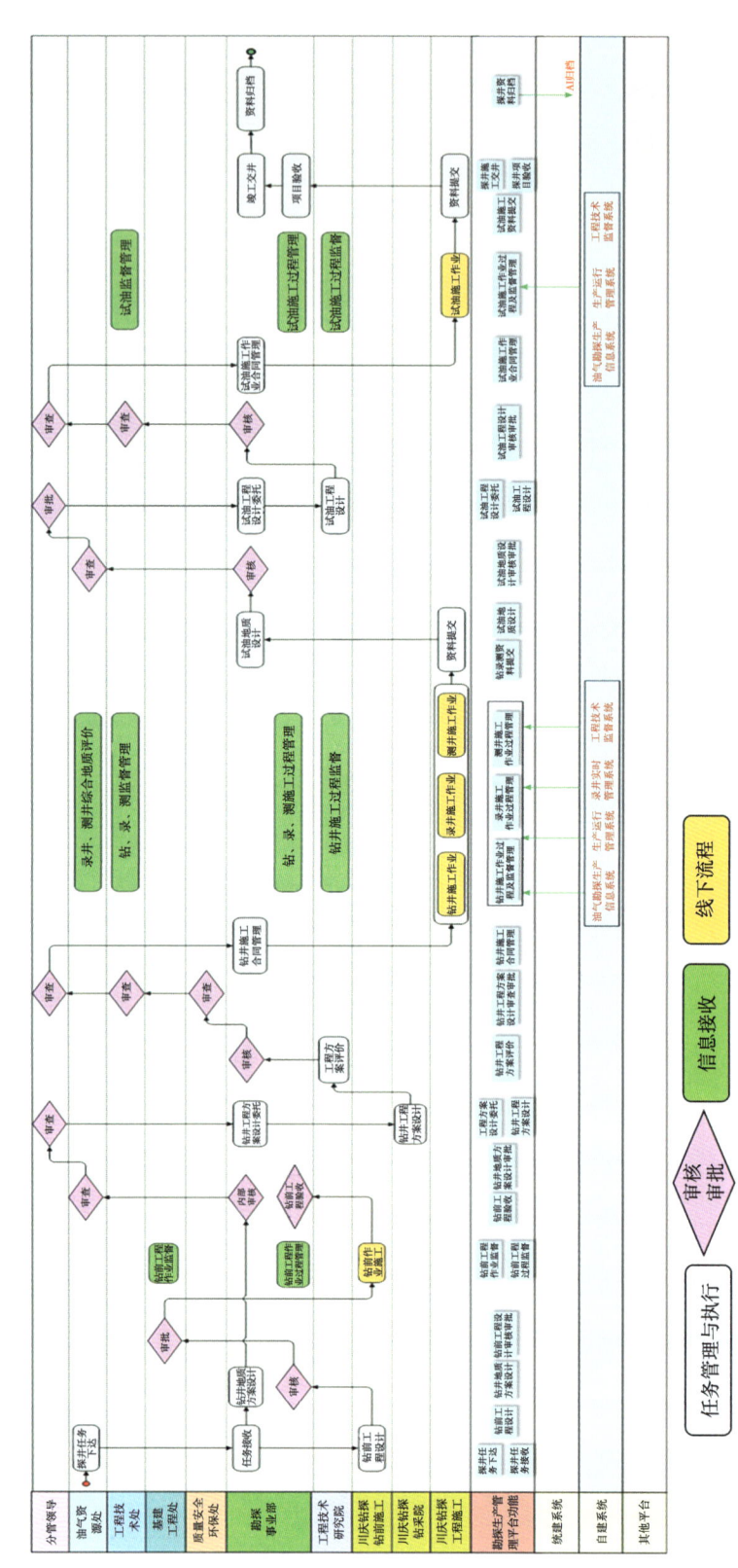

图 7-8 探井生产管理流程设计图

图 7-9　勘探生产管理平台系统集成方案

务调用。此类系统应用利用统一共享的应用集成平台进行这类业务应用服务的注册、发布,而后在勘探生产管理平台建设中通过服务调用实现业务应用的集成。

(3) 数据集成。

针对勘探生产管理业务相关数据已经通过一些现有信息系统实现了采集和管理的情况,勘探生产管理平台采用数据集成方式对中国石油勘探与生产技术数据管理系统(A1)、油气田自建的勘探生产信息系统、物探工程基础数据管理系统、勘探研究成果管理系统等数据源进行整合集成,来支持平台上的各类业务应用。

三、功能设计

基于前面勘探生产管理业务活动的梳理,结合勘探生产过程中的信息化需求,梳理形成了勘探生产管理平台的业务应用功能模块,全面覆盖勘探生产全过程业务管理,主要包括勘探生产决策管理、组织管理、研究管理、施工管理四个业务应用功能模块:

(1) 勘探生产决策管理:以勘探规划、计划及年度部署为核心的勘探生产决策管理,包括勘探长期规划制定与年度勘探计划管理、进度管理与综合协调管理;

(2) 勘探生产组织管理:围绕勘探计划与年度勘探部署组织具体勘探项目的执行,包括勘探生产物探、探井及研究类具体项目的任务管理、进度管理与质量管理;

(3) 勘探生产研究管理:以矿权、储量及前期项目为核心的勘探生产研究类业务管理,包括具体任务的下达接收、任务执行、成果上报、审核审批与验收归档管理;

(4) 勘探生产施工管理:以物探与探井生产为核心的勘探生产施工管理,包括方案设计、生产过程管理、生产监督及监控管理。

基于总体设计中应用拆分与设计的方法,平台功能设计按照通用功能与专业功能两大类,共设计了170多个功能。其中,通用功能包括任务计划下达组织类、任务计划接收类、资料汇总类、成果审核审查审批类、成果上报及下达类、成果归档类共 6 大类 90 多个功能项。专业功能中包括矿权管理类、储量管理类、规划计划部署及前期项目类、物探管理类、探井管理类与综合应用功能类共 6 大类近 80 个功能项。

(一) 通用功能设计

通用功能主要实现业务流程流转的下达、接收、审核审批、汇总及归档等办公流程流转需求。

勘探生产管理平台的通用功能包括任务计划下达组织类、任务计划接收类、资料汇总类、成果审核审查审批类、成果上报及下达类、成果归档类共 6 大类 90 多个功能项。通用功能中只需全新开发部分功能项,其余大多数功能项只需要根据已经开发好的功能项进行配置即可。

(1)任务计划下达。

主要实现勘探生产矿权、储量、规划、年度部署、勘探计划、前期项目及物探探井生产的各类任务的下达通知,包括任务下达部门管理、任务说明、要求、时间安排、重点说明等重要任务指标的信息传递。

(2)任务计划接收。

主要针对具体的任务计划执行部门,在上级管理部门发送相应的任务下达后,对任务下达做出相应的确认与反馈,包括各项任务计划的执行情况。

(3)资料成果汇总。

实现资料成果汇总类的功能,主要包括资料成果汇总通知、资料成果清单列表管理、成果汇总模板管理。

(4)资料审核审查审批。

在线完成资料成果审核审查审批的功能,主要包括向执行审核审查审批的各级部门发送通知、各类提审成果列表管理、审后意见及建议在线返回。

(5)资料上报接收及下达。

实现矿权、储量、规划、计划、年度部署向国土资源部、国家储委、股份公司规划计划部、勘探与生产分公司直属部门等的上报功能,实现上报成果与邮件系统的对接,可以通过平台实现各类成果以邮件形式的上报,实现各类上报业务的统一管理。

(6)成果归档。

实现矿权、储量、规划、计划、年度部署、项目实施成果等内容的归档保存,归档内容遵循西南油气公司已有并正在使用的信息系统管理规范,实现各类成果的版本和描述信息的录入,通过平台进行成果的统一存储和管理。

(二) 专业功能设计

专业功能主要满足勘探生产管理特定专业应用需求,包括专业计算、文档编制、专业分析、生产管理、生产监控等专业应用,还包括勘探生产综合展示、生产信息综合查询、生产动态综合分析等非流程化的应用功能。

勘探生产管理平台的专业功能中包括矿权管理类、储量管理类、规划计划部署及前期项目类、物探管理类、探井管理类与综合应用功能类共 6 大类近 80 个功能项,与通用功能不同,专业功能是针对不同业务应用的功能设计,每个功能都需要进行单独的设计。

(1)矿权管理。

主要实现探矿权与采矿权登记与年检材料的在线编制,通过平台集中管理与矿权管理相关的各类成果文件。

(2)储量管理。

主要实现 SEC 储量、国内三级储量及储量复算核算标定具体执行任务的功能应用,由于储量计算过程相对比较复杂,勘探生产管理平台储量管理类专业功能应用主要实现储量计算基础数据的集中管理与储量计算成果的录入与填报,储量计算的详细过程不在平台功能实现。

(3)规划部署及前期项目。

实现各类项目文档的统一编制,包括标准模板的管理、版本管理、基础资料调取、方案文档的在线上传、在线浏览修改等功能。用户可以根据具体文档的要求及复杂程度选择线上编辑或线下编辑后进行上载。

(4)物探管理。

主要满足物探生产过程中的技术方案设计、施工过程管理、验收管理与成果提交等过程的各类专业应用。

(5)探井管理。

主要满足探井生产过程中的技术方案设计、施工过程管理、监督监控管理、验收管理与成果提交等过程的各类专业应用。

(6)其他专业功能。

其他专业功能指不在业务流程节点需求中的专业功能,主要包括以西南油气田整体勘探生产为核心的综合统计、综合展示与综合查询功能。

四、业务应用场景配置

业务应用场景配置,是在业务流程设计和专业应用功能设计基础上,通过业务协同工作流程节点页面定制和专业应用功能组合配置,结合用户角色和业务应用需求,分级、分类定制的个人(或部门岗位)的工作界面并授权,真实再现勘探生产管理各类相关业务管理应用活动,最大化地挖掘平台应用潜力,最直接地贴近用户使用需求。定制的业务应用场景,在业务管理流程上分为任务分发、任务接受、业务成果汇总及提交、审核审批、成果归档等,在用户类型上分为领导决策层、业务管理层、项目执行层、工作支撑层、操作实施层。

(一)公司决策层

决策层主要是指油气田主管勘探业务的领导、专家或团队。决策层需要宏观掌握油气田公司全年勘探项目的阶段完成情况,把控整体项目进度,提出问题的解决路线,调整现行勘探思路,谋划下步战略部署。勘探生产管理平台把年度勘探项目的阶段完成情况、最新发现、最新认识等信息,以直观的表现形式展示给决策层。在集成相关专业系统的基础上,以推送的方式,直观展示探井项目、物探项目及配套的前期研究项目的完成情况、阶段成果,同时提供每类项目的详细信息浏览功能(图 7-10)。

图 7-10　西南油气田年度勘探项目计划完成统计应用场景

(二) 业务管理层

在 GIS 界面上集成探井的基础信息,通过生产日、月报及实时数据,业务管理层(油气资源处、勘探事业部)可以整体、快速、直观地查看年度探井部署的情况、井位分布、正钻井施工状况等信息(图 7-11)。

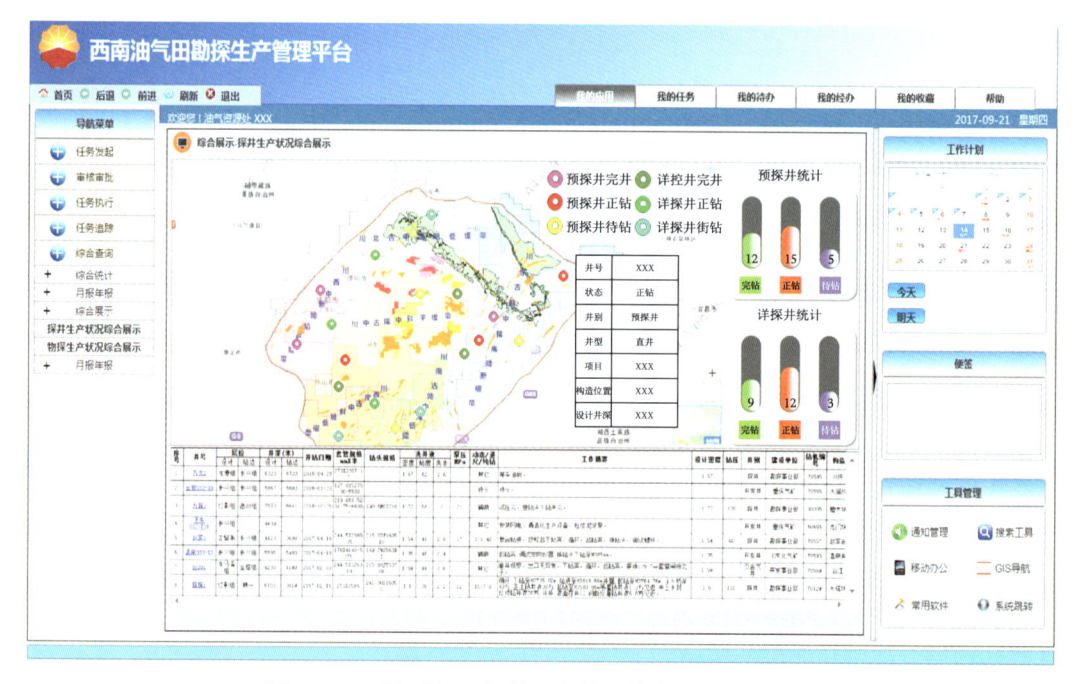

图 7-11　西南油气田探井生产状况综合展示应用场景

对于矿权与储量管理,科研支撑单位(勘探开发研究院)矿权与储量评价人员,首先完成探矿权、储量申报的成果材料编制,在平台上进行审查申请,油气资源处的矿权、储量管理人员接收到审查申请的消息后,在平台上查看探矿权、储量申请材料的具体内容,如没有问题则通过审查,如发现问题,填写审查不通过的原因和整改的意见,由矿权与储量评价技术人员进行整改完善。整改完善后,再次提请审查(图7-12)。

图7-12 油气资源处矿权登记申报成果审核应用场景

在应用界面内容的选择与组合上,勘探生产管理平台集成了单井所有信息资料、图件、报表,管理者可以根据自己不同的需求选择需要查看的单井信息。这种集成应用方式还可以用于综合决策的会议讨论场景(图7-13)。

(三)勘探项目管理单位

勘探项目管理单位(勘探事业部)主管领导对公司整体或某工区或组织机构范围内的物探、探井月度完成情况进行综合查询,平台对物探、探井按日、周、月报进行展示。同时,也可基于GIS功能,对选定区域内物探工区或探井的完成情况进行直观展示,并可以通过下钻功能对某个物探工区、某口探井的具体生产情况进行查询(图7-14)。

(1)物探生产管理。

在物探采集施工技术设计审批完成后,项目管理单位正式委派物探施工服务公司进行地震采集施工,并在平台上填写任务名称、工区位置、项目归属、项目编号等重要信息,同时把详细的委派通知文件与主要的工作量设计文件作为附件进行上传,选择委派的施工队伍及需要任务接收的主要负责人(图7-15)。

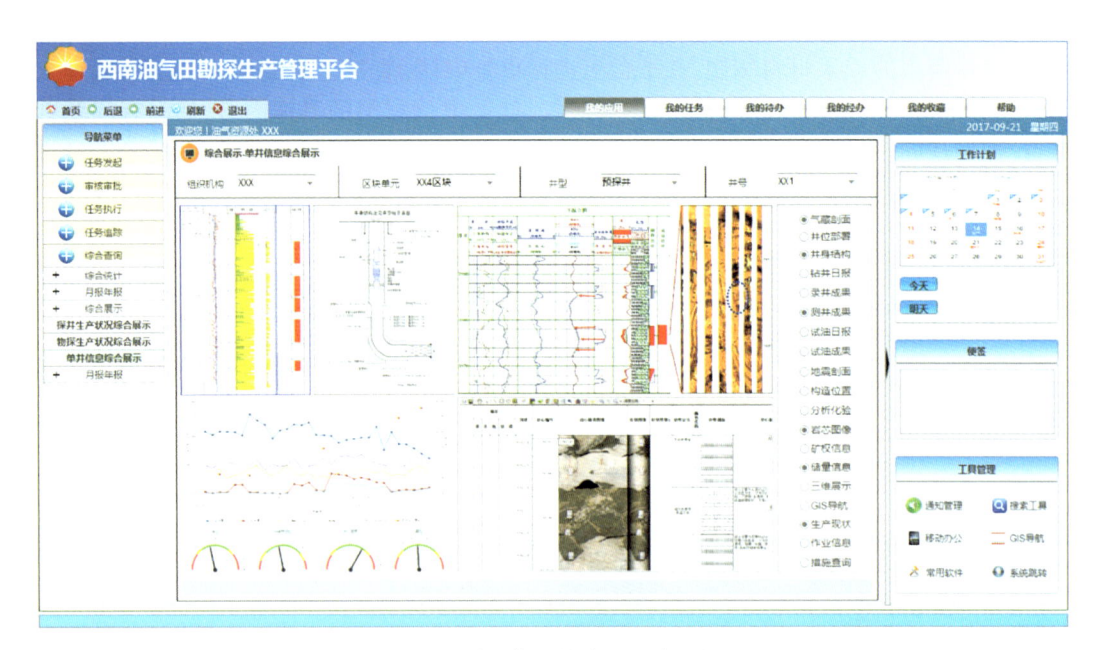

图 7-13 单井信息综合展示应用场景

图 7-14 月度勘探工作量完成统计应用场景

(2) 探井生产管理。

针对钻井生产管理,用户可以在平台上对钻井施工进度、工序进行全过程管理,项目管理单位各项目经理部的管理人员可以与钻井服务公司共同在勘探生产管理平台上完成每日钻井进度数据的上报与接收,可以在平台之上调取查看钻井施工设计、井位部署设计及实时录井、测井相关资料,实现对钻井施工进度与质量更快捷、更直观、更综合地管理(图 7-16)。

图 7-15　勘探项目管理部门物探施工委派应用场景

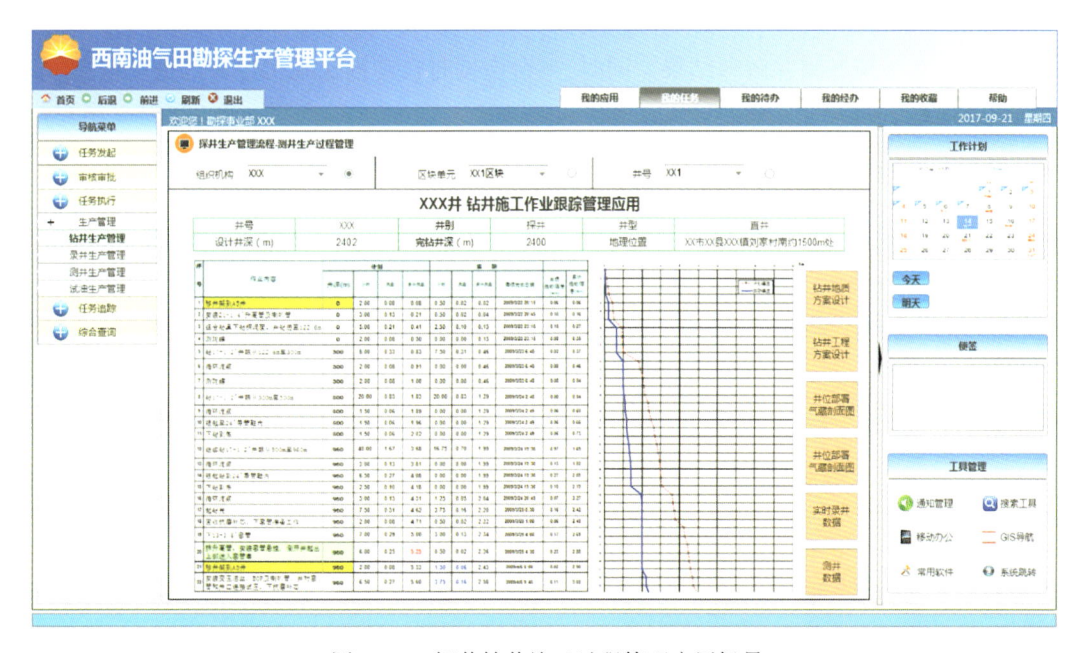

图 7-16　探井钻井施工过程管理应用场景

针对试油作业管理,用户可在平台上对试油施工过程的参数及试油结果进行综合查询,第一时间对试油施工进行综合分析,评估试油的阶段成果,为下一步作业决策提供依据(图7-17)。

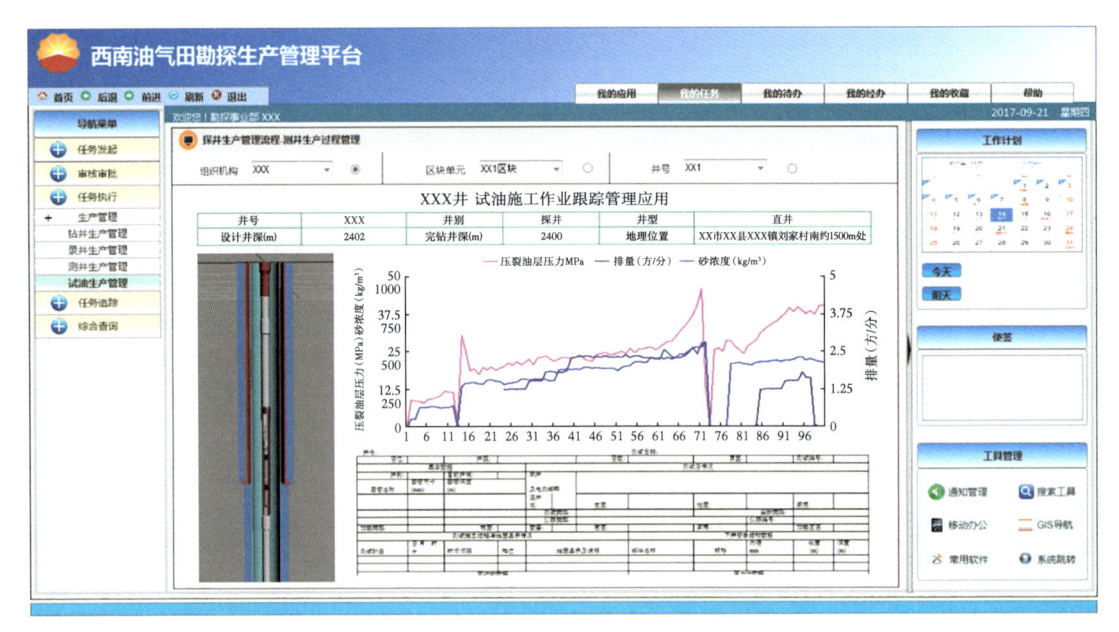

图 7-17　试油施工过程管理应用场景

针对测井生产管理,平台根据岗位业务应用场景配置相应的流程节点与功能。测井施工开始后,流程节点自动流转到具体测井施工过程管理的岗位人员,查看测井施工的基础信息、施工状态信息甚至现场测井解释结果。同时,平台会按时自动推送施工过程的进度信息、日志信息(图 7-18)。

图 7-18　测井施工过程管理应用场景

(四)勘探规划计划管理部门

按照中国石油的管理流程,中国石油勘探与生产分公司规划主管部门根据整体勘探工作部署,将年度勘探计划下达给各地区油气田公司,各地区公司规划计划管理部门(规划计划处)负责接收并将任务分发到专业业务管理部门。

在勘探生产管理平台上,规划计划管理部门的用户通过业务管理流程,在接到上级下达的勘探规划、计划任务后,将勘探规划、计划任务相关文档上载到平台进行集中统一管理,然后根据具体任务要求,将勘探业务规划或工作计划任务分发到勘探生产管理部门(图7-19),勘探生产管理部门组织实施。

图7-19 勘探计划接收应用场景

(五)勘探开发研究院

勘探开发研究院是勘探生产管理业务的直接支撑单位之一,在勘探生产管理平台上的作用十分重要,承担着规划编制、矿权储量管理、目标区带优选、探井井位论证、物探资料处理解释、实验分析等科研业务,其各类研究成果可指导勘探生产管理、影响勘探决策。以年度部署方案编制为例,勘探开发研究院规划所在接到勘探业务管理部门的任务后开始组织编制,勘探生产管理平台提供不同方案编制的标准模板,用户可以基于标准模板在线上进行文档编制,平台集成相关的数据、图标与成果图件及历史文档资料可方便地为用户提供查询。同时考虑比较特殊或复杂的无法在线上编制的文档,平台提供文档在线下编制完成后的上载功能(图7-20)。

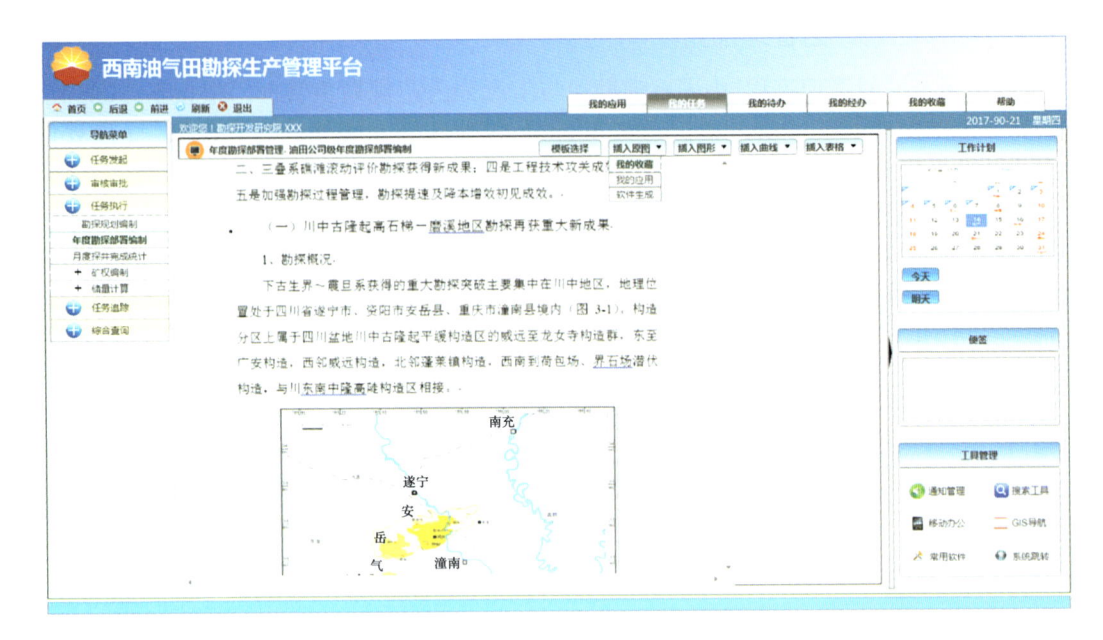

图 7-20　年度勘探部署编制应用场景

(六) 工程技术管理部门

在探井钻井施工过程中,工程技术管理与监督部门(工程技术处)需要对钻井施工过程进行监督管理。平台通过系统集成将钻前、钻井、试油、完井等施工动态以日月年报的形式推送给相关用户,同时还提供井场现场视频、综合录井仪(或钻参仪)采集到的各类钻井实时数据、钻井时效分析、事故或复杂情况详细说明等,方便用户对钻井施工过程进行跟踪管理(图 7-21)。

图 7-21　钻井施工作业监督管理应用场景

（七）油气矿

油气矿是支撑勘探生产管理业务的重要单位，承担着勘探规划计划编制、矿权资料更新、储量计算、辅助井位论证、实验分析等业务。以储量复算为例，在勘探生产管理平台的业务流程上，各油气矿接收到任务后，选择需要复算的区块，调取相应区块的基础数据、图件、成果资料，通过综合分析重新标定含气面积、气层厚度等核心参数，完成储量的复算任务（图7-22）。

图 7-22 储量复算应用场景

（八）工程技术服务公司

工程技术服务公司是指地震、钻前、钻井、录井、测井、试油等工程施工单位（乙方），对西南油气田而言，主要有川庆钻探公司、东方地球物理西南分公司、中油测井西南分公司等。相关的技术服务单位在工程实施过程中，可以通过勘探生产管理平台的授权，在第一时间将过程文档、成资料上传至平台，西南油气田用户即可以第一时间接收到相关的资料，及时把控项目进展、处理异常事件、变更工作计划（图7-23）。

五、应用成效

通过勘探生产管理平台的应用架构（图7-24）可以看出，该平台的建设进一步规范和优化了勘探生产管理业务，依托平台的整合集成功能及勘探生产动态信息及静态成果的集成应用，实现了勘探业务流程标准化流转与业务功能的灵活配置，满足了不同部门用户的不同应用场景需求，实现了甲方与乙方、科研与生产、现场与后方、管理者与执行者的一体化协同工作，达到了勘探生产数据完整应用、管理科研协同一体、生产指挥实时支撑的效果，从而提高了勘探生产管理效率，提升了用户在勘探生产关键业务节点的分析决策能力，最终达到提升勘探生产管理的整体效率与效益的目标。

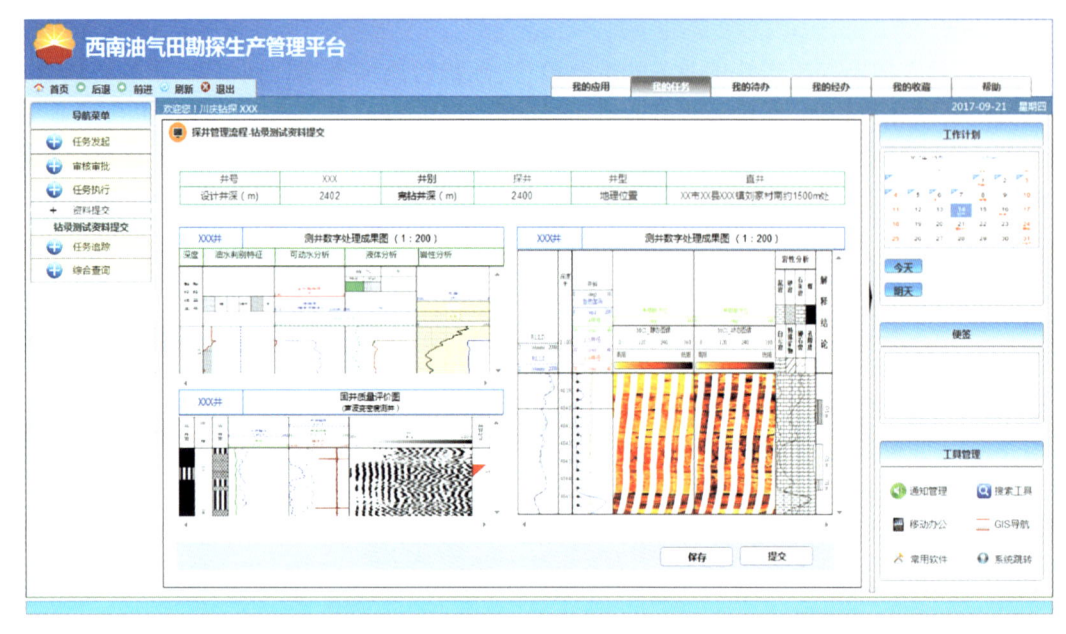

图 7-23 测井资料提交应用场景

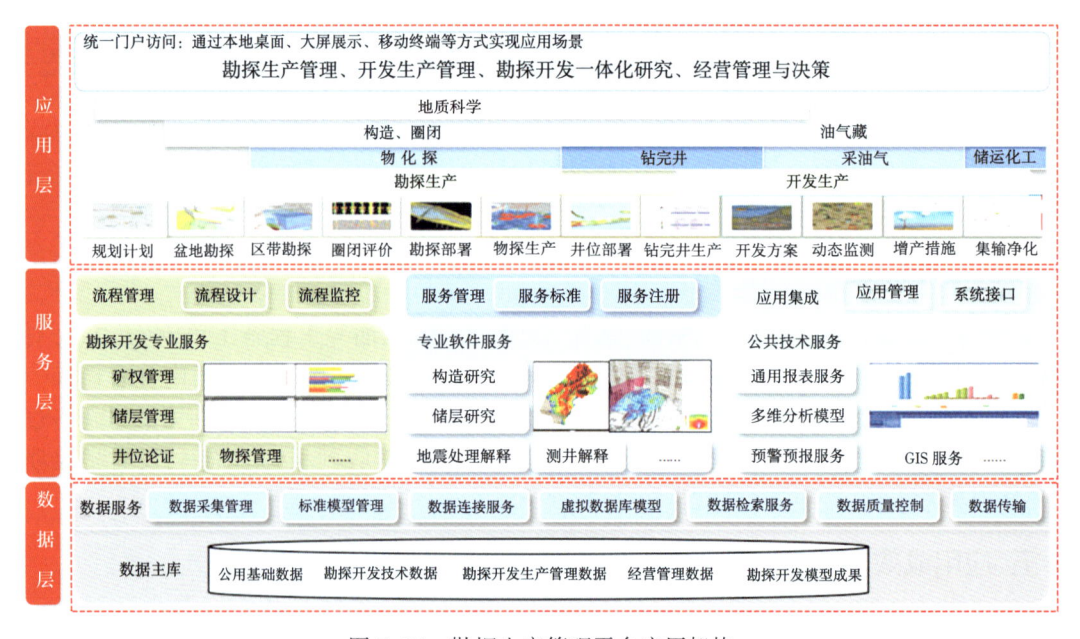

图 7-24 勘探生产管理平台应用架构

西南油气田勘探生产管理平台与开发生产管理平台、生产运行平台、科研支撑平台、经营管理平台、综合办公平台等共同组成数字化气田的整体应用技术体系,实现从工程施工、生产作业、地质研究到生产决策、指挥调度、经营决策全过程的科学管理与生产协同,最终实现油气勘探、开发、集输、净化、销售等业务的数字化全覆盖。

(一)为智能油气田建设打好基础

勘探生产管理平台的建设借助油气勘探的科学思维和知识体系,以勘探生产业务为驱动,运用先进的信息技术手段,支撑勘探专家进行全盆地的构造、储层、圈闭、油气藏的科学分析与识别,实现从生产作业、地质研究及勘探决策、生产运行及经营管理决策全过程的科学管理与生产协同,为将来智能油气田建设打好坚实基础。

(二)提高油气田勘探业务总体应用水平

勘探生产管理平台的建设实现对勘探生产业务的统一标准化管理,依托平台的整合集成功能,实现勘探业务流程标准化流转与业务功能的灵活配置,满足不同部门用户的不同应用场景需求,提高勘探生产管理效率,提升用户在勘探生产关键业务节点的分析决策能力,提升勘探生产的整体经济效益。

勘探生产管理平台实现勘探生产规划计划与项目管理应用、矿权与储量管理应用、物探生产与协调管理应用、井筒生产与协调管理应用4大部分6块业务应用的相互支撑与衔接。以勘探生产规划计划及项目管理为主线,实现勘探生产项目计划与物探生产、探井生产具体执行的闭环管理,满足前后方勘探生产管理协同、工程与地质一体化应用协同、甲乙方信息共享应用的目标。

(三)实现勘探生产数据资产一体化管理与应用

勘探生产管理平台建设以勘探生产管理及科学研究专业应用为需求,遵从基础资源共享建设方针,提出数据汇交规范标准、资源集成整合建议等,统一物探、钻井、录井、测井、试油、井下作业等数据标准规范,促使勘探生产相关的源头数据、研究成果、应用软件等进行规范化管理和应用。

(四)提升勘探生产管理全方位协同管理水平

勘探生产管理需要涉及现场作业的生产成果及施工过程信息,通过标准的系统接口和技术规范,按照数据流与业务流程相结合的应用模式,实现跨板块业务数据协同应用,在统一平台环境下,实现技术方案流转、任务上传下达、生产动态管理、成果资料验收等网络化运行。实现甲方与乙方、科研与生产、现场与后方的协同工作。

(五)实现勘探生产管理智能定制和推送应用

勘探生产管理平台整合现有统建自建项目的相应系统功能和重点应用,满足勘探生产整体专业应用需求,通过业务流程管理实现勘探生产管理的业务协同。按照不同层级勘探生产及管理人员的需要,结合勘探业务标准流程和应用场景,快速定制相关专业应用。在此基础上,可按照用户的使用频率,根据不同用户的喜好,自定义和推送用户所感兴趣的应用组合,以满足勘探人员快速开展相关业务应用的需要。

(六)全面支撑勘探开发生产一体化研究协同应用

勘探开发生产应用很多任务从研究对象、使用软件、数据流转、工作模式等都有很大的相似度和共享性,勘探生产管理平台与开发生产管理平台在建设过程中相互参考,逐步实现业务

数字化气田建设

对接和流程融合,结合勘探开发项目研究环境的建设,将实现业务成果共享、数据源统一、技术平台趋近、软硬件公用的目标(图7-25)。

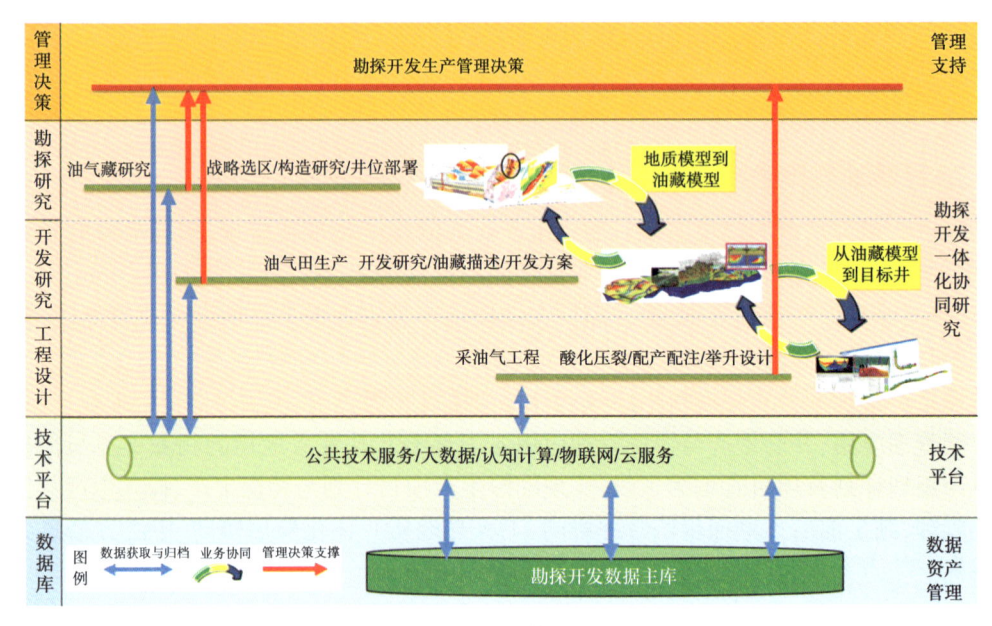

图 7-25　勘探开发生产一体化协同与应用场景

勘探生产管理平台和开发生产管理平台及协同研究平台等需要整体设计,充分体现一体化勘探开发协同工作,实现数据流、软件流、业务流的完整通畅,满足油气勘探开发众多业务过程中数据、成果有效继承和传递的良性循环,切实提高过程管理水平以及研究、决策的精度和效率。

第二节　物探工程生产运行管理

一、物探工程生产运行管理业务需求

在石油天然气勘探过程中,地球物理勘探是一项非常重要的技术,是发现地下油气藏的重要手段。

目前,地球物理勘探业务管理方面主要面临如下挑战:随着物探技术、软件以及装备的不断发展,以及勘探难度的不断加大,高分辨、多次覆盖、大面积的 3D 等手段已成常态化,由此带来物探工作量剧增,数据量剧增,如果对物探生产动态无法及时掌握,项目质量无法及时准确监控,管理工作效率不高,将直接影响勘探管理与决策水平。

为适应物探技术的快速发展及业务的不断扩充,提高物探项目管理水平,西南油气田依托中国石油统建的 A1 系统,建立了一套集地球物理勘探采集、处理、解释项目管理为一体的物探工程生产运行管理系统,该系统可满足如下管理需求:

业务上,物探工程生产运行管理包括陆地地震、综合物化探和井中(微)地震等业务,涵盖

项目部署、采集、处理、解释、项目验收等生产管理全过程。

功能上，物探工程生产运行管理应满足西南油气田勘探管理部门和勘探项目管理单位及时掌握生产情况，监控项目质量，达到物探项目精细化管理的需求，从设备、物资和人员的动态管理，实现资源优化配置。物探工程生产运行应满足为各级人员提供技术支持平台，提升技术服务能力，从技术、时效、成本、质量等方面对物探工程生产运行管理的数据进行综合分析利用。

技术上，物探工程生产运行管理遵循中国石油集团整体规划的建设思路，物探工程生产运行管理建设采用多层架构设计，基于 ePlanet 平台，使用平台提供的 SOA 框架、基础组件和技术组件，在平台基础上设计各种业务组件，并通过服务总线与其他系统进行交互。

如图 7-26 所示为物探工程生产运行管理系统技术架构图。

图 7-26　物探工程生产运行管理系统技术架构图

二、物探工程生产运行管理功能设计

物探工程生产运行管理系统包括数据采集和数据管理应用两个应用子系统，提供采集、处理、解释 3 大业务的管理功能。系统功能架构图如图 7-27 所示。

其中，数据采集子系统包含陆地地震、井中微地震、综合物化探的采集、处理、解释等物探工程施工数据的采集功能；数据管理应用子系统包括生产和质量数据综合查看、GIS 导航、生产报表、综合分析、全文检索、文档管理等功能。系统使用 ePlanet 平台提供身份认证、权限管理、基础数据设置等系统配置功能。各部分的功能如图 7-28 所示。

各业务模块需要依赖系统配置子系统提供的基础数据才可以运行；数据采集子系统内，数据导入功能从文档上载功能里获取文档，文档上载功能依赖项目立项功能获取项目文档的存放位置；数据管理应用子系统内，生产报表、综合分析、地图导航、全文检索依赖生产运行和质量控制功能，获取项目的生产数据和展示功能，见表 7-1。

图 7-27 物探工程生产运行管理系统功能架构图

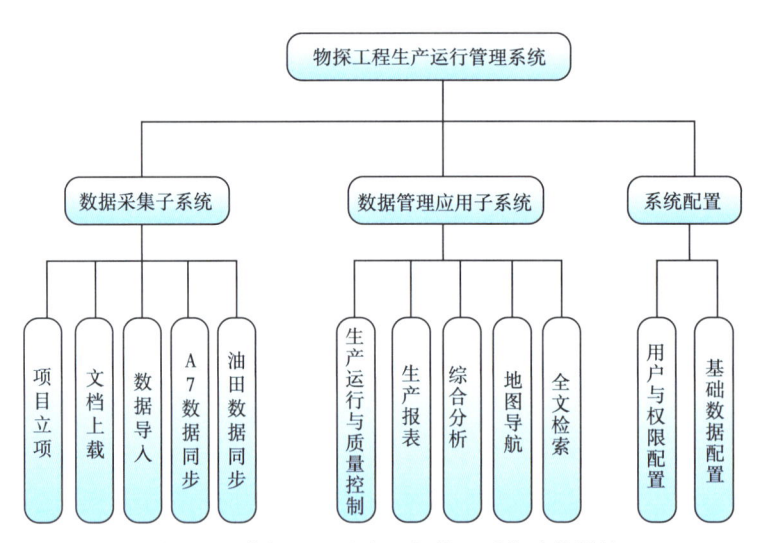

图 7-28 物探工程生产运行管理系统功能模块

表 7-1 物探工程生产运行管理系统功能模块列表

序号	子系统	模块	描述
1	数据采集子系统	项目立项	提供建立项目信息的功能,包括项目主信息建立、项目ID生成、项目文档目录建立
2	数据采集子系统	文档上载	提供项目相关文档上传的功能,并维护文档的上传日期和处理状态
3	数据采集子系统	数据导入	提供从项目相关的文档提取数据并保存到数据库的功能
4	数据采集子系统	A7 数据同步	提供从 A7 数据库读取数据到系统,及数据的审核和发布的功能

续表

序号	子系统	模块	描述
5	数据采集子系统	油气田数据同步	提供在中国石油总部和油气田公司之间传输数据的功能
6	数据管理应用子系统	生产运行与质量控制	提供项目生产运行和质量控制业务环节数据查看以及项目运行情况综合统计的功能
7	数据管理应用子系统	生产报表	提供生产周报、月报、年报的提取、上报、审核、汇总的功能
8	数据管理应用子系统	综合分析	提供对项目的技术、质量、时效、成本等数据的综合、自定义分析、汇总的功能
9	数据管理应用子系统	地图导航	以GIS的形式提供油气田盆地勘探程度图的查看和项目导航功能
10	数据管理应用子系统	全文检索	提供对系统中的文档和结构化数据的全文检索的功能
11	系统配置功能	用户与权限配置	提供系统的认证、授权、操作日志记录等功能
12	系统配置功能	基础数据配置	提供基础数据配置功能,包括组织机构、自动等数据

(一) 数据采集子系统

数据采集子系统实现地震采集、地震处理、地震解释、综合物化探、井中(微)地震业务数据录入。数据采集子系统包含的功能如图7-29所示。

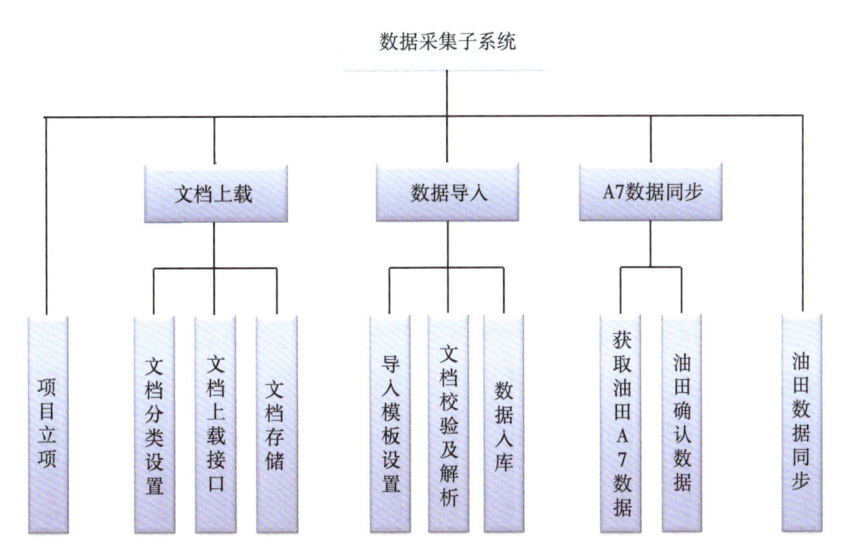

图7-29 数据采集子系统功能模块

1. 项目立项

包括基本信息与地质指标的录入;实现项目的建立、查询等功能,如图7-30所示。

2. 文档分类设置

指自定义文档分类的功能,把所有的文档组织成树形结构,类似于操作系统中的文件夹管理。其他功能需要存储文档时,各自建立对应的文档分类,在一定范围内允许用户自定义所管理的文档的分类。

图 7-30　项目信息填报

3. 文档上载接口

指统一的文档上载 API 和界面，各模块可以调用该 API 和界面，如果有个性化需求，可以自定义界面，API 可以复用。

4. 文档存储

指用户上传的文档，文档存储功能从 HTTP 请求里提取文档的元数据和内容数据，分别存储到对应的位置。

5. 导入模板设置

指系统提供从 Excel 导入数据的功能，用户从系统里下载预定义的模板文档，在文档里填入项目数据，上载文档到系统。

6. 文档验证与解析

指从文档上载功能里读取项目的文档，系统进行验证与解析功能。

7. 数据入库

数据入库程序接收结构化的数据和附图，作为一条完整的业务数据，保存到业务模块的数据库表和对应的文档目录。

8. 获取 A7 数据

系统在数据库层级从 A7 获取数据。由于数据库表结构不一致，需要进行转换。每一种类型的数据获取都包括抽取、转换和存储过程，这三个过程形成一个完整的同步规则。可以配置每一个规则的运行时间和频次，实现数据同步的及时性（图 7-31）。

图 7-31　数据运行示意图

9. 油气田确认数据

从 A7 获取的数据,不能直接提供给业务功能使用,需要经过油气田公司相关用户的确认。A7 数据首先进入到物探系统的临时数据表,指定的用户可以查看数据并进行数据的确认,确认后数据进入到物探系统的正式数据表,可以提供给业务功能使用(图 7-32)。

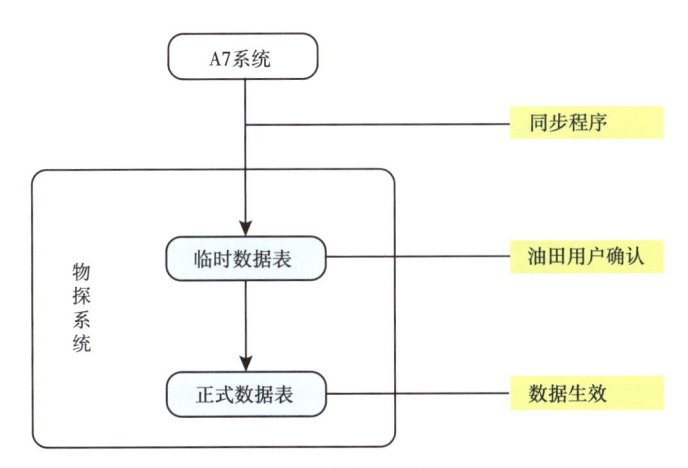

图 7-32　数据确认流程示意图

10. 油气田数据同步

指把数据从油气田数据库同步到中国石油总部数据库的功能。

(二) 数据管理应用子系统

数据管理应用子系统实现生产运行、生产报表、综合分析、文档管理、标准规范通知公告等功能。数据管理与应用子系统包含的功能如图 7-33 所示。

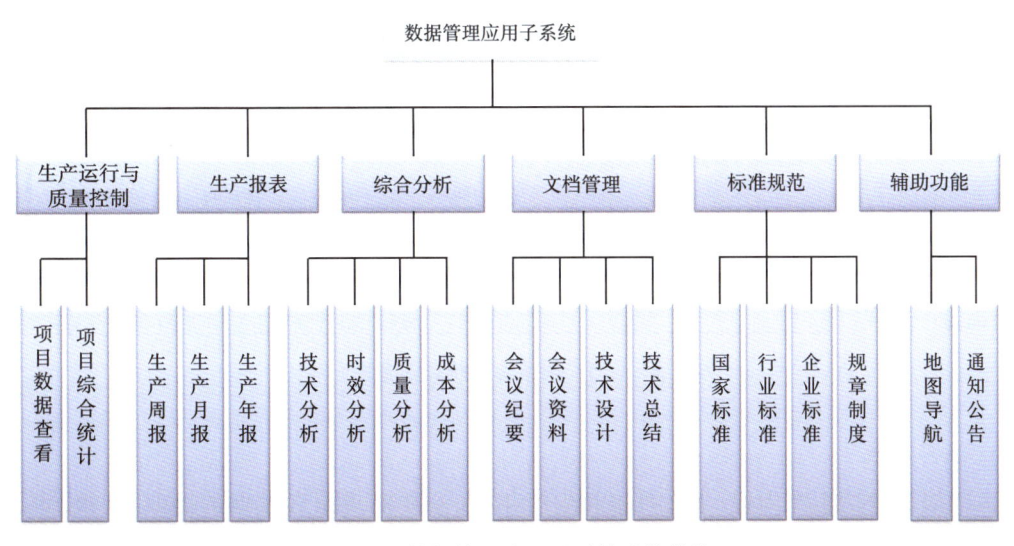

图 7-33　数据管理应用子系统功能模块

1. 项目数据查看

主要实现项目导航功能,可以定位到具体的项目,按照地震采集数据、地震处理数据、地震解释数据、井中微地震数据、综合物化探数据类型分类,提供单个具体项目的数据查看功能。导航结构依次为"油气田→盆地→项目→项目运行环节→运行环节数据"。运行环节分为生产运行环节和质量控制环节,如图7-34所示。

图7-34 项目导航界面示意图

2. 项目综合统计

主要实现中国石油总部和油田级公司所有项目及各分类项目的项目个数、工作量数据的统计功能,以图形和表格形式展示,如图7-35所示。

图7-35 项目综合统计示意图

3. 生产报表

生产报表包括生产周报、生产月报和生产年报,主要实现报表数据的提取、上报、审核、汇总等功能,如图7-36所示。

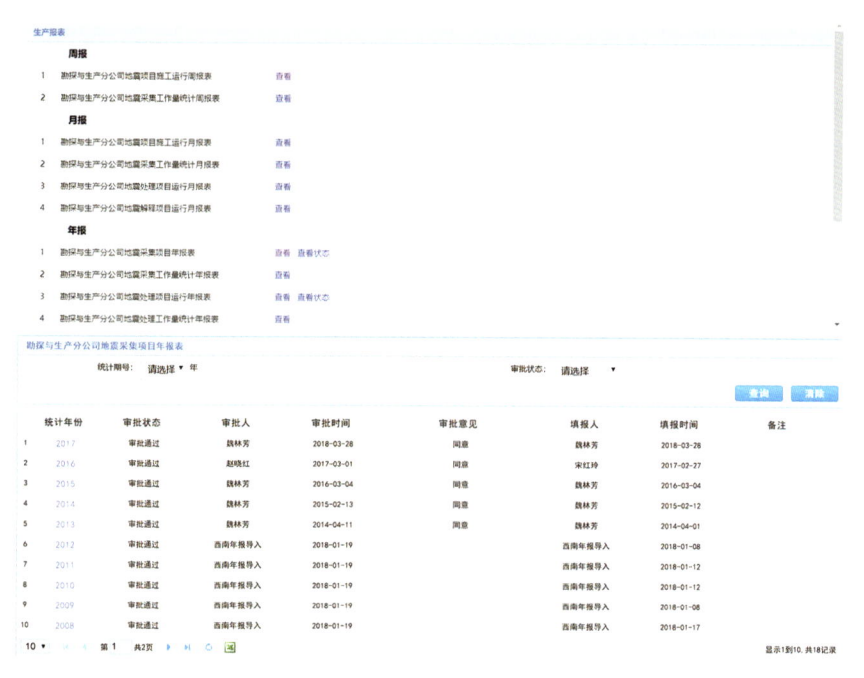

图 7-36　生产报表功能示意图

4. 综合分析

综合分析按照地震采集、地震处理、地震解释、井中微地震、综合物化探等类型,主要实现技术分析、时效分析、成本分析和质量分析,如图 7-37 所示。

图 7-37　综合分析功能示意图

5. 文档管理

文档管理主要实现会议纪要、会议资料、技术总结和技术设计等类型文档的在线浏览、下载等功能，如图 7-38 所示。

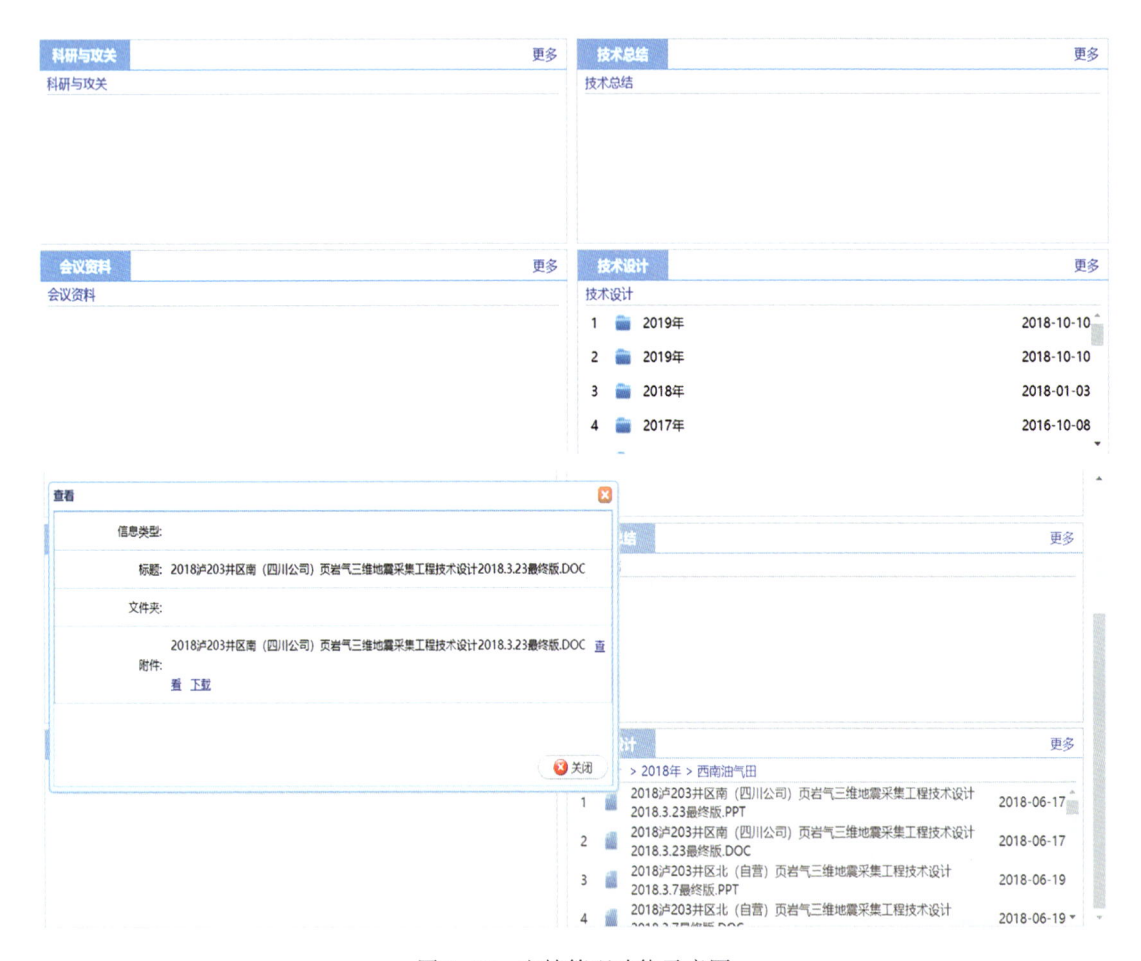

图 7-38 文档管理功能示意图

6. 标准规范

标准规范主要实现企业标准、规范规定、国家标准和行业标准等标准类型文档的在线浏览、下载等功能，如图 7-39 所示。

7. 地图导航

地图导航功能以地质构造图、影像图等为底图，在此基础上展示油气田的探区、工区、项目分布图层，实现空间数据的可视化操作，如图 7-40 所示。

8. 通知公告

通知公告主要实现下载查看用户手册，发送、接收信息，发布公告和公告列表等功能，如图 7-41 所示。

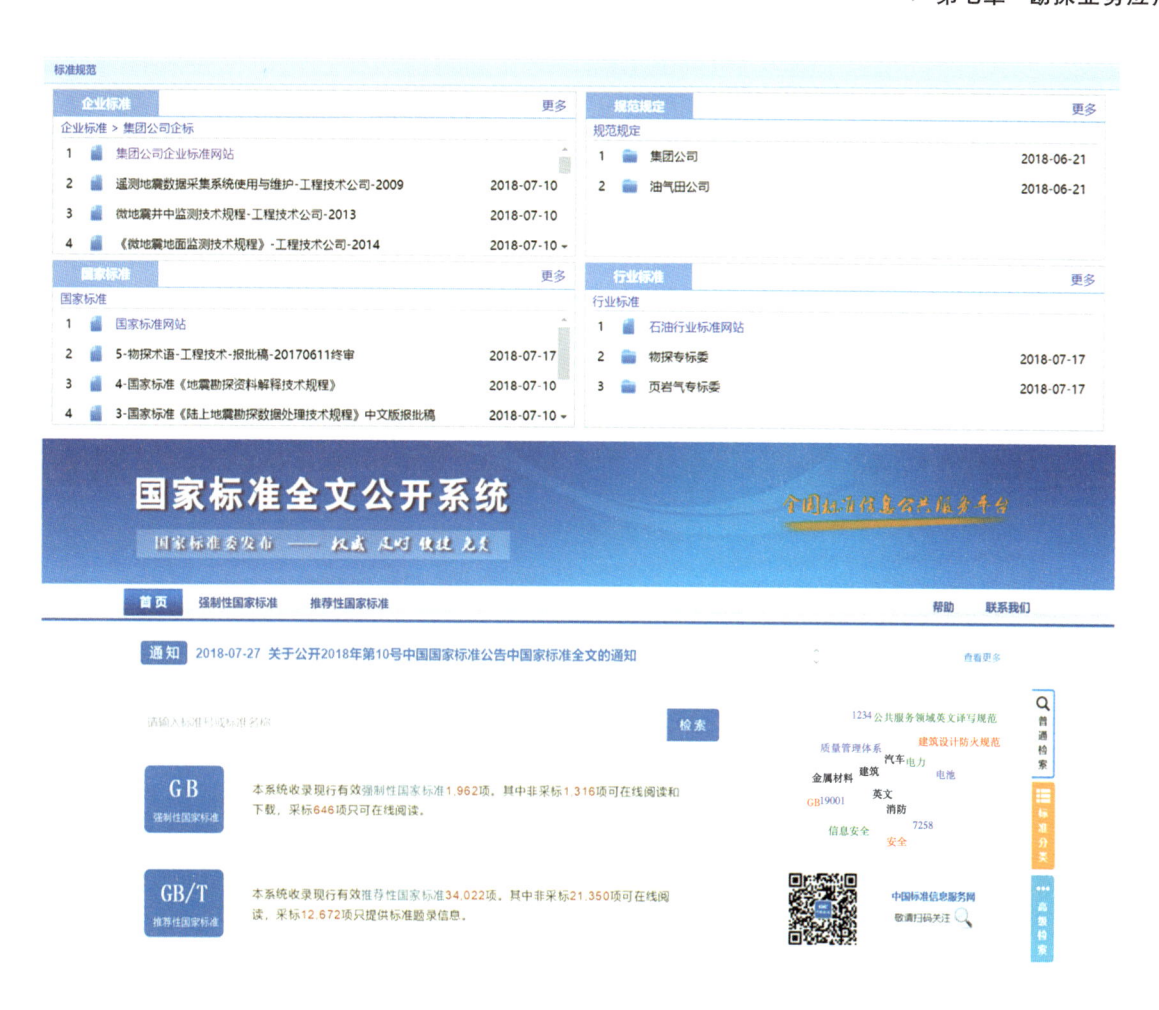

图 7-39　标准规范功能示意图

图 7-40　地图导航功能示意图

图 7-41　通知公告功能示意图

三、应用成效

物探工程生产运行系统建立了物探业务流程标准化流转与线上业务一体化管理模式,实现了地震采集、处理、解释从项目立项、技术设计、施工验收到成果归档的全过程管理,提高了物探生产业务效率,提高了物探业务管理部门及项目执行单位在物探生产关键业务节点的分析决策能力,提升了物探生产的整体业务管理水平。

(1) 物探工程生产动态及时掌握。通过系统日报自动生成生产周报、生产月报、生产年报,实现了报表数据的提取、上报、审核、汇总等功能,达到了加强物探技术信息管理,及时掌握物探工程生产动态的目的。

(2) 物探项目全生命周期管理。通过对物探采集、处理、解释各项目的项目立项、技术设计、施工设计、施工准备、试验工作、开工验收、现场施工、现场监督、竣工验收整个项目全过程进行信息化管理,达到及时监控项目质量,实现对物探项目的精细化管理的目的。从设备、物资和人员的动态管理,实现资源优化配置。

(3) 物探工程全过程数据综合分析。通过对物探采集、处理、解释项目信息数据分别从技术、时效、成本、质量等数据维度抽取数据进行常规分析、自定义分析及历史分析,实现了数据分析灵活多样及数据问题的及时掌握反馈,达到提高管理工作效率、提升技术服务能力的目的。

参 考 文 献

[1] 何东溯,罗涛,任晓翠,等.油气勘探生产一体化协同管理平台架构研究与设计[A].见:中国石油企业协会编.第四届全国石油石化行业信息化创新发展论坛论文集[C].北京:石油工业出版社,2018(5),1130-1136.

[2] 刘学军,周燕,陈文,等.油气田勘探生产流程管理信息化建设研究[J].中国管理信息化,2019(19):67-70.

第八章 开发业务应用

开发生产管理业务应用,覆盖了西南油气田开发生产的核心业务领域,包括开发规划计划、产能建设、油气藏工程、采油气工艺、油气集输、天然气净化等。通过开发生产业务领域的数字化气田建设和应用,打通了开发生产管理全流程业务链,使开发方案、气田年度开发部署、开发井产能建设、配产与产量管理、气田动态分析、气田监测管理、井下作业、集输系统监测与维护、净炼化系统监测与维护之间能够高效业务流转,有力支撑了油气田的开发生产业务高效开展和合规管理。

(1)在规划计划管理方面,以气田年度开发部署、开发方案管理为核心,数字化气田建设与应用支撑了任务下达、方案编制、方案提交、审核审批、成果归档、后评价等业务的开展。

(2)在产能建设管理方面,围绕开发井产能建设与地面工程建设,数字化气田建设与应用支撑了开发井部署、井位论证、地质与工程设计、钻录测作业、试油定产、完井交接投产整个产能建设过程管理以及地面工程项目与施工动态管理、地面辅助运行管理等。

(3)在油气藏工程管理方面,以配产与产量管理、气田动态分析、气田监测管理为核心,数字化气田建设与应用支撑了包括产能核定、年度配产、月度配产、油气水井产量跟踪、地质单元与组织机构产量跟踪、气藏监测计划及作业跟踪等油气藏工程管理的各项业务。

(4)在采气工艺管理方面,以完井管理、采油管理、采气管理、井下作业管理、工艺技术管理为主,数字化气田建设与应用支撑了包括采气设备管理、完井方式管理、采油气设计委托与审批、开工验收申请、开工检查验收、施工动态、施工总结等业务环节。

(5)在天然气集输处理方面,以设备及生产管理为核心,数字化气田建设与应用支撑了包括管线基础信息与站场设备台账管理、集输处理动态管理、地面设备设施维护维修管理、集输处理生产风险与隐患管理等业务。

(6)在净炼化系统监测维护管理方面,围绕工艺变更与检维修流程管理,数字化气田建设与应用支撑了净炼化生产动态、净炼化设备管理等净炼化管理核心业务。

在开发生产管理领域,数字化气田建设和应用,是基于中国石油统一建设的油气水井生产数据管理系统(A2)、采油气与地面生产运行管理系统(A5),持续推进数据资源建设和应用,扩展作业区数字化管理平台、物联网系统等相关油气田自主系统的建设和应用,再通过开发生产管理平台进行数据整合和应用集成,并借助于业务流程管理技术实现开发生产管理的流程化支撑。

第一节 开发生产业务管理

一、开发生产业务流程化管理

(一)业务需求

油气田开发生产管理包括开发规划计划、产能建设、油气藏工程、采油气工艺、油气集输、天然气净化业务管理等,然而已建系统均未实现气田开发生产全过程的管理,并且在实际应用支撑上也未实现业务协同与专业技术支撑。因此开发生产管理业务最急迫需求是协同工作和专业技术应用管理。

协同工作是开发生产管理的核心理念,通过对企业内外部资源和生产要素的聚合、集成、配置与优化,改变开发生产业务领域长期以来形成的"单兵作战"工作模式、条块分割的管理思维,有利于促进传统生产组织与营运方式的变革。协同工作是开发生产业务管理的核心业务需求。

开发生产专业技术应用管理需求具体包括年度开发部署管理、开发方案管理、开发井产能建设管理、配产与产量管理、气田动态分析管理、气田监测管理、井下作业管理、集输系统监测与维护、净炼化系统监测与维护九个方面。

(二) 功能设计

开发生产管理平台是以 SOA 为架构基础,集成 BPM、专业软件、GIS 及专业应用服务等,并提供全文检索、报表、数据查询等通用功能,实现年度开发部署、开发方案、开发井产能建设、地面产能建设、配产与产量管理、气田动态分析、气田动态监测、井下作业、集输系统监测与维护、净炼化系统监测与维护 10 大业务流程化管理支撑(图 8-1)[1]。

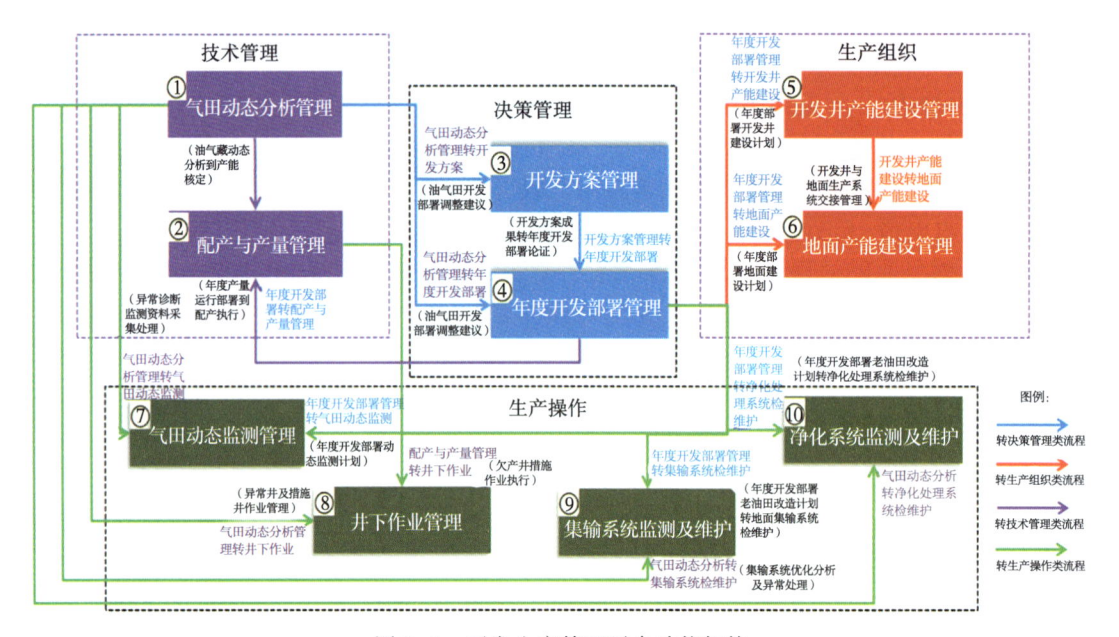

图 8-1 开发生产管理平台功能架构

1. 年度开发部署管理

年度开发部署,是确定年度生产指标、工作量及投资的决策性开发生产核心业务。年度开发部署管理工作,包括了油气田开发生产管理的年度开发部署的编制、审核、发布及归档管理。年度开发部署包括年度开发部署任务下达、各类生产计划、产能建设计划及维修措施计划的编制、年度开发部署成果审核及归档等一系列业务活动的应用,如图 8-2 所示。

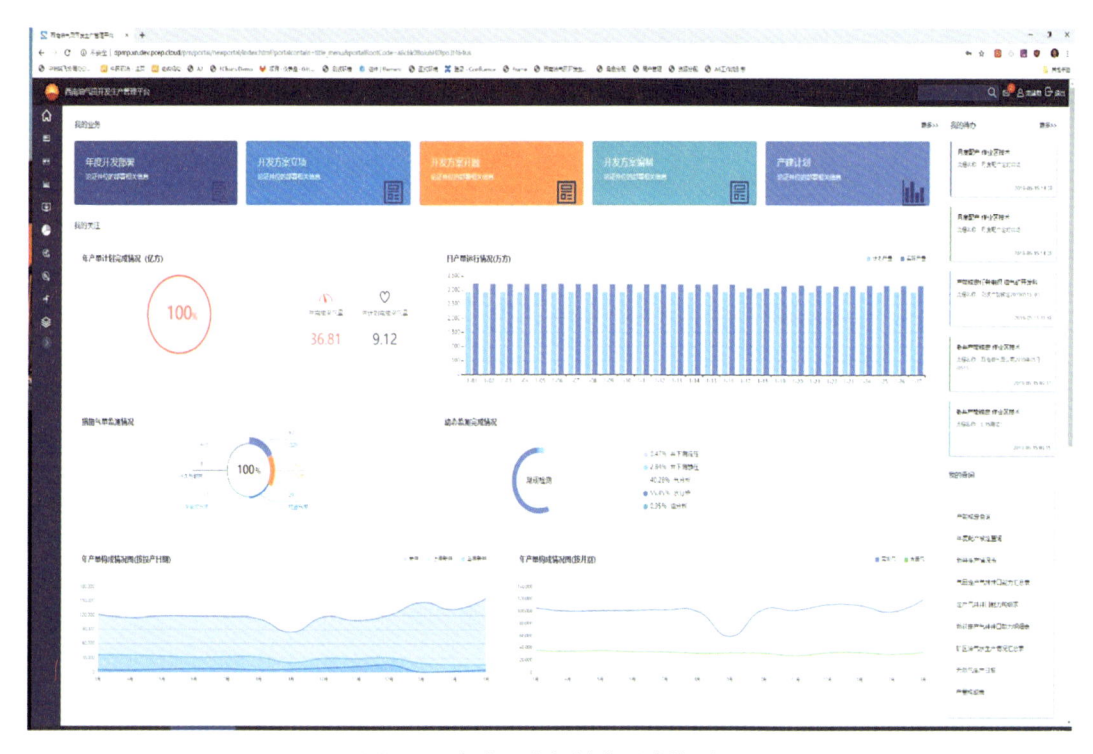

图 8-2 年度开发部署典型功能页面

2. 开发方案管理

开发方案,包括新区开发及老区调整开发的油气藏工程方案、钻采工程方案、地面工程方案、经济评价方案及其他的专项方案、滚动开发评价部署方案等。开发方案管理业务涉及公司领导、规划计划处、气田开发管理部、勘探开发研究院、工程技术研究院、油气矿分管领导、油气矿开发科、油气矿地质所(工艺所)等相关部门岗位。

开发方案管理包括开发方案立项建议编制任务下达、开发方案项目立项建议编制、立项建议编制审批、开发方案编制任务下达、开发方案开题设计、开题设计审批、开发方案编制(油气藏工程方案、钻采工程方案、地面工程方案、经济评价方案)、开发方案汇总、开发方案多级审核、开发方案批复通知下发、开发方案成果归档、开发方案效果运行总结等主要业务活动的应用,如图 8-3 所示。

3. 开发井产能建设管理

开发井产能建设管理应用功能包括下达计划、井位部署、钻前动态、钻井地质设计、钻井地质设计审核、试油地质设计、试油地质设计审核、钻井施工动态管理、录井施工动态管理、测井施工动态管理、试油施工动态管理、开发井产能建设成果归档、开发井交接等,如图 8-4 所示。

4. 地面建设管理

地面产能建设的流程管理主要包括集输净化地面建设的前期开工管理、工期设计、施工过程管理、投产试运行管理及最终的竣工验收管理。

图 8-3 开发方案管理典型功能页面

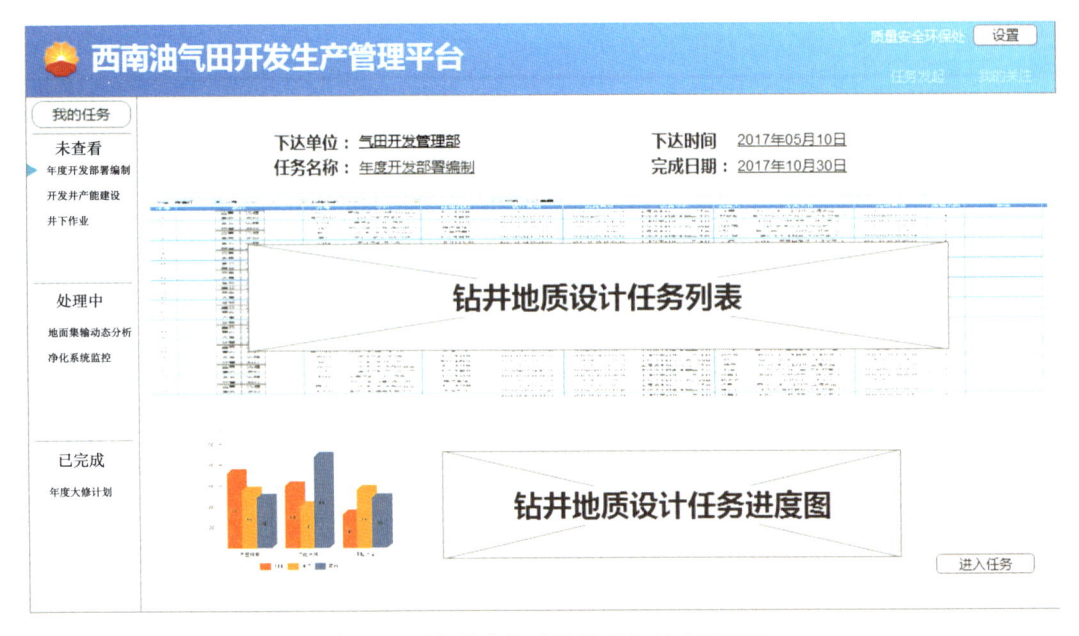

图 8-4 开发井产能建设管理典型功能页面

5. 配产与产量管理

配产与产量管理业务主要包括新老井产能核定业务、公司年度配产、油气矿年度配产、单井年度配产、作业区年度配产、单井月度配产业务,以及超欠产量预警及问题井分析处理和效果跟踪管理业务。

配产与产量管理包括下达(接收)年度气井井口产能核定任务、组织年度气井井口产能核定、已开发气田老井生产能力核定、当年新井新建生产能力核定、产能标定成果审核、公司年度配产、油气矿年度配产、气井年度配产、作业区年度配产、年度配产审核、气井月度配产、气井月度配产审核等主要业务活动的功能应用,如图8-5所示。

图8-5 配产与产量管理典型功能页面

6. 气田动态分析管理

气田动态分析是指作业区级日常生产动态分析、气矿级生产动态分析、公司级动态分析等三个业务层级,从时间维度分别为生产日跟踪、生产周分析、生产月总结,包括单井产量压力及开关井日跟踪、单井超欠产日分析、单井生产异常变化日分析、气藏产量及开井日跟踪、气藏产量变化周分析、月度产量计划执行分析等,如图8-6所示。

图8-6 气田动态分析管理典型功能页面

7. 气田动态监测管理

气田动态监测是油气田开发生产过程中一项持续、长期的系统工作，贯穿于油气田开发的整个生命历程。科学地搞好气藏动态监测、动态分析，才能不断加深对气藏、气井开采特征、开发规律和开发潜力的认识，为新区上产和老区稳产相关开发措施的制定提供科学依据。气田监测涵盖试井、生产测井、工程测井、测液面、地面测试及连续油管测试等业务内容。气田监测管理，包括从气田监测计划下达，到监测方案编写、监测施工过程监控、监测资料处理解释到监测资料成果归档的业务全过程管理。

气田监测业务流程化管理，包括动态监测月度计划管理、动态监测地质方案管理、动态监测工艺方案管理、油气矿审核动态监测方案、西南油气田总部审核动态监测方案、监测施工动态跟踪、监测原始资料管理、开发科审核监测原始资料、监测成果管理、开发科审核监测成果等主要业务活动的功能应用，如图8-7所示。

图8-7 气田监测管理典型功能页面

按照西南油气田开发动态监测管理办法的要求，实现从动态监测计划上报、审核到常规、专项数据采集管理、综合应用的闭环管理流程，如图8-8所示。实现动态监测数据及相关解释成果的规范化管理，提升动态监测日常管理效率。

如图8-9所示，为动态监测管理从计划下达、计划审核管理到动态监测数据及成果采集以及跟踪管理的流程。

如图8-10所示，动态监测闭环管理包括动态监测计划上报、专项数据采集管理、成果审核及上报、监测情况管理及跟踪分析的闭环管理流程。

西南油气田公司动态监测管理办法　　气田开发动态监测闭环管理

图8-8　动态监测管理

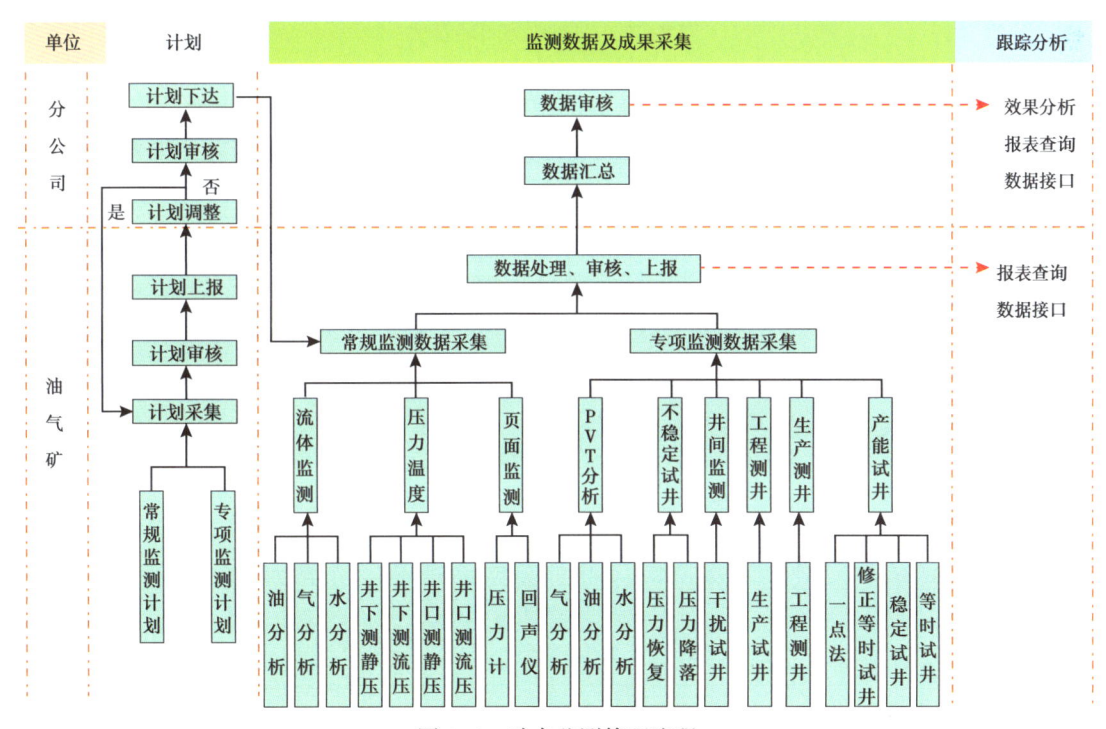

图8-9　动态监测管理流程

8. 井下作业管理

油气水井的井下作业,包括大修作业(更换管柱、酸化、加砂压裂、老井回采、回注井修井、电潜泵、螺杆泵、气举、柱塞气举、机抽、其他排水采气、检泵检阀)、小修作业(投捞式气举阀维护、柱塞气举维护、车载式气举、泡排、油管射孔、井下节流、生产井解堵、回注井解堵、回注井试注、环空注氮气、注缓蚀剂等)及隐患治理维护(暂闭、永久性封井、一类井口整改、二类井口整改)等。

数字化气田建设

动态监测计划管理　　动态监测闭环管理　　监测成果采集

监测情况管理及跟踪分析　　成果审核及上报

图8-10　动态监测闭环管理

井下作业管理包括作业施工计划的下达、地质工程及工艺方案的设计审批，甲乙方作业队伍的管理、作业过程的监控管理及作业完工后的交井及完井资料审批归档等主要业务活动的应用，如图8-11所示。

图8-11　井下作业管理典型功能页面

9. 集输系统监测与维护管理

油气集输系统监测与维护管理主要包括地面集输动态监测、地面集输动态分析、项目建议计划、审查审核、项目计划下达、设计与概算编制、项目管理、完工交接等业务活动的应用。

— 168 —

10. 净化处理系统监测与维护管理

天然气净化处理业务包括天然气净化和轻烃处理两大业务。净化处理系统监测与维护管理主要包括工艺变更申请、审查、执行、检维修立项申请、审查、审批、检维修计划制定、大修方案编制、施工作业等,如图8-12所示。

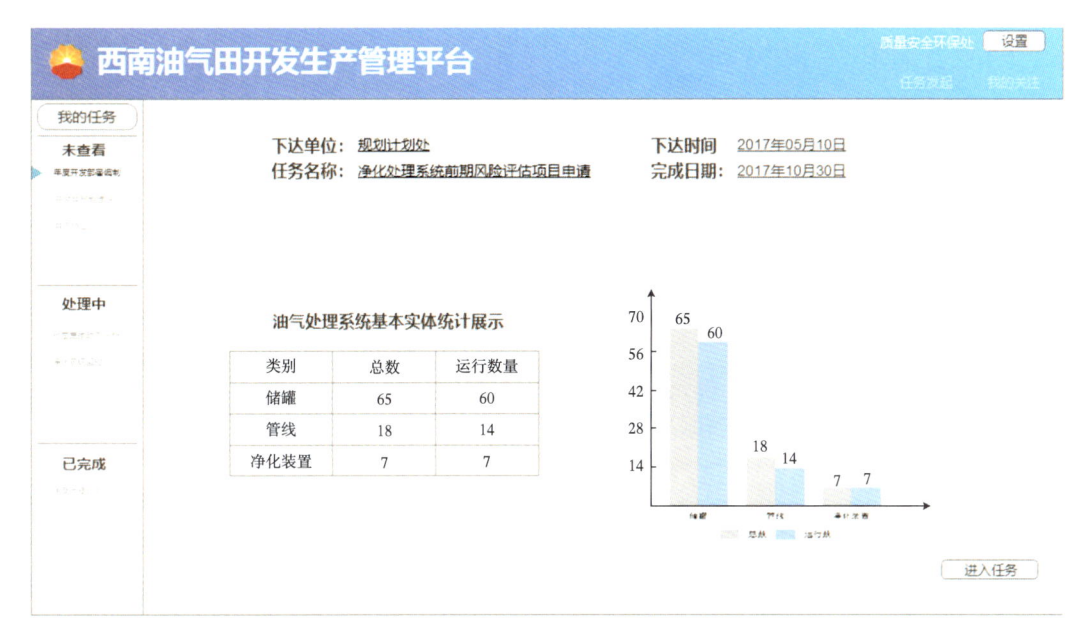

图8-12 净化处理系统监测与维护管理典型功能页面

(三) 应用成效

开发生产管理平台建设与应用,以中国石油《天然气开发管理纲要》和西南油气田开发生产管理需求为"业务主导",整合开发生产各领域业务数据、固化开发方案、年度部署、产能建设、配产与产量等业务管理流程,促成开发生产各项业务工作高效协同,从而实现"数据资源化共享、业务流程化管理、工作平台化协同、决策智能化支撑"的数字化管理新型模式。具体表现为:

(1)业务流程固化到平台上,推动开发生产业务协同高效、管理合规、执行留痕。使内控管理内容、管理制度上的流程装配到平台上,业务自动流转、自动保存操作人、操作时间记录等内容,管理更加贴合规定,同时有据可查。

(2)平台贯通开发生产三个管理层级,促进技术管理向生产现场延伸、推动生产组织优化。通过流程控制与权限配置,使高层管理者随时掌握不同层级工作进度与状态,使业务向基层延伸,使技术管理向基层延伸。

(3)业务管理从"线下"到"线上",促进工作高效协作,简化业务管理过程。使传统在线下需要反复进行多轮次沟通审查的业务通过开发生产管理平台进行消息推送、待办提醒等在线上进行审查,只在关键节点进行线下会议审查,一方面使业务人员及时、便捷地开展业务工作,加快业务流转,提高业务协同效率;另一方面使业务管理者随时掌握业务开展进度,管理协调更加简单、容易。

(4)数据整合集成保证了业务信息的全面、一致,各业务环节管理与决策更加精准。平台对开发生产数据进行集成整合,支撑业务工作的数据基础更加全面、敦实,促进业务工作质量提高、管理决策更具目的性与准确性。

二、油气水井产量与生产管理

(一)业务需求

油气水井产量数据,是生产管理过程中最核心的数据,为油气田产量跟踪分析预测、计划制定、生产运行指挥调度提供跟踪基础和依据,因此对油气水井生产数据管理极为重要。另外,动态监测是油气田开发生产过程中一项持续、长期的系统工作,贯穿于油气田开发的整个生命历程。科学地搞好气藏动态监测,才能不断加深对气藏、气井开采特征、开发规律和开发潜力的认识,为新区上产和老区稳产相关开发措施的制定提供科学依据。

(二)功能设计

油气水生产数据管理系统(A2),从软件功能角度分为数据采集、数据处理、数据应用、数据导出四类功能,从用户覆盖上,包括了作业区、油气矿、分公司等整个油气田产量管理的各个业务层级(图8-13)。

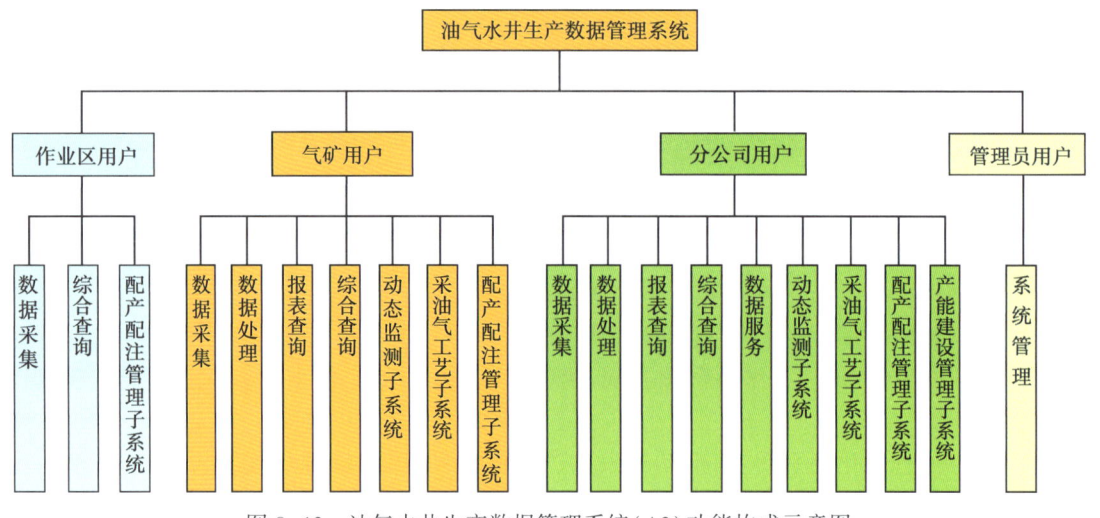

图8-13 油气水井生产数据管理系统(A2)功能构成示意图

油气产量管理,按管理层级分为作业区查询处理、油气矿查询处理、西南油气田总部查询处理三类功能,能够自动生成油气产量日报、周报、月报、年报。

(三)应用成效

通过油气水井生产数据管理系统(A2)推广及深化应用,实现了以产量为核心的相关数据的采集、传输、存储、处理、审核及综合应用,完成1957年至今5大油气矿34个采气作业区3343口井生产数据整理入库,实现了西南油气田天然气生产数据全部有形化管理,有效支撑了西南油气田勘探开发生产管理与科学研究工作。实现工作模式的转变(由80%时间找数据,20%时间做技术管理决策转变为20%时间找数据,80%时间做技术管理决策),从而提升了开发生产管理的效率和水平,加速油气生产效益最大化的过程。

三、采油气与地面工程运行管理

(一) 业务需求

产能建设管理与生产过程管理是气田开发生产的两块内容,而地面工程建设与采油气工艺管理又为其中比较庞杂的业务内容,包括地面工程建设项目前期管理、地面工程建设管理、场站基础台账管理、地面辅助运行管理、采油气工艺管理、工艺指标统计、井下作业、措施统计、生产方式统计等业务内容。为了对地面工程建设及采油气工艺信息进行全面、及时、有效管理,支撑地面工程建设项目管理、地面生产运行管理及采油气工艺管理,需要建成一套采油气与地面工程管理系统,从而有效提高技术人员、管理人员生产管理水平,为快速推进项目建设、时刻掌握生产运行情况奠定基础。

1. 采气工程业务总体需求

以采气井为管理单元,实现采气井的生产管理,建立单井数据库,支持采气工程规划、采气工程方案、采气设备计划、井下作业工作量计划、作业装备计划、采气井防护计划的编制;用信息化手段支撑优化采气井排水采气工艺、措施工艺;优选采气井的设备、工具、药剂、材料;分析采气井工况;跟踪井下作业的施工进度;掌握作业队伍、现场监督队伍、井下作业装备和设备的部署情况;及时查看并掌控新工艺新技术推广应用情况。最终目标是实现各管理层级业务流程化、规范化,提高工作效率,进一步提升生产管理人员的业务素质和业务水平。

2. 地面工程业务总体需求

以天然气地面站库、管线、装置为管理单元,完成地面工程数据库的建立。在地面工程数据库的基础上,支持气田地面工程规划的编制,跟踪地面建设项目施工进度;监控油气集输与处理系统、气田水处理系统等的生产运行情况,及时发现问题,为解决问题提供数据参考依据;支持管道清理、仪表检定管理,支持新工艺新技术推广应用管理。

(二) 功能设计

采油气与地面工程运行管理将静态数据与生产运行数据有机结合,达到固定报表、图形展示、图形绘制、汇总统计、上传下达功能;根据各级不同部门、岗位需求,对关键数据项进行自定义报表和图形由上到下穿透查询、统计、上传下达功能;达到各级报表、图形由上到下穿透查询功能;根据个性化需要达到网络审批、办公功能;根据需要达到关键动态数据项预警功能;达到分级维护、分级授权满足安全、保密要求功能,如图8-14为A5系统采油气工程功能架构。如图8-15为A5系统地面工程功能架构。

1. 规划与方案管理

采气工程规划是指油气田开发管理部门为了挖掘措施潜力、优化措施工作量、部署维护性工作量、控制井下作业工作量、提高技术装备水平、配置施工队伍、完善后场建设,保障油气田采气工程业务长期发展所编制的区域性、专项性规划。采气工程方案是依据气藏地质研究成果和气藏工程方案,为实现气藏工程方案规定的指标所编制的,以区块为单位的,包含射孔、压

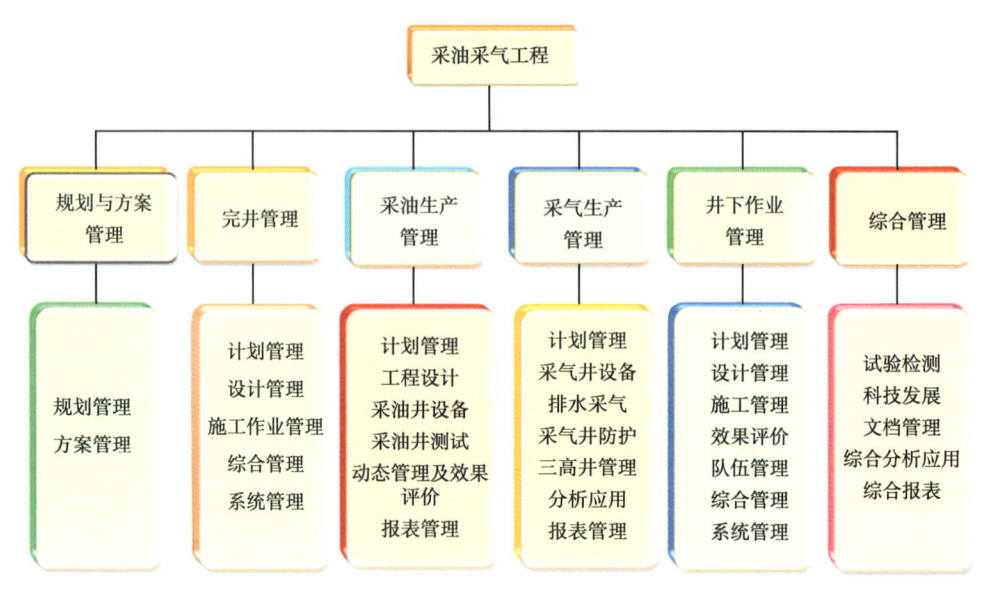

图 8-14　采油气工程功能架构

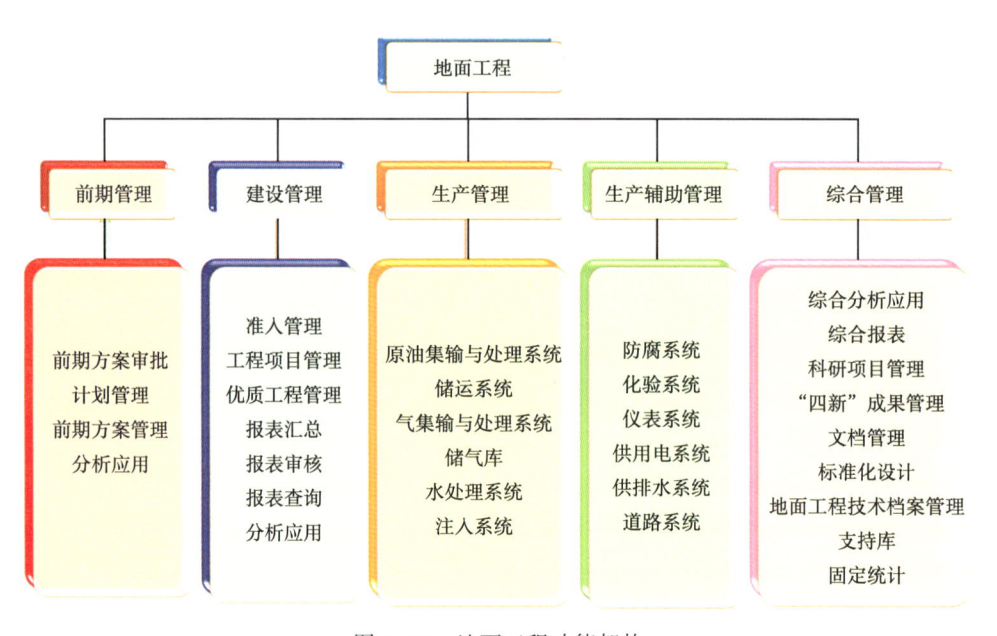

图 8-15　地面工程功能架构

裂、注入、举升及配套等一系列工艺设计的方案。

通过规划与方案管理的规划管理及方案管理节点实现对采气工程规划计划、规划成果、方案计划、方案成果的管理,如图 8-16 所示。

2. 完井管理

完井是指从钻开气层开始,直至气井正式投产为止所进行的一系列工艺措施。系统完井

图 8-16　规划与方案管理模块界面展示

管理模块主要通过计划管理、设计管理、施工作业管理、综合管理实现对完井试油项目从计划、设计、到施工过程的全周期管理,并支持业务报表、分析应用等功能,如图 8-17 所示。

图 8-17　完井管理子系统界面展示

3. 采油生产管理

采油生产管理包括计划管理、工程设计、采油井测试、动态管理及效果评价、采油井设备、报表管理。采油生产管理以采油井为单元,对采油井设备数据、测试数据、参数调整数据、防护数据进行管理,达到辅助优化生产、快速诊断工况、全面掌握采油井生产运行信息的目的,如图 8-18所示。

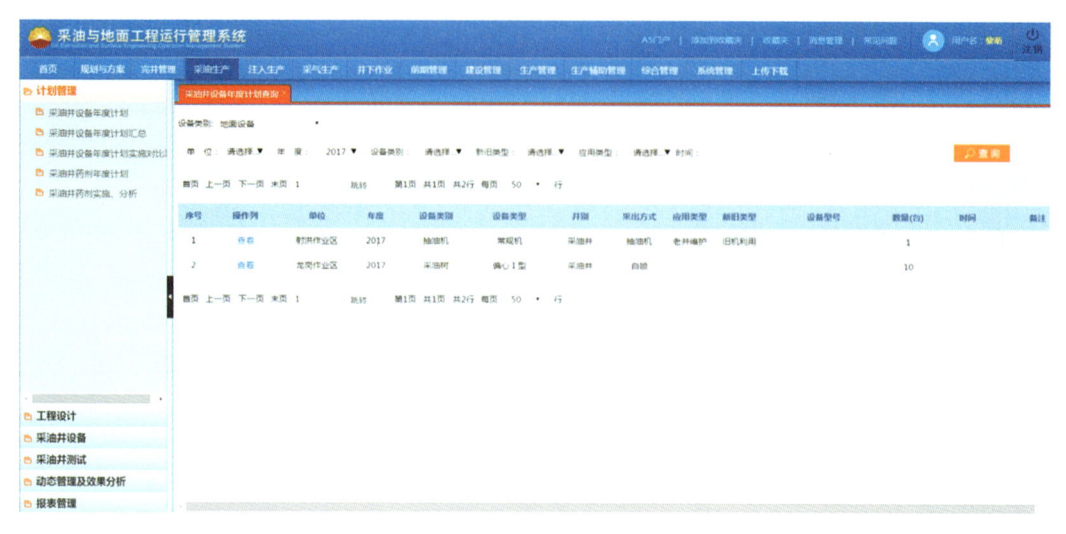

图 8-18　采油气生产管理模块界面展示

4. 采气生产管理

采气生产管理主要包括计划管理、采气井设备、排水采气、气井加药、报表管理、分析应用等内容。采气生产管理以采气井为单元，对采气井设备数据、工艺日报、防护数据进行管理，达到辅助优化生产、全面掌握采气井生产运行信息的目的，如图 8-19 所示。

图 8-19　采气生产管理子系统界面展示

5. 井下作业管理

井下作业管理主要包括计划管理、设计管理、施工管理、效果评价、队伍管理、综合管理等内容。井下作业管理实现对井下作业的计划、设计、施工、现场监督、验收结算、质量等的全面管理，达到控制设计质量、掌握施工进度、积累作业经验、优化管理模式、提高作业系统效率的目的，以保障油气田安全、平稳生产。井下作业管理应用界面如图 8-20 所示。

图 8-20　井下作业管理子系统界面展示

6. 采气工程综合管理

采气工程综合管理主要包括了采气工程产品的试验检测业务管理、科技发展、文档管理、综合信息支持库、报表等，为采气、井下作业管理在工艺、设备、工具等方面提供质量保障和技术支持。采气工程综合管理主要包括试验检测、科技发展、文档管理等内容。

7. 前期管理

前期管理主要包括前期计划管理和前期方案管理。通过前期管理实现对地面工程前期可行性研究报告和初步设计方案的编制、审核，如图 8-21 所示。

图 8-21　前期管理模块界面展示

8. 建设管理

建设管理主要包括承包商管理、工程项目管理、优质工程管理、标准化施工管理、报表管理几部分内容。建设管理重点通过工程项目管理实现对地面建设项目合同、基础信息、承包商、开完工、项目实施等信息的管理，并通过优质工程、标准化施工节点提升项目管理水平，如图 8-22 所示。

图 8-22　建设管理模块界面展示

9. 生产管理

生产管理主要包括天然气集输与净化系统、水处理系统。生产管理以地面场站、管线、装置为管理单元，实现对场站、管线、装置的生产运行数据、指标及能耗的管理，并支持由作业区、油气矿、西南油气田及中石油总部的四级报表自动汇总审核，如图 8-23 所示。

图 8-23　生产管理模块界面展示

10. 生产辅助管理

生产辅助管理主要包括防腐、分析化验两部分内容。通过生产辅助管理实现对地面集输与处理系统的常规化验、阴极保护运行、腐蚀与防护检测等方面的管理，如图 8-24 所示。

11. 综合管理

地面工程综合管理主要包括综合分析应用、综合报表、文档管理、标准化设计、固定统计。通过系统实现对地面工程中的相关标准、综合统计分析、综合报表等综合信息的管理。提供开放的标准规范、共享、浏览平台。提高业务人员共享及交互信息的效率，满足油气田生产需要。

图 8-24　生产辅助管理模块界面展示

(三) 应用成效

采油气与地面工程运行管理系统是支持中国石油总部及其下属油气田公司、油气矿(采油厂)在采油气工程与地面工程生产运行管理业务领域的数据管理、生产管理、运行分析与辅助决策的信息系统。通过 A5 系统建设与推广,一是在地面工程管理方面实现了地面生产运行总体情况与关键节点的有效控制,为重点项目运行的科学评价、指标变化趋势分析以及地面系统管理提供数据基础,为各级领导及部门提供有力、准确的决策依据;二是在采油气工程管理方面实现了对井下作业的计划、设计、施工、现场监督、验收结算、质量、措施效果汇总、采出方式统计等的全面管理,提升了设计质量,取得了采油气业务进度全面掌控、管理模式优化、工作效率提升等效果。

第二节　作业区数字化管理

随着西南油气田业务管理能力和举措的不断加强,在开发生产管理领域开展基层单位扁平化管理,需把作业区生产基础工作标准化管理和相关信息化工作摆到非常重要的位置。按照"减少层级、充实基层、扁平化管理"的要求,简化作业区业务管理流程和划清职责界面,构建更加高效的基层生产组织和管控模式,提升西南油气田整体的安全生产水平。因此,西南油气田在信息化条件下借助于物联网、移动应用和大数据技术,以信息化建设为抓手,以班组为着力点,创新和加强基础管理,建立统一的作业区数字化管理平台,实现作业区基础工作和业务管理的规范化操作、数字化管理和量化考核,是全面提升作业区管理水平、推动生产组织优化、强化安全生产受控、提升油气田生产效益的有效手段[2]。

作业区数字化管理平台,是西南油气田作业区数字化管理的主体工程,也是整个西南油气田数字化气田建设的基础和保证。西南油气田作业区的数字化管理工作,借助作业区数字化管理平台的运行,助推了作业区安全、高效的数字化管理。

一、作业区管理业务需求

作业区是油气开发生产操作层的核心机构,其员工能力素养、生产组织模式、施工安全管理及数据采集应用是决定油气田能否安全高效运转的核心要素。在信息化条件下实现传统的油气开采业务升级转型在以下三方面有迫切需求。

(一)生产组织优化需求

面临作业区场站多、设备多、工作范围广、业务繁杂等现状,需要简化作业区职能,优化生产组织方式及业务管理流程,实现基层单位的扁平化管理。通过信息化手段,推动形成"电子巡井+定期巡检+周期维护"的运行新模式和"单井无人值守+中心井站集中控制+远程支持协作"的管理新模式。

(二)安全生产受控管理需求

作业区在用 SCADA 系统、视频安防系统、生产运行系统、油气水井管理系统等均独立设置,对于生产运行管理、QHSE 管理、日常办公管理、隐患任务管理等不能实现生产业务闭环管理,需要通过信息化手段,提升员工操作技能与责任心,实现作业区生产全过程管理、安全全方位受控。

(三)生产数据集成应用需求

多套系统在作业区运行,存在数据重复采集、多头录入的现象,亟须统一数据标准,实现数据一次录入、多系统集成共享。

二、作业区数字化管理平台总体方案

(一)总体目标

作业区数字化管理总体目标是深度融合油气生产基础工作管理要求,建立标准化生产体系、业务体系、基层站队 QHSE 体系,建立生产、施工现场的运行实施的电子化监督机制。利用先进信息技术,建成作业区数字化管理平台并全面推广应用,在生产一线实现"岗位标准化、属地规范化、管理数字化",实现油气生产由传统管理模式向数字化管理转型(图 8-25)。

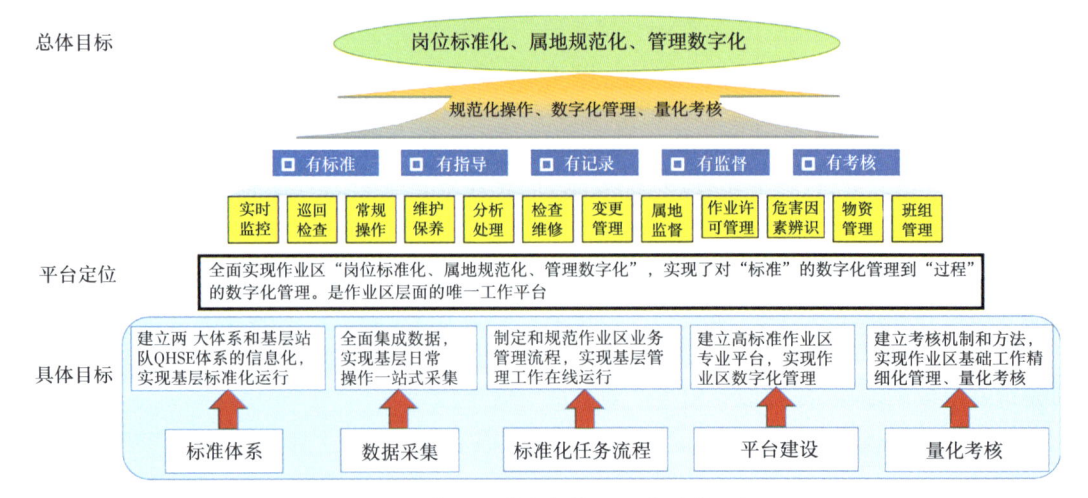

图 8-25 作业区数字化管理平台总体目标

(二) 架构设计

1. 设计方法与思路

作业区数字化管理平台由业务架构、技术实现及组织部门三个维度构成,这三个维度相辅相成,有机结合,形成完整统一的信息平台。业务架构是流程化业务管理和构件化业务应用模型,是业务架构的核心基础;技术实现是通过公共服务和专业应用服务组成的平台组件化服务及其交互协作的技术架构;组织部门可实现业务与组织机构岗位交互,为平台定义了用户对象,实现IT和业务的可控管理(图8-26)。

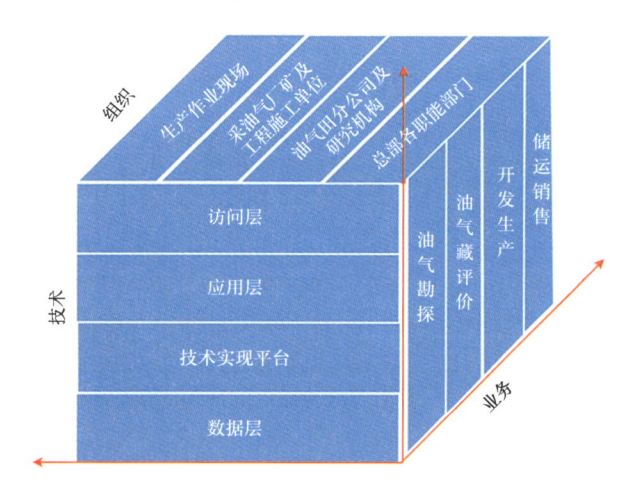

图8-26 平台化思想架构图

从技术角度看,信息平台的服务由公共服务和专业业务服务组成;从业务角度看,在公共服务和专业业务服务的基础上,通过基于组织机构岗位的业务流程服务编排及相关应用开发实现;从组织角度看,信息应用系统应满足油气田相关专业业务管理的需要。信息系统平台化建设,可实现跨专业、跨部门、跨地域、跨行业的再连接、再融合、再创新,实现信息、知识、技术的实时共享和优化集成(图8-27)。

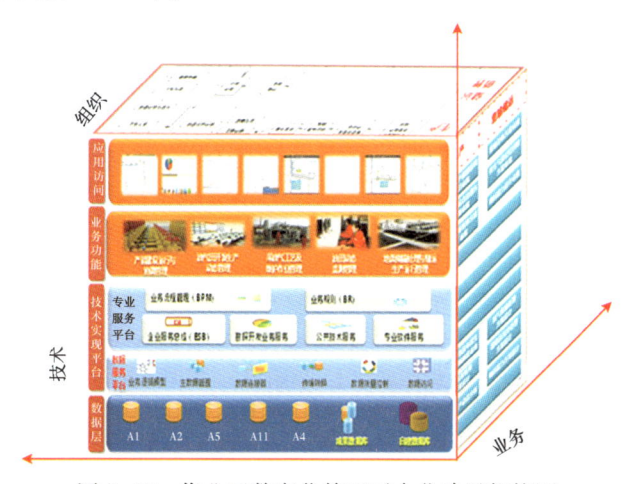

图8-27 作业区数字化管理平台化建设架构图

2. 总体架构

总体架构以满足作业区全面的数字化需求为目标,从业务上覆盖生产管理、QHSE 管理、经营管理、综合管理四大领域,技术上遵从西南油气田统一 SOA 技术平台,通过数据总线与相关信息系统实现数据集成(图 8—28)。

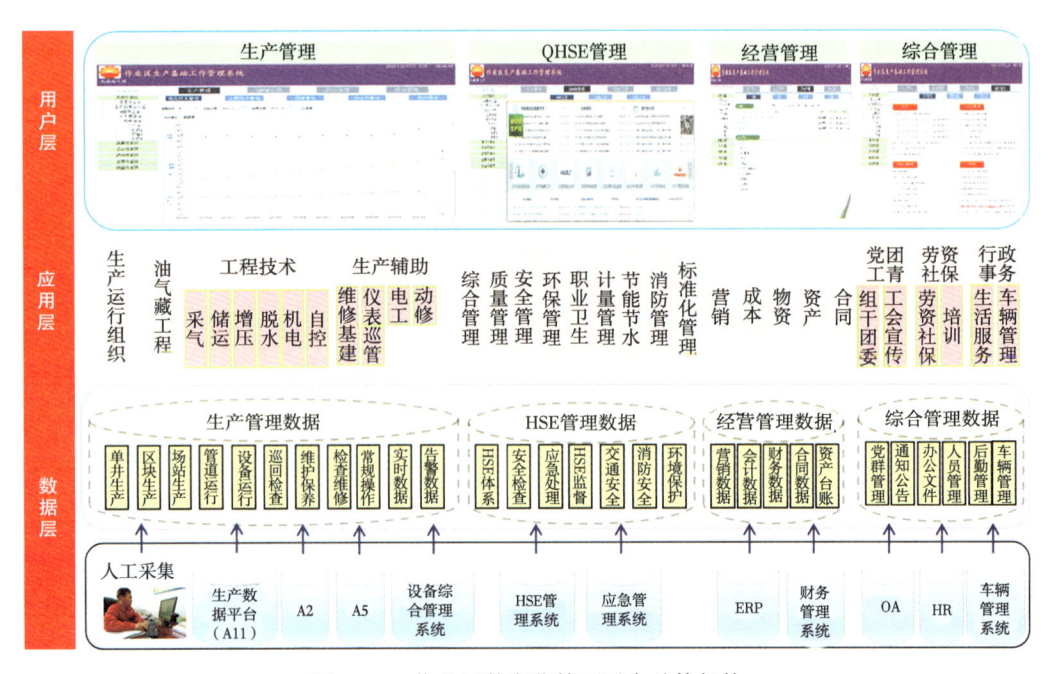

图 8—28 作业区数字化管理平台总体架构

数据层:数据层通过两方面的工作,将各类数据纳入作业区数字化管理平台综合数据库进行分类管理,一方面作业区专业技术人员及一线场站人员通过系统提供的数据采集界面将日常工作的数据录入到系统中,另一方面从各个专业库数据库通过数据接口方式将专业数据接入到平台数据库中。将专业系统或人工采集的数据,按照作业区生产管理、QHSE 管理、经营管理、综合管理等四种业务分类进行存储。

应用层:应用层通过作业区数字化管理平台开发的功能服务,实现对生产运行组织、油气藏工程管理、工程技术管理、生产辅助、QHSE 管理、经营管理、综合管理等业务的应用支持。

用户层:用户层是按照作业区各专业岗位人员的工作特点,将系统开发的功能进行组合,满足用户日常工作的需求。

3. 应用架构

作业区数字化管理平台,以满足油气田作业区全面的数字化需求为目标,从业务上覆盖生产管理、QHSE 管理、经营管理、综合管理四大领域,技术上遵从 SOA 技术架构,通过数据总线(ESB)与相关信息系统实现高效率数据集成和应用。

作业区数字化管理平台技术实现架构,分为三个层次,底层通过开发软件工具实现对业务体系和生产体系的维护;中间层以生产实体和操作类型组合而成的操作单元为核心,实现流程规范、操作要点、安全风险、关联数据、操作表单的规范化管理;上层通过 BPM 业务流程管理技

◆ 第八章 开发业务应用

术实现对巡回检查、常规操作、分析处理、维护保养、检查维修(施工作业)、属地监督、作业许可管理等基础工作流程进行灵活配置,来满足作业区机关及一线井站的业务应用需求,同时为作业区生产管理、QHSE管理、经营管理、综合管理的各领域用户提供统一、规范、高效的数字化应用,如图8-29所示。

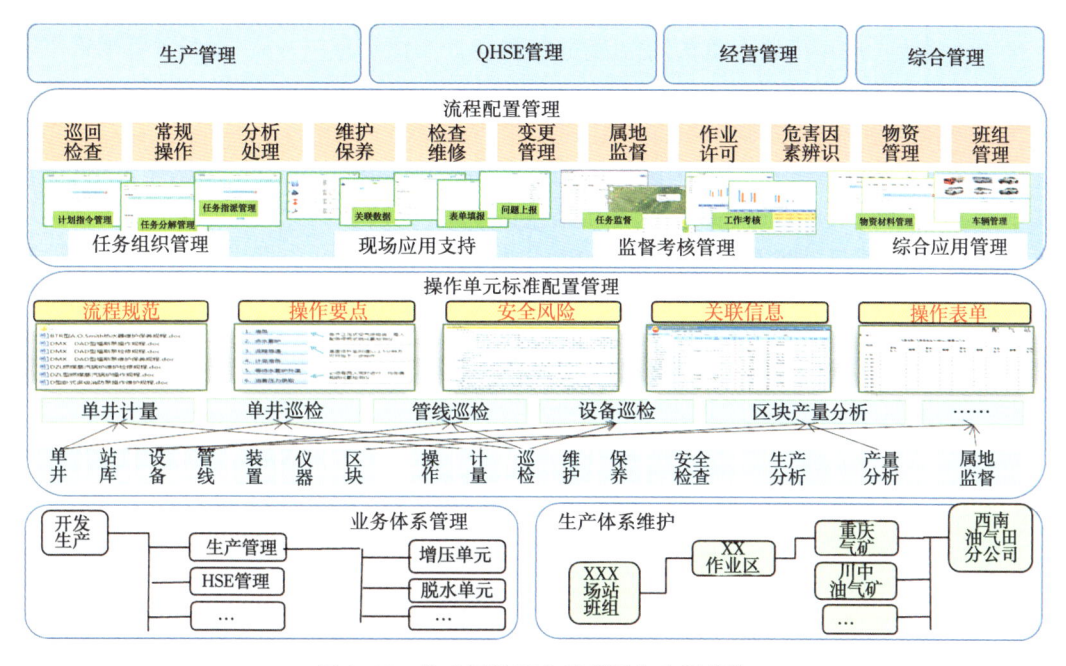

图8-29 作业区数字化管理平台应用架构

4. 功能架构

功能架构设计是为满足西南油气田基础工作标准化管理的需求,实现作业区层面"一个平台"的目标,设计了岗位工作标准化管理、任务调度组织管理、现场操作过程管理、监督与考核管理、作业区综合应用等6个子系统、一级功能模块42个、二级功能模块147个、三级功能模块302个,全面满足作业区及一线井站基础工作管理、现场操作指导和数据一次采集的需求(图8-30)。

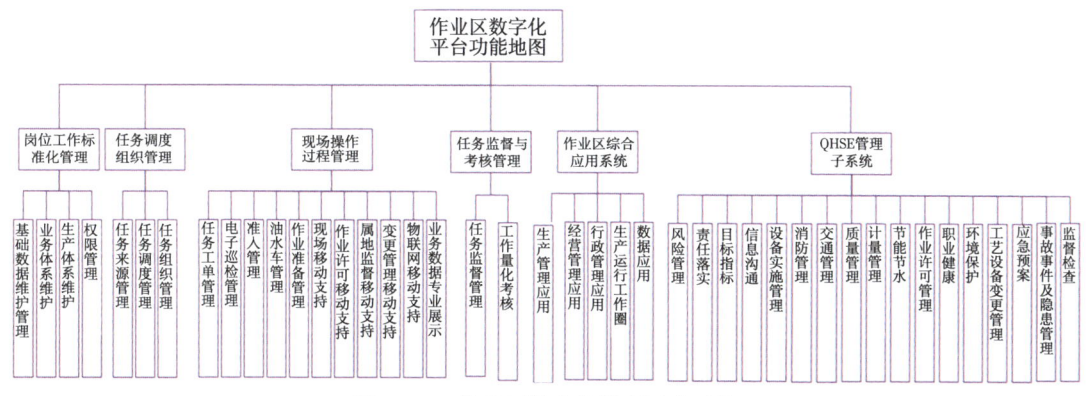

图8-30 作业区数字化管理平台功能

— 181 —

(三) 系统功能

1. 岗位工作标准化管理业务应用

岗位工作标准化管理业务应用以满足基础工作管理用户群适时维护业务体系和生产体系为目的,包括生产体系维护和业务体系维护两个应用模块。

生产体系维护应用模块由机构岗位人员管理、生产实体管理、一站一案配置管理三个子模块组成。基础工作管理用户群(矿及作业区级)根据作业区及各场站的具体情况,对各作业区的机关、井站等组织机构进行维护,并对组织机构下属的岗位班组、人员信息进行维护,为实现作业区生产基础工作标准化管理打下基础;以组织机构为主线,对井站管理的生产设备、管道的基本信息进行维护,实现设备及管道基本信息的新增、修改和删除,并依据西南油气田场站工作的基础体系,对场站各类设备及管道的工作进行本地化定制,包括设备的具体型号、工作时间,如图8-31所示为生产体系维护的生产实体数据集管理功能。

图8-31 生产体系维护典型功能

2. 任务调度组织管理业务应用

任务调度组织管理业务应用以满足任务调度组织用户群进行任务调度和专业管理岗位用户群开展任务组织分配为目的,包括任务来源管理、任务调度管理和任务组织管理三个应用模块。

任务调度管理应用模块由任务工单管理、任务审核管理、作业许可管理三个子模块组成。任务调度组织用户群根据生产指令、生产计划和分析结果发起作业区场站工作任务,并对任务进行分解,经领导审核、任务修正与任务指派,将分解的任务下发到实施井站形成任务工单,一线井站人员根据工单完成作业区的生产任务。要求作业许可的工单需向调度提交作业许可申请,审批后方可开始作业流程,如图8-32所示。

3. 现场操作过程管理业务应用

现场操作过程管理业务应用以满足一线井站操作用户群查询任务工单、提示作业准备、指导现场操作和数据填报为目的,包括任务工单管理、作业准备管理和现场移动支持三个应用模块。

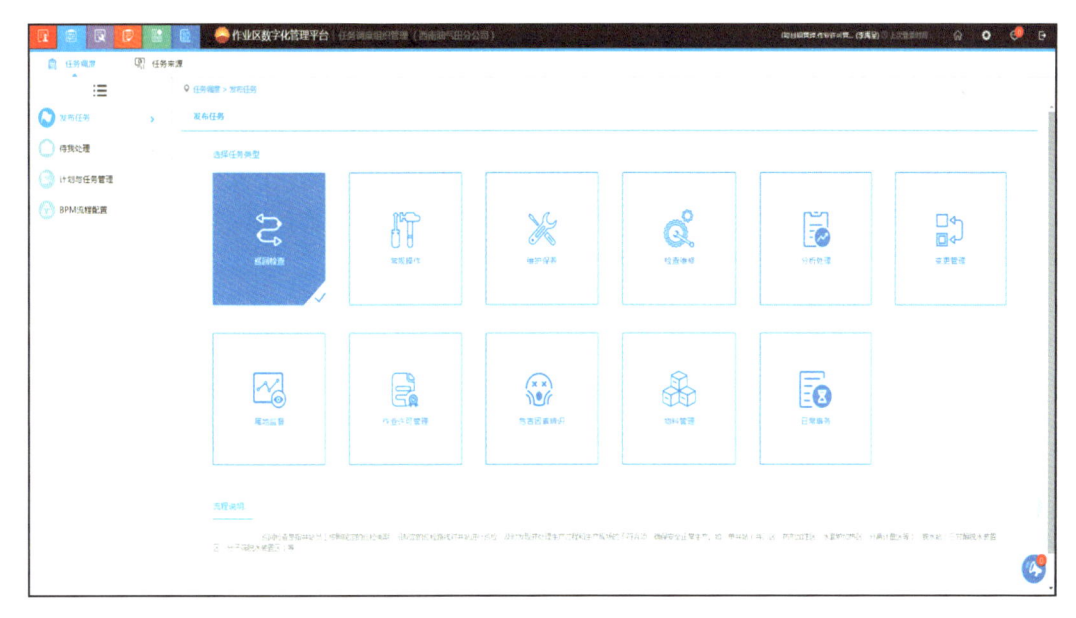

图 8-32　任务调度管理典型功能

任务工单管理应用模块由任务工单查看、工单离线管理和工单台账汇总三个子模块组成。一线井站操作用户群根据系统推送的工单展开当天的任务，点击任何一条工单可查看工单详细信息，根据提示完成操作过程并进行表单填报，提交后该项任务完成。还可以对各班站的阶段工单进行汇总和分类查询（图 8-33）。

图 8-33　任务工单管理典型功能页面

4. 监督与考核管理业务应用

监督与考核管理业务应用以满足一线井站操作用户群查看专业数据、任务监督用户群可基于 GIS 实时跟踪任务和任务完成情况为目的，包括业务数据专业展示、任务监督管理和工作量化考核三个应用模块。

任务监督管理应用模块由任务汇总监督和单项任务监督两个子模块组成。为满足作业区对一线井站管理的需求,任务监督用户群可基于 GIS 实时跟踪作业区任务的执行情况,对单个任务的执行过程进行确认任务环节与操作地点、检查操作记录、查看操作反馈问题;同时根据井站当天计划任务,检查完成情况以及遗留情况;并对井站、班组与操作人员进行以周、月为周期的相同或不同类型任务的完成情况的横向和纵向的对比分析,如图 8-34 所示为任务分布与完成情况功能页面。

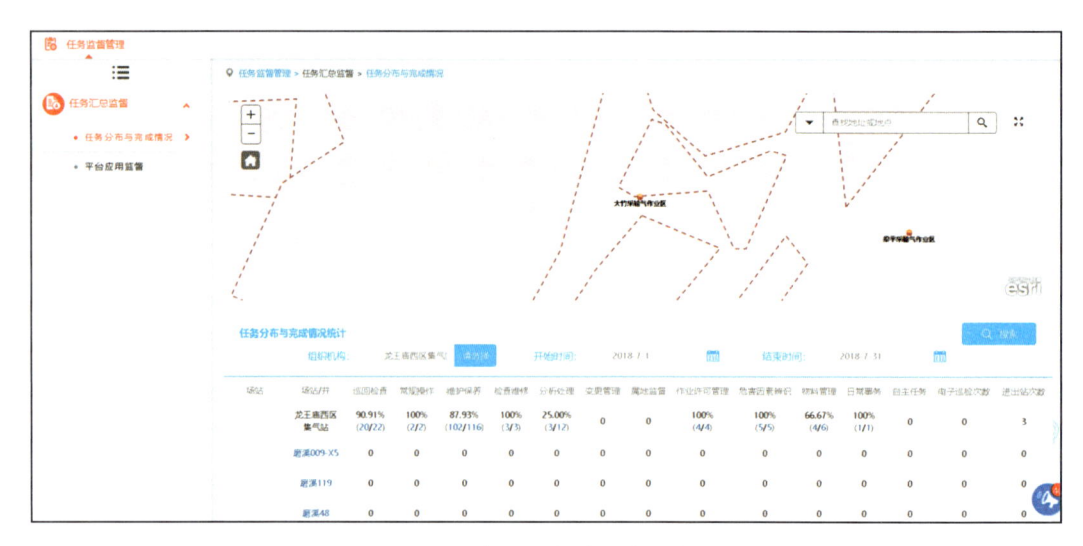

图 8-34 任务监督管理典型功能

工作量化考核应用模块由权重与体系配置管理、考核数据处理与统计、考核结果展示与查询三个子模块组成。为满足作业区对一线井站和人员管理的需求,可对各类工单建立工种、机构、关键操作与一般操作分类、操作风险等级、操作复杂程度等考核指标的权重系数,系统对提交的工单自动进行评分并存入数据库,为井站人员工作考核提供依据。任务监督用户群可以根据机构层级、风险等级、复杂程度等指标实现不同维度的统计和考核结果的查询。

5. 作业区综合管理业务应用

作业区综合管理业务应用以满足作业区生产管理、QHSE 管理、经营管理、行政管理的需求为目的,包括生产管理应用、QHSE 管理应用、经营管理应用、行政管理应用四个应用模块。

生产管理应用模块由计划管理、生产运行管理、设备管理、研究方案管理、大修项目管理五个子模块组成。为满足各专业技术岗日常工作及管理需求,将生产计划、生产运行数据及报表、设备有关台账等生产类文档进行统一管理,并支持文档的查询、上传、浏览、台账的查询与编辑等业务功能。

QHSE 管理应用模块由安全管理和应急管理两个子模块组成。为满足作业区安全管理与应急管理等业务需求,QHSE 管理应用模块设计了安全管理和应急管理两个子模块。安全管理模块包括事故事件台账记录、安全隐患文档管理及进程跟踪、危害因素辨识与发布、重大危险源记录与监控、特种设备台账管理等;应急管理模块包括应急管理预案文档管理、应急演练文档管理和应急处置结果文档管理(图8-35)。

图 8-35　QHSE 管理典型功能

三、作业区数字化管理应用成效[3]

(一)初步搭建了作业区数字化管理平台,基本建立了作业区"三化"管理模式

作业区数字化管理平台的建设与运行,使之成为一线员工工作的必需手段,干部员工可随时查看各项任务执行情况,安全管控步步确认,岗位标准一目了然,属地规范全程监控,数字管理实时在线,"三化"管理一手"掌"控(图8-36)。促进了作业区传统管理模式向数字化管理

图 8-36　作业区数字化管理平台应用

— 185 —

数字化气田建设

转变,初步实现了作业区基础工作和业务管理的"岗位标准化、属地规范化、管理数字化",全面提升了业务管理效率,是信息化条件下提升基层管理质量水平途径与举措。

(二)建立了基层单位与各个管理层的桥梁,解决了"千条线一根针"管理困局

作业区数字化管理平台的建设实现作业区各项基础工作数字化管理,将油气田基层的生产和管理信息纳入统一的作业区数字化管理平台,提供了打破基层工作"千条线一根针"困局的手段,为优化生产组织形式,强化安全生产受控、提升效率和效益奠定基础(图8-37)。

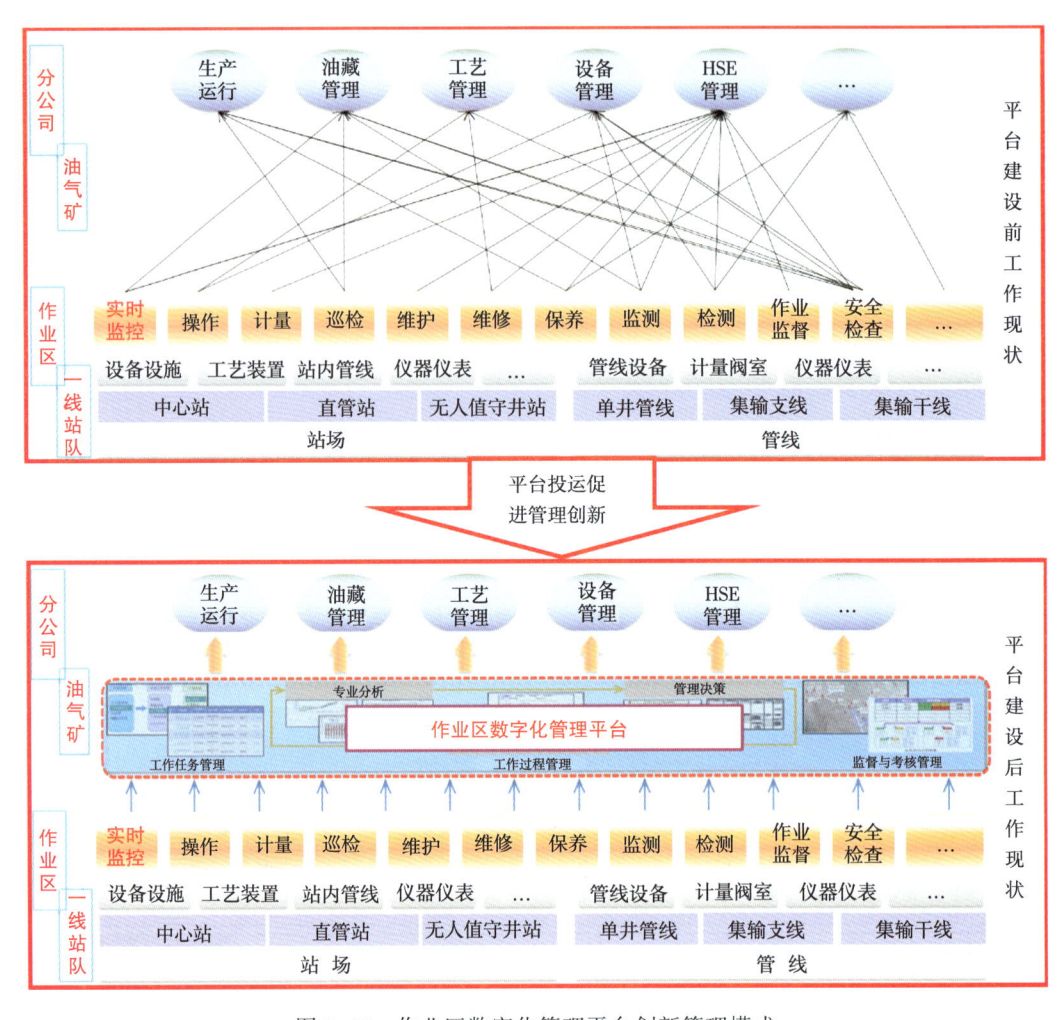

图8-37 作业区数字化管理平台创新管理模式

(三)建立了两大体系和十大业务流程,初步实现了"五有"基层基础工作管理

作业区数字化管理平台通过PC端、手持终端设备的应用,形成了一线场站基础工作"室内与室外"的全面沟通,有效将各项单项工作质量标准落实到现场各个关键点,实现了基础工作管理"有标准、有指导、有记录、有监督、有考核"的局面,达到了基层基础工作的精细化和数字化,改变了员工的工作方式,提高了工作效率(图8-38)。

图 8-38　作业区数字化管理平台标准体系

(四) 实现作业区管理"三控合一"，基本上达到基层工作减负提效

作业区基础工作管理按照巡回检查、常规操作、分析处理、维护保养、检查维修、变更管理、属地监督、作业许可管理、危害因素辨识、物资管理等10大类管理流程去实施，作业区数字化管理平台在设计开发时对每一流程进行优化，实现了一线场站生产操作标准化管理。增加了关键节点安全风险控制，确保在生产过程中安全受控，在关键节点融入了 HSE 管理，从而实现了生产操作、安全受控和 HSE 管理的"三控合一"管理理念，为实现生产运行安全控制的管理奠定基础 (图 8-39)。

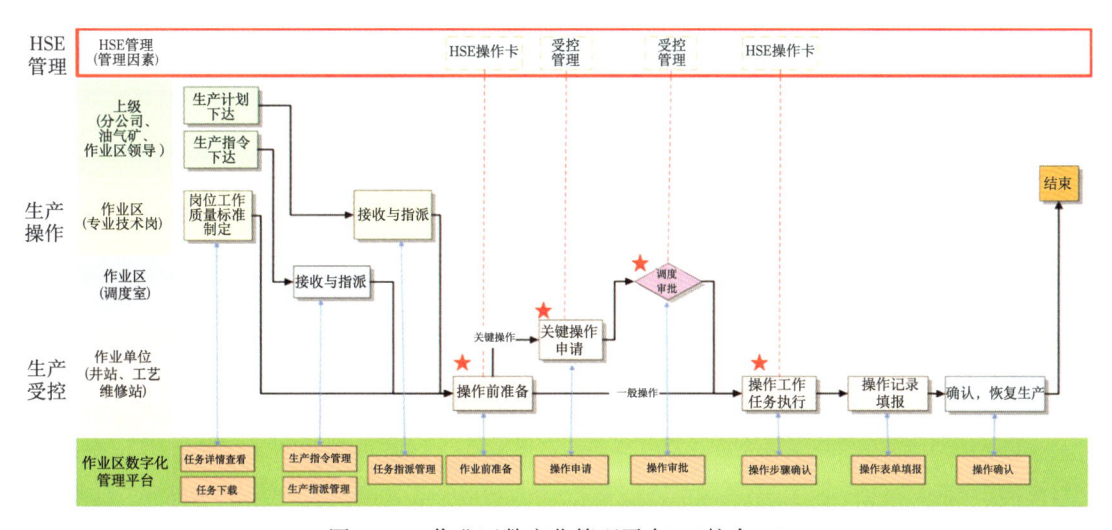

图 8-39　作业区数字化管理平台"三控合一"

(五）平台建设纳入两化融合贯标项目实践，助推西南油气田两化融合管理体系

作业区数字化管理平台纳入西南油气田两化融合项目建设实践（图8-40），在两化融合体系实施过程中，充分保证信息化与主营业务融合发展，打造信息化条件下作业区数字化管理效率提升新型能力（表8-1），提升西南油气田核心竞争力。强调业务主导、业务流程优化、注重过程管理、坚持多体系融合和实事求是，坚持持续改进，突出实施效果。

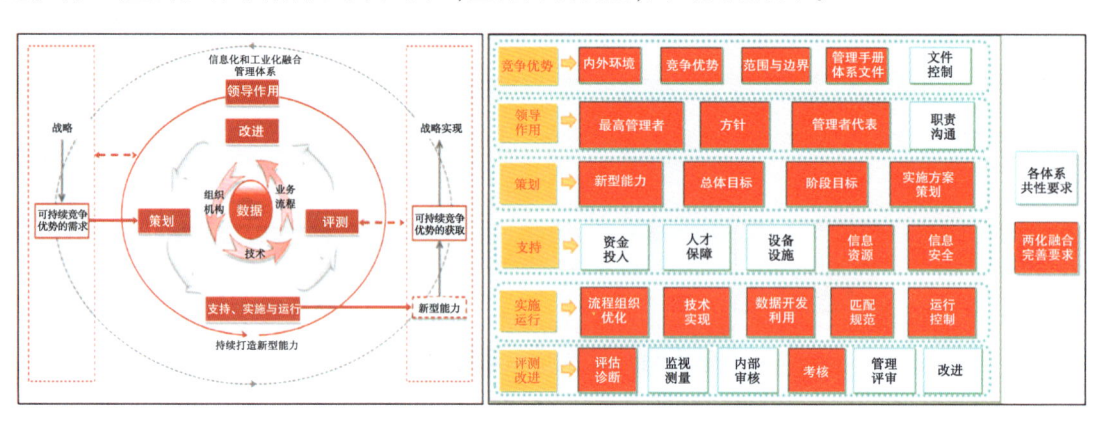

图8-40 作业区数字化管理平台与两化融合匹配

表8-1 作业区数字化管理效率提升能力

序号	量化指标	2017年指标	2016年指标	实现途径
1	生产数据自动化采集覆盖率	≥92.1%	76.6%	数据采集：通过物联网完善建设，自动化采集生产数据由1700项上升到2044项
2	生产实时数据点表映射符合率	100%	94.5%	数据质量：生产实时数据点表映射符合率由94.5%上升到99.5%
3	老井措施增产工艺自动化覆盖率	≥88.9%	74.1%	措施增产：增设智能泡排加注系统，完善进出站紧急切断系统，实现自动化措施增产井由20口上升到24口
4	作业区关键业务流程信息化覆盖率	100%	45.5%	通过作业区数字化管理平台建设，关键业务流程优化为11个，目前实现了9个业务流程信息化管理
6	一线井站劳动用工减少率	≥14.1%	7.3%	将原分散37个井站操作人员集中到5个直管站、3个中心站统一管理，实现25个单井无人值守，实现组织机构优化
7	生产维护与办公成本减少	≥10	7.24	传统井站日巡井、录取数据被集中监控、电子巡井、实时数据采集替代，延长无人井站巡井周期，降低劳动强度，减少生产维护与办公成本
8	老区生产异常产量影响率	≤0.78%	0.96%	生产异常引起的气井关井、泄漏、放空等影响的产量占气井总产量的比例。大竹作业区2016年产量为15279.6×10^{4}m^3，单井生产异常影响气量为147.5×10^{4}m^3；2017年1—7月产量为8459×10^{4}m^3，影响气量为69×10^{4}m^3，2017年预计产量为13959×10^{4}m^3，年底影响气量预计为109×10^{4}m^3

(六)建立了"平台+业务"管理新模式,实现了信息化条件下生产方式的转型升级

依托"作业区数字化管理平台",初步实现了作业区业务与信息化的深度融合,促成西南油气田作业区管理从传统管理模式向数字化、信息化管理转型变革(图8-41)。

在新模式下,西南油气田作业区层级管理工作全部可在平台上完成。平台融合了在线业务、在线流程、在线人员及在线支持,具体为:作业区业务单位,通过在线流程的流转,实现五大业务管理线上工作,从而达到业务管理的一体化、可视化和全过程的信息共享,进而作为主要基础工作支撑西南油气田开发生产业务。同时,本平台实现了在线支持和服务,全面推进西南油气田信息化建设进程。

"平台+业务"管理新模式顺应新阶段新发展新形势要求,开创"有质量、有效益、可持续发展"新局面,全面提升了信息化应用支撑业务水平,从而提升开发管理业务核心竞争力。

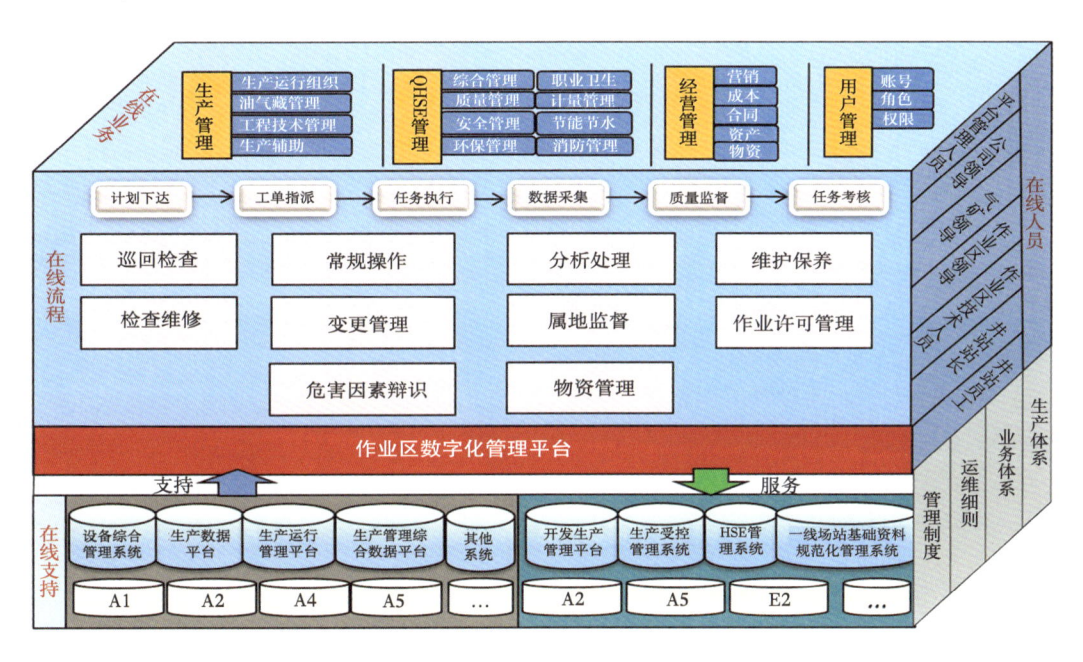

图8-41 作业区数字化管理模式

(七)优化生产组织方式,管理成效明显提升

(1)提高人员工作效率、节省人工成本、有效减少产量损失。

按照"分级分层"的方式,打造了由"调控中心、巡井班(中心井站)、维修班"组成的一体化管理基本单元。依托数字化管理平台,实现所有投产单井和集气站数据集中监视,形成"三位一体"的贯穿气藏管理始终的监控管理平台。将生产管理融入各个层级,打破单井独立管理的传统开发生产模式。从而减少管理层级、减少值守人员数量、提高劳动效率,由现场管理向远程管理转变,运行成本和劳动强度明显降低,逐步实现全气藏"无人值守"。

作业区数字化管理变革了信息采集、传递、控制及反馈方式,使传统的经验管理、人工巡检的被动方式,转变为数字管理、电子巡检的主动方式。将前方分散、多级的管控方式,转变为后方生产指挥中心的集中管控,大大提高了生产效率与管理水平。通过作业区数字化管理,减少

了信息传递环节,缩短了现场值守人员和管理人员发现问题、分析问题、处理问题的时间,大大减少生产运行成本。

(2)减少不安全工作频率,高效率支持现场操作。

作业区数字化管理平台的建设与运行,有效推动了生产管理由井站独立管理向一体化协同运行、扁平化管理模式转变。通过移动应用,将矿部、作业区、气藏调控中心、中心站、单井等分散在现场的工作动态、生产变化、决策集成到了同一个数字化平台上进行协同,使基层管理人员和一线操作人员从重复烦琐的事务中得以解放,井站管控出现新方式。气矿调控中心、中心站员工通过信息化手段,实现对外围无人站点生产情况进行7×24小时不间断实时监控,同时中心井站员工通过移动应用终端实现外围站点的定期巡检、重要设备的周期维护、气井生产动态分析等日常工作任务。

参 考 文 献

[1] 任静思,张苏,任晓翠,等. 油气田开发生产管理平台建设模式[J]. 石油工业计算机应用,2018,97(01):51-56.

[2] 张苏,张华义,任静思,等."互联网+"模式下作业区数字化管理探索[J].石油工业计算机应用,2018,26(1):42-48.

[3] 张苏,张华义,徐雯琦,等.信息技术条件下油气田基层数字化建设方案与应用效果[J].信息系统工程,2019(12):134-136.

第九章　工程技术业务管理应用

工程技术与监督管理系统是西南油气田自建的业务应用信息系统之一,该系统以满足西南油气田管理层对工程技术管理的需求为基本出发点,以西南油气田工程技术与监督管理部门、工程技术与监督支撑部门、工程项目建设单位三个层级的工程技术管理及监督业务为核心,实现"钻井工程数据的集中"和"工程监督应用的集成"管理,全面满足油气田各层级、各业务管理部门对工程技术管理的需求,整体提升油气田对工程技术的管控能力。

工程技术与监督管理系统接入工程施工实时数据和监督人员管理数据,开展基于工程数据与人员管理数据的监控与分析。建设了远程技术支持中心(RTOC),实现对现场施工、人员动态的实时监控与监督管理,保障现场采集数据的质量,完成钻井工程数据的分析应用,为指挥决策提供专业数据支撑与业务系统支持,全面提升工程生产运行管理水平和调度指挥决策能力。

井筒完整性管理系统是针对西南油气田开发管理部门、各油气矿、工程技术研究单位开展井筒完整性评价业务而设计开发的一套管理系统,系统主要分为完整性概况、完整性评价管理、预警管理、维护措施跟踪及系统管理功能,实现了数据采集、检测、评价、预警、决策、业务流程管理、在线维护一体化。

本章重点介绍了西南油气田工程技术与监督管理系统、井筒完整性管理系统等工程技术业务管理应用系统的建设情况及应用成效,并对各管理应用系统的业务需求、功能设计和应用效果进行了详细阐述。

第一节　工程技术与监督管理

一、业务需求

钻井(试油)工程技术监督是西南油气田工程技术管理部门的核心业务,涉及钻试工程中的多个专业部门,数据源头在工程施工现场。现场的钻试监督需要将当天的生产监督情况进行记录,并上报给工程技术研究单位的钻井、试油监督部门。钻井、试油监督部门将各个钻试监督上报内容汇总,形成当天的钻井监督日报、试油监督日报及故障复杂井的专报,用于向各油气矿及上级管理机构汇报并存档。

钻井监督每日统计当日钻井工程时效,反映当天各个工况占总时间的比例,通过对一口井的时效统计分析,准确评价钻井工程的施工进度,这对于优化钻井过程提高钻井效率有重要意义。钻井监督志主要记录钻井工程中各方面的详细数据,钻井现场监督人员在完井时负责提交钻井监督志。钻井监督志的标准化程度相对较高,且具有强烈的统计汇总需求。

试油监督日报及试油监督月报主要反映当天或当月的试油情况,主要描述试油基础数据、施工情况、射孔数据、酸化数据、完井试油数据、关井压力、时效分析。试油监督志主要记录试油工程中各方面的详细数据,同钻井监督志一样,试油监督志的标准化程度相对较高,也具有强烈的统计汇总需求。

针对重点井和复杂故障井,西南油气田管理部门需要与工程技术服务方的管理部门进行实时数据共享与共同远程决策指挥。同时,还需要实现西南油气田与工程服务方指挥中心的视频音频互通,当需要处理复杂情况时,满足两方协同指挥的需要。

(一)钻井现场监督业务需求

(1)业务运作方面的需求。

钻井现场监督人员通过系统可以方便地上传日报、月报、监督志等各类型业务要求的文件与数据。

(2)流程方面的需求。

钻井现场监督人员通过系统可以规范地录入各种类型的钻井数据,并且规范钻井现场监督人员的数据处理流程。

(3)管理方面的需求。

钻井现场监督人员通过系统可以有效地管理其负责监督的钻井工程的日报、月报、监督志等数据,实现对数据的分类管理与查询;钻井监督人员可以进行日常的远程跟踪重点井动态,同时便于获取实时数据进行分析统计,进而通过系统实现远程决策指导。

(4)操作方面的需求。

充分考虑到钻井现场监督人员对系统应用的特点,钻井现场监督人员可以方便灵活地对系统进行操作,简化数据报表的录入、生成、发布等操作流程。

(二)试油现场监督业务需求

(1)业务运作方面的需求。

试油监督人员通过该系统可以方便地实现试油设计的在线审批、审查和查阅。具体包括在线审批试油工程设计、压裂酸化设计、完井管柱设计及其变更设计,在线浏览试油地质设计、试油工程设计、压裂酸化设计、完井管柱设计及其变更设计。在线查询现场监督指令、监督日志、监督现场检查表等。

(2)管理方面的远程监控需求。

系统可实现对试油、压裂酸化作业现场的实时监控,对于压裂酸化施工数据,能够进行施工曲线的实施监测。系统兼容川庆钻探工程公司的相关数据采集系统,满足当前数据展示及现场视频查看,并且可对历史数据进行查询。

(3)数据处理方面的需求。

经过对日常数据的统计与分析,可以自动形成周报、月报、年报和监督志,形成单井时效统计表,满足同层位和同区块时效统计与对比。对井下管柱、测试数据和压裂酸化数据进行横、纵向分析。

(三)钻井、试油监督管理单位的管理业务需求

(1)业务运作方面的需求。

钻井、试油监督管理人员的主要工作职责是每天对钻井现场监督人员传回的数据进行审

批,对数据的审批与重要数据的发布是系统的重要业务需求。

(2)流程方面的需求。

钻井、试油监督室管理人员可以通过系统规范的查看与阅读钻井现场监督提交的数据,最大程度避免因为钻井现场监督的工作风格不一致而造成数据内容和格式不一致的情况。钻井、试油监督室管理人员要求系统能够对数据集中审批,方便和简化审批过程,同时系统应提供方便的数据发布功能,便于其在网络上向气矿与上级机关呈现关键数据。

(3)基层工程技术与监督管理部门的需求。

及时收发各类报表,方便对数据的查阅与报表数据的下载。

(四)工程技术管理部门主要业务需求

(1)数据统计分析方面的需求。

系统自动统计出各井各时间段的时效分析,为主管单位对于钻井(试油)工程优化方案提供数据参考。

(2)实时数据方面的需求。

提供现场工程实施数据的查看与展示,同时系统与服务方(川庆钻探)远程技术支持中心(RTOC)相结合,为西南油气田与服务方联合指挥提供条件。

(3)监督管理内部业务需求。

要求系统能够方便、全面掌握监督队伍、人员资质、人员业务动态等信息。

二、总体技术方案

(一)建设目标和内容

在统一的 SOA 技术架构上,接入工程技术实时数据和监督人员管理数据,开展基于工程数据与人员管理数据的监控与分析,建设油气田统一的工程技术与监督管理系统,建设工程技术管理部门与工程技术支撑单位两个远程技术支持中心(RTOC),以工程技术管理部门、工程技术支撑单位、项目实施单位三个层级的工程技术管理及监督业务为核心,实现"钻井工程数据的集中"和"工程监督应用的集成"管理,全面满足油气田各层级、各业务管理部门对工程技术管理的需求,整体提升对工程技术的管控能力。

工程技术与监督管理系统的建设内容包括:

(1)工程监督与地质监督人员管理。

钻井、试油和工程监督的人员动态管理,建立监督数据管理流程,实现钻井、试油工程与地质监督人员基础信息、资质、培训、考核的统一管理等。

(2)钻试工程动态数据跟踪管理及数据分析应用。

对单井作业现场钻井、录井、测井、固井、井下作业(试油)、完井等多专业实时动态跟踪,实现工程进度跟踪管理、工程故障复杂跟踪管理、井控安全跟踪、新工艺新技术及特殊工艺应用跟踪管理、钻遇油气显示跟踪管理等,实现各专业数据统计分析。

(3)工程现场数据及音视频数据实时监控。

实现远程视频、曲线、实时数据监控,实现基地与作业现场远程通话,并实现工程预警功能,建立专家知识库。

(4)建设远程技术支持中心(RTOC)。

在工程技术管理部门与工程技术支撑单位建立 RTOC 中心,实现作业现场动态数据、实时数据、实时曲线、实时视频的集成展示,实现与工程技术服务方(川庆指挥中心)和作业现场的多方交互视频应急会商、决策及处置。

(5)建设工程技术专业数据库。

建立工程技术专业数据库,业务包括钻井、录井、测井、固井、井下作业(试油)、完井等,数据包括动态数据、成果数据、报告文档、图形/图片等,实现工程技术数据的集中管理和多业务(部门)共享。

(二)总体技术架构

工程技术与监督管理系统的总体技术架构如图 9-1 所示。

图 9-1 总体技术架构图

数据源层:以工程技术服务方现有系统(数据库)和监督人员管理数据库为系统的主要数据来源,满足工程技术与监督管理系统实现钻井设备监控、钻井数据监控和钻井数据分析等功能模块的数据需求。

数据整合层:存储各专业动态数据、实时工控数据、视频数据、成果资料数据和人员管理数据,为上层应用提供数据支持。

应用服务层:实现工程监督管理、工程技术业务管理和工程现场实时监控功能模块的应用,并具有与相关系统数据接口,实现数据交互功能。

远程技术支持中心(RTOC)层:实现实时数据、实时视频,钻井数据分析,远程决策指挥和工程预警等功能[1]。

(三)应用架构

系统主要包括3部分业务应用:工程监督管理、工程技术业务管理、工程现场实时监控。应用架构如图9-2所示。

图 9-2　应用架构图

三、系统功能设计

工程技术与监督管理系统功能设计分为五个子系统:工程监督管理子系统、工程技术业务管理子系统、工程现场实时监控子系统、工程数据辅助决策子系统、移动监督数据查询子系统[2]。

(一)工程监督管理子系统

针对西南油气田对工程技术业务管理规范的需求,通过工程监督管理子系统建设,实现工程技术监督人员(工程监督、地质监督)动态管理、监督报表管理、故障复杂管理、监督日志管理、单井卡片管理、工程质量评估与分析等内容,并建立监督数据管理流程,实现工程技术监督人员基础信息、资质、培训、考核的统一管理。

工程监督管理子系统的数据及其传输流程:井场端建立的监督人员管理数据库及其他结构化数据和非结构化数据,在线了解人员动态,实现在线人员管理及调度,通过特殊的远传客户端收集整理,经井场远传至基地接收服务器,储存于专业数据库,为工程技术与监督管理系统提供详实的基础数据。

工程监督管理子系统包括5个功能模块:监督基本信息、监督人员资质、监督人员动态管理、监督工作情况展示、监督人员考核管理,如图9-3所示。

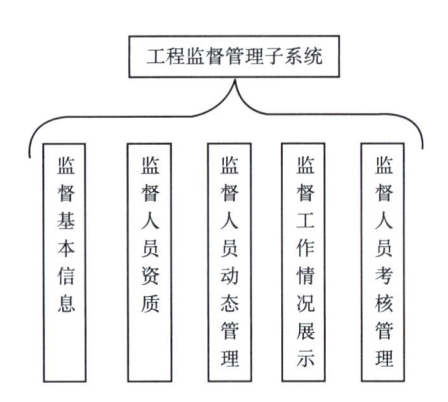

图 9-3　工程监督管理子系统功能模块图

(二) 工程技术业务管理子系统

工程技术业务管理子系统包括 5 个功能模块:报表管理、故障复杂管理、时效分析管理、工程进度综合分析、井筒跟踪评价分析,如图 9-4 所示。

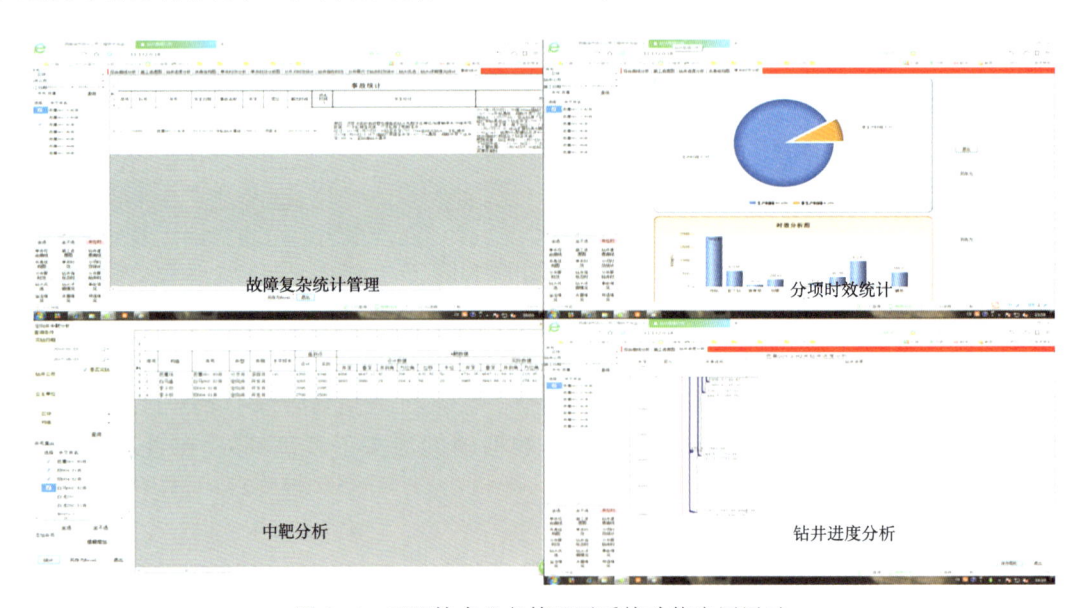

图 9-4　工程技术业务管理子系统功能应用展示

(1)报表管理功能模块:钻井工程技术监督报表、试油监督报表、钻井工程报表、试油报表、钻头统计表、时效统计表、故障复杂统计表、固井统计表、钻井液统计表等报表管理功能。

(2)故障复杂管理功能模块:故障复杂统计管理、井漏情况管理、溢流情况管理、垮塌情况管理、其他复杂统计管理、故障统计管理、返工报废管理、钻井液与故障复杂分析等。

(3)时效分析管理功能模块:单井时效统计、分项时效统计、分井眼时效统计分析、分区块、构造时效统计分析、分作业阶段试下统计分析、分工作主题时效统计分析等。

(4)工程进度综合分析功能模块:工程进度跟踪管理、井控安全跟踪管理、新工艺新技术及特殊工艺应用跟踪管理、钻遇油气显示跟踪管理等。

(5)井筒跟踪评价分析功能模块:钻井数据分析、录井数据分析、测井数据分析、井下作业数据分析等。

(三)工程现场实时监控子系统

针对各级领导用户对于安全和风险防控的迫切需求,通过工程现场实时监控子系统建设,建立并完善了工程技术施工现场数据的采集标准、采集流程及管理规范,实现了钻井、试油等工程现场数据及音、视频数据的动态采集、实时传输、集中存储、在线查看。通过建立基于现场数据的综合分析应用,满足了工程技术管理人员对工程技术作业动态实时掌控的需求。

工程现场实时监控子系统包括5个功能模块:远程视频监控、实时曲线远程监控、辅助决策、工程预警。其中实时曲线远程监控模块功能包括:远程通话管理、录井仪曲线图显示、钻参仪实时数据显示、LWD/MWD实时数据显示、随钻地质导向实时数据显示等,如图9-5所示。

图9-5 工程现场实时监控子系统功能截图

(四)工程数据辅助决策子系统

工程数据辅助决策系统实现钻井进度跟踪分析、单井动态辅助决策分析、钻井提速模板、钻井知识库等功能,提供智能的钻井动态辅助决策方案,降低钻井复杂事件的发生,为远程监控技术支持中心提供支撑,提高生产管理人员指挥决策效率。

(1)钻井进度跟踪分析。

应用结构化的钻井设计数据和录井实时数据,实现层位、钻井液密度、井身结构、进度等多种参数的设计数据和实时数据的智能分析,在一个界面中直观、准确地掌握当前钻井总体情况,如图9-6所示。

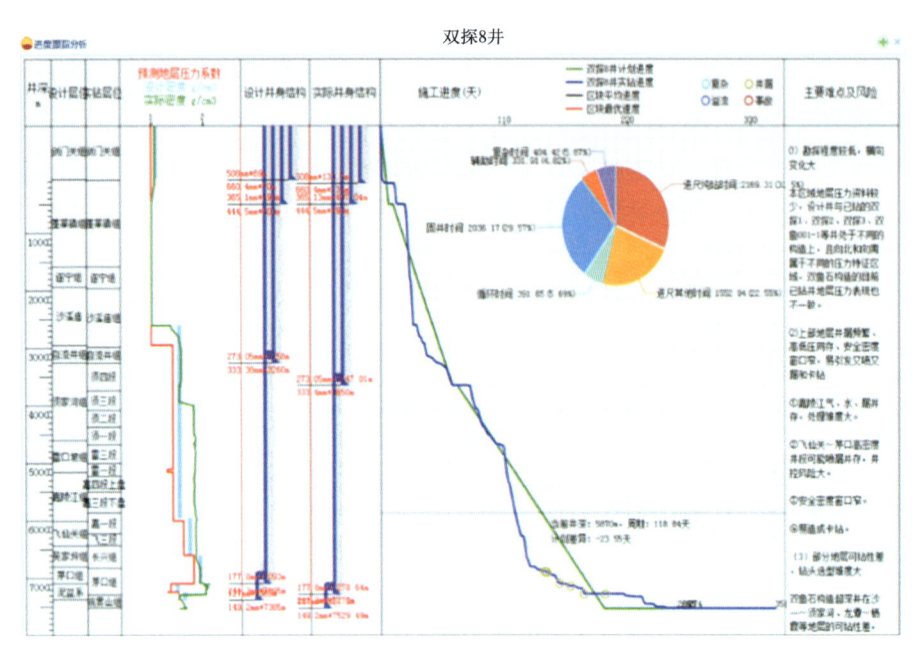

图 9-6 进度跟踪分析

（2）单井动态辅助决策分析。

自动分析邻井事故复杂信息，形成故障风险提示图版。集成应用钻井知识库和录井实时数据，根据事故复杂类型、当前工程状况设定预警门限值，实时数据超过设定门限值范围，则对事故复杂预警和风险提示。在钻井知识库中自动提取正钻层位和待钻层位的主要难点及风险，为现场人员提供科学的钻井辅助决策，如图 9-7 所示。

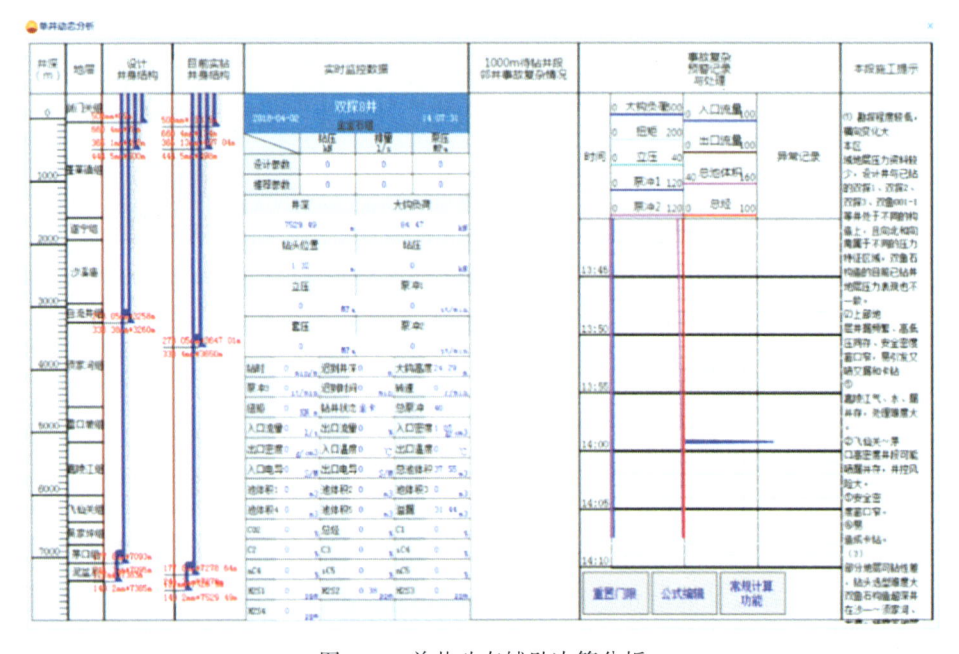

图 9-7 单井动态辅助决策分析

(3) 钻井提速模板。

通过实时数据和知识库的分析,建立新的钻速方程、优化钻井参数和钻具组合,新的钻井参数又可以通过可实时数据及时验证,使钻井提速方案更科学合理,如图9-8所示。

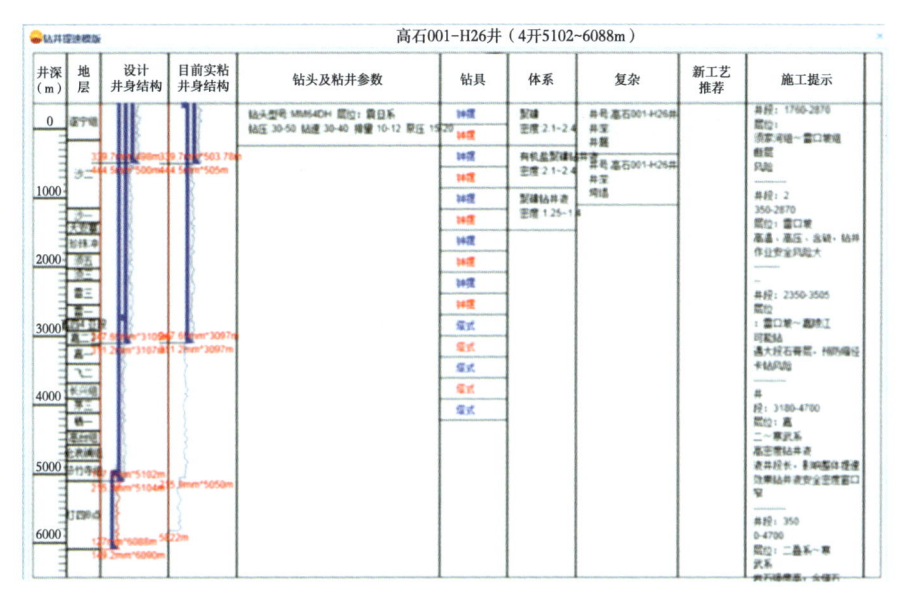

图9-8 钻井提速模板

(4) 钻井知识库。

通过遴选相关文件规定、施工经验、操作规程、技术标准等条文,并进行逻辑要素关联,建立川渝地区分区块、分层位的地质和钻井知识数据库模型,为钻井优化设计和施工提供知识经验的传承与指导,如图9-9所示。

图9-9 钻井知识库

(五) 移动监督数据查询子系统

移动监督数据查询系统具有巡检点扫码、拍照上传、在线汇报、数据查询、文档上传等功能,在值班室、钻井液、井口、钻台等区域设置多个巡检地点,监督通过扫码和在线汇报的方式巡检。改变了监督以往的汇报模式,实现监督巡检信息化,如图9-10至9-13所示。

图 9-10　登录界面

图 9-11　巡检界面

图 9-12　数据上传

图 9-13　网页查看

四、应用成效

工程技术与监督管理系统的建设与上线运行,降低了业务管理人员亲临现场详细了解情况并分析、处理问题需要派车消耗的人力、物力带来的直接成本。由于工程建设生产数据上报的及时性,降低了处理问题的周期,提高了工作效率,降低了人员的时间成本。决策层及监督管理人员能够通过该系统上报的各类生产数据,及时发现问题、处理问题,可以预防和减少故障的发生,降低了工程施工事故风险(图9-14)。

图 9-14 钻井施工现场远程监督中心(RTOC)

工程技术与监督管理系统的建设与上线运行,为生产和管理单位提供了现代化的数据管理工具及分析手段,避免相同数据的重复录入,共享已有的其他系统数据,减轻现场工作人员的工作负担,提高工作效率。同时,为历史数据的查询和统计提供数据支持,降低历史数据维护和检索的时间成本和人力、物力成本。快速、准确、全面的各类工程数据,缩短了决策者、管理者事件处理时间以及研究人员资料收集整理的时间。

工程技术与监督管理系统的建设,将先进的IT技术与工程建设基础管理工作紧密结合,采用了物联网、大数据等技术,把基础工作质量标准与管理流程合理拆解、灵活配置,并通过可视化的流程管理和便捷化的现场指导,实现工程技术基础工作规范管理,有效规避风险,提升工作效率。

工程技术与监督管理系统的建设与上线运行,极大地增强西南油气田对工程技术建设施工动、静态的情况掌控能力,有力地支撑了西南油气田工程技术与监督管理业务。

第二节　井筒完整性管理

一、业务需求

井筒完整性管理是综合运用信息技术、业务管理、操作和组织管理的解决方案来降低气井在井筒全生命周期内地层流体不可控的风险，核心内容是在井筒开发方案设计、钻井、试油、完井、生产、修井以及报废各个生产阶段建立有效的井筒屏障，防止井喷、井漏等破坏性事件以保护油气资源、地下水和环境，是目前国际石油天然气公司普遍采用的油气井管理方式。井筒完整性管理主要是通过测试和监控等方式获取与井筒完整性相关的信息并进行集成和整合，对可能影响井筒失效的危害因素进行风险评估，有针对性地实施完整性评价，制定合理的管理制度与防治技术措施，从而达到减少和预防油气井事故发生，经济合理地保障油气井安全运行的目的，最终实现油气井安全生产的程序化、标准化和科学化的目标。

长期以来，西南油气田一直高度重视气井完整性评价管理工作，以现场需求为导向，理论与实践相结合，取得了一系列显著的研究成果，但是随着对完整性评价管理工作的深入开展，也发现其中存在的一些不足，主要有以下三点：

（1）针对井筒完整性管理，数据相对分散、不完整。

（2）大量高压、高温、高含硫气井未对井筒完整性状况进行全面评价，存在一定安全隐患。

（3）缺乏相关井筒完整性管理信息系统，管理者不能实时掌握气井不同生产阶段的完整性状况。

针对以上三点不足，需要通过对气井的井筒完整性评价报告相关的动静态资料的收集、整理，实现油气田各级生产单位气井的完整性的掌控；并根据标准的井筒完整性业务管理流程，对存在缺陷气井的防控措施建议、审批、施工设计、施工作业、作业结果反馈等过程提供支持，实现气井井筒在投产阶段的完整性管理，开创完整性管理在气井管理方面的新应用。

(一) 业务运作方面的需求

以井筒资料为基础，以完整性评价为驱动，实现各级业务管理部门对各气矿井筒完整性的全面把握、分类掌控（如三高井、重点井、特定气藏、投产年份等），及时了解井筒完整性评价结果以及措施建议。

(二) 流程运作方面的需求

基于单井基础数据、日常动态监测和专项监测数据，定期对井筒进行评价，提交措施建议后，交由井下作业公司对施工设计、设计审批、施工过程、总结反馈等环节提供支持，从而形成问题处理的闭环管理，提高井筒完整性评价与管理的水平。

(三) 安全管理方面的需求

通过获取生产数据管理平台的环空压力实时数据，实时了解西南油气田所有气井各类环空压力级别的状况，实现压力超限井的分级报警以及对报警信息的及时跟踪和处理。

二、总体技术方案

(一) 建设目标和内容

井筒完整性管理是以单井为对象,以高温、高压、含硫井为重点,以生产安全可控为目的,通过对气井井筒(含井口装置)的动静态资料的实时采集、收集整理、可视化查询及分析,实现对气井完整性状况全面掌控。通过井筒静态、动态信息的全面管理和应用,支撑工程技术研究人员开展井筒完整性评价。对存在缺陷的气井进行评价分级及报警提示,并根据标准的井筒完整性管理流程,提供防控措施建议、施工设计、施工审批、施工作业跟踪、作业结果反馈等业务过程管理支持,实现完整性防控措施实施工作的流程化闭环管理,保障专业处室、研究单位和油气矿对井筒完整性状况的全面把控。

具体建设内容如下:

(1)井筒完整性管理系统数据库建设:依据现有井筒完整性管理的需求,建立并完善井筒完整性管理系统数据库;

(2)井筒完整性管理业务应用设计开发:基于SOA统一技术平台,开展系统顶层设计和详细应用功能设计,完成井筒完整性概况、任务管理、完整性评价、整改措施跟踪等模块的开发及测试工作,实现管理部门对井筒完整性综合监管、技术单位对井筒完整性评价支持、评价工作安排;

(3)井筒完整性资料管理工具的开发:基于数据常态化保障体系,实现井筒基础信息、资料入库情况统计和维护;实现完整性评价所需基础资料、监测检测数据的同步、采集与维护。

(二) 总体技术架构

井筒完整性管理总体技术架构包括数据源层、数据整合层、应用服务层和展示层四个层级,如图9-15所示。

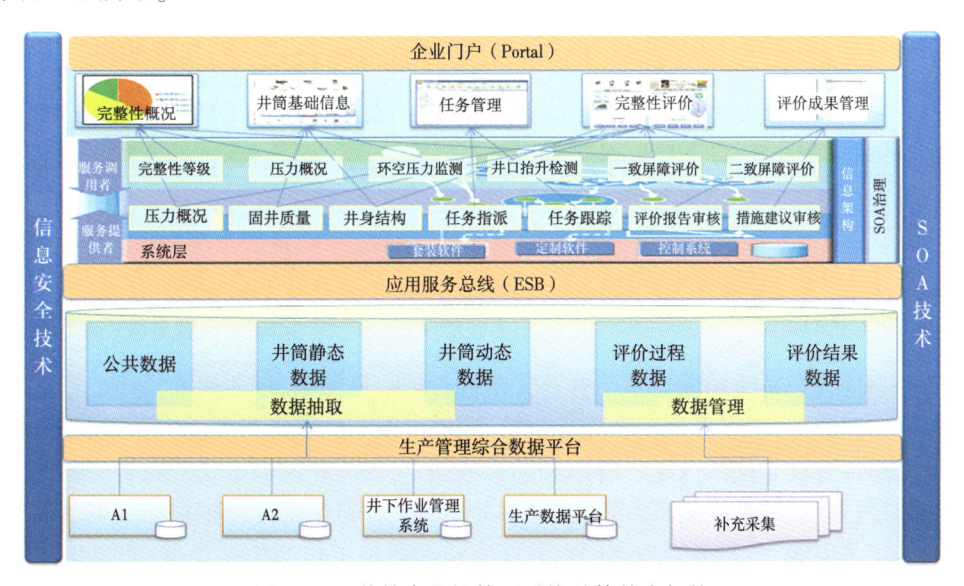

图9-15 井筒完整性管理系统总体技术架构

数据源层：以中国石油统建信息系统和西南油气田自建系统为数据来源，满足井筒完整性管理系统的井完整性概况、任务管理、井筒完整性评价、整改措施跟踪等功能数据需求。

数据整合层：通过物理整合（ETL 数据抽取）及逻辑整合（数据服务总线）的方式，获取井基础数据、井筒静态数据、井筒动态数据、评价过程和评价结果数据，为上层应用提供数据服务。

应用服务层：实现环空压力监测和井筒完整性评价能模块的应用，并对相关系统提供数据接口，实现数据交互功能。

展示层：实现完整性概况、井筒基础信息、任务管理、完整性评价和评价成果管理等功能。

(三) 应用架构

井筒完整性管理系统主要包括评价等级评估、环空压力概况、安全屏障概况、整改措施跟踪等功能，如图 9-16 所示。

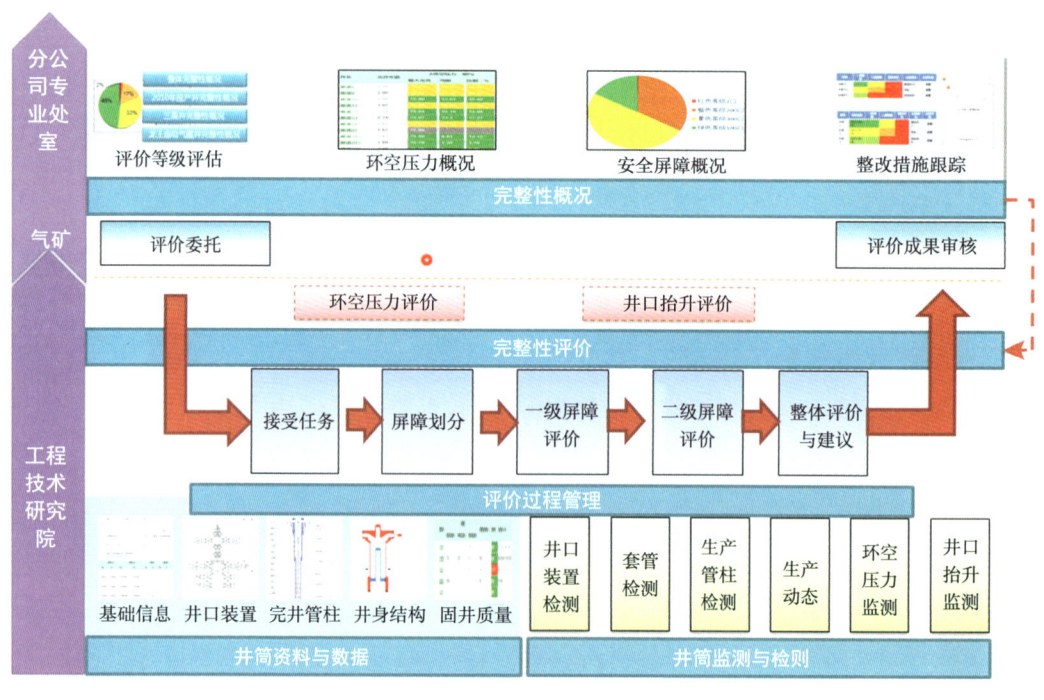

图 9-16　井筒完整性管理系统应用架构

三、系统功能设计

井筒完整性管理系统的建设基于井筒完整性管理业务驱动，以西南油气田生产管理部门、工程技术研究单位、气矿作业区三个层级为核心，满足西南油气田对井筒完整性管理的业务需求。井筒完整性管理系统接入生产静态和动态数据，与现有相关系统交互融合，实现井筒完整性业务的监控、调度、评价的闭环管理，实现对井筒完整性概况的全面把握与分类掌控，全面满足西南油气田各层级、各业务管理部门对井筒完整性评价工作的统筹管理，如图 9-17 为井筒完整性管理系统功能架构。

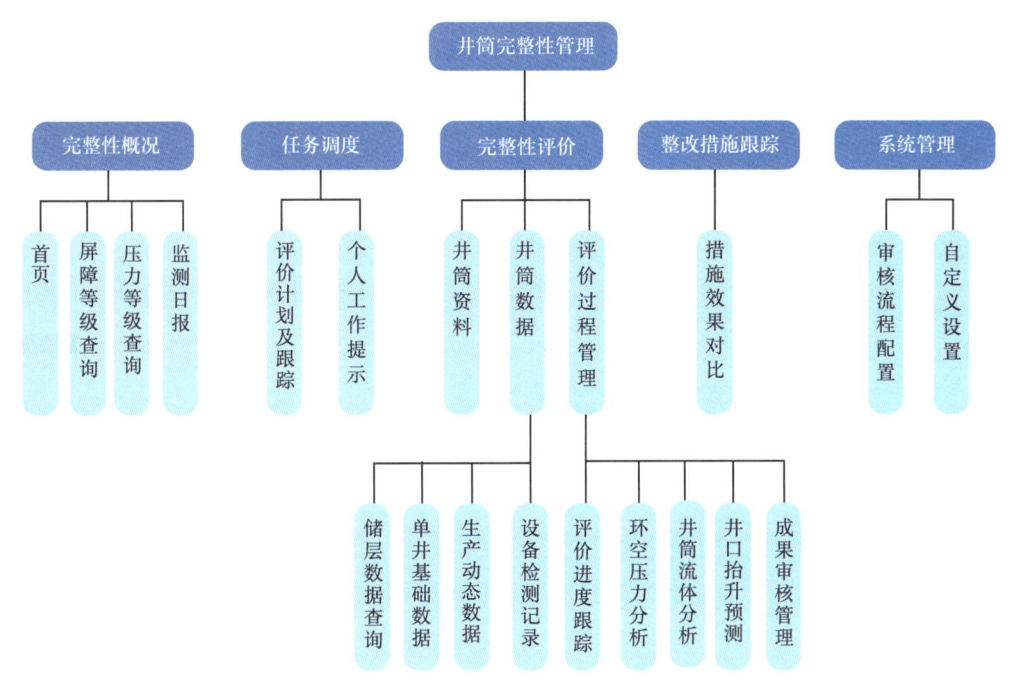

图 9-17　井筒完整性管理系统功能图

(一) 完整性概况统计

井筒完整性管理系统以井筒资料为基础,以完整性评价为驱动,结合国内外完整性评价方法,采用红、橙、黄、绿四个等级展示西南油气田气井完整性总体现状,实现西南油气田专业处室对各气矿井筒完整性的全面把握、分类掌控(如三高井、重点井、特定气藏、投产年份等),及时了解井筒完整性评价结果以及措施建议,如图 9-18 所示。

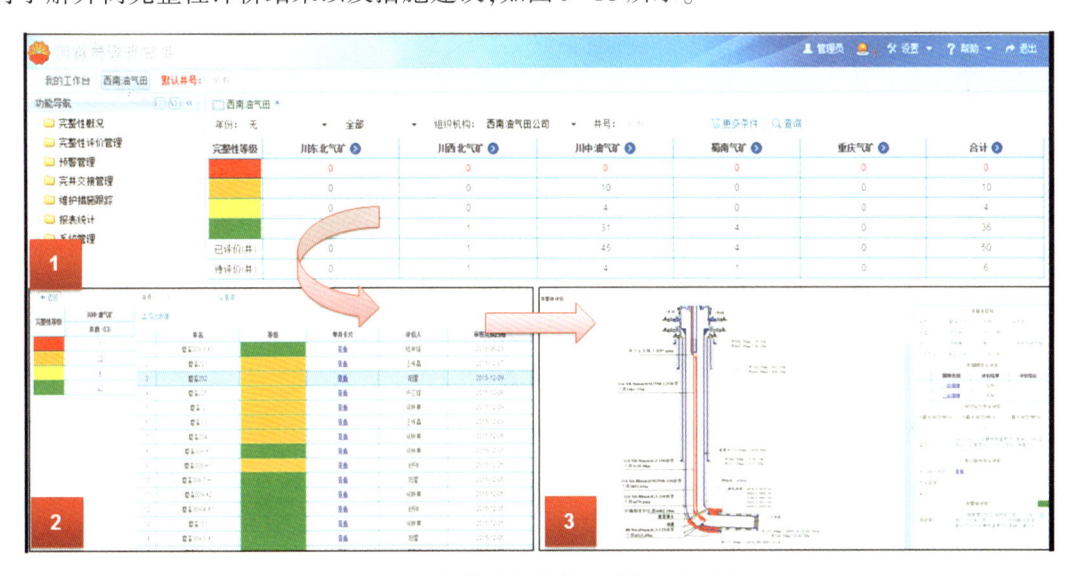

图 9-18　井筒完整性管理系统业务流程

(二)井筒完整性评价与预警

通过对井筒安全生产关键参数和状态进行实时动态监测与人工定时巡检,获取与井筒完整性相关的重要信息,并对这些信息数据进行汇集、过滤、处理、分析,对可能影响井失效的危害因素进行风险评估。在风险评估的基础上,针对隐患井(完整性等级低)制定并采取相应防治技术措施,最终实现及时治理隐患,减少和预防油气井事故发生,经济合理地保障油气井安全生产的目标,如图9-19所示为井筒完整性预警管理功能界面。

图9-19 井筒完整性预警管理数据显示界面

(1)预警与风险提示流程。

预警与风险提示流程首先参考公司相关管理制度,通过风险样本分析、专家经验和专业软件计算结果,设置预警业务规则[包括环空压力最大值(MAASP)和井口抬升报警阈值等]。然后再通过对设备自动采集的实时数据和人工监控日报信息的综合分析,结合人工线下评价划分出风险等级,有针对性地进行系统提示和预警。作业区人员进入系统后可自动根据预警井及隐患定位点进行处理。同时气矿管理者、技术人员可对预警井的动态及处理情况进行监督,对未处理的井进行跟踪,对处理效果进行评估,如图9-20所示为井筒完整性预警流程。

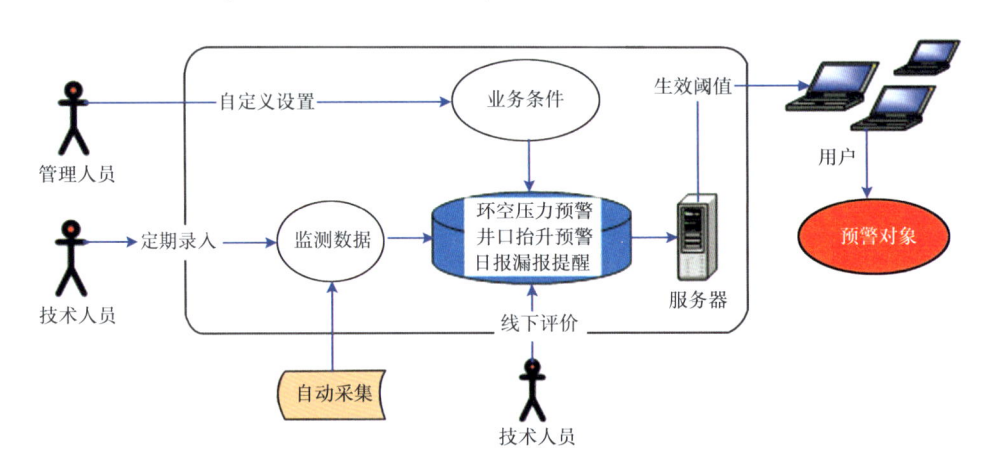

图9-20 井筒完整性预警流程

(2)井筒完整性风险分级及报警阈值设定。

系统以完整性评价业务规则为标准,通过一系列评价流程(委托任务—接收任务—建立井屏障—1、2级屏障单元评价—动态评价—完整性等级划分),开展井筒完整性风险分级及报警阈值设定,实现专业处室对各生产单位井筒完整性的全面把握、分类掌控(如三高井、重点井等)。保证油气井在生产期间的安全运行,如表9-1所示为完整性分级原则。

表9-1 完整性分级原则

类别	原则	措施	管理原则
红色	一道屏障失效,另一道屏障退化或失效,或已经发生泄漏至地面	立即开展详细的风险评估,立即实施降低风险的措施或修井作业	立即上报油气田公司总部
橙色	一道屏障失效,另一道屏障完好,或单个失效可能导致泄漏至地面	加强对屏障完整性的监控,开展风险评估,开展维护保养或降低风险措施的作业	油气田公司备案,油气生产部门自行监控,并采取相应措施,一旦井况恶化立即上报油气田公司
黄色	一道屏障退化,另一道屏障完好	加强对屏障完整性的监控,开展维护保养作业	油气生产部门自行监控,并采取相应措施
绿色	两道屏障完好,或有轻微的问题	正常监控和维护	油气生产部门自行监控

目前,主要监测对象为A、B、C环空压力及井口抬升值,预设报警阈值见表9-2。

表9-2 预警规则条件设置

		环空压力	井口抬升
业务规则	①	环空最大压力:>80%·MAASP	最大高度:>80%*安全阈值
	②	压力变化:|当天( )-前一天( )|>=5MPa	变化:|当天( )-前一天( )|>=5mm
	③	变化比例:|当天( )-前一天( )|/MAASP>=10%	

(三)日报和实时数据监测

通过接口的方式从生产数据管理平台获取环空压力实时数据,实时了解西南油气田所有气井各类环空压力级别的状况,实现环压超限井的分级报警,实现业务管理部门及时对油气田生产现状的掌控,及时预警并进行下一步指示,提升业务管理水平,如图9-21所示为日报和实时数据监测功能页面。

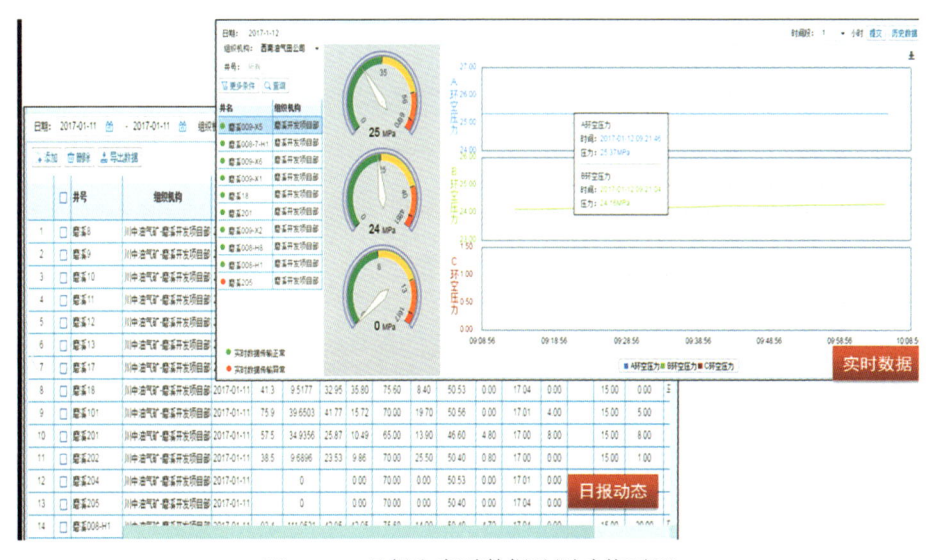

图9-21 日报和实时数据监测功能页面

(四)评价任务动态跟踪

根据掌握的井筒生产动态,结合具体人员任务分工,对完整性评价任务进行合理安排,对压力异常的井优先开展评价,实现西南油气田管理人员对完整性评价工作的统筹管理,使评价工作做到责任清晰,职责明确,如图 9-22 所示。

图 9-22 评价任务动态跟踪图

(五)井筒完整性工作流程化

基于单井基础数据、日常动态监测和专项检测数据,定期对井筒进行评价,提交措施建议后,交由井下作业管理系统对施工设计、设计审批、施工过程、总结反馈等环节提供支持,从而形成"监测—评价—措施建议—方案审查—施工设计—设计审批—施工作业—结果反馈—再评价"的闭环管理,提高井筒完整性评价与管理的水平,确保气井生产阶段的安全可控,如图 9-23 所示为整改措施跟踪工作流程功能页面。

图 9-23 整改措施跟踪工作流程功能页面

四、应用成效

(1)实现井筒完整性状况的全面把握与分类掌控。

井筒完整性管理系统实现了西南油气田专业处室对各气矿井筒完整性的全面把握、分类掌控,及时了解井筒完整性评价结果以及措施建议。

(2)井筒完整性评价工作的统筹管理。

根据掌握的井筒生产动态,结合具体人员任务分工,对井筒完整性评价任务进行合理安排,对压力异常的井优先开展评价。

(3)实现井筒完整性处置方案与结果的综合应用。

西南油气田总部、工程技术研究院、油气矿各级管理人员在 GIS 图中查询目标井、处置方案与结果,为目标井的完整性评价提供参考。

(4)提升安全生产管控水平。

接入生产数据平台,对各级环空压力进行分类监控,针对出现的环压超限井、井口抬升井及时预警,实现管理和技术人员及时了解和处理现场,对屏障失效或问题严重井下达整改措施,确保安全生产。

参 考 文 献

[1] 李瑞化,陈敏.远程支持中心(RTOC)建设与应用[A].见:中国石油学会编.中国石油石化企业信息技术交流大会论文集[C].北京:中国石化出版社,2016:423-432.

[2] 钱浩东,温馨,罗月.工程技术一体化信息平台建设研究与应用实践[J].中国信息化,2017(12):59-60.

第十章　管道与储气库业务管理应用

　　天然气管道是指将天然气(包括气田生产的伴生气)从开采地或处理厂输送到城市配气中心或工业企业用户的管道,它是个复杂庞大且连续密闭的输送系统,如同连接天然气生产、集输、处理、储集、销售等各环节的神经网络。天然气管道可按其用途分集气管道(井口—处理厂)、输气管道(处理厂—城市配气中心)、配气管道(城市配气中心—用户)等三类,具有运输成本低、占地少、建设快、油气运输量大、安全性能高、运输损耗少、无"三废"排放、易于实现远程集中监控等特点。

　　地下储气库是指用枯竭的气藏或油气藏、孔性含水岩层、盐岩层等地下构造储存天然气的场所,它是将天然气长输管道输送来的商品天然气重新注入地下空间而形成的一种人工气田或气藏,主要对市场价格矛盾和季节性天然气供需不平衡进行调节,可以使天然气生产和管道运输之间保持一定程度的均衡,最大限度利用天然气输气管道的能力,为保障天然气产供销平衡起到至关重要的作用。

　　本章重点介绍了西南油气田天然气管道和储气库的信息化建设成果,并对天然气管道运行管理平台、天然气管道完整性管理系统、储气库数字化管理平台的应用需求、功能设计和应用效果进行了详细阐述。

第一节　管道运行管理

　　天然气集输管道是一个复杂而庞大的系统,连接着气田生产、储集、销售等各个环节,是油气生产的基础保障。油气集输管道均为埋地敷设,种类复杂多样,管道规格、管内介质、管道防腐形式等都各不相同,且分布纵横交错。管道运行不仅承受管内介质的冲刷、腐蚀,还受到外界恶劣环境影响,并且还经常遭受非法占压、机械损伤等危害,致使管道事故时常发生,不仅造成资源的浪费,甚至威胁到了周围人民群众生命财产的安全。对于这么庞大而又危险的天然气集输管网系统,科学合理的管理方法对管道的检测、事故预警、事故抢修等工作尤为重要。因此,建设输气管道运营管理的信息化支撑平台是必要的[1,2]。

　　西南油气田从1966年威成线建成投产以来,经过几十年不断的建设与发展,已形成了以四川盆地东部、中部、西部、西南部四大气区为中心,以南、北半环环形输气管网为主体,区域性集输气管网为依托,遍布川渝地区各城市,同时外供云南、贵州和"两湖"地区的复杂的天然气集输管网,形成了以环形天然气干线管网为主干,以5大产气区区域性天然气集输管网为依托,融采、集、净化、输、配气一体的天然气地面集输及其配套系统。目前有集、输气管道1.8万公里,各类场站1300余座,管道多位于山区、运维条件复杂。随着建设时间的不断增长,集输管道数量日益增多,管网分布更加复杂,对于如此庞大的管网系统,需要借助信息化手段与管道完整性理念结合的方式来提升管理能力和水平。

　　通过管道管理平台建设,西南油气田整合了现有与管道业务相关的诸多信息系统,建立了贯穿管道规划、设计、建设、运行、报废的油气田管道全生命周期业务链条,涵盖管道规划、管道设计、管道建设、管道运行、管道停运报废管理等多项应用功能。

一、管道全过程管理业务需求

(一)总体需求

业务上,基于西南油气田管道全过程管理业务需求,按照"先进、适用、安全、可持续"的原则,采用先进成熟的技术和管理理念,充分利用云计算、物联网、移动应用等信息化最新技术,按照平战结合的思路,遵循"定位清晰、安全高效、功能灵活、集成度高、扩展性强"的原则进行管道信息系统建设,为管道信息共享、现场操作、风险监控、快速维抢、完整性管理和决策提供全方位的信息支撑,合理确定建设标准和功能设置,建设国内一流、行业领先的管道管理平台,最终实现管控一体化,决策智能化,促进西南油气田集输气管道管理方式转变和组织管理效率的提高。

技术上,管道管理平台建设遵循了国家、行业、中国石油油气管道相关技术标准、数据规范和模型,同时考虑目前西南油气田管道完整性管理需求和实际情况,通过技术手段最大限度地采集、利用信息资源,建成技术先进、数据完整、功能完善、安全稳定的管道管理平台,实现生产、管理和决策支持的数字化、智能化、可视化、网络化、一体化,为保障管道的安全、环保及高效运营提供服务,实现长输管道工程建设和管理的信息化、数字化管理,支撑工程管理体系高效运行,达到建设与生产成本、管理运营成本最低化。

西南油气田通过管道管理平台建设,不仅提高了企业规划管理的现代化水平,也为各部门提供基础、权威、及时和准确的空间地理信息,满足各类基于空间地理信息的应用需求,特别是能为管道信息提供更加直观、准确的地理属性。在为企业提供空间地理信息服务的同时,还能为领导决策提供支持,实现长输管道工程建设和运行管理的数字化,支撑管道业务管理高效运行的目标。

(二)具体需求

(1)提高管道运营管理水平的需求:管道管理平台采用先进的三维空间地理信息技术与虚拟仿真技术相结合,建立管道工程沿线重点关注区域的精细三维地景和真实的站场、管道、设备三维模型,通过把管道的全生命周期数据与真实的管道设施三维场景关联,并在此基础上开展相关业务应用,实现所有历史信息的可追溯,提高运营管理水平。

(2)优化管道生产管理的需求:随着科技的发展,信息技术在安全管理领域将会起到越来越大的作用,信息系统的发展不仅可以减少安全管理人员的数量,还可以提高企业安全管理的水平。通过管道管理平台,对各信息系统资源有效整合,实现多系统信息的可视化查询,便于关键信息的快速准确获取。对西南油气田已建系统进行针对性的数据整合,实现SCADA生产动态数据、巡检数据及管道保护数据等的综合分析,针对性制定生产调度计划、检测计划、防腐计划、检维修计划,辅助管理层决策。

(3)管道业务发展的需求:管道管理平台应充分考虑企业未来发展,支持后续其他新建管段和更新改设备设施的数据采集和全息化管理;平台支持扩展,不仅是基础数据管理与应用平台,还能基于此平台进行其他业务(如管道设施风险管理、管道完整性评估评价管理、可视化生产培训、设备完整性管理等)系统的延伸和拓展。

(三) 建设策略

管道管理平台是西南油气田在管道管理与决策支持方面唯一一个综合信息支撑平台。在平台建设过程中,严格遵循了"一个平台、两套体系、三条主线、四项能力、五化特征"的实施策略。

(1) 一个平台,即管道管理平台。它整合集成了SCADA实时数据,融合共享了地理信息、生产、安全等专用数据,统筹支撑了运行监控、安全应急管理业务应用;实现管道信息可视化展示,将地形地貌、管线分布、三桩一牌、地层分布、管线交叉、埋地管线等还原现实;平台还支撑了传感设备与监控设施的关联互动、设备环境状态数据的监测预警、生产运营数据的深度挖掘和智能推送等智能化业务应用场景。

(2) 两套体系,即管道管理相关标准规范和云平台技术支撑体系。管道管理平台建设,涵盖了管道业务相关的数据、流程、管理等方面的标准规范体系,还引用和参考了云平台技术支撑体系。

(3) 三条主线,即管道运行管理、设备管理、安全管理。管道管理平台主要业务分3个维度:一是管道全过程管理的角度,从管道规划、设计、建设、运行、报废过程数据集成、业务应用;二是设备完整性的角度,从设备运行过程基础监控到维修保养、预防性检维修的业务应用;三是整体安全角度,从预测预警到应急过程辅助管理。

(4) 四项能力,即全面感知、优化协同、预测预警、科学决策。全面感知各类数据,洞察管线生产运行态势;多业务统一平台,多部门共享资源,优化多业务部门协同能力;结合数学模型,对设备、生产、灾害提前预测预警;智能应用、科学决策,处产保安全。

(5) 五化特征,即数字化、模型化、可视化、智能化、移动化。整合管道基础信息、静态信息、活动信息等各类采集信息;利用生产运行数据和专家知识,将管道的行为和特征知识理解固化成各类业务模型和规则,并根据实际需求调用合适模型服务于生产活动;实现管道建设、管道运行、管道检测等活动多维可视化展示;具备自动感知、远程操控、自我调节等功能;建立起管道运行、管道保护、工艺设备、运行维护、预测预警等移动应用专题。

二、管道运行管理应用功能

为满足西南油气田管道运行全过程管理的业务需求,实现西南油气田范围内"一个平台"的目标,管道管理平台建成了基础信息管理、规划建设管理、管道运行管理、工艺及自控设备管理、管线巡护管理、地质灾害管理6个应用功能模块,实现了管道生产、管理和决策支持的数字化、智能化、可视化、网络化、一体化,为保障管道的安全、环保及高效运营提供服务[3]。

(一) 基础信息管理

通过对西南油气田范围内所有管道业务数据进行汇总,从管线基础信息、管线运行信息、管线敏感点、应急资源四方面对数据进行各种不同维度的统计,并且基于GIS进行数据展现以便分析决策。

管线基础信息管理应用功能支持按照类型、材质等方式对管道的本体信息进行分类查询,并能将查询结果以表格、图形等方式进行显示。宏观上能够展现整个管道设施在地理上的分布位置及走向,微观上能够展现具体某段管线在地下埋设的管体情况,如图10-1为管道基础信息管理典型功能页面。

图10-1 管道基础信息管理典型功能页面

管线运行信息管理应用功能支持基于GIS地图宏观查询所有集输管网的实时运行参数,包括温度、压力、流量等参数,同时支持按照单位、作业区、管线等条件进行数据筛选,并支持空间自动定位。

敏感点信息管理应用功能支持基于三维GIS展示敏感点信息的位置分布以及相关资料和属性信息,同时支持按照单位、作业区、管线、行政区划等条件进行数据筛选,实现对重点关注的指标参数进行图标统计分析。

应急资源管理应用功能支持基于GIS宏观展示中国石油内部维抢险中心的空间位置分布、以及相关基础信息,包括可调动人员、抢险机具、车辆等数据,实现对应急资源重点关注指标参数进行专题统计。

(二) 规划建设管理

按照管道规划建设管理数据采集标准和要求,构建涵盖前期管理、工程建设管理、交接试运管理等应用功能,并对项目规划建设阶段数据进行统一采集和管理,保证管道投运前数据资产的完整性,如图10-2所示。

管道前期管理应用功能支持对管道规划方案、科研方案、初步设计方案、详细设计方案、安环评信息、地灾评价等方案报告的管理。

管道工程建设管理应用功能支持对施工阶段的数据进行在线查询,包括三维设计数据、施工可视化数据、施工设计数据等,并且能够基于三维GIS进行可视化呈现。

交接试运管理应用功能支持在线查询管道的交接试运相关资料,如方案、竣工验收资料、审批资料等。

图10-2 管道规划建设管理典型功能页面

(三)管道运行管理

管道运行管理功能模块主要包括实时运行数据、工艺控制参数、清管作业管理、腐蚀防护管理、闲置管道及设备管理等5个应用功能,实现对输气管线的温度、压力、流量及输送介质中危害物质含量进行监控和报警分析,对管道输送工艺控制参数进行统计分析和优化,对各二级单位管道清管作业进行全程监控和资料上报审核,对管道阴保设备数据、腐蚀检测数据进行收集汇总和统计分析,对当前的闲置管道和设备资产进行基础信息收集和数据统计,快速掌握管线整体运行态势,如图10-3所示。

图10-3 管道运行管理典型功能页面

实时运行数据应用功能实现管道生产数据实时监测和工业视频实时监控。实时数据监测功能模块支持管网实时运行数据接入,并通过组态等二三维交互方式直观地查看重点设备的生产参数,也能在三维场景中结合真实管线和设备直观地显示各条工艺相关设备运行状态和实时数据,实现同步超限报警、通信短路报警,并能查询、统计过程变量的累计值、平均值及趋势,便于直观掌握总体生产运行状况;工业视频监控功能模块可直观展示生产视频在场站内的分布,实现三维视频监视和三维联动。

工艺控制参数应用功能支持宏观查询管网各条管线的工艺控制参数和对重要集输管线工艺控制参数的变化进行趋势分析,并且支持按生产单位、管线分类、行政区划等条件进行数据筛选和空间定位。

清管作业管理应用功能支持清管计划的在线上报、方案审核、施工质量评定等流程的在线流转,并且支持按照生产单位、管线分类、时间主线等多维度的数据筛选。

腐蚀防护管理应用功能包括阴保设施基本数据管理、阴保数据三维可视化、阴保数据比对分析等业务功能,实现对阴保设施如线路阳极、站场阀室阳极、阳极地床、排流地床、站场阀室绝缘桩等安装及分布情况等数据管理、三维展示和对比分析。

闲置管道及设备管理应用功能支持按照单位、作业区、管线、日期等条件,对闲置的管道和设备信息进行在线查询并且对于关注指标进行统计分析。

(四)工艺及自控设备管理

工艺及自控设备管理模块通过建立设备技术档案库、操作维修知识库、设备故障库等实现对管道运行相关设备所有相关信息、图档进行统一管理,便于迅速、准确的查找设备关键信息,对于超期未保养或者故障率、健康性等指标从不同维度进行统计分析和预报、预警,如图10-4所示。

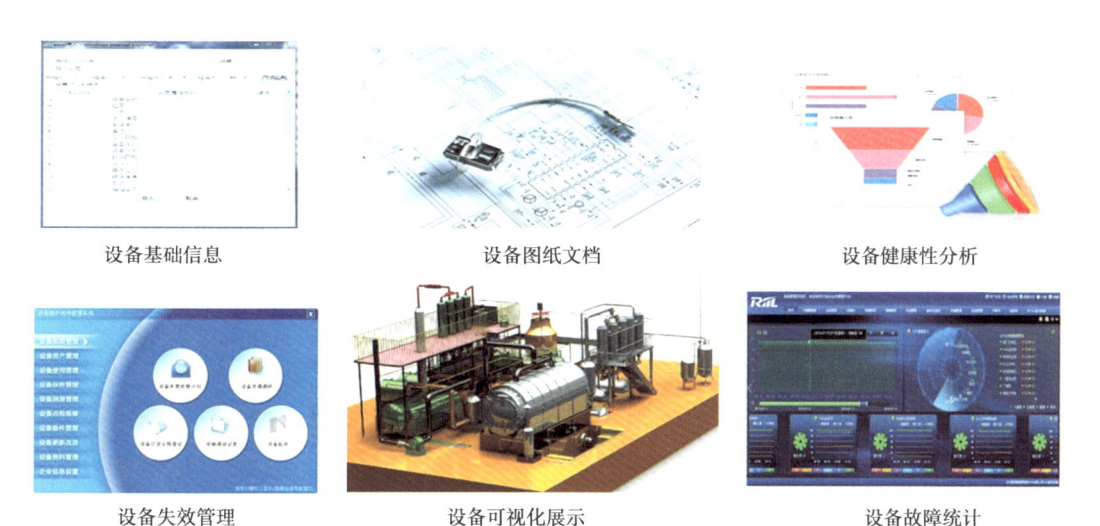

图10-4 管道工艺及自控设备管理典型应用场景

工艺及自控设备管理功能模块支持对工艺及设备基础数据、故障信息、测试结果、设备失效、维护保养、年度季度维修等基础信息的在线查询和维护,同时支持按照生产单位、管线名称等维度进行数据筛选,并对重点关注指标实现自动统计分析。

(五)管线巡护管理

管线巡护管理功能模块包括管道巡护方案、巡护动态监测、第三方施工管理三个应用功能,建立和集成天然气的输送配置计划和工艺调整方案,自动生成和集成日常运行统计如运行台账、长输管线运行日报、运行月报和各种分析报告,同时建立长输管线调度优化和仿真模拟模型,实现调度排产优化和管线运行模拟演练,如图10-5所示。

图10-5 管道巡护管理典型功能页面

管道巡护方案应用功能支持在线对管道巡护方案的分类管理和筛选,实现管道巡护方案与管线的真实分布位置进行相互关联。

巡护动态监测应用功能支持巡线任务、测绘任务、飞行任务的在线查询,实现对巡线、漏检、隐患、预警、报警等信息的分类查询和多维统计。

第三方施工管理应用功能实现了对第三方施工位置和施工情况的详细标绘展示,基于三维场景的管道敷设情况、埋深、管道腐蚀信息等情况,模拟施工的真实情况,判断第三方施工带来的风险,并记录风险因素,实现实时跟踪与处理。

(六)地质灾害管理

地质灾害管理功能模块依据管道地质灾害评估,建立地质灾害分布数据库,构建了气象影响因素指标体系;同时通过集成气象数据或定点安装气象站,动态获取气象监测数据进行地质影响分析;最后,对地质滑坡、沉陷等灾害进行预警和准确定位。技术上利用了星载InSAR对管道高后果区评估的地质灾害点(区)建立大面积、低频度位移数据监控,重点位置采用北斗二代实时测量站进行定点监测,实现了基于统一空间GIS平台的数据汇集和集中预警,如图10-6所示为地质灾害管理典型功能页面。

图 10-6 地质灾害管理典型功能页面

地质灾害识别功能实现了在三维场景中对管道沿线易受气象灾害影响的生产设施位置标绘和影响范围展示,如灾害危害范围、长度、地形地貌、管道里程、桩里程以及距离上游站场距离等信息;同时在三维场景中将每个区域的岩性、水文、气象数据等信息进行综合展示。

地质灾害监测功能应用了星载 INSAR 形变监测,持续对地面监测进行灾害预警并结合灾害分析算法和地形算量模型推演滑坡影像面积,并通过 GNSS 高精度卫星定位技术(北斗、GPS)对监测体位移进行毫米级监测,同时利用监测基站的标准构件安装,与预埋设水泥基座结合,实现了对重点区域进行线性监控。

三、管道运行管理应用成效

管道管理平台建设,引进了云计算、物联网、移动应用、大数据、GIS 等先进成熟的 IT 技术,并与管道运营业务紧密结合,整合了管道业务管理范围内各类信息系统的数据采集,通过可视化的流程管理和便捷化的现场指导,为各业务部门提供基础、权威、及时和准确的空间地理信息,为专题数据信息提供更加直观、准确的地理属性,实现了管道业务的规范化、信息化、数字化管理,支撑工程管理体系高效运行,开创了国内外油气行业管道领域全新的管理模式,推动了国内外油气行业的整体创新和大规模推广应用。

促进了生产组织方式的转型升级,显著提升了西南油气田对运营期管道管理的效率和水平。

第二节 管道完整性管理

管道生产是西南油气田业务的重要组成部分,它与油气勘探开发、炼化生产、油气产品销售紧密联系,是西南油气田价值链的重要一环。针对管道腐蚀、老化、疲劳、自然灾害、机械损伤等风险因素,管道公司需要通过监测、检测、检验等各种方式,获取与专业管理相结合的管道完整性的信息,制定相应的风险控制对策,不断改善识别到的不利影响因素,从而将管道运行的风险水平控制在合理的、可接受的范围内,最终达到持续改进、减少和预防管道事故发生、经济合理地保证管道安全运行的目的。

管道完整性管理即是对所有影响管道完整性的因素进行综合的、一体化的管理,在管道的可研、设计、施工、运行各个阶段,不断识别和评估面临的各种风险因素,采取相应的措施削减风险,将管道风险水平控制在合理的可接受范围之内。

管道完整性管理,作为一种基于数据的主动式预防管理方式,是当前国内外各大管道公司的主要安全管理内容,已成为当前国际上最为认可的规范管道运营管理者的主要管道安全管理模式,在提升管道管理水平、保障管道安全平稳运行,提高企业核心竞争力等方面发挥着重要的作用。

一、管道完整性管理业务需求

西南油气田管道完整性管理的目标是在"经济、合理、可行"原则上,将管道风险控制在可接受的范围内,确保管道始终处于安全可靠的服役状态,在所辖油气管道上实施完整性管理循环,并建立持续运行机制。对于管道风险评价的结果,人们往往认为风险越小越好,实际上这是一个错误的概念,减少风险是要付出代价的,无论减少危险发生的概率还是采取防范措施使发生造成的损失降到最小,都要投入资金、技术和劳务。通常做法是将风险限定在一个合理的、可接受的水平上,根据影响风险的因素,经过优化,寻求最佳的投资方案。风险缓解是在完成管道的风险评价之后,根据评价的结果进行分析,找到风险值偏高的各管段以及影响各管段失效的风险值偏高因素,从而提出相应的风险减小措施,以便改善这些不利影响因素,将管道运营的风险水平控制在合理的、可接受的范围之内,达到减少管道事故发生、经济合理地保证管道安全运行的目的。

西南油气田建立管道完整性管理系统,是通过将管道 GIS 数据、基础数据、静态数据、动态业务数据等多类数据进行采集、整合、植入,实现三维场景下的管道完整性数据综合管理,为开展管道风险评估与完整性评价提供数据支撑,建成集高后果区识别、风险评价管理、完整性评价、缺陷修复管理、效能评价管理等业务于一体的三维可视化系统,将事前预防与事后处理紧密结合,降低运营风险,减少安全事故损失,使各级生产单位完整性管理基于统一的标准,对管理过程进行规范,有效提升管道完整性管理的水平和效率。

(一)高后果区识别需求

进行高后果区识别工作,明确管道完整性管理重点,每年对所辖管道进行一次高后果区识别和更新,汇总整理所有高后果区台账,开展数据对比和整合分析工作。

(二)风险评价管理需求

管道的风险评价是指用系统分析的方法来识别管道运行过程中潜在的危险、确定发生事故的概率和后果。风险评价一般在管道完整性评价完成时,完成相应风险评价,并在高后果区和高风险管段完成风险评价后制定相应的风险控制措施。

(三)完整性评价需求

管道完整性评价分为内检测(几何、漏磁检测)、压力试验、外腐蚀评价、内腐蚀评价、阴极保护评价等。管道完整性评价需要建立年度完整性评价计划并结合管线实际情况和运行状况,通过一系列完整性评价方法来确定管道的状态和识别管道潜在危害,评价结果可供今后的完整性评价参考比对，同时根据完整性评价结果，制定维修维护措施。

(四)缺陷修复管理需求

缺陷修复管理对管道完整性评价过程中所发现的所有缺陷进行维修维护措施，首先评估缺陷的严重程度，按照评估结果确定响应计划，对影响管道完整性的缺陷应进行修复，所采取的修复措施应能保证直到下一个评估时间不会对管道的完整性造成损害。

(五)效能评价管理需求

针对整个完整性管理系统或某个单项进行效能评价，考察完整性管理工作的有效性，每年组织一次完整性管理效能评价，并将考核结果记录存档。

二、管道完整性管理应用功能

为满足西南油气田管道完整性管理的业务需求，实现对完整性评估管理相关的业务活动进行统一管理，管道管理系统建成了集基础数据收集与整理、高后果区识别、风险评价管理、完整性评价、维护与维修管理、效能评价管理等于一体的应用功能模块，将管道内检测评价、直接评价、高后果区、地质灾害、维护维修等信息进行综合展示，实现了完整性评估业务活动的动态监管、统计分析和分析决策。

(一)基础数据收集与整理

基础数据收集与整理应用功能提供了面向管道完整性应用的管道基础数据服务，将管道数据进行可视化的展现，让业务人员方便的获取到管线及其附属设施的属性信息、了解沿线的周边环境，并提供了数据采集的更新渠道，为管道的日常管理、检测评价、应急管理等提供数据支持、决策支撑。

管道基础数据收集与整理应用功能实现了对中心管线数据、基础数据、管道环境及人文数据(地理信息数据、侵占数据)、管道建造数据(阴极保护系统数据、设施数据)、管道运行期数据(运行数据、输送介质数据、风险数据、失效管理数据、历史记录数据和检测数据)的收集整理和统计分析，如图10-7所示。

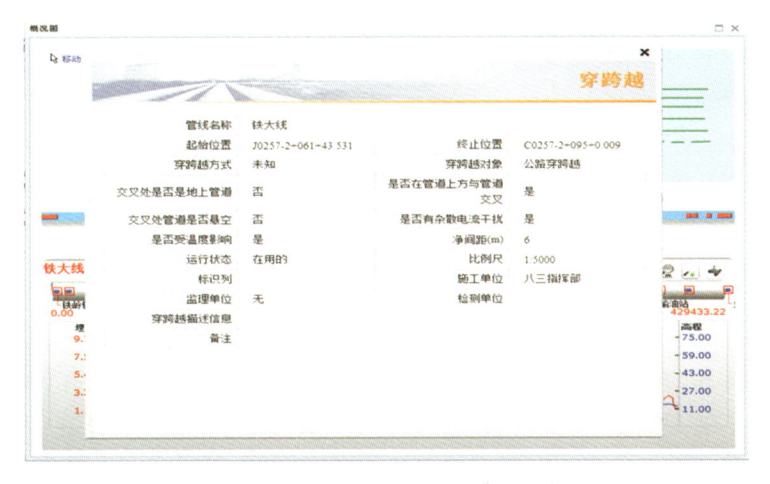

图10-7　基础数据收集与整理典型功能页面

(二)高后果区识别

高后果区识别应用功能提供了高后果可视化管理工具,支持在三维场景里对高后果区所涉及的人口、居民区、建筑因素的相关信息进行综合查询和展示,具体包括:人口密度、居民区与管道的接近程度、弱势人群区(如医院、学校、幼儿园、老年人活动中心、监狱和娱乐场所)。同时,通过集成实时视频监控数据,可以在高后果区识别功能中进行实时调阅,便于管理者随时掌握高后果区各类信息变化情况并增强对该类区域内管道区段的巡检、维护力度,如图10-8 所示。

图 10-8　高后果区识别典型功能页面

(三)风险评价管理

风险评价管理应用功能支持对管道本体及其沿线的风险进行识别与评价,以工作管理的方式进行高后果区识别工作,系统通过对地理数据、运行数据、灾害监测等数据的综合分析,实现风险等级和危害影响范围综合管理与展示,也可按风险等级、风险类型查询风险管段的位置、里程以及评估日期等,并用不同颜色(如可将风险等级一、二、三、四级分别对应红、橙、黄、绿颜色)来区分展示;同时通过集成专业数学模型,将风险管道可能影响的灾害范围进行展示,为管道科学管理与决策提供信息支持,以达到提高管道运行效率,延长管道生命周期的目的,如图10-9 所示。

(四)完整性评价

管道完整性评价应用功能是对管道本体上存在的缺陷的检测、确认,并评估其对管道安全影响程度的过程。管道高后果区、高风险段是完整性评价的重点区域,管道完整性评价通过特定技术手段获取管道缺陷信息来对管道的完整性进行评估,以明确现在和将来管道安全运行状态的能力和水平的过程;它还可以对管道缺陷进行检测,对管道剩余强度和剩余寿命进行评

图 10-9　风险评价管理典型功能页面

估,预测缺陷导致管道失效的发展趋势,在此基础上给出管道整体安全运行上限条件,并制定有针对性的维修维护计划,如图 10-10 所示。

图 10-10　管道完整性评价典型功能页面

(五)维护与维修管理

管线维护与维修管理功能模块包括作业计划上报、作业方案审核、施工过程记录等功能应用,该模块主要根据检测评价报告提出的建议完成管道维护和修复,降低风险的措施。并按照完整性评价的结果,找出管道承载能力不足的地方,对不能接受的管道本体或防腐层缺陷进行修复或维护;也可根据风险评价结果,针对可能存在的威胁制定和执行预防性风险减缓措施(如加强巡线、地质灾害监测等)及有针对性的预防措施(如预防第三方损坏、控制腐蚀、泄漏检测、最大限度地减轻意外泄漏的后果、降低操作压力等),如图 10-11 所示。

图 10-11　管道维护与维修管理应用场景

（六）效能评价管理

管道完整性效能评价的目标是使自然泄漏的总体积减小以至最终达到零，针对管道运营定期完整性管理定性和定量规划的改进措施的总结，评价对管道完整性产生负面影响的操作性事件（例如，发生泄漏、违章关阀、SCADA 系统的储运损耗等）。效能评价管理应用功能主要是通过明确管道完整性管理的内容、步骤和方法，利用效能测试方法不断完善管道完整性管理体系，提高完整性管理能力，明确开展完整性管理的各环节或方法是否达到完整性管理的目的，以提高完整性管理体系的有效性和时效性，如图 10-12 所示。

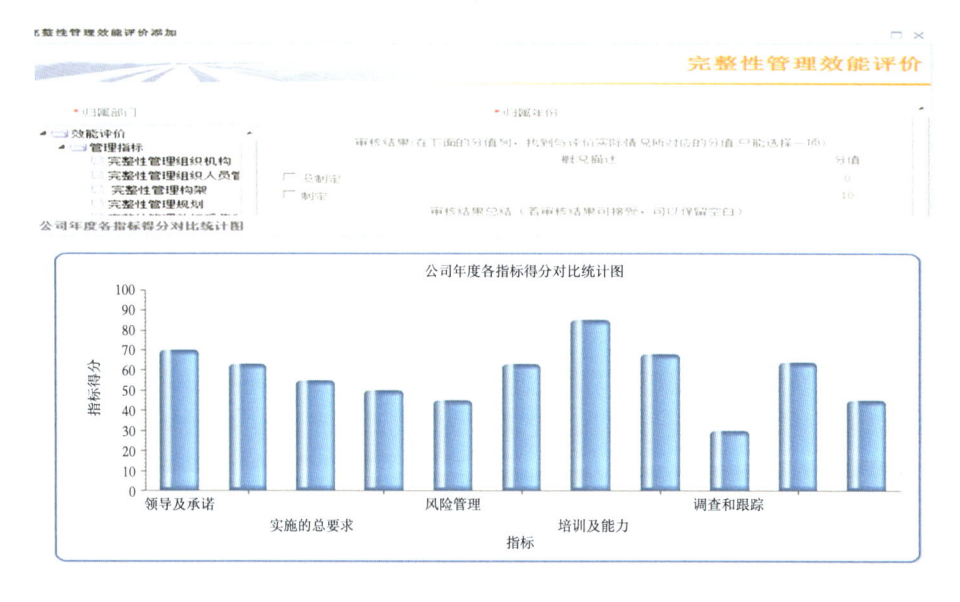

图 10-12　效能评价管理典型功能页面

三、管道完整性管理应用成效

(1)规范与优化了管道管理的各类数据资产和业务流程(图10-13)。整理和迁移了大量管道基础数据,为管道完整性管理业务提供保障,为企业积累了宝贵的数据资产;基于流程固化了业务数据填写、上报、审核、查询、统计分析等功能,保证数据信息在多个管理层级的及时传递,避免数据重复录入、提交,缩短业务数据填报和流程办理周期,规范业务操作,有效提升工作效率。

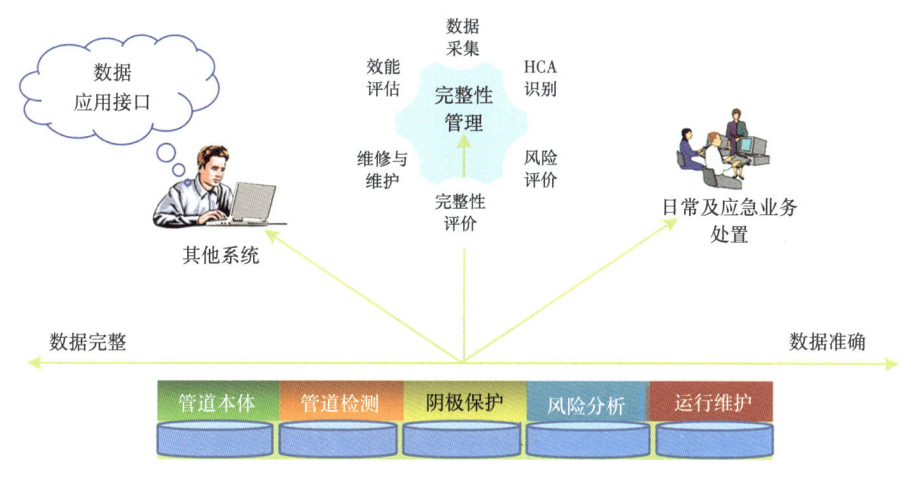

图10-13 管道完整性数据资产管理示意图

(2)从技术上强化了管道完整性相关数据的管理和知识库的建立(图10-14)。提供了从源头采集线路、站场、通信设施等失效信息的手段,为管道风险识别与减缓、应急处置和线路规

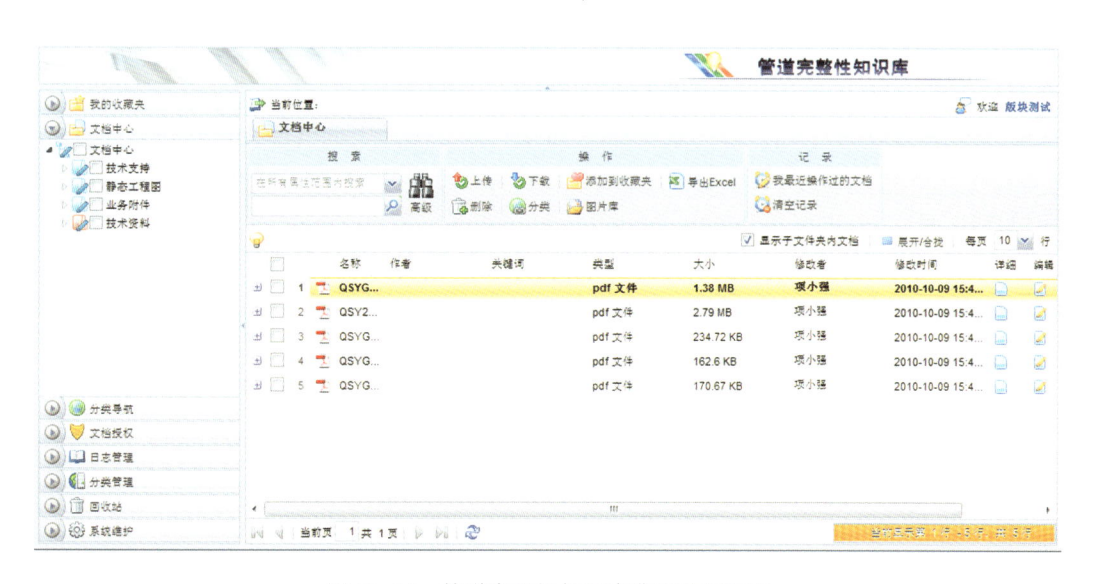

图10-14 管道完整性知识库典型功能页面

划改造提供有效的信息和知识支撑；系统强化数据之间、知识与业务之间的集成，提高系统使用效率和方便性，促进完整性技术普及。

(3)将管道完整性管理方法固化到系统当中，强化各项业务之间的衔接，固化风险与减缓措施的关系，初步实现基于风险的闭环管理，如图 10-15 所示。

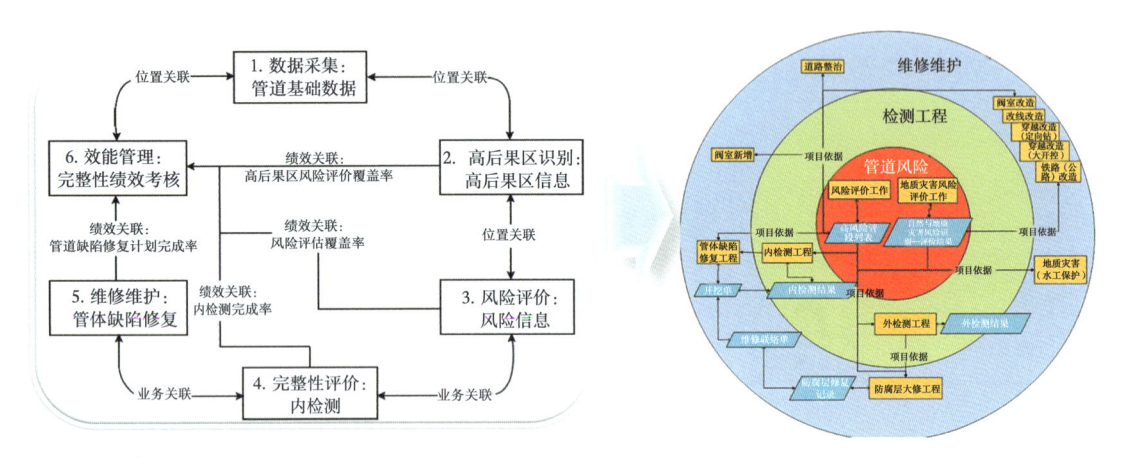

图 10-15　管道完整性闭环管理关系图

第三节　储气库数字化管理

西南油气田相国寺储气库位于重庆市，2013 年建成投运，是西南地区首座储气库，主要有中卫~贵阳联络线季节调峰、事故应急、战略应急供气及川渝地区季节调峰、事故应急供气等功能。总库容量 $42.6×10^8m^3$，采气日处理能力 $2855×10^4m^3$，拥有注采站 7 座、注采井 13 口、监测井 6 口、封堵井 21 口、集输站 2 座、集注站 1 座，采注气干线 30 余千米，外输线 100 余千米。截至 2018 年 3 月，是中国注采能力最大、日调峰采气量最高的储气库。根据国家能源局印发《中长期油气管网规划》，"十三五"期间，将在重庆再建 2 座地下储气库，到 2030 年，将在川渝地区再新建 8 座地下储气库，届时储气库总库容量将 $500×10^8m^3$，全国储气库有效工作气量将达到 $300×10^8m^3$。

西南油气田储气库数字化管理平台建设，是为支持储气库生产管理需求，顺应储气库总体发展规划，按照"先进、适用、安全、可持续"的原则，采用了先进成熟的技术和管理理念，并有效集成了现有系统的相关数据，设计开发了储气库生产管理所需的应用功能，完全符合建设国内一流、行业领先智能化储气库的目标，大力促进了储气库生产管理方式的转变和生产效率的提高[4]。

一、储气库数字化管理业务需求

(一)优化创新业务管理需求

储气库受往复高速强注强采运行特殊性的影响，对建库达产、优化运行和高效管理等方面有很高的要求和挑战。一方面，相国寺储气库多年实际运行中发现了一些问题，比如：储层非均质性与井网分布不均衡导致区域注采气扩散不均、单井注采能力差异、注采不同阶段气体流动特征差异、个别井注气末期地层压力偏高、压缩机组效能等地面系统管理难度较大等，亟须优化解决；另一方面，储气库的总体设计、运行方案、运行实施涉及地质工程、气藏工程、注井工程、井工程、地面集输工程等众多学科领域，需要强化全局协调的理念，站在全局的角度考虑各专业间的协同，如考虑地面集输系统能力的气藏指标优化和单井生产优化，而非按照传统模式进行分气藏工程、注气工程和地面工程的独立求解。

因此，需要建立形成一套储气库数字化管理平台，构建储气库气藏—井筒—地面管网一体化数值模拟模型，并以此为智能储气库搭建底层核心模块；在气藏基础研究获得基本地质认识和渗流机理的基础上，把气藏、注采井到集输、处理等各个模型放在实时无缝共享层面来计算和优化，结合储气库日产生产管理的需求，通过模拟、预测、计算，实时提供最优化的产量、压力及工艺配套决策方案，提高现有储气库运行效益和管理水平，实现储气库长期、安全、智能、高效运行。

(二) 数字化管理需求

西南油气田储气库数字化管理平台建设是以储气库、注采井等基础设施为核心对象，通过搭建一体化的数据采集、管理与应用平台集成现有统建、自建系统现有数据，最终实现储气库集注站、储气库管理部门生产管理业务数据的一次性采集、集中管理与共享，满足储气库经营管理、技术管理、科学研究的业务管理的数字化需求，真正实现储气库业务数据资产化管理，业务应用可视化、协同化、一体化管理，为向智能储气库发展夯实基础。

(1) 建立一套储气库一体化数据采集、管理与应用平台，建立统一的数据采集、录入与导入机制，实现数据标准化一次性采集，降低基层员工数据采集负担；

(2) 遵循统一的数据采集和管理规范，实现储气库各类业务数据的资产化、一体化管理；

(3) 建立一体化业务协同管理平台，开发满足储气库管理处、集注站日常生产管理的系统功能模块，并利用 GIS 技术进行生产动态监测、跟踪分析与预警；

(4) 实现数字化管理平台基于云化部署的日常运行管理。

二、储气库数字化管理应用功能

储气库数字化管理平台是基于西南油气田 SOA 技术基础平台，整合集成已建信息系统成果，形成集采注气、动态监测、设备运行等生产管理业务应用于一体的数字化管理平台，为储气库生产管理和科研人员提供全面的辅助决策信息支撑。平台包括储气库生产总况、基本实体管理、日常生产管理、动态监测管理、生产辅助管理的应用功能。

(一) 储气库生产总况

储气库生产总况应用功能应用了大数据可视化技术，综合呈现了储气库生产计划、生产动态、作业动态、HSE 管理、井站分布等信息，实现储气库生产数据分析应用、关键指标跟踪管控的可视化展示，如图 10-16 所示。

图 10-16　储气库生产总况典型功能页面

(二) 基本实体管理

基本实体管理应用功能主要用于记录和管理储气库各类生产对象的基础数据,通过对储气库生产有关组织机构、单井、场站、管线、设备等基本信息的管理,实现资料集中、存储便捷和信息共享,如图 10-17 所示。

图 10-17　储气库基本实体管理典型功能页面

(三) 日常生产管理

日产生产管理应用功能主要用于采集和查询储气库生产过程中产生的注采井瞬时数据和日数据、采输气管线运行数据、封堵井状况日数据、生产计划数据等,并以图表的形式进行展示,包括生产计划管理、瞬时数据采集查询、生产日数据采集查询、生产报表汇总等功能点,如图 10-18 所示。

图 10-18　储气库日常生产管理典型功能页面

(四)动态监测管理

动态监测管理应用功能主要用于管理气藏动态监测计划及完成情况,及时掌握气藏注采特征,为气藏制定增产增注措施提供科学依据。动态监测管理的功能主要包括监测计划(常规监测计划、专项监测计划)、常规监测(流体监测、压力监测、页面监测等)和专项监测(PTV分析、不稳定试井、产能试井、工程测井、井间监测、生产监测等),如图10-19所示。

图 10-19　储气库动态监测管理典型功能页面

(五)生产辅助管理

生产辅助管理应用功能主要用于记录储气库水、电、气的消耗数据,实时监控各种水电气设备的运行状态,包括用水管理、用电管理、用气管理三个功能点,如图10-20所示。

数字化气田建设

图 10-20 储气库生产辅助管理功能页面

三、储气库数字化管理应用成效

(1) 在业务管理上,规范和完善了储气库管理的数据资产和业务流程。整理和迁移了大量单井、场站、管线和设备的静态数据,并基于业务流程实现了业务数据一次性填报、审核、查询、统计分析等多层级的精细化管理,避免数据重复录入、简化管理流程,实现了注采核心指标的跟踪与分析,有效提升了工作效率,如图 10-21 所示。

图 10-21 业务管理成效

(2) 在技术层面上,储气库数字化管理平台基于数据集成与应用服务平台(SOA),实现储气库生产数据与其他系统的集成整合;基于 SDC 大数据可视化技术,实现生产数据分析应用、关键指标跟踪管控的可视化展示;基于云平台,实现即需即用、灵活高效的 IT 资源支撑;基于移动应用平台,实现关键指标跟踪、流程审批的移动化办公。平台不仅结合了日常生产管理业务现状及信息化需求，还依托技术创新优势，借助先进成熟的信息化手段，全面提升了储气库各级生产单位管理效率，为未来智能化储气库建设夯实了基础。如图 10-22 是储气库数字化管理平台技术架构。

图 10-22 储气库数字化管理平台技术架构

参 考 文 献

［1］谭春梅.数字化技术在天然气长输管道中的应用分析［J］.石化技术,2019,26(06):94-101.
［2］乔元立.数字天然气管道的建设与管理探究［J］.化工管理,2018(33):43-44.
［3］温庆,唐瑜.管道及场站数据管理系统在西南油气田的应用［J］.中国化工贸易,2019,011(21):117-118.
［4］叶康林.地下天然气储气库信息化建设现状与探讨［J］.信息系统工程,2019,32(07):124-126.

第十一章　生产运行业务管理应用

生产运行指挥管理部门是生产调度管理、钻井运行管理、土地管理、自然灾害防治管理、水电管理与油地关系协调管理等各类业务管理的综合协调部门,为满足多层级、多专业统一协调、安全高效的生产运作,必须依托数字化生产、信息化管理的手段,实现对油气田企业的生产、经营活动的统一组织协调提供高效支撑。

第一节　生产运行管理

一、生产运行业务管理业务需求

生产运行管理是通过生产组织、指挥、管理、协调,达到保障整个西南油气田油气生产计划的顺利完成,油气生产总体受控,生产业务平稳高效运行的目标。生产运行管理的业务包括生产调度管理、钻井运行管理、土地管理、自然灾害防治管理、水电管理与油地关系协调管理六大方面。其信息化需求包括:

(1)生产调度管理。

实现天然气日常调度管理;实现月度生产运行计划、季度上报建议计划、年度调运计划与同步检修计划等管理,并与中国石油生产经营管理部门的计划对接;实现企业生产的周、月、年的生产统计分析。

(2)钻井运行管理。

实现钻井年度运行计划安排、钻井月度计划安排、钻机运行安排、动态跟踪及运行调整等钻井运行管理,对钻井动态进行跟踪。

(3)土地管理。

实现用地规划、用地计划、用地预审、征地拆迁、土地复垦、土地流转、用地监管与保护等土地全生命周期管理,提高土地利用率和管理水平。

(4)自然灾害防治管理。

实现自然灾害的日常预防与准备信息管理,灾害发生时对应急抢险信息和受损情况进行上报与反馈,形成灾害防治管理信息化管理。

(5)水电管理。

实现水电数据的逐级上报、汇总和审核,并发布报表,实现水电数据的查询、分析和报表应用。

(6)油地关系协调管理。

实现油气田自建道路和油地共建道路的现场踏勘、方案论证、设计审查、扩(改)建及维修等信息管理,对林业手续、林业补偿和林地恢复等资料和信息进行管理,实现地面建设项目动态信息跟踪。

二、生产运行管理应用功能

生产运行管理平台的建设遵循数字化气田总体规划,在统一的 SOA 技术架构平台上,对原有各生产运行相关系统进行升级改造和整合应用,实现应用、服务、数据的有效集成,形成统一、高效、流程化的业务管理平台,满足生产动态实时监控、生产安全实时把控、生产运行与生产应急指挥实时化、全过程可视化的管理要求,如图 11-1 为生产运行管理应用架构。

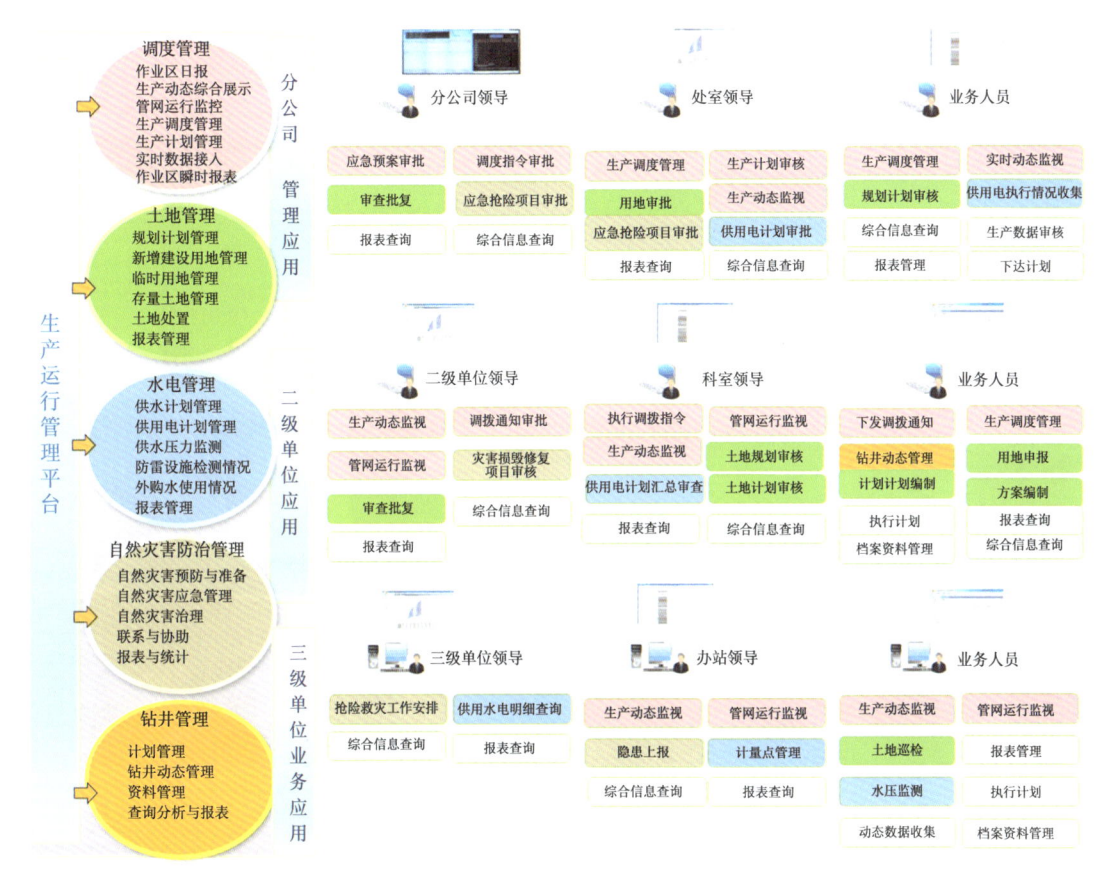

图 11-1 生产运行管理应用架构

生产运行管理平台建立起了涵盖生产调度管理、土地管理、钻井运行管理、自然灾害防治、水电管理等业务的信息化管理,涵盖西南油气田总部、二级单位、三级单位三个层面的业务应用。在西南油气田总部,为生产运行管理部门提供生产动态监视、生产调度管理、生产计划审批,为企业领导提供调度指令审批、综合信息查询、应急指挥决策及生产组织指挥管理等业务应用。在二级单位,提供了生产动态监视、管网运行监视、调拨通知审批、钻井动态管理、生产调度管理等业务应用。在三级单位,提供了基础数据管理、生产运行工作具体落实、生产动态监视、管网运行监视、上传下达指令执行等业务应用。

各业务功能实现情况如下:

(一)生产调度管理

生产调度管理建立了基于物联网实时数据的应用,实现了生产动态综合展示和管网运行监控;建立和完善了西南油气田总部、二级单位、三级单位,以及终端公司的生产报表,实现了进倒气量平衡、产销气量平衡、重点管线实时监视、重点用户实时监视、重点井实时监视、动态图表分析等功能;实现了生产经营计划、储气库注采气建议计划、自营原油分区块产量计划、合资合作分项目生产计划、气田装置检修计划等生产计划的管理;实现了调度信息发布、协同办公申请、信息审阅、调度信息办结、值班记录等生产调度管理,如图 11-2 为生产调度管理功能页面。

图 11-2 生产调度管理首页

依托物联网建设成果,对井、站、管网的实时数据进行接入,结合中国石油地理信息系统(A4),建立了基于实时数据的应用,以地图的形式,实现西南油气田总部、二级单位、三级单位,以及站场生产动态的综合展示,如图 11-3 所示。在西南油气田总部展示各二级单位的产量、压力、越线报警、设备故障报警等重要数据;在二级单位以表格的形式展示各作业区的重要实时生产数据;在作业区展示各井场油压、套压等重要参数的实时生产数据;在站场利用 PI 实时数据库提供的 SDK 工具,完成实时数据表格与曲线展示站场的实时运行动态,包括井口、管线、用户、增压机组、脱水机组等。

针对场站的工艺流程,设置相关预警阈值,在数据变化幅度或数据值达到预警值时向用户预警,此功能叠加在站场工艺流程实时监控页面中,在后台根据设定内容进行监控,利用弹出提示的方式提示用户,用户点击之后切换到相应的监控界面中,如图 11-4 所示为站场三维工艺流程组态图。

◆ 第十一章 生产运行业务管理应用

图 11-3 生态综合展示

图 11-4 站场三维工艺流程组态

以管网地图的形式展示企业的管网地理分布,并整合物联网系统采集数据,对输气管网关键节点的实时生产动态信息进行可视化展示,如图 11-5 所示为输气管网运行状态图。

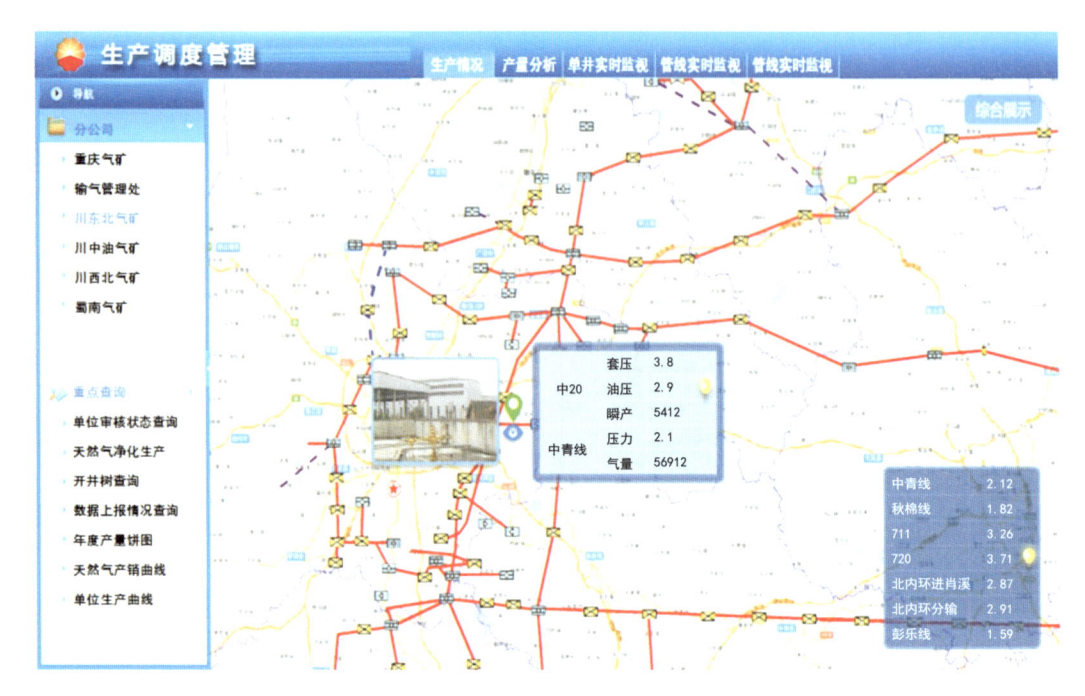

图 11-5　输气管网运行动态

(二) 土地管理

基于企业统一的 SOA 技术平台和中国石油地理信息系统(A4)建设成果,建立覆盖用地规划、压覆矿产、用地申请、合同、地籍、纠纷、处置方案与审批等业务应用,实现用地前期管理、建设用地管理、临时用地管理、用地权籍管理、土地复垦管理、存量土地管理、公共关系管理、项目协调管理、公路管理、林业管理、法律法规管理等业务的信息化支持。

在土地信息综合展示中,提供了土地位置、状态、面积等信息的综合展示,如图 11-6 所示。

图 11-6　土地信息综合展示

由于土地管理中涉及的流程较多,依托企业统一的流程管理功能(BPM),建立跨部门的土地业务流程的流转、处理工作,实现多部门、多层级工作协同,如图11-7所示为土地业务流程管理。

图11-7　土地业务流程管理

基层单位在日常(定期)的土地巡查中,利用手持GIS设备,以视频图像接入等方式,及时跟踪土地现场情况,将相关信息更新、汇入平台,对发现的问题及时处理或上报,如图11-8所示。

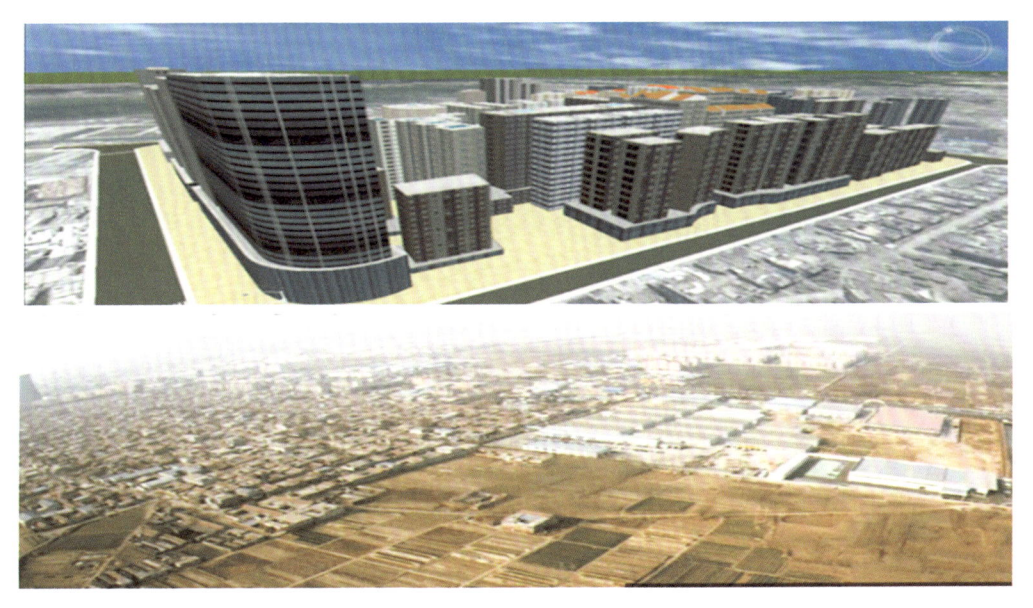

图11-8　土地日常巡检

(三) 钻井运行管理

钻井运行管理包括基础数据管理、计划管理、钻井动态管理、资料管理、查询分析与统计报表。基础数据管理对钻井单位、试修作业队、钻井队、钻机、钻机工程项目、单井钻井情况等信息进行管理;计划管理对钻机运行安排年计划、钻机运行安排月计划、月度钻机搬迁计划进行管理;钻井动态管理实现了钻前工程动态、钻井数据审核、钻井动态数据审核、钻机分井动态、试油动态、试修动态等信息管理;资料管理实现了钻井设计资料、地质设计基础数据、钻前准备进度、月度未完成计划统计、钻井运行年度总结等资料的管理;查询分析与统计报表实现了钻井、试油日报、月度钻井进尺统计、年度进尺情况、月度未完成计划、年度钻井主要指标完成情况等数据的统计分析,如图 11-9 所示为钻井运行状态功能页面。

图 11-9 钻井运行动态

根据用户业务管理重点,可为用户设置重点井,提供重点井的进尺、钻达层位等数据的图表化查询展示,如图 11-10 所示。

系统还为用户提供了钻井相关设计、勘察、工程项目质量等资料的上传、查询和下载等功能。

(四) 水电管理

水电管理包括基础数据管理、供水供电运行管理、用电安全管理、报表管理,如图 11-11 所示。基础数据管理实现了水处理厂、泵站、变电站、供配电线路、供配电设施、供水管线、供水设施、防爆电气设施等基础数据管理;供水供电运行管理实现了供水计划、供用电计划、外购水使用情况、自供水使用情况、供电异常情况、变电站运行情况、供用电情况等信息的管理;用电安全管理实现了各单位电力人员操作证取证情况、春检计划、春检执行情况、电力及防雷设施安全检查、电力运行考核等业务信息化管理;报表管理中实现了供水综合月报、供电综合月报、供水综合年报、供电综合年报、变电站运行周报、供水运行周报、电力、通信安全环保隐患项目治理情况进度、供电异常情况统计等数据的统计与分析。

图 11-10　钻井进尺综合查询

图 11-11　水电管理功能页面

(五) 自然灾害防治管理

自然灾害防治管理包括自然灾害预防与准备、自然灾害应急管理。自然灾害预防与准备实现了工作计划安排、工作计划完成情况、应急物资管理、自然灾害重点监控部位、隐患信息上报、隐患汇总与跟踪、隐患销项、隐患销项审批、汛前专项检查、规章制度等业务的信息化管理。

(六) 综合信息移动端应用

移动应用包括生产信息查询、电子秘书、信息上报、消息管理。生产信息查询实现了供用水周报、供用电周报、气象信息、灾害治理情况、征地进度、正钻井情况、土地周报汇总情况、变电站生产、水处理厂生产等信息的查询;电子秘书实现了待办工作、已办工作、工作计划与安排等事务的管理;信息上报实现了巡检信息、隐患信息、自然灾害灾情、现场资料、权属纠纷等信息与资料的上报;消息管理中,可管理个人关注的各类业务信息,如图11-12所示。

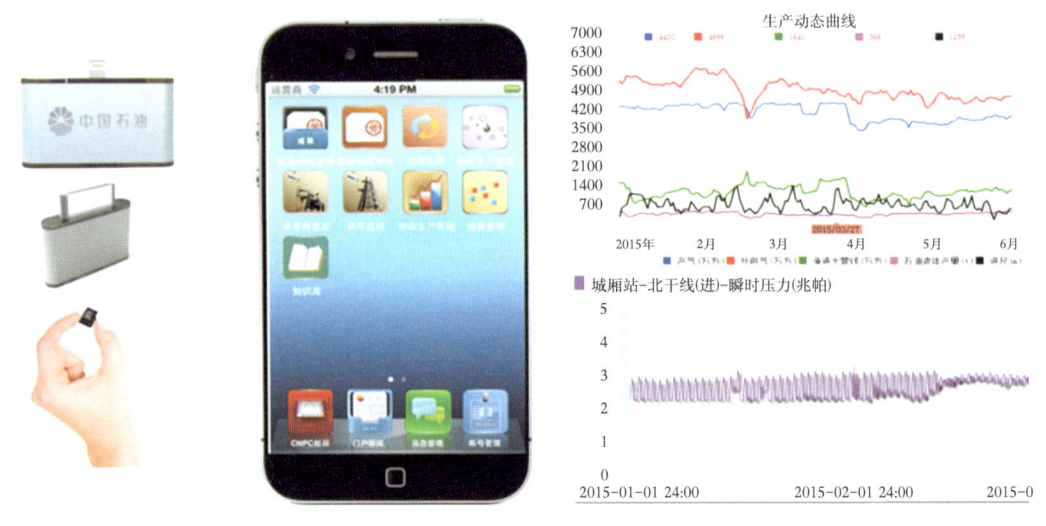

图11-12 移动应用功能展示

三、生产运行业务一体化应用成效

生产运行管理平台的业务覆盖了西南油气田生产运行管理部门、各二级单位生产运行科、作业区生产调度室及生产现场,实现了生产运行管理相关的生产调度管理、钻井运行管理、土地管理、水电管理、自然灾害防治管理、油地协调管理等业务的信息化管理全面覆盖,并基于西南油气田的数据整合与应用集成平台,实现业务流程优化和重构。平台的建设与深化应用,提高了土地利用率和管理水平,规范了水电管理、自然灾害防治、油地协调管理等业务信息化管理流程,提高了相关业务的工作效率和决策支撑能力。

通过与生产数据平台、生产视频监控、地理信息系统(A4)等相关信息系统的数据整合与应用集成,实现了生产动态实时监控、生产安全实时把控、生产运行与生产应急指挥实时化、生产现场全过程可视化。

生产运行管理平台汇聚了生产运行相关数据,为西南油气田生产受控系统、应急物资储备系统、生产数据平台手工录入子系统以及一线场站基础资料规范化管理系统等16个外部系统提供数据支持,使企业生产数据资源得到充分利用,大幅度减少员工重复工作量,提高了工作效率和质量。

第二节 生产动态管理与决策支持

随着西南油气田信息化建设持续推进,各专业领域信息系统逐步完善,使西南油气田生产数据具备了支撑各层级专业应用的条件。与此同时,在生产动态管理与决策支持领域,以服务油气生产全产业链为目标,基于西南油气田勘探、开发、生产、集输、净化、输气到销售等业务领域的数据资源,利用大数据、GIS、商务智能分析等技术,建立面向应用的跨业务领域关联分析、全产业链的动态信息集成应用,全面支撑生产管理、科学研究和辅助决策,成为了企业数据共享、系统集成应用的发展趋势。

勘探开发生产动态管理平台是西南油气田生产动态管理与决策支持的重要平台,是西南油气田步入数字化气田高级阶段的深化应用,也是实现跨部门、跨领域信息共享和业务协同的重要工程,它借助于数据整合、商业智能和大屏幕展示技术,建立了油气生产全业务链多主题联动的综合信息展示,形成了集油气田总况、开发规划部署、产能建设、油气生产、集输处理、油气销售、开发项目跟踪分析、生产单元安全预警等跨业务领域信息集成和可视化展示于一体的"全企业一张图"的信息化综合支撑能力,如图11-13所示。

图 11-13 勘探开发生产动态管理平台集成展示主题

一、油气企业全业务信息化支撑需求

(一)总体需求

勘探开发生产动态管理平台的建设需求有两方面,一是实现油气田总况、油气田生产实时总况、勘探生产动态、开发建设动态、油气生产动态、采油气工艺动态、集输净化动态、输气生产动态、油气销售动态、开发项目跟踪评价、专业数据一体化查询等业务专题的数据信息集成和可视化展示;二是实现油气田生产作业现场、重点工作动态、生产经营指标、专业技术数据等信息的"可看、可查、可交互",为西南油气田各级生产管理和科研人员提供全面的辅助决策信息支撑。

(1)"可看"是指可看到生产现场实时视频,了解现场情况、指导现场应急处置;可看到勘探生产、开发建设、油气生产、采油气工艺、集输净化、输气生产、油气销售、开发项目跟踪等动态信息。

(2)"可查"是指可查看勘探各类成果数据(构造、储层、储量、探井钻、录、测等);可查看油气生产计划完成情况、油气及化工产品销售情况、收款情况;根据GIS导航可查看关联长输管道生产情况、生产单位生产完成情况、重点井、站生产实时数据、报警信息、井筒完整性。

(3)"可交互"是指通过双向语音视频实现与生产现场、作业现场的点对点的实时交互。

(二)具体需求

勘探开发生产动态管理平台的建设,是在充分利用"数据整合、应用集成、地理信息"等技术的基础上,汇集"十一五"到"十二五"期间西南油气田统自建系统、油气物联网和工程物联网的建设成果,实现生产作业现场实时数据、各项重点工作动态信息、各领域统计分析预警指标的综合展示。

(1)油气田生产作业现场实时数据集成展示:充分运用集团统建及油气田自建专业化信息管理系统、油气物联网和工程物联网建设取得的成果,以井、站地理分布为线索,集生产视频、工艺组态、实时数据于一体,实现生产作业现场"可看、可查、可交互"。

(2)油气田各项重点工作动态信息集成展示:以油气勘探、油气开发、油气生产、天然气净化、油气销售等业务链条为线索,集油气田勘探开发生产全业务领域各类计划、部署和动态信息于一体,实现油气田全业务链条各项重点工作"可看、可查、可交互"。

(3)油气田各领域统计分析预警指标综合展示:以信息化行业新技术应用为方向,形成"领导驾驶仓""生产仪表盘""指标下钻分析"等应用;以油气勘探、油气开发、油气生产、天然气净化、油气销售等业务链条为线索,以油气田各项重点工作动态信息集成为基础,通过计划指标与实际完成情况对比、超欠产提示、关联原因分析、关联影响分析等应用功能的开发,推动油气田向智能化生产目标迈进。

(三)建设策略

勘探开发生产动态管理平台,是西南油气田在生产动态管理与决策支持方面重要综合信息集成展示平台。在平台建设过程中,基于平台定位、建设目标、业务需求等要求,严格执行"急用先建、边建边用,继承成果、整合集成,服务主题、迭代开发"的建设策略,优先设计4大类数据应用和11个业务展示主题,整合西南油气田各专业领域分散管理和应用的业务数据,集成西南油气田已建系统的专业应用。

(1)急用先建,边建边用。由于西南油气田是整个西部地区最大的天然气生产基地,业务范围涉及勘探开发、油气生产、集输净化、油气销售等领域,结合各领域信息化支撑情况和数据管理现状,项目采取了分期建设的实施方法,坚持了"急用先建、边建边用"的原则,并以现场实时监控、重点工作动态、生产经营指标、专业技术数据等4大类数据"可看、可查、可交互"为应用场景,精心设计/开发/集成油气田总况、油气田生产实时总况、勘探生产动态、开发建设动态、油气生产动态、采油气工艺动态、集输净化动态、输气生产动态、油气销售动态、开发项目跟踪评价、专业数据一体化查询等11个业务展示主题,快速支撑综合展示、实时监控、指标分析、辅助决策等应用需求。

(2)继承成果,整合集成。"十一五""十二五"期间,按照中国石油统一部署和西南油气田数据气田规划统一要求,西南油气田着力两化融合,把信息化建设作为管理创新强有力抓手,以服务勘探开发生产为主线,推广应用包括勘探与生产技术数据管理系统(A1)、油气水井生产数据管理系统(A2)、地理信息系统(A4)、采油气与地面工程运行管理系统(A5)、ERP系统等核心业务的统建系统;同时,也建成投运包括生产运行管理信息系统、管道与场站管理系统、营销管理系统、设备综合管理系统、生产视频管理系统、龙王庙数字化油气藏与井筒完整性管理系统、场站数字化系统和SCADA、生产数据平台等一批自建系统,有效管理相关业务领域的生产管理和业务技术数据,支撑油气田生产各领域的业务开展。在勘探开发生产动态管理平台实施过程中,按照"继承成果、整合集成"的建设策略,借助西南油气田SOA统一技术平台,既整合各专业的动静态数据、生产作业实时数据,又通过页面集成和功能集成的方式,有效沿用成熟的信息化成果,缩短实施周期,节约项目投资。

（3）服务主题,迭代开发。以服务4大类数据应用和11个业务展示主题为主线,对于已建系统还未涉及的勘探部署、开发部署开发动态、工程建设动态领域,采用"服务主题、迭代开发"的建设策略,即梳理和设计一个展示主题,就同步开展数据接口开发和软件集成开发等工作,保证项目成果快速见效,达到了以用促建的目的。

二、勘探开发生产动态管理应用功能

勘探开发生产动态管理平台整合集成已建信息系统成果,按照油气生产的业务链条和管理维度,形成集勘探、开发、生产、经营等核心业务于一体的全企业生产动态"一张图"的信息化管理平台,满足油气田生产作业现场、重点工作安排、综合统计分析等信息的"可看、可查、可交互",为西南油气田各级生产管理和科研人员提供全面的辅助决策信息支撑。

勘探开发生产动态管理平台包括现场实时监控、重点工作动态、生产经营指标、专业技术数据等4大类数据应用主题,以及油气田总况、油气田生产实时总况、勘探生产动态、开发建设动态、油气生产动态、采油气工艺动态、集输净化动态、输气生产动态、油气销售动态、开发项目跟踪评价、专业数据一体化查询等11个专业展示主题,35个功能模块（其中业务系统功能改造与集成模块14个,功能定制开发+数据服务开发与集成模块21个）,108个功能点,如图11-14所示。

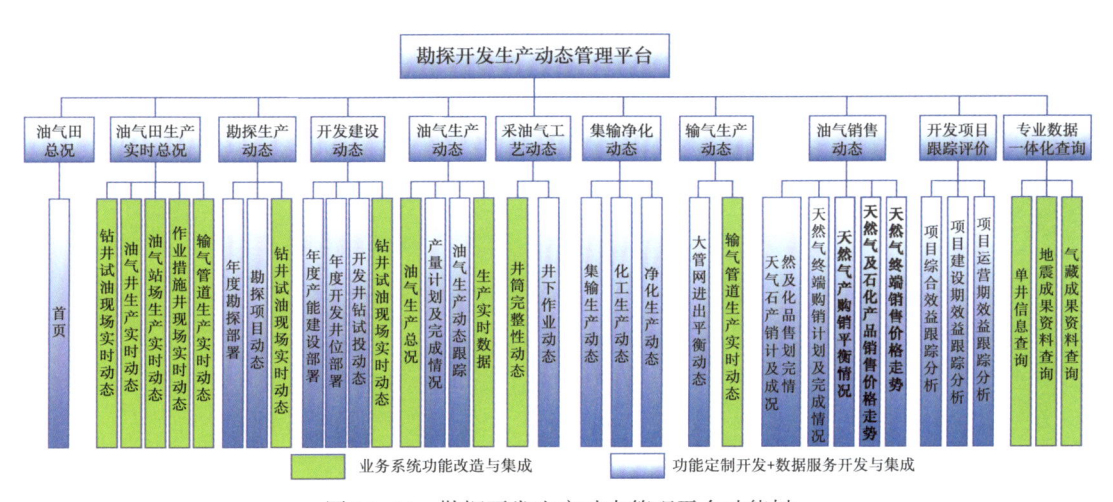

图11-14 勘探开发生产动态管理平台功能树

(一)油气田总况

油气田总况展示主题集成了勘探、开发、生产、集输、净化、输气到销售等业务领域的综合信息,形成了"领导驾驶舱""生产仪表盘""指标分析""上下游关联预警"等企业智能技术,该主题包括勘探生产总况、天然气生产总况、石油液体生产总况、产能建设总况、集输净化与输配销售总况等六个功能点,如图11-15所示为油气田总况典型功能页面。

图 11-15　油气田总况典型功能页面

(二) 油气田生产实时总况

油气田生产实时总况展示主题基于 GIS 导航技术,以井、站地理分布为线索,通过综合和直观的仪表盘方式,集成展示钻井试油、油气井、油气场站、输气管道等生产作业现场的工业视频、语音对话、工艺组态、实时数据等动态信息的"可看、可查、可交互"。该主题包括钻井试油现场实时动态、油气井生产实时动态、油气站场生产实时动态、作业措施井现场实时动态、输气管道生产实时动态等五个功能模块,如图 11-16 所示为油气站场生产实时动态典型功能界面。

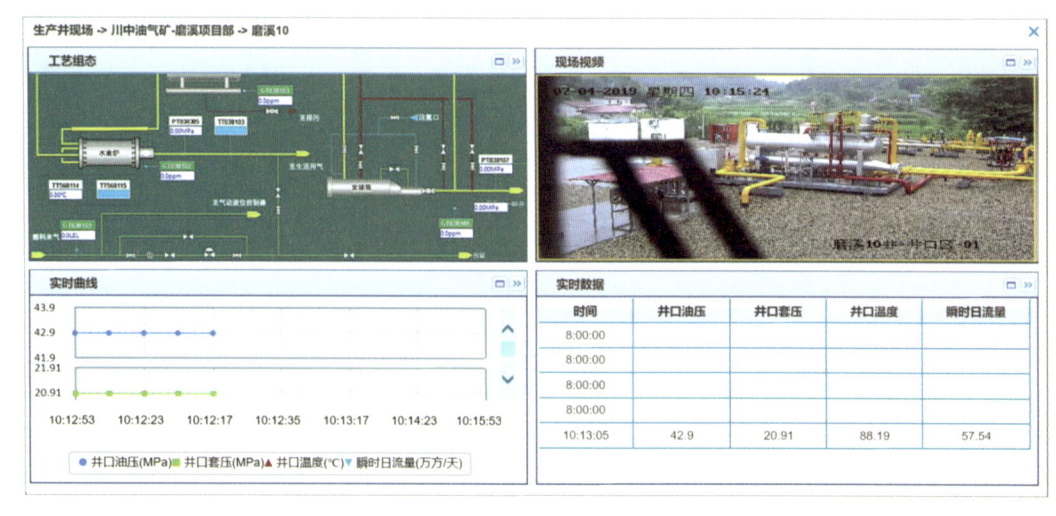

图 11-16　油气站场生产实时动态典型功能页面

(三) 勘探生产动态

勘探生产动态展示主题是基于油气田年度勘探部署图,通过直观图表,实时查看西南油气田、油气矿的勘探部署、项目分布、地震与钻井动态信息。该主题包括年度勘探部署、勘探项目动态(地震、钻井试油)、钻井试油现场实时动态(探井)三个功能模块,如图11-17所示为勘探生产动态功能页面图。

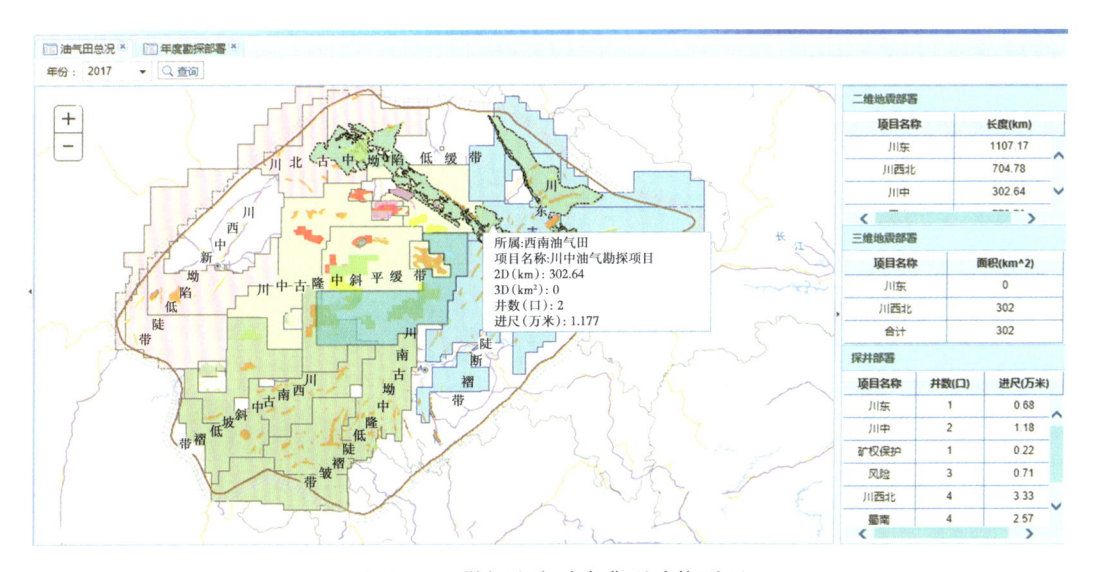

图 11-17　勘探生产动态典型功能页面

(四) 开发建设动态

开发建设动态展示主题是基于油气田年度开发现状图,通过直观图表,实时查看西南油气田、油气矿的产能建设与井位部署、钻试与投产动态等重要信息,如图11-18所示。该主题包

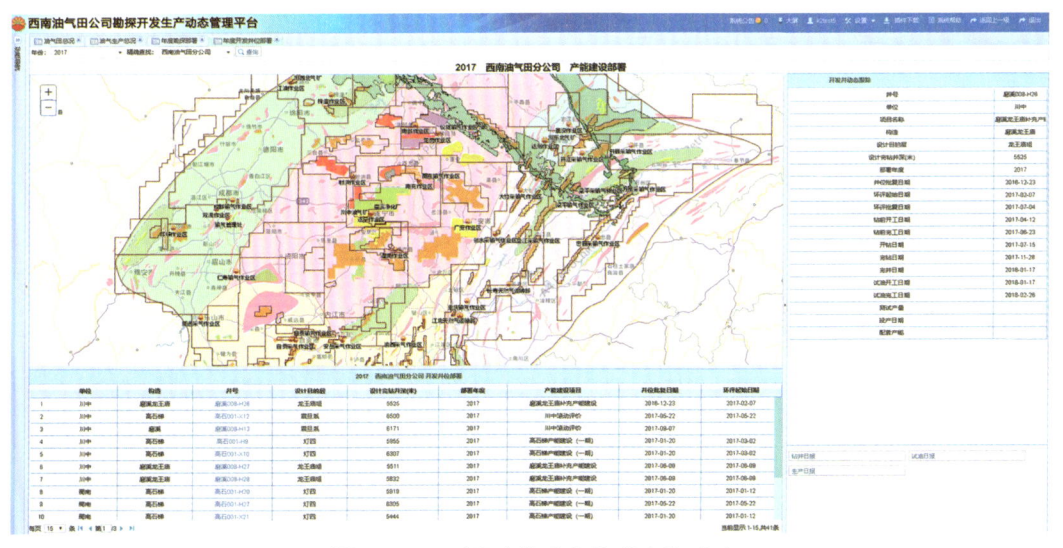

图 11-18　开发建设动态典型功能页面

括年度产能建设部署、年度开发井位部署、开发井钻、试、投动态、钻井试油现场实时动态(开发井)等四个功能模块。

(五)油气生产动态

油气生产动态展示主题基于 GIS 导航,以直观图表的方式,实时查看西南油气田及下属各级单位的生产计划与产量完成情况、日常生产动态等重要信息,为油气生产调控提供决策依据,如图 11-19 所示。该主题包括油气生产总况、产量计划及完成情况、油气生产动态跟踪、生产实时数据四个功能模块。

图 11-19　油气生产动态典型功能页面

(六)采油气工艺动态

采气工艺动态展示主题基于 GIS 导航,以直观图表方式,关联统计分析采气工艺动态、井下作业、井筒屏障、环空压力、完整性等三类评价等级指标,实现生产气井的井筒完整性管理,如图 11-20 所示。该主题包括井筒完整性动态和井下作业动态等两个功能模块。

图 11-20　采油气工艺动态典型功能页面

(七)集输净化动态

集输净化动态展示主题基于 GIS 导航,以集输管网和场站分布为线索,提供采、集、输、配、增、脱、注、净化、集输管道等生产单元的集输净化动态、设备运行情况、管网运行情况、检维修动态实时查看,通过数据分析和管理提醒,为生产管理和安全受控提供全面、及时的数据支撑,如图 11-21 所示。该主题包括集输处理动态、化工生产动态和净化生产动态三个功能模块。

图 11-21　集输净化动态典型功能页面

(八)输气生产动态

输气生产动态展示主题基于 GIS 地图,展现西南油气田的大管网分布,通过对 SCADA 系统数据的集成,展示关键节点的温度、压力、流量等实时数据;并以直观图表方式,展现和下钻分析输气计划及完成情况、大管网进出平衡动态、外输站场及设备运行参数等,为市场安全平稳输供气提供有力保障,如图 11-22 所示。该主题包括大管网进出平衡动态、输气管道生产实时动态等两个功能模块。

图 11-22　输气生产动态典型功能页面

(九)油气销售动态

油气销售动态展示主题以直观图表方式,展现天然气石化产品与终端的销售计划及完成情况、天然气产购销平衡动态、销售价格走势,并提供多维度指标统计分析,全面提升天然气销售业务管理水平,如图11-23所示。该主题包括天然气及石化产品销售计划及完成情况、天然气终端销售计划及完成情况、天然气产购销平衡情况、天然气及石化产品销售价格走势、天然气终端销售价格走势五个功能模块。

图11-23 油气销售动态典型功能页面

(十)开发项目跟踪评价

开发项目跟踪评价展示主题以龙王庙天然气开发项目作为试点,基于ERP系统数据资源,以直观图表的方式,实时跟踪龙王庙组气藏产能建设项目动态,多维度分析建设预期成效和生产运营效益,为业务管理部门提供及时的辅助决策信息支撑,如图11-24所示。该主题

图11-24 开发项目跟踪评价典型功能页面

包括开发项目跟踪评价模块由项目综合效益跟踪分析、项目建设期效益跟踪分析、项目运营期效益跟踪分析三个功能模块。

(十一) 专业数据一体化查询

专业数据一体化查询展示主题基于 GIS 导航,通过引用专业工具,综合查询钻井、录井、测井等单井技术数据,以及试采方案、开发方案、各类地质研究成果图件等成果资料,为研究人员提供技术数据共享服务,如图 11-25 所示。该主题包括专业数据一体化查询模块由单井信息查询、地震成果资料查询、气藏成果资料查询三个功能模块。

图 11-25 专业数据一体化查询典型功能页面

三、应用成效

(1) 勘探开发生产动态管理平台的建设投运,实现了跨部门、跨业务领域生产信息的集成应用,凸显了信息技术对油气田生产管理、研究和决策的强力支撑。

平台基于勘探、开发、生产、经营全业务链工作动态和实时数据等信息的可视化展示,采用了灵活的集成架构,管理上贯穿西南油气田、二级单位、作业区、生产现场四级,业务上覆盖勘探生产、开发建设、油气生产、采油气工艺、集输净化、输气生产、油气销售等领域,实现了跨部门和跨业务领域的生产信息的综合集成应用,各级领导对信息把握更全面、问题处理更及时、生产决策更快捷,使得生产组织更高效,凸显了信息技术对油气田生产管理、研究和决策的强力支撑,如图 11-26 为勘探开发生产动态管理平台业务应用架构。

(2) 借助 SOA 基础技术平台和 GIS 公共服务平台,完成多业务系统功能和数据集成,实现数据逻辑整合和信息资源共享。

勘探开发生产动态管理平台的建设与运行,是在充分利用 SOA 基础技术平台和 GIS 公共服务平台的基础上,通过数据整合和应用集成技术,采用了灵活的集成框架和松耦合的功能模块,完成对 A1、A2、A4、A5 井下作业子系统、主数据管理系统、规划计划系统、工程技术与监督管理系统、勘探信息系统、生产运行系统、井筒完整性管理系统、营销系统、权限管理系统、工业视频监控系统、双向语音等多业务系统数据服务和功能页面的接入,形成面向应用的跨业务领域关联分析、全产业链的生产动态信息集成应用模式,实现数据逻辑整合和信息资源共享,为

数字化气田建设

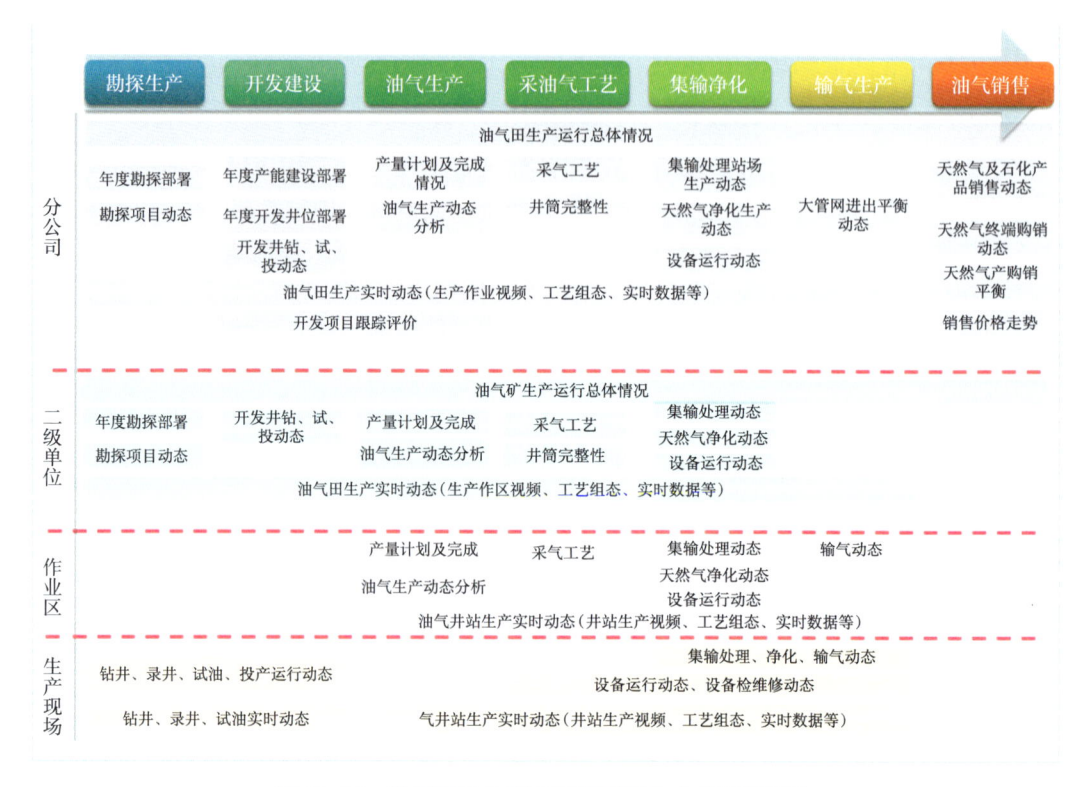

图 11-26 勘探开发生产动态管理平台业务应用架构

科研和生产管理注入新的活力。另外，勘探开发生产动态管理平台采用了一体化集成设计的软件开发模式，实现统自建系统的全面集成应用，其建设模式和架构模式具有创新性，对石油天然气领域及其他行业的数字化、信息化建设具有示范和借鉴作用。

表 11-1 勘探开发生产动态管理平台数据整合与应用集成列表

序号	系统名称	服务类型	服务数量	技术对接次数
1	勘探与生产技术数据管理系统（A1）	应用服务	4	3
2	油气水井生产数据管理系统（A2）	数据服务	9	3
3	地理信息系统（A4）	应用服务	3	6
4	采油气与地面工程运行管理系统（A5）井下作业子系统	数据服务	7	3
5	主数据管理系统	数据服务	4	2
6	规划计划系统	数据服务	6	2
7	工程技术与监督管理系统	数据服务	7	6
		应用服务	10	
8	勘探信息系统	数据服务	13	2
9	生产运行系统	数据服务	23	6
		应用服务	11	

续表

序号	系统名称	服务类型	服务数量	技术对接次数
10	井筒完整性管理系统	数据服务	4	1
11	营销系统	数据服务	11	3
12	权限管理系统	数据服务	4	2
13	工业视频监控系统	数据服务	1	4
13	工业视频监控系统	应用服务	1	4
14	双向语音	数据服务	1	5
14	双向语音	应用服务	1	5
合计			120	48

第三节 设备精细化管理

一、设备精细化管理业务需求

西南油气田拥有着大量的油气开发、集输、化工、储运设备设施。这些设备是企业生存与发展的重要资产，是企业生产的基本要素之一。随着西南油气田天然气生产与建设的加速，设备规模也逐年扩大。设备对生产的保障和贡献能力日益增长，同时，设备也是西南油气田安全环保风险易发多发的重点环节。因此，做好设备管理工作，管好用好生产设备，对于促进企业的健康发展有着十分重要的意义。建立一套能够覆盖设备全生命周期管理的业务系统，对设备的基础信息、运行情况、安全合规、业务流程进行综合的管理非常重要。

二、油气生产设备管理功能设计

设备综合管理系统，是西南油气田采用SOA架构进行设计与开发的一套用于支持西南油气田设备全生命周期管理的系统，其目标是建立一个从设备动静态数据采集到管理业务流程应用再到设备管理辅助决策支持的完整管理平台，能够支撑对各类设备设施的精细化管理，促进设备价值和效益的最大化。系统设计符合（PMS/T 1—2013）《设备管理体系—要求》的标准，涵盖了西南油气田和所属单位的设备资产台账管理、设备标准分类管理、设备电子档案管理、设备运行管理、设备故障管理、压缩机保养管理、重点设备状态监测、特种设备检验管理、设备处置管理等业务流程。

依据西南油气田设备管理办法，在功能上按设备基础管理、前期管理、后期管理、管理评价四方面业务进行设备精细化功能设置，充分利用现有设备相关系统的数据资源，建立对设备全生命周期管理各主要环节数字化应用。同时，通过"一码"式管理，建设西南油气田设备数据完整数据库，实现油气田设备数据的完整性采集、管理与服务。

按照设备管理体系的要求，设备综合管理系统共建设完成了5个一级功能模块、14个二级功能模块、51个三级功能模块，如图11-27所示。

数字化气田建设

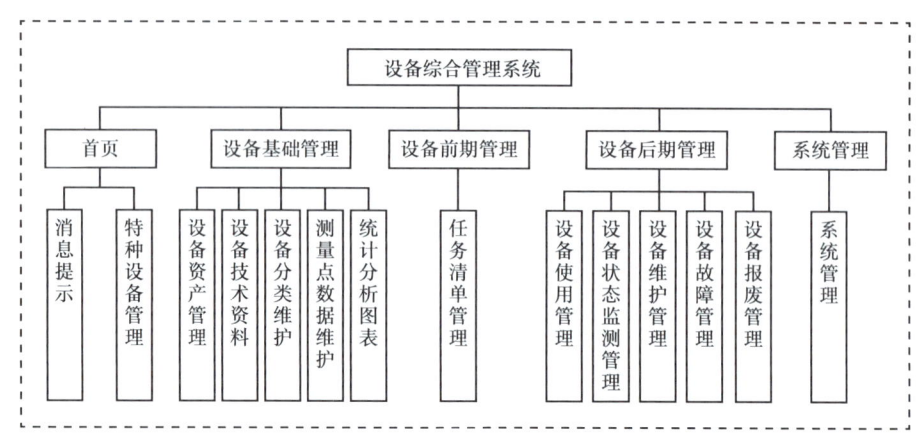

图 11-27　设备综合管理系统功能架构

在系统功能上，通过部署包括设备配置与运行情况总体报表展示、针对审批流程的用户工作待办的集中处置和基于时间的工作计划预警提醒等内容，帮助用户快速进入工作，如图 11-28 所示。

图 11-28　工作计划预警提醒功能

通过基础管理功能模块，实现了设备基础资料台账的完整管理。系统按照基础信息+特性信息+技术档案电子文档的模式记录设备的完整台账信息，方便管理人员和技术人员查阅设备全套的资料，追溯相关的信息。针对西南油气田的设备管理职责划分，系统通过各所属单位的设备分类审核配置功能，实现了设备台账的专业归口的管理。

基础信息在增、删、改、查的功能上，还允许用户利用 Excel 电子表格进行数据的批量新增和修改，尽量减少一线员工的繁杂重复操作。设备特性信息的台账字段和属性能够针对不同的设备类型依据业务实际在系统内由授权用户自行配置与扩展，从而满足不同维度的管理需求。电子文档管理不但支持对设备本身的技术资料进行上传，还支持其他业务功能的附件管理，如图 11-29 所示。

图 11-29　设备相关资料

如图 11-30 为设备特性信息功能页面。

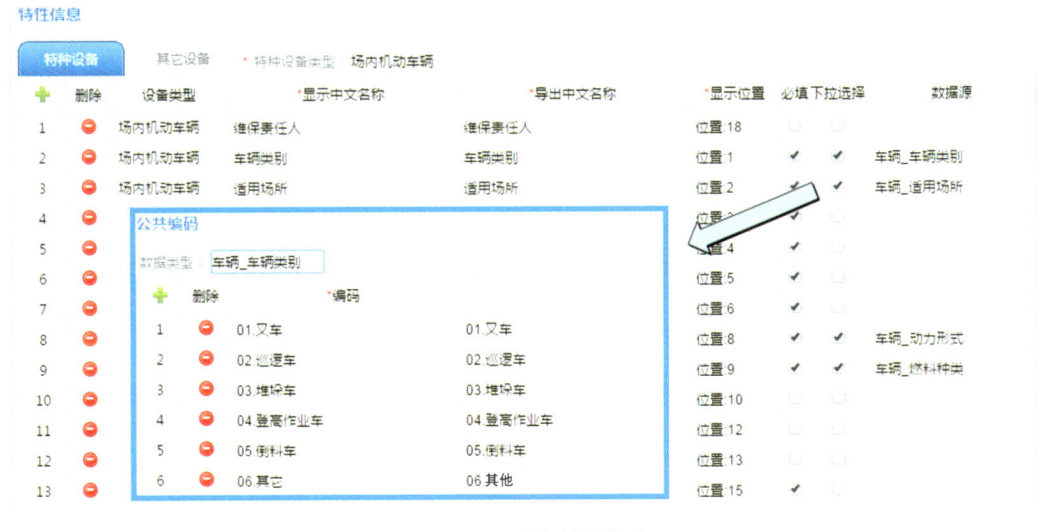

图 11-30　设备特性信息

通过后期管理功能模块,实现对设备的运行管理、保养维护管理、设备故障管理、运行状态监测、设备处置报废等业务的管理和信息记录。在运行管理方面主要完成动设备的月度运转记录数据的上报、审核、自动汇总,从而能够实时反映当前的设备"三率"指标和运行情况。通过对设备启停、闲置、调拨情况的记录,形成完整的设备使用履历,方便查询设备历史信息,如图 11-31 为设备养护信息查询功能页面。

◆ 数字化气田建设

图 11-31 设备养护信息查询

在保养维护方面，针对压缩机组形成了标准维护保养作业知识库，系统根据标准自动为设备进行任务排程，直接精细到保养部位和用料，便捷指导操作用户开展任务的执行，形成清晰的保养结果记录，如图 11-32 所示。在故障管理方面，针对锅炉、压缩机组、油气田特种车等 8 类设备形成了标准的故障代码知识库，用户按照实际情况利用故障代码对设备的故障情况进行完整的描述与记录，以便于后续的故障分析和设备评价。对于其他设备，允许用户按结构填报故障内容，为后续提炼相应的故障知识库做数据上的积累。

图 11-32 设备保养计划

在运行状态监测方面，对西南油气田 28 个重点场站的主要设备建立了 79 幅组态画面，通过二次组态实现了设备动、静态数据的综合展示，实现用户在办公网上实时观察到设备的台账信息、运行状态参数值和告警信息，各级管理人员能够与现场操作员工一样，实时观察到设备动态数据，如图 11-33 为设备后期管理功能页面。

— 252 —

图 11-33　设备后期管理

三、设备精细化管理应用成效

设备综合管理系统为西南油气田和各所属单位提供了一个统一的设备管理平台,将设备基础信息、运行情况、业务管理结合了起来,有力地支持了西南油气田设备全生命周期管理体系建设。通过系统的建设与应用,主要成效如下:

(1)形成了西南油气田统一的设备信息采集数据库,多项指标大幅提升。

截至 2018 年,系统中共录入各类设备台账 28324 条,特种设备专业信息 10039 条;按照《西南油气田公司设备档案电子化技术规范》,扫描加载入库各类设备技术档案资料 569739 份;提报重点设备月运转记录 114633 项,形成了比较完整的设备台账与运行信息的数据库。利用有效的审核机制和规则校验,实现设备管理范围的拓展,设备台账信息的建账率和准确率较原先有很大提升,与此同时,也形成了基本的设备台账数据标准模型,为其他系统的设备相关功能内容建设提供标准依据。重点生产单位的设备电子化档案入库率达到了 83% 以上。由于运转记录填报质量的提高,设备的完好率、利用率也都持续上升。

(2)利用 SOA 平台形成了数据服务,减轻了一线人员系统操作工作量。

将设备基础信息和特性信息、分类信息和技术文档信息发布成数据服务,允许相关系统通过数据订阅发布方式获取相关信息,既减少了一线人员的系统重复录入维护操作,又保证了数据的一致与统一,并为作业区数字化管理平台、生产网信息化基础资料运维管理系统提供数据服务,发挥了设备专业数据库的综合利用价值。

(3)转变了原有的工作方式,提升了西南油气田的设备管理效率。

通过系统的应用,西南油气田各业务处(部)室实现对所属单位的设备运行与管理情况进行便捷可视化的查询、统计、检查和监督,改变了以往靠下级单位人工报送统计数据和管理情况的工作方式,提高了工作效率与质量。

第十二章　生产经营业务管理应用

油气田生产经营业务管理是对油气田企业整个生产经营活动进行决策、计划、组织、控制和协调的过程，合理地组织企业资源以实现经营目标。生产经营管理涵盖了供、产、销各个环节，涉及项目管理、财务管理、物资采购管理、设备管理、资产管理和销售管理等活动。

在生产经营管理方面，西南油气田信息系统建设本着提高各类生产经营管理数据的采集、传输、处理能力，通过加强各生产经营管理相关系统内部流程优化和系统间集成，实现流程衔接、资源共享，从而满足各级生产经营管理部门及时掌握西南油气田整体生产经营管理情况的要求，实现跨业务流程整合和信息共享，促进了西南油气田经营业务从分散管理向集中管控转变。

第一节　天然气开发项目全生命周期管理

一、应用需求

(一)总体需求

为了改变传统的项目管理模式，规范项目各阶段管理的业务流程，结合西南油气田天然气开发项目生产管理实际，项目全过程管理方面的需求主要包括以下两个方面：

1. 全面提升公司生产经营决策能力的需要

需要充分利用勘探开发 ERP 系统、油气水井生产数据管理系统(A2 系统)、生产运行系统、财务管理信息系统(FMIS)等数据资源，基于财务指标计算逻辑，形成气田的成本费用分摊规则和计算方法，建立可对项目整体效益进行动态跟踪和评估的系统。对新建项目均进行项目效益评价，以强化生产和经营数据的集成和动态分析，提高效益评价的实时性和准确率，确保产销平衡、以销定产，提高内部收益率，提升公司生产经营决策能力。

2. 提升项目管理能力，强化成本管控的需要

需要进一步提升项目管理能力，提高项目内部收益率、强化成本管控，以龙王庙组气藏天然气开发项目为先导示范，开展包括项目前期、投资计划、项目实施、项目验收及项目后期等在内的项目全生命周期管理平台建设，进一步加强项目前期方案管理，强化项目建设实施管理，增进项目生产运营管理与分析，并进行建设跟踪分析、效益评价，确立实现项目全生命周期管理、实时评价能力的目标。

(二)建设目标

为了改变传统的项目管理模式，规范项目各阶段管理的业务流程，西南油气田围绕龙王庙组气藏天然气开发项目搭建了项目全生命周期管理平台，覆盖从方案设计、项目建设到生产运

营的全过程管理,通过专业数据与经营数据的有效结合,实现从多个维度实时分析项目建设成效和生产运营效益,为生产经营管理水平的提升提供了强有力的信息技术支撑。

(三) 建设策略

1. 整体策略

根据龙王庙组气藏天然气开发项目全生命周期管理需求,对天然气开发项目实施全生命周期管理,即以区块为管理单元,涵盖区块的预探、评价、开发和生产四个生命周期阶段,从方案设计、项目建设到生产运营的全过程管理,满足业务管理、过程监控和效益评估的需求。平台将各项专业工程纳入系统管理,主要目的是将专业与经营进行结合分析,以方案设计为基础,以区块、井号、项目作为数据关联的桥梁,通过系统接口,把各项业务数据进行集成并整合到 ERP 平台;通过设定 KPI 指标,实现从多个维度实时分析项目建设成效和生产运营效益,如图 12-1 所示。

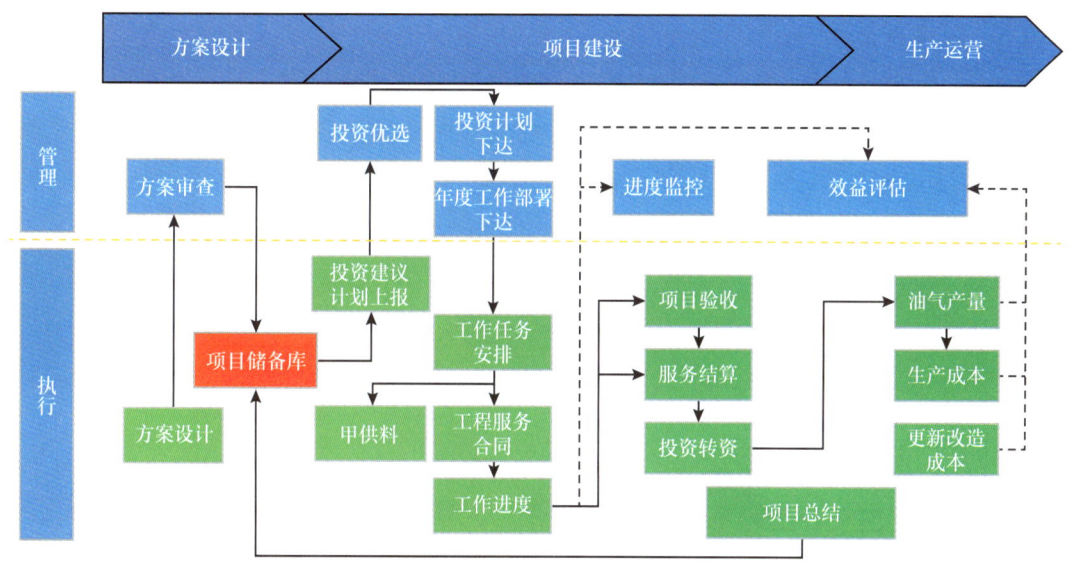

图 12-1　项目全生命周期全过程管理

2. 具体做法

西南油气田在以龙王庙组气藏天然气开发项目为试点的项目全生命周期管理平台建设过程中,严格按照《两化融合实施过程管理办法(试行)》要求,开展了以下工作:

(1)优化调整主要业务流程和组织结构。

对龙王庙组气藏开发项目的全过程管控,通过优化和新增财务、工程流程,并按照业务间的逻辑关系进行应用集成和数据整合,制定管理实施细则,明确各部门职责,使得实施经济评价的主体发生了改变,经济评价的范围得到大幅拓展,经济评价的效率得到大幅提升。

(2)强化项目过程管理。

项目执行过程中,各管理部门和相关单位积极参与了项目建设全过程,各阶段技术方案的调整和变更均由业务和信息管理部门组织审查,有效保障技术实现的一致性,有效管控风险。

（3）有效的数据开发利用。

开展单井产能建设跟踪分析、项目建设期跟踪评价、项目生产期效益评价、总成本费用分析、操作成本分析和项目效益评价 6 个方面的数据开发利用。

（4）匹配与规范。

从系统上线前试运行准备,到开展试运行,确立了各项技术、业务流程、组织结构的规范性文件,通过加强技术、业务流程和组织结构的适应性,加速了项目全生命周期管理平台同步创效和优化。

（5）运行与控制。

通过建立高效的运维队伍,建立常态化运维机制,狠抓系统操作培训,加强对项目实施过程的控制,确保正式投用后的风险得到了有效的防范。

二、业务功能

（一）整体功能

项目全生命周期管理涉及方案设计、项目建设、生产运行三阶段,主要目的是根据方案对项目建设和生产运行进行跟踪分析。项目全生命周期平台实现业务执行环节的管理和执行过程监控的闭环管理,如投资优选、建设期效益评估、生产运营期跟踪评价等,如图 12-2 所示。

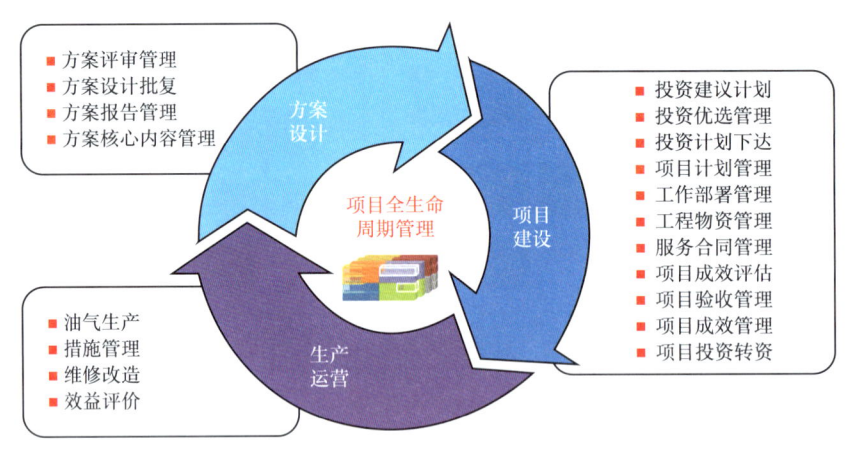

图 12-2 项目全生命周期管理整体功能架构

（二）具体功能

1. 完整项目开发方案管理

通过开发方案基本信息及专业主数据的维护,实现对项目开发方案的完整管理,达到建立项目全生命周期方案设计框架的目的。通过对油气藏工程、钻采工程、地面工程、经济评价等各项数据的梳理及维护,为决策支持平台及报表分析提供数据保障,如图 12-3 所示。

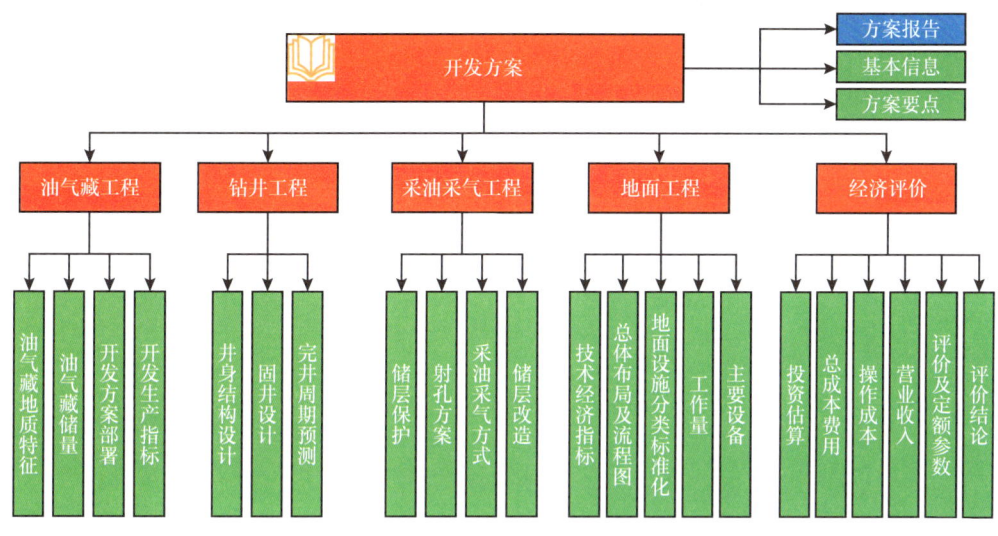

图 12-3　开发方案管理架构图

2. 产能建设效益分析管理

通过对项目实时分析、跟踪评价,提前发现风险,实现动态分析调优。在产能建设过程中,根据方案计划跟踪投产情况、投资完成情况等,分析工作量完成情况、结算完成情况、产能完成情况等指标,实现产能建设效益分析管理,如图 12-4 所示。

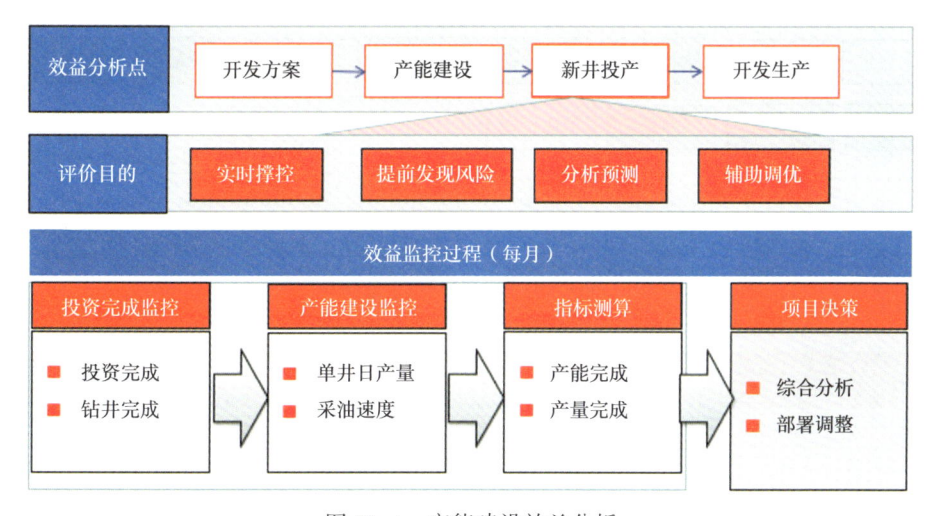

图 12-4　产能建设效益分析

3. 油气生产效益跟踪分析

对项目开发方案各项指标的比较、成本核算及效益分析等进行跟踪分析。通过每年的开发生产情况,提取关键的指标,对方案设计与实际分析比较,管理部门可掌握油气藏经营的各项动态指标,辅助管理决策,如图 12-5 所示。

— 257 —

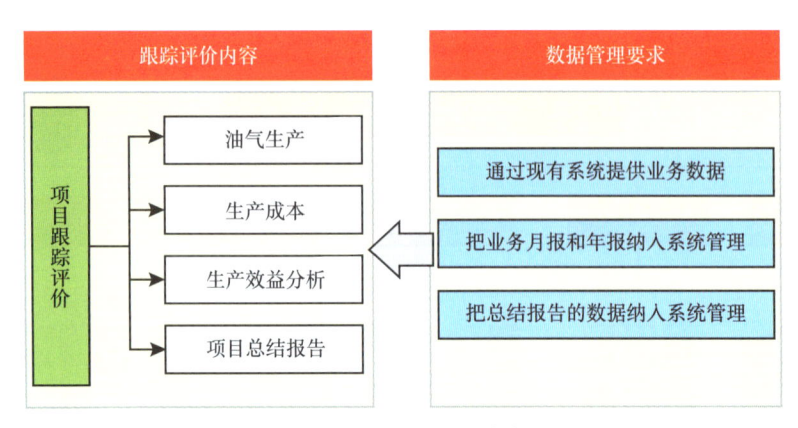

图 12-5 项目效益跟踪分析

4. 项目管理系统集成应用

通过与生产运行系统及油气水井生产数据管理系统(A2)的集成,实现了对钻井生产数据和单井油气生产数据的有效提取,为产能建设管理及报表分析提供数据基础,如图 12-6 所示。

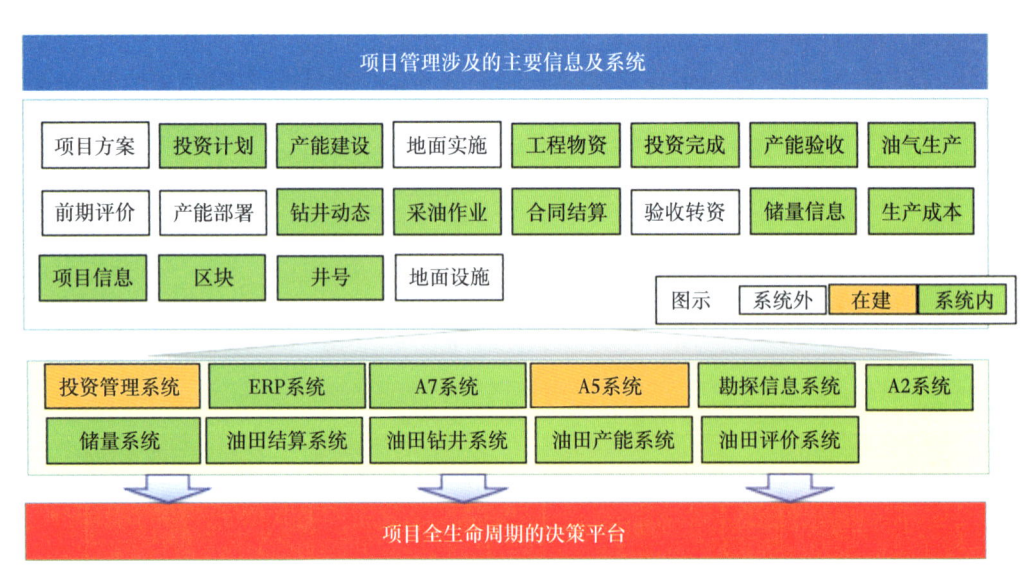

图 12-6 项目全生命周期管理平台集成架构

5. 决策支持平台报表管理

通过设定全生命周期管理项目收入、成本、费用的归集与分摊规则,实现了以项目为单元来评价项目运行的经济效益,为经营管理提供辅助决策服务;通过把项目开发方案中的经济评价相关信息纳入系统管理,结合建设期、运营期的油气生产操作成本、收入税金、现金流量等信息,为项目的经济评价提供数据支撑,如图 12-7 所示。

图 12-7 决策支持平台界面展示

三、应用成效

西南油气田以龙王庙组气藏天然气开发项目为先导示范,采用项目全生命周期的运作模式,通过数据的标准化管理和集成应用,实现对天然气开发项目从方案设计、项目建设到生产运营的动态跟踪、多维度实时分析建设成效和生产运营效益,为业务管理部门辅助决策提供技术支撑。

(一) 实现项目全生命周期管理

通过构建天然气开发项目全周期管理模式,为管理人员开展多维度业务分析,实时掌握项目全貌提供技术支撑平台,从而实现建设项目结算、生产成本管理和销售收入管理等主要财务工作流程的信息化管理。在龙王庙组气藏天然气开发项目中,通过手工录入、报表导入以及ERP 系统与钻井数据库、A2 系统、产能建设数据库的集成,投资计划、产能建设、钻井工程、地面工程、井站生产等数据全部进入系统管理,形成了完整的项目管理数据库,保障项目数据完整性达到 100%,如图 12-8 所示。

图 12-8 天然气开发项目全生命周期管理

(二) 全项目实现效益实时评价

通过方案设计、项目建设、生产运行的管理,设置成本、商品量、收入、利润等指标的计算方法,充分利用业务集成数据,定制相关的分析报表,可实时掌握项目管理的全貌,实现成本和效益的自动化分析,提高了工作效率。在龙王庙组气藏天然气开发项目中,管理钻井项目32个,地面建设项目44个,已全部纳入项目全生命周期管理系统管理。通过钻完井数据、生产数据、项目结算数据每月一次的同步更新,满足了业务部门对开发井每月进行一次效益评价的实际需求,达到实时评价投资效益,如图12-9所示。

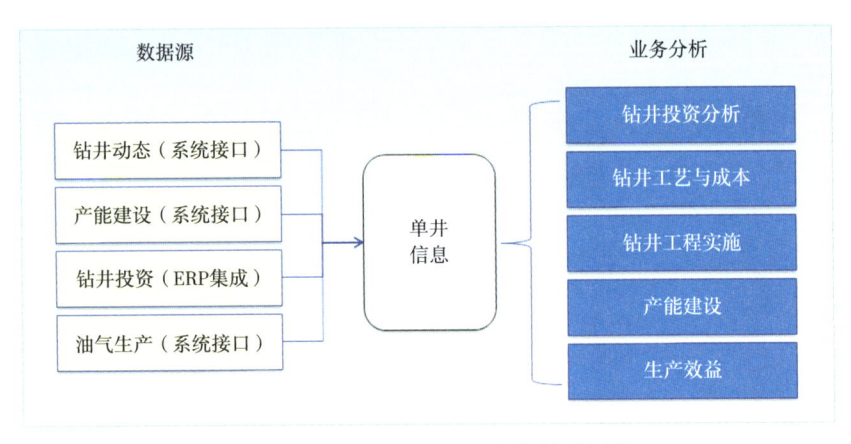

图12-9 天然气开发项目投资效益评价

(三) 辅助支撑业务管理部门决策

充分利用集成数据,搭建科学的分析体系,实现业务与信息的深度结合,实现项目动态监控,实时掌握项目进度和效益。通过设定全生命周期管理项目收入、成本、费用归集与分摊规则,对成本费用进行计算,并对项目的投资、成本、收入、现金流等数据评估项目效益,及时调整项目投资。龙王庙项目后评价内部收益率超过30.29%的年度指标达到31.4%,实现了以项目为单元来评价项目运行的经济效益,为经营管理决策提供依据,如图12-10所示。

图12-10 天然气开发项目业务关注点

第二节　财务共享与控制管理

一、应用需求

(一) 总体需求

西南油气田对于财务共享与控制管理的需求包括协助企业降低成本,改善资本获取并降低资本成本,支持风险管理,能够支撑绩效分析和预测,从而指导财务部门更好地参与战略制定和价值创造,主要体现在以下两个方面:

1. 财务管理效率提升的需要

通过建设公司级的数据标准,标准化财务管理的业务流程,建立共享服务的财务组织,整合报表体系,建立财务业务一体化的信息化平台,统一集成财务业务处理平台与操作界面,解决科目、往来单位、井、站等编码不统一,信息系统共享集成度低等问题,从而实现财务管理效率的提升。

2. 财务管理业务洞察力提升的需要

通过信息化建设将财务和业务前端进行信息整合,端到端的整合财务与业务流程,充分实现财务与业务的数据共享。通过建立决策支持平台,实现多维度的盈利分析模型,开展基于动态因素的财务分析与财务管控,促进财务精细化管理、信息共享,从而使得财务组织承担更广泛的企业级职责。

(二) 建设目标

从财务业务共享的需求出发,实现财务核心系统和外围系统的数据共享,实现财务和前端业务的数据共享。采取"优势+优势"的方式规划系统基础,构建一体化的财务运营管理体系,从而推动标准化、规范化和集约化操作,以实现提升财务效率和业务洞察力,如图 12-11 所示。

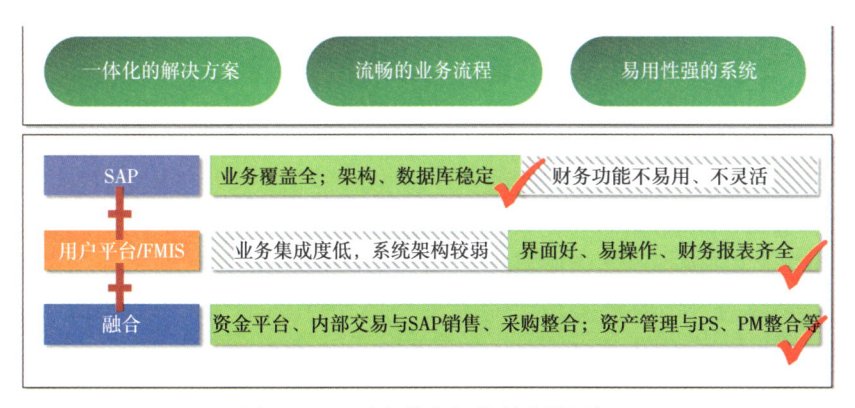

图 12-11　财务共享与控制建设目标

(三)建设策略

1. 整体策略

将财务业务一体化作为西南油气田信息系统的核心,用核心系统管理公司的标准化、关键流程和关键数据,然后再将公司的财务相关系统和核心系统集成,实现核心系统和外围系统的数据共享,实现财务和业务的数据共享。通过 FMIS 系统与 ERP 系统的深度融合,结合两个系统优势,取长补短,互为补充,辅助企业提高管理水平,如图 12-12 所示。

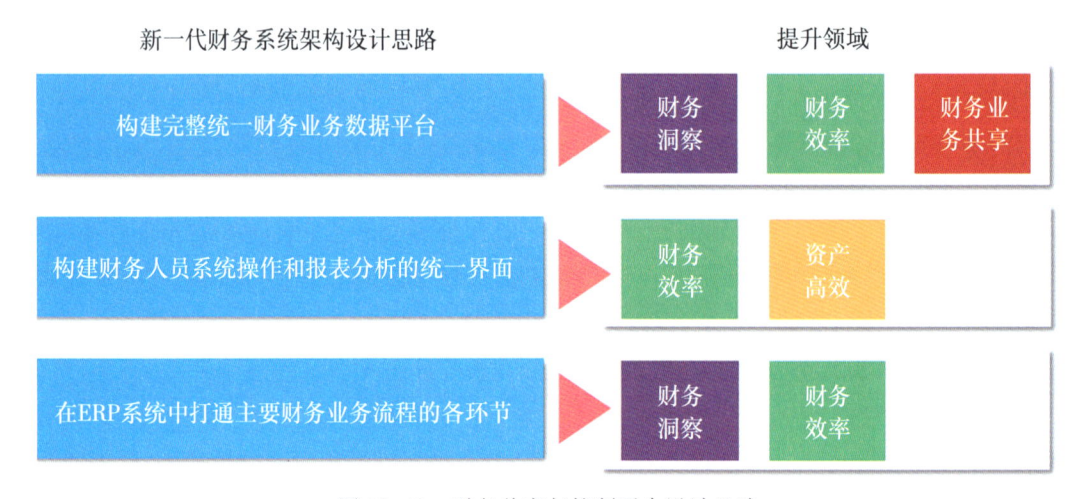

图 12-12 财务共享与控制平台设计思路

2. 具体做法

西南油气田在财务共享与控制管理平台建设过程中,严格按照公司《两化融合实施过程管理办法(试行)》要求,开展了以下工作:

(1)优化调整主要业务流程和组织结构。

首先,从组织结构角度,解决上市和未上市信息系统重叠问题,进一步整合财务管理相关信息系统,加强系统深化应用;其次,从业务流程角度,统一跨专业数据标准,建立端到端的财务与业务流程。

(2)强化项目过程管理。

项目执行过程中,各机关部门和相关单位积极参与了项目建设全过程,各阶段技术方案的调整和变更均由业务和信息管理部门组织审查,有效保障技术实现的一致性,有效管控风险。

(3)有效的数据开发利用。

建立端到端的业务财务一体化核算流程,统一 FMIS 与 ERP 财务统计口径,建立财务与业务的共享分析,解决对账工作量大,财务结账效率低等问题;加强财务管理对于前端销售、采购、生产、库存、项目管理、设备维修等业务数据开发利用,提升财务对业务的洞察力。

(4)匹配与规范。

从系统上线前试运行准备,到开展试运行,确立了各项技术、业务流程、组织结构的规范性文件,通过加强技术、业务流程和组织结构的适应性,加速了财务共享与控制管理平台同步创效和优化。

(5) 运行与控制。

通过建立高效的运维队伍,建立常态化运维机制,狠抓系统操作培训等方式,加强对项目实施过程的控制,确保正式投用后的风险得到了有效的防范。

二、业务功能

(一) 整体功能

西南油气田财务共享与控制是通过 ERP 系统和 FMIS 系统两大核心系统建设和多项重要成果集成,实现了会计一级核算,实现了数据一体化、标准系统化、交易流程化、控制实时化、报告自动化、监督前移化、内控程序化、系统集成化八方面的成果。通过财务共享服务能力和业务动因控制与动因分析,共同推进财务管理能力的提升,如图 12-13 所示。

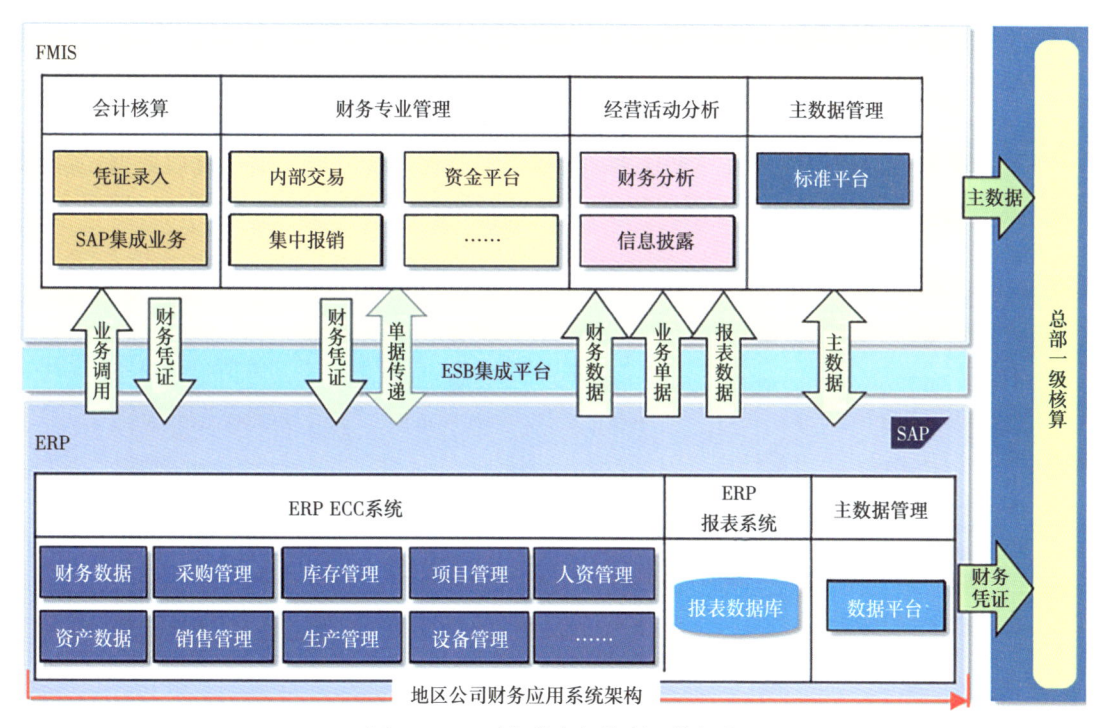

图 12-13 财务共享与控制整体架构

(二) 具体功能

1. ERP 系统与 FMIS 系统深度融合

利用"ERP+FMIS"平台整合财务数据和流程,以 FMIS 技术统一财务用户操作环境,以 ERP 平台整合后台数据和流程。ERP 和 FMIS 集成的系统技术架构包括三部分:FMIS 系统应用、ERP 系统和中国石油总部一级核算,实现了财务用户操作界面、财务与前段业务数据、系统整体架构三个统一,如图 12-14 所示。

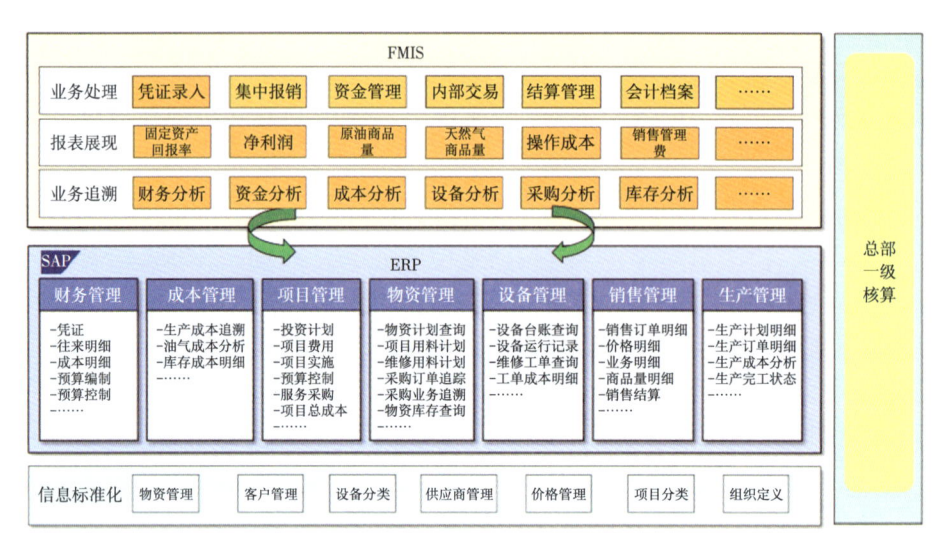

图 12-14　FMIS 与 ERP 系统应用集成架构图

2. ERP 与财务专业系统集成

通过有效集成资金管理平台与 ERP 系统,为资金预测与计划编制提供有效依据,实现资金收付款与付款条款、销售业务过程的集成、数据同步和共享及实时联查,如图 12-15 所示。

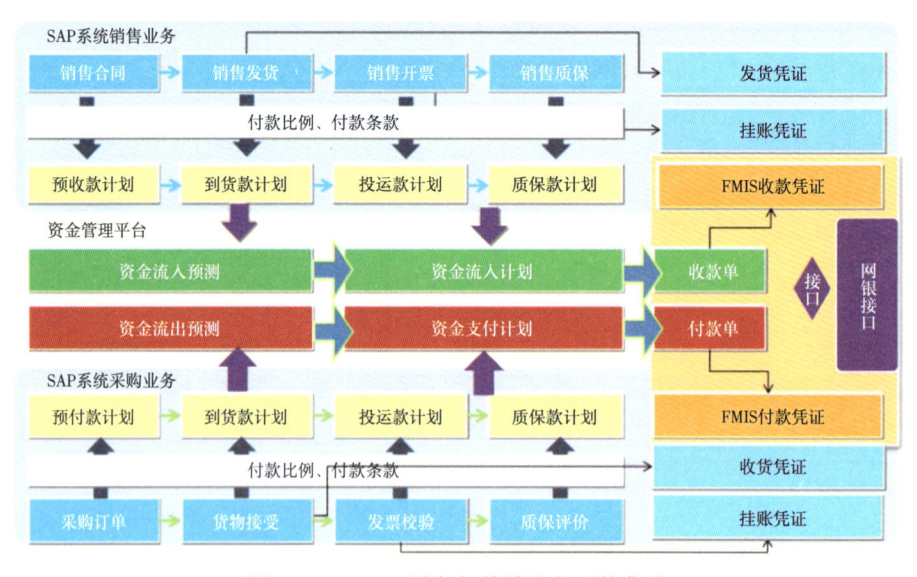

图 12-15　ERP 财务与前端业务系统集成

3. 财务数据标准化管理

通过数据标准化管理保证数据的唯一性。同一主数据内容在相同的数据管理平台进行申请和流程管理,坚持主数据申请源头统一,申请界面统一,审批规范和流程统一,保证数据的唯一性和规范性。不同数据平台在数据库层面进行同步,保证公共数据在业务系统选用、质量管理和应用评价管理,如图 12-16 所示。

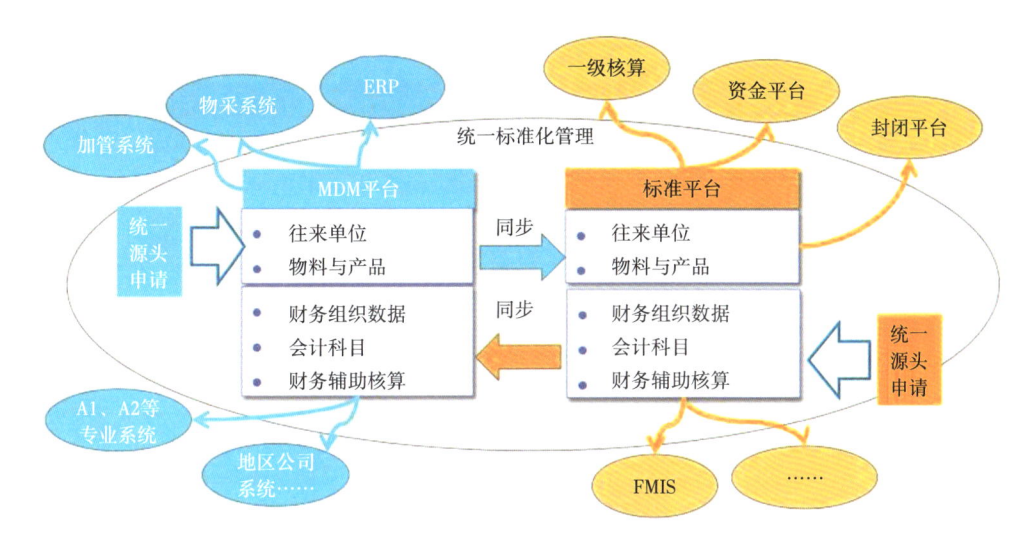

图 12-16　财务数据标准化管理

4. 财务预算控制管理

搭建预算与业务、财务的一体化架构,保障预算控制的落实,通过搭建与业务、核算一体化的预算结构实现从预算编制到预算执行的基础体系保障,预算控制可根据企业实际需求,对于同类型的预算选择启用"柔性控制"或"刚性控制",借助项目 WBS 结构从成本和资金两条线实现对工程预算的控制与分析。对于需要严格按照预算进行安排的业务活动以及需要进行严格支出控制的可控费用,可以引入系统化的预算刚性控制体系实现严格的预算控制,如图 12-17 所示。

图 12-17　财务预算控制管理

5. 会计核算界面集成

在 FMIS 与 ERP 深度融合方案下,通过统一界面规划不对应数据流向关系,减少财务人员因为界面原因导致的业务理解不到位、操作效率不高的问题,如图 12-18 所示。

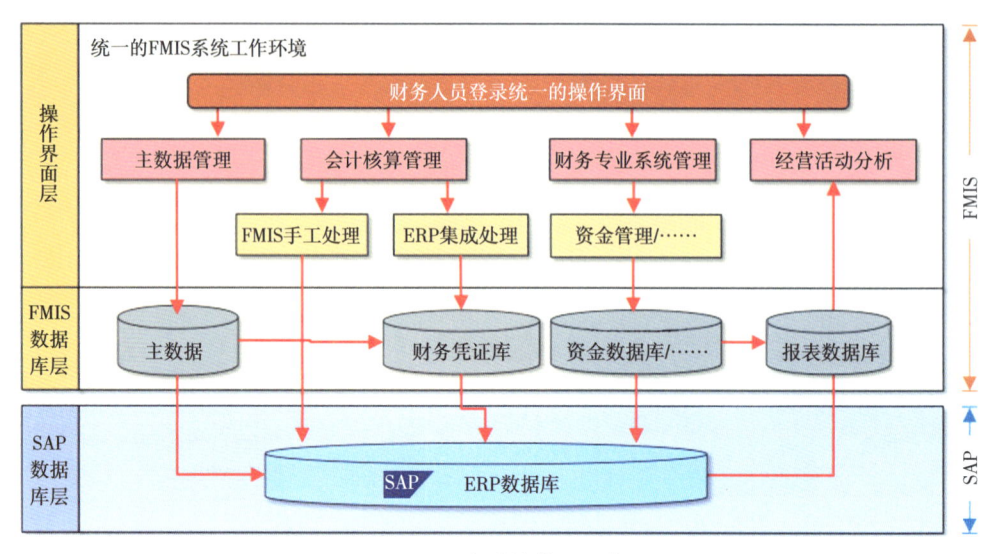

图 12-18　会计核算界面统一

三、应用成效

通过财务共享与控制管理信息系统平台的应用实施，统一了财务用户操作环境，整合了后台数据和流程，构建了西南油气田一体化的财务运营管理体系；保证了唯一业务数据源，为功能扩展和管理提升奠定基础，实现系统升级、运维成本大幅降低。

(一) 财务管理工作效率提升

借助已有的财务组织和合并规则搭建 ERP 利润中心组织结构体系，将西南油气田与其他地区公司合并凭证传递到 ERP 系统，实现 ERP 系统地区公司账目的完整性。将原有的按照余额对账的模式转换为报表对账要求，从主报表层面实现两个系统的自动对账。通过财务工作界面简化，报告符合财务人员习惯；统一规范的标准化流程，最大限度减少对照表；整合财务与业务流程，提高结账效率。如图 12-19 所示。

图 12-19　地区公司报表合并执行

(二)财务管理业务洞察力提升

建立公司级全面预算管理体系,实现预算编制、控制的闭环分析和管理;建立统一的全生命周期效益型资产管理平台,完善无形资产和存货管理,规范在建工程转资管理,进一步提高资产管理水平。通过 FMIS 系统与 ERP 系统报表整合,深度发掘数据管理信息,从而发挥 FMIS 系统报表优势,并保护现有系统资产,全面提升了财务管理业务洞察力,如图 12-20 所示。

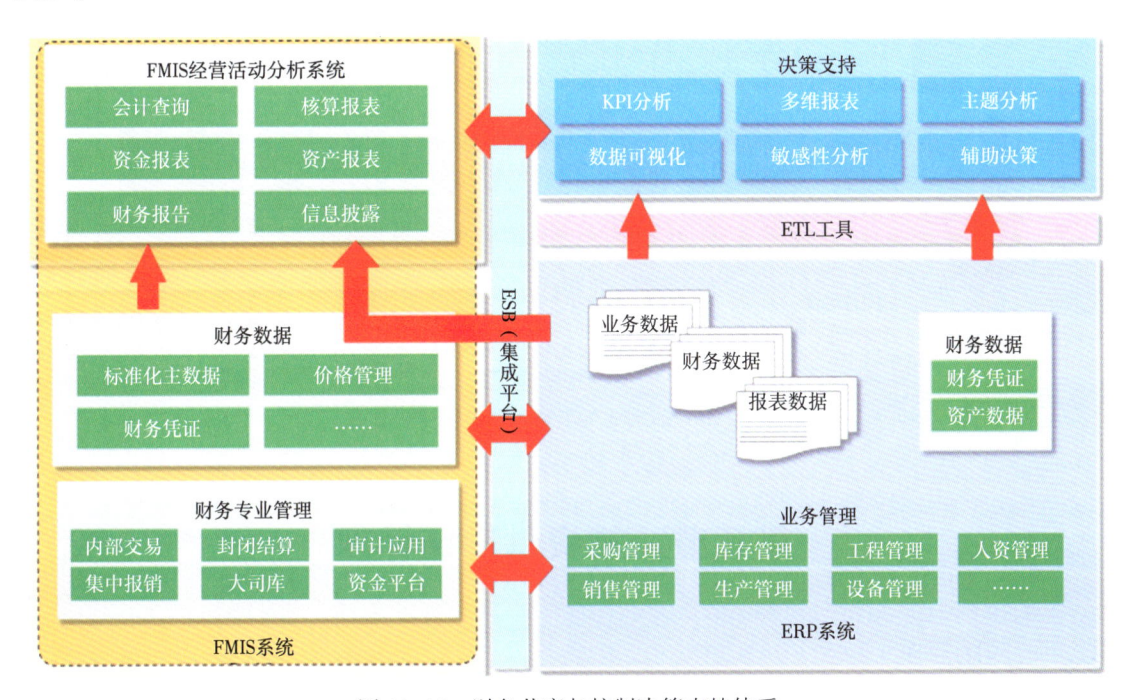

图 12-20 财务共享与控制决策支持体系

(三)财务管理共享服务能力提升

通过单据整合,构建财务内部一体化与业务财务一体化,通过 FMIS 系统与 ERP 财务会计与管理会计整合,构建财务内部一体化,同时借助 ERP 本身的集成关系,构建业务与财务一体化。在 FMIS 系统进行会计查询时能够借助业务逻辑反向追溯到业务单据。相关业务单据在生成会计凭证时,自动将相关单据附件作为电子档案存储到系统中,并能够进行后续的查询。ERP 中以销售业务、采购业务、生产/维护订单、项目、盘点单五条线完成财务凭证到业务单据的追溯,从而建立了端到端、无缝整合的业务财务核算一体化流程,实现业务核算自动化;统一财务人员操作环境,有助于流水线化财务核算模式建立,财务数据共享,为综合性服务提供数据基础,如图 12-21 所示。

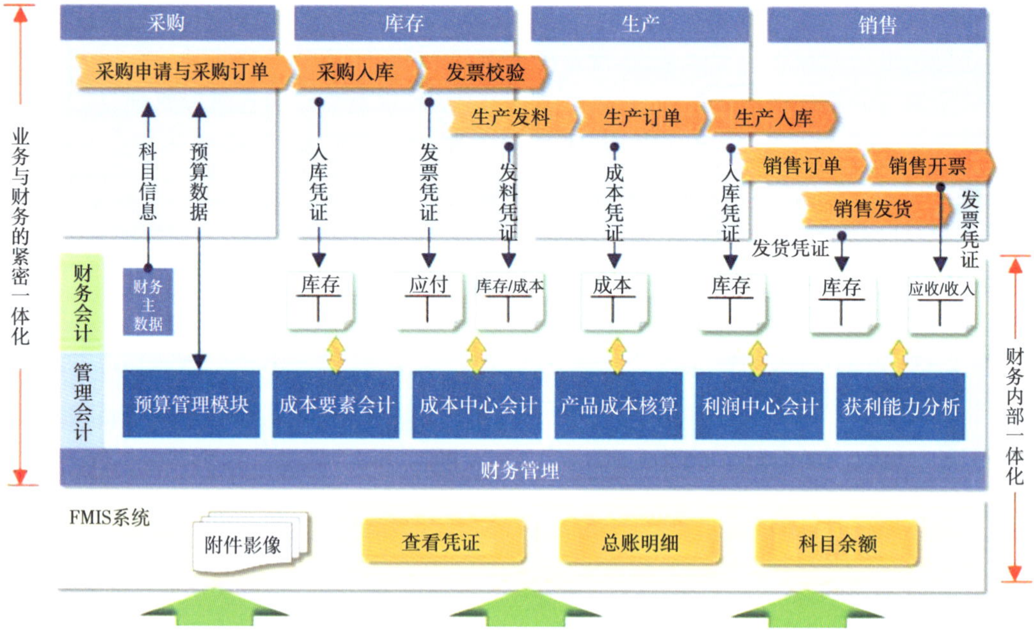

图 12-21　前端业务与财务共享服务一体化

第三节　物资供应链管理

一、应用需求

(一) 总体需求

物资采购是为生产建设提供物资供应保障的业务主线,为了构建以集约化、专业化和国际化为核心的服务型采购管理体系,西南油气田在物资供应链管理方面的需求主要包括以下两个方面:

1. 业务流程、数据、表单标准化的需要

西南油气田需要在中国石油总部物资采购管理相关标准规范下设计业务蓝图,从而实现业务流程的标准化;需要加强质量管理、仓储管理,统一审批流程,避免线下操作和重复操作;需要全面实现物资采购基本数据、配置数据、业务数据的标准化,以及入库单、出库单、转储单等单据标准化。

2. 物资供应链全过程管理的需要

组建集中的供应链运营管控部门、应用标准业务流程,建立统一集成信息系统支撑环境,打通供应链各环节的流程与数据壁垒,实现物资和服务采购"管""采""办"的完整闭环,从而实现物资供应链全过程管理,提高供应链运行效率,降低供应链运行成本。

(二) 建设目标

加大力度推行集中采购,逐步实现西南油气田采购业务的战略转型,建立集约化、专业化、国际化的服务型采购管理体系。完成战略转型,从组织、管理模式、流程、人员结构等方面进行相应的调整。以应用集成项目为抓手,借助信息化手段,分阶段实现战略转型,如图12-22所示。

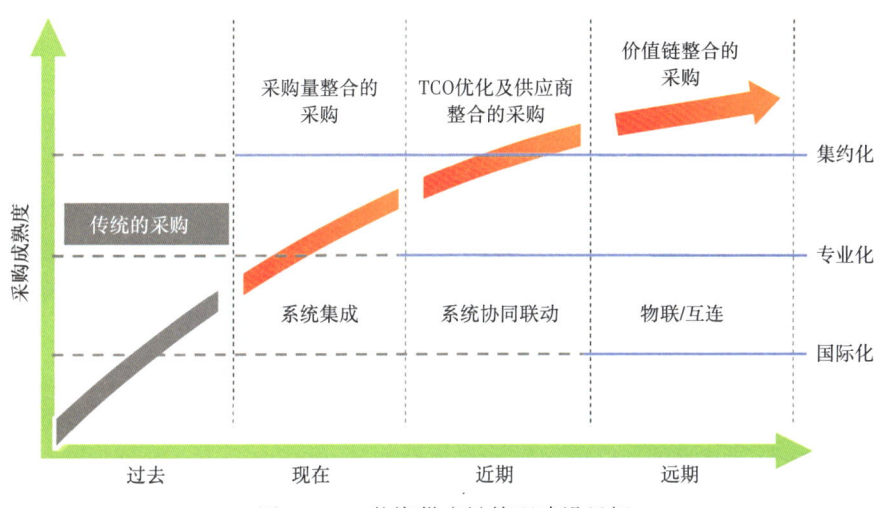

图12-22 物资供应链管理建设目标

(三) 建设策略

1. 整体策略

西南油气田物资及服务采购业务由 ERP 和物采平台两个平台支撑,西南油气田物资采购管理主要以这两个平台为基础,各取所长、合理分工,加上决策支持平台的支持,实现物资和服务采购"管""采""办"的闭环管理,支持"集中采购,分散操作"的运营模式,如图12-23所示。

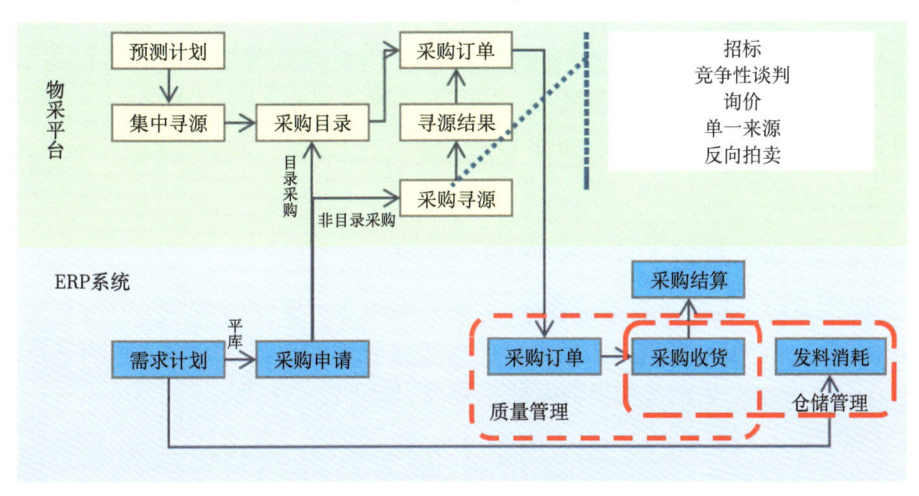

图12-23 物资供应链管理实施策略

2. 具体做法

西南油气田在物资供应链管理平台建设过程中,严格按照公司《两化融合实施过程管理办法(试行)》要求,开展了以下工作:

(1)优化调整主要业务流程和组织结构。

按照集团公司"两级集中,三级采购""集中采购,分散操作"的物资采购管控模式以及物资供应链管理从计划、采购寻源、采购执行、库存、供应商管理到绩效管理六个主体业务环节,完成业务流程和组织结构的优化调整。

(2)强化项目过程管理。

项目执行过程中,各机关部门和相关单位积极参与了项目建设全过程,各阶段技术方案的调整和变更均由业务和信息管理部门组织审查,有效保障技术实现的一致性,有效管控风险。

(3)有效的数据开发利用。

梳理了物资管理绩效考核业务,设定 11 项指标,以及 40 条项管理指标,通过 ERP 自开发、系统报表以及 BW 报表三种途径进行业务查询完成各类报表开发 10 张,建立了物资采购管理综合分析体系和决策模型。

(4)匹配与规范。

从系统上线前试运行准备,到开展试运行,均以业务为主导推动项目与业务的匹配与规范,确立了各项技术、业务流程、组织结构的规范性文件,通过加强技术、业务流程和组织结构的适应性,加速了财务共享与控制管理平台同步创效和优化。

(5)运行与控制。

通过建立健全组织保障体系,搭建有效的沟通机制,融合内控管理流程,建立高效的运维队伍和常态化运维机制,狠抓系统操作培训等方式,加强对项目实施过程的控制,确保正式投用后的风险得到了有效的防范。

二、业务功能

(一)整体功能

物资供应链管理整体功能以物资采购供应链为主线,实现物资采购业务的全流程、全覆盖,构建决策支持、采购管理、和采购执行三位一体的系统平台,支撑"集中市场、集中资源、共同参与、分散操作"的集中采购模式,如图 12-24 所示。

(二)具体功能

1. 物资编码标准化管理

物资编码是采购业务的重要基础数据,是系统集成的首要前提条件。中国石油的物资编码通过 MDM 平台进行统一管理,MDM 平台作为数据源头发布给 ERP 系统、物采系统及相关应用系统,保证了在整个集团范围内数据的一致性,如图 12-25 所示。

2. 物资供应链全过程管理

通过实施质量管理和仓储管理等新功能模块,与 MDM、物采平台及合同管理系统在各业务环节分工集成,调整及优化供应商全生命周期管理、招标管理、目录管理、专家管理、价格管

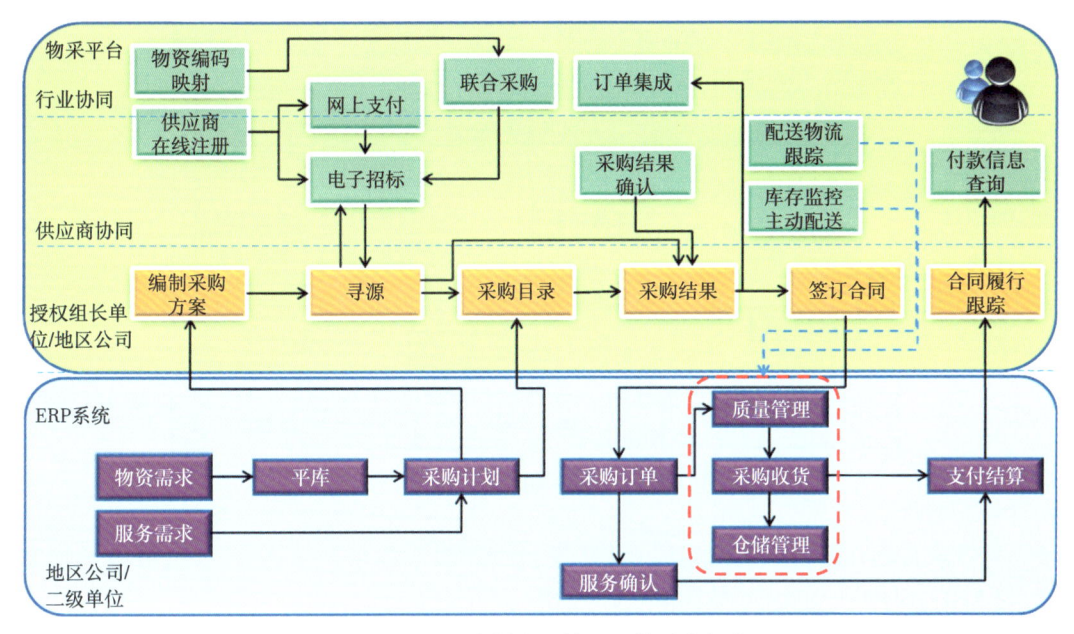

图 12-24　物资供应链管理整体功能架构

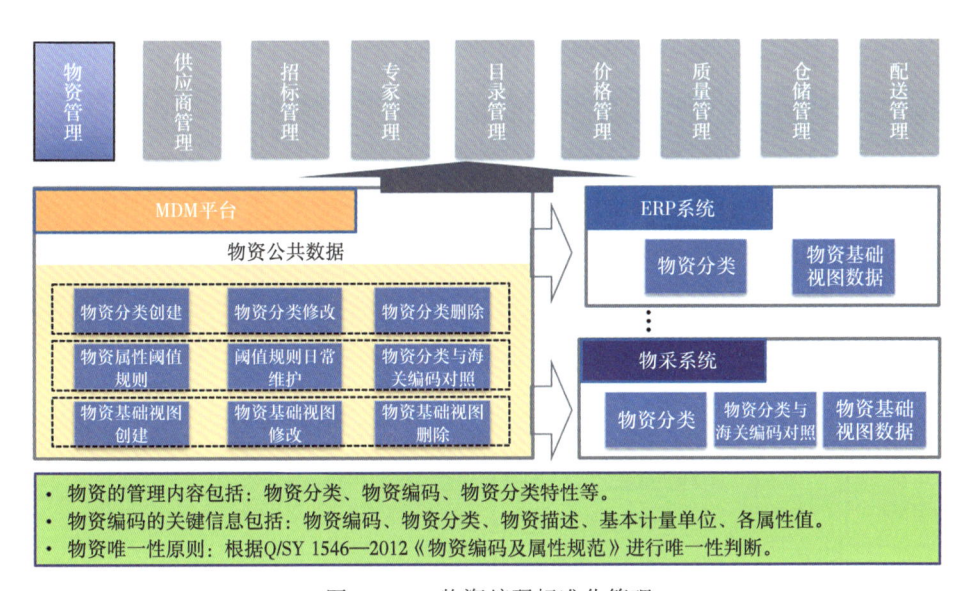

图 12-25　物资编码标准化管理

理及配送管理等业务流程，从而实现整个物资供应链从需求计划、供应商货源管理、采购执行的全过程管理，并为决策支持平台提供业务数据，如图 12-26 所示。

3. 物资供应链应用集成

物资采购核心业务管理由 ERP 平台与物资采购平台集成，并与相关专业系统集成，从而实现数据集成、流程贯通、信息共享。物资基础数据实现了与 MDM 平台集成，合同管理系统支持与 ERP、物资采购平台、MDM 和资金管理平台的集成；仓库精细化管理，实现了 ERP 系统

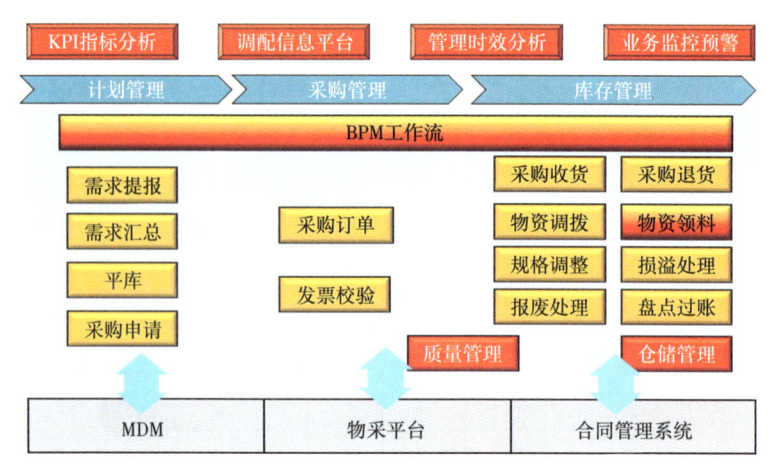

图 12-26　物资供应链全过程管理

与条码系统或自动化设备系统的集成;BPM 平台实现供应商数据信息的新建、修改申请审批功能,与 ERP、MDM 平台集成,如图 12-27 所示。

图 12-27　物资供应链应用集成

4. 辅助决策支持

通过决策支持平台的搭建,从物资供应的角度,分析物资采购关注的核心与重点,从优化计划、寻源战略、成本控制、质量控制以及物资供应链五方面,实现绩效管理,从而实现资源优化配置,经营效益提升的数据挖掘和业务处理过程的监控,如图 12-28 所示。

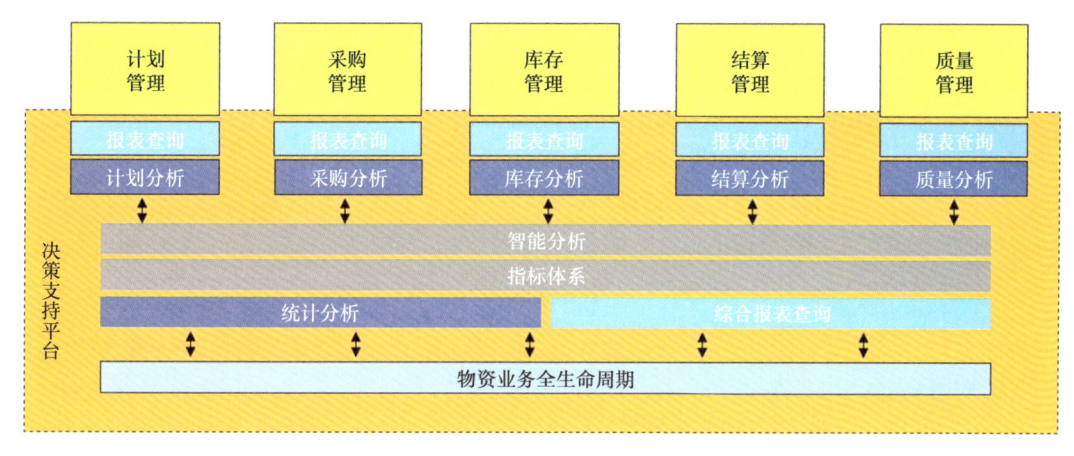

图 12-28 物资供应链决策支持平台框架

三、应用成效

通过质量管理、仓储管理功能实施,建立统一的采购物资质量标准库以及质量考核评价体系;实现质量管理的重心前移,以及实现仓库高效、精细化管理。优化固化业务流程,规范采购管理行为,加强整体协调,加快库存物资周转,降低库存成本,从而提高物资采购管理水平。

(一) 物资供应链形成完整的闭环管理体系

物资供应链管理使得管理者对整个业务过程能够"看得见",外部供应商通过物资采购平台实现流程协同,与 MDM 平台、ERP 平台、合同管理系统的集成,使业务主管部门能够"管得着",将管理理念贯穿到业务流程中;决策支持平台支撑绩效管理及报表统计智能分析,能够给主管部门领导提供决策信息支持,及时发现经营过程中存在的问题,制定相应的改进措施,对不足之处"改得了",形成物资采购供应链管理良性循环的闭环管理体系,如图 12-29 所示。

图 12-29 物资供应链完整管理体系

(二)通过体系优化,降低采购整体成本

通过发挥规模效益,降低采购价格,提升供应商管理水平,增强与生产计划的协同与联动,标准化流程、自动预警和联动,加强风险控制,促进信息共享与联动,从而,提升了采购价格竞争力、采购计划准确性以及采购执行有效性,支持降低采购整体成本的提升目标。截止至 2017 年底,西南油气田集中采购率达到 92.60%,结余库存相较 2013 年下降 8.37 亿元,如图 12-30 所示。

图 12-30 物资供应链管理体系优化

第四节 油气生产设备全生命周期管理

一、应用需求

(一)总体需求

为了促进设备精细化管理,基于西南油气田油气生产设备的管理现状,结合未来发展方向,在设备精细化管理方面的需求主要包括以下四个方面:

1. 设备管理信息详实准确,数据集成自动化

需要通过打通设备全生命周期管理业务链,实现设备的资金来源、采购、价值和技术信息集成;通过与生产运行系统、HSE 系统等设备管理专业化系统自动集成,提高特种设备隐患信息、主要油气生产设备运转信息采集的准确性和实时性。

2. 系统操作简便灵活,使用界面设计人性化

需要进一步优化系统界面,改善应用功能,利于用户操作,减轻基层单位工作量;需要加强业务流程和组织机构的调整,减少审批环节,增加关键流程节点审批管控,完善待办事项提醒,提高设备管理工作效率。

3. 统计分析更便捷,辅助决策有依据

需要通过建立故障代码标准化,完善维修过程管理,积累技术评价数据,加强设备管理后评价工作,以评价数据为基础,提供多维度、灵活的分析指标,量化设备管理经验,从而辅助设备投资、选型、维修决策等各项决策支持。

(二) 建设目标

完善油气生产设备全生命周期中各管理环节,深化应用、精细管理,利用完整的过程管理,积累全面、详尽的业务数据,建立以主要油气生产设备为对象的管理和决策分析,助力设备管理水平的提升,以期达到设备平稳、安全、经济运行的目标。

(三) 建设策略

1. 整体策略

通过搭建设备全生命周期管理平台,规范设备管理程序,实现财务、物资和技术部门对设备设施维保的集成,从而促进维修费用精细化管理;通过 ERP 系统与 HSE 系统,以及西南油气田自建设备综合管理系统等紧密集成,提升了设备基础工作管理水平;通过 KPI 与报表体系建立,强化平台辅助决策能力,如图 12-31 所示。

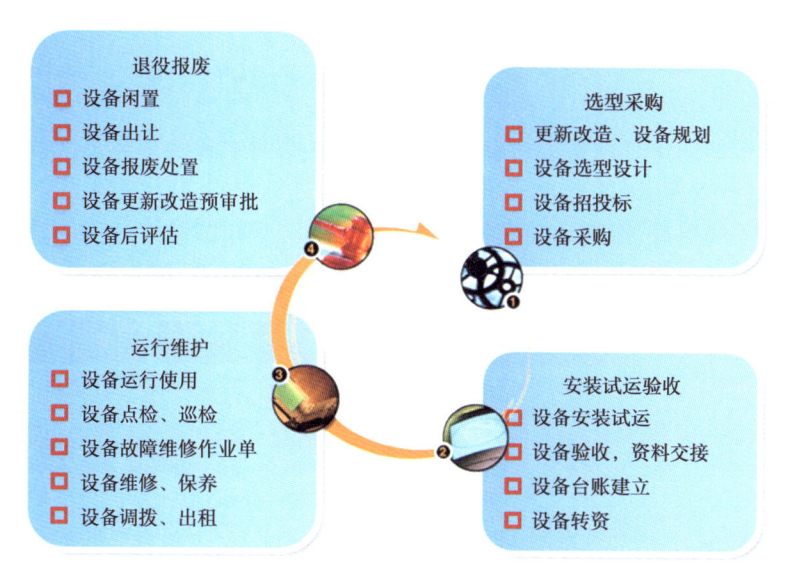

图 12-31 设备全生命周期全过程管理

2. 具体做法

西南油气田在油气生产设备全生命周期管理平台建设过程中,严格按照公司《两化融合实施过程管理办法(试行)》要求,开展了以下工作:

(1) 优化调整主要业务流程和组织结构。

西南油气田在油气生产设备全生命周期管理实施过程中,新增流程2项,优化业务流程4项;并建立了与HSE系统、生产数据平台、设备综合管理系统、用户访问平台等系统间的数据集成与整合,使得设备精细化管理水平得到极大提升。

(2) 强化项目过程管理。

设备全生命周期管理在西南油气田推广执行过程中,各部门和相关单位积极参与了项目建设全过程。各阶段技术方案的调整和变更9项,均由业务和信息管理部门组织审查,有效地保障技术实现的一致性,有效地管控了实施风险。

(3) 有效的数据开发利用。

开展包括影响气量、机组总维修费、机组三率、定检完成比率、折旧等在内的30余项指标统计,以及24张个性化报表开发,以完成不同单位的对比分析、成本的历史趋势分析、同类设备不同时期的环比分析等多角度分析,为管理决策提供帮助和手段,促进了设备全生命周期管理数据开发利用。

(4) 匹配与规范。

从系统上线前试运行准备,到开展试运行,确立了各项技术、业务流程、组织结构的规范性文件,制定和修订了设备管理办法和系统运行维护实施细则,通过加强技术、业务流程和组织结构的适应性,加速了设备全生命周期管理平台同步创效和优化。

(5) 运行与控制。

通过建立高效的运维队伍,建立常态化运维机制,狠抓系统操作培训等方式,加强对项目实施过程的控制,确保正式投用后的风险得到了有效的防范。

二、业务功能

(一) 整体功能

油气生产设备精细化管理是通过完善设备全生命周期中各管理环节,深化应用、精细管理,利用完整的过程管理,积累全面、详尽的业务数据,建立以设备为对象的管理和决策分析,助力设备管理水平的提升,以期达到设备平稳、安全、经济运行的目标,如图12-32所示。

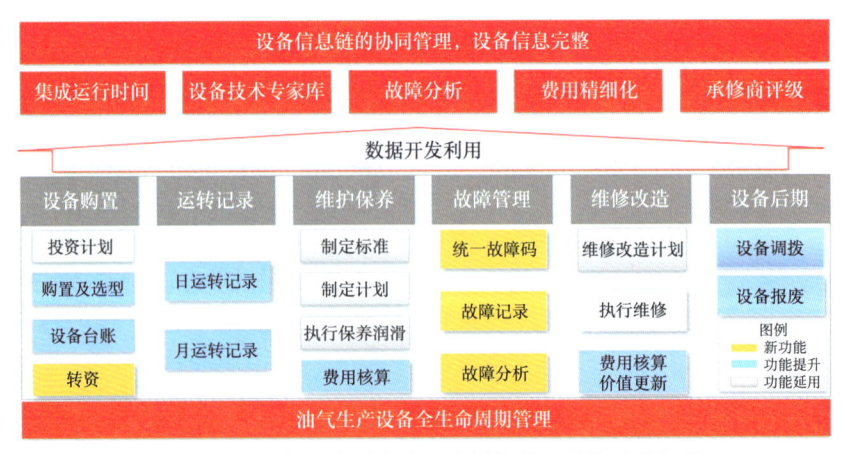

图12-32 油气生产设备全生命周期管理整体功能架构

(二)具体功能

1. 设备信息链的协同管理

在设备全生命周期中,通过 ERP 系统、资产管理平台、设备综合管理系统集成,关联项目和采购信息,增加设备、资产两方面联动,体现设备完整信息链。设备管理前期,集成设备采购、项目、资产价值、设备实物信息等数据,追溯设备来源;设备管理后期,资产发生价值、调拨、更新等变动,或因报废、出让等原因使资产减少时,通过设备与资产的对应关系,同步更新设备资产信息,如图 12-33 所示。

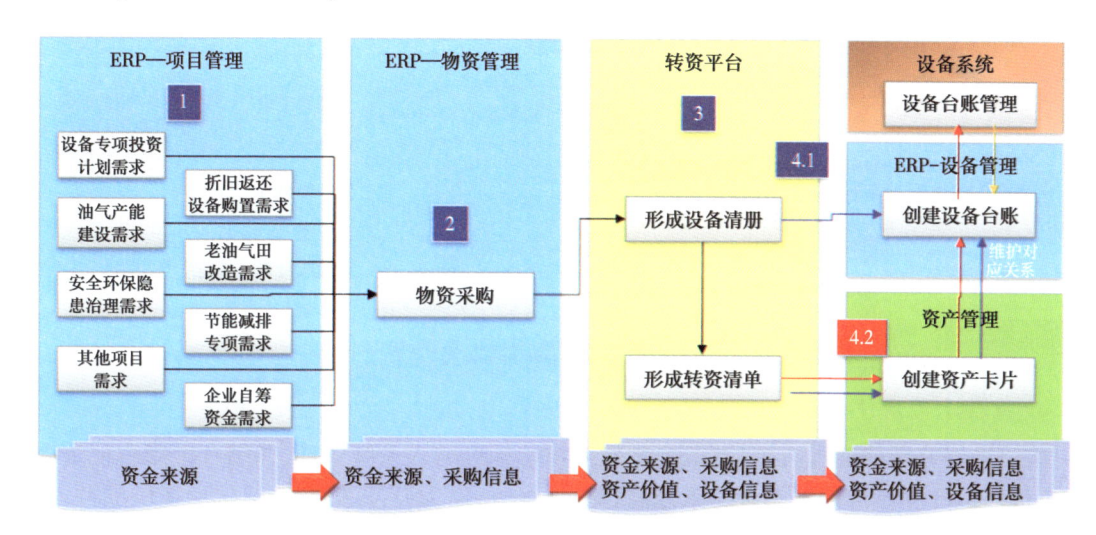

图 12-33　设备信息链协同管理

2. 设备故障精细化管理

通过建立主要油气生产设备故障信息库,积累故障数据,详细记录故障信息,完善故障维修的全过程,建立故障分析系统,支持按类别、单台统计分析设备故障发生频率和详细信息,为设备采购和维修决策提供分析依据,如图 12-34 所示。

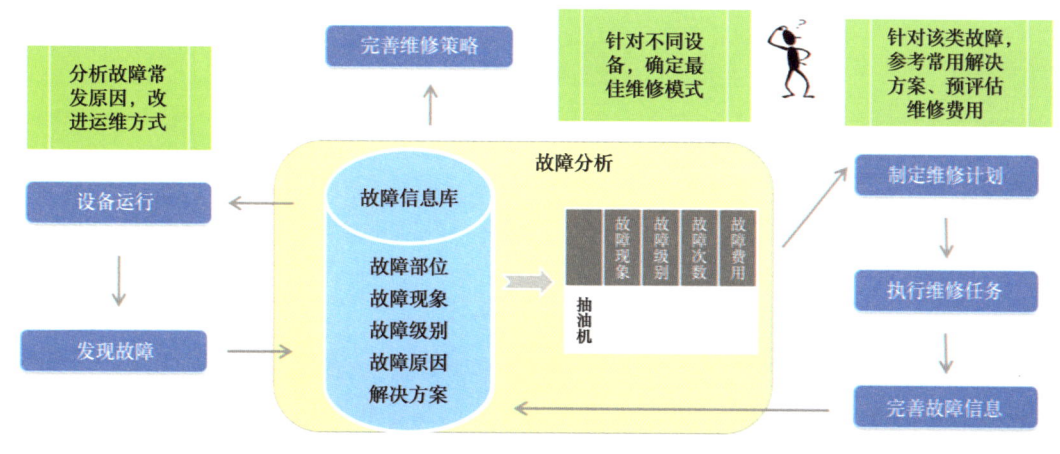

图 12-34　设备故障精细化管理

3. 维修费用精细化管理

通过完善维修领料管理,加强油气生产设备维修精细化管理,与设备故障管理信息集成,从而为设备资产成本分析提供完整信息,维修精细化管理支持重点设备的单台成本核算,支持重点设备完整的故障维修分析,支持按单台设备、设备类别、设备所在区块提供成本分析,如图12-35所示。

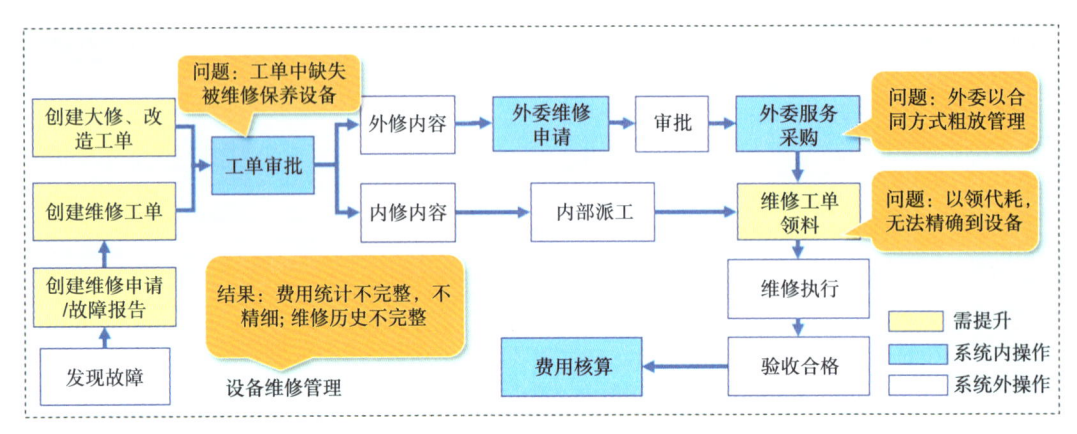

图 12-35 维修费用精细化管理

4. 设备承修商评估管理

将设备维修承修商准入资质信息、承修商评价标准纳入系统管理,并结合维修后记录评价信息,依据标准和评价信息对设备承修商打分评级,从而为设备送修、维修选商提供参考,并进一步督促承修商提高服务水平和质量,如图12-36所示。

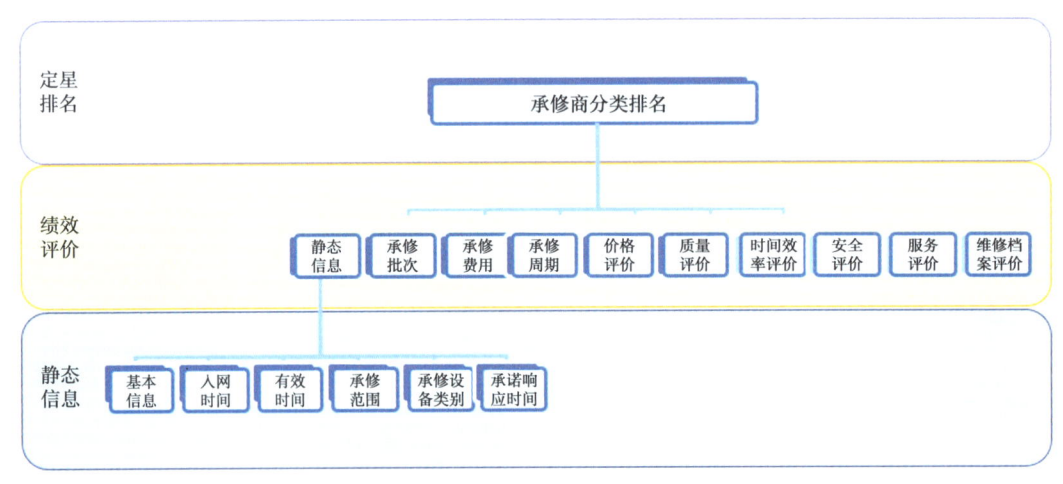

图 12-36 设备承修商评价管理

5. 设备技术专家库管理

通过搭建设备技术专家库,实现设备类技术规范的制定和修订,设备类科技项目立项、验收评审,设备检查,设备三新技术交流与考察,以及与设备技术管理相关活动所需要的设备专家的档案管理、查询抽取管理,从而指导设备购置、验收、维修、改造等方案的技术评审工作,如

图 12-37 所示。

图 12-37　设备技术专家库管理

6. 辅助决策支持管理

围绕三率、维修成本分析、能耗分析三方面内容，展开对各单位设备绩效管理的对标分析，以三率和维修成本分析为重点，综合评价各地区公司的设备管理水平、各类设备的运行状况，并提供同比、环比、图表、图形等多种灵活分析及展现方式，助力管理效率和水平的提升，如图 12-38 所示。

图 12-38　设备决策支持管理平台架构

三、应用成效

西南油气田通过建立油气生产设备全生命周期管理模式，充分发挥油气田公司设备专业管理的优势，从财务、实物与成本的角度出发，对设备全生命周期进行协同管理，增强了各级设备管理人员的业务洞察力,并通过"三个提高一个降低"实现企业设备投资回报率的总体提升。

(一)实现油气生产设备全生命周期精细化管理

通过 ERP 系统与设备专业管理系统无缝集成,规范了用户操作,提升了标准化管理水平,实现了设备全生命周期效益最大化,有效提高设备完好率、利用率,降低了故障率,提高了设备价值创造力,提高了设备精细化管理水平。充分利用企业闲置资源,构建设备管理知识库,促进了各单位设备管理工作共同发展,如图 12-39 所示。

图 12-39 设备全生命周期精细化管理

(二)提高决策分析和业务洞察力

通过数据标准化、系统集成、决策支持平台等手段,提高了油气生产设备全生命周期管理,业务数据管理和利用能力;通过深入挖掘和提高历史管理数据的潜在价值,为各级设备领导的决策支持提供有力支撑,从而进一步提高了设备管理水平,如图 12-40 所示。

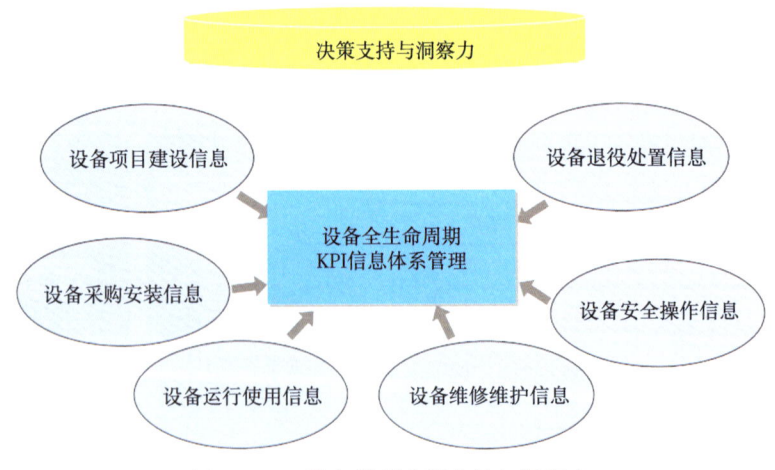

图 12-40 设备管理决策支持与洞察力

第五节 资产全生命周期管理

一、应用需求

(一) 总体需求

根据西南油气田资产管理业务需求特点,基于西南油气田资产管理的现状,结合未来发展方向,在资产全生命周期管理方面的需求主要包括以下两个方面。

1. 加强资产管理业务整体管控的需要

在管理层面,需要提升资产管理的质量与时效性,注重资产与财务系统一体化设计,资产管理数据集中化、系统集成化、流程标准化,提升信息化对业务的支撑作用;同时,建立资产效益分析指标体系和评价考核体系,加强对于资产管理业务的整体管控。

2. 建立全员、全过程、全效益、全手段闭环管理

在操作层面,需要实现资产价值管理与实物管理、技术管理的业务高效协同,加强资产购建阶段管理,提升资产转资的效率和质量,后期需要加强对资产运维的管控,加强对资产处置的管理,同时要注重对资产风险、油气资产弃置费用、资产评估、资产库等专项管理,从而实现资产全员、全过程、全效益、全手段闭环管理。

(二) 建设目标

通过建立资产集中管理平台,加强对资产的管理,构建全生命周期效益型资产管理体系,实现资产的全过程、全方位和精细化管理,从而实现资产数据的一级集中,为各层级对资产管理分析提供支持,如图12-41所示。

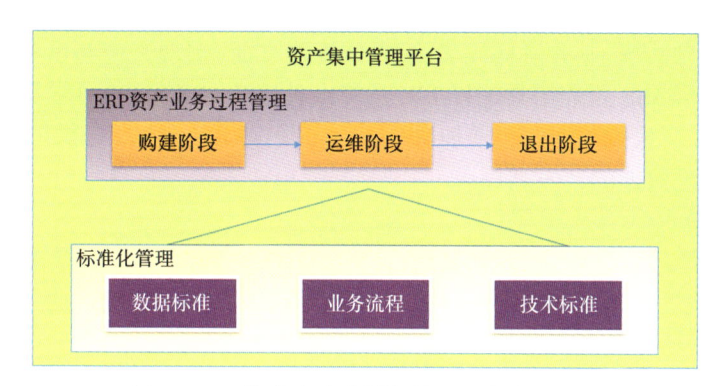

图12-41 资产全生命周期管理平台建设目标

(三) 建设策略

1. 整体策略

充分利用现有信息化建设成果,以ERP系统为基础,启用资产管理模块(AM),配套建设资产集中管理平台,建设一套完整的资产全生命周期管理流程,从而构建资产全生命周期效益型资产管理体系,提示资产管理水平,如图12-42所示。

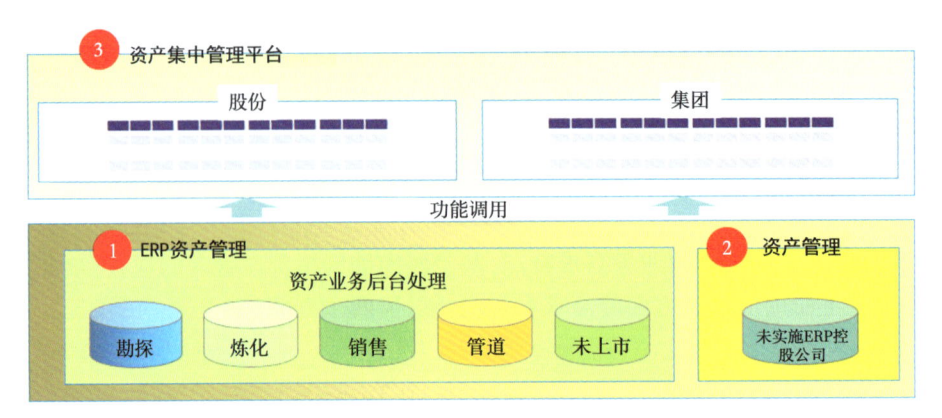

图 12-42　资产全生命周期管理业务架构图

2. 具体做法

西南油气田在资产全生命周期管理平台建设过程中,严格按照公司《两化融合实施过程管理办法(试行)》要求,开展了以下工作:

(1)优化调整主要业务流程和组织结构。

在公司范围内规范资产数据标准,优化简化资产管理业务流程,通过建立资产集中管理平台,实现资产数据的一级集中,为各层级对资产的管理分析提供支持。

(2)强化项目过程管理。

在推广执行过程中,各部门和相关单位积极参与了项目建设全过程。各阶段技术方案的调整和变更 6 项,均由业务和信息管理部门组织审查,有效地保障技术实现的一致性,有效地管控了实施风险。

(3)有效的数据开发利用。

通过主数据信息共享、业务信息共享、综合分析等方面,实现资产与设备、项目、物资管理的紧密集成;并通过 FMIS 报表工具连接 BW 系统出具资产财务报表,可根据报表和查询的需要进行灵活组合,并可根据业务需求增加新的特征和指标为管理决策提供帮助和手段,促进了资产全生命周期管理数据的开发利用。

(4)匹配与规范。

从系统上线前试运行准备,到开展试运行,确立了各项技术、业务流程、组织结构的规范性文件,制修定了相关管理办法和系统运行维护实施细则,通过加强技术、业务流程和组织结构的适应性,加速了资产全生命周期管理平台的同步创效和优化。

(5)运行与控制。

通过建立高效的运维队伍,建立常态化运维机制,狠抓系统操作培训等方式,加强对项目实施过程的控制,确保正式投用后的风险得到了有效的防范。

二、业务功能

(一) 整体功能

规范固定资产、无形资产、长期待摊的价值管理,实现资产转资、资产台账、折旧摊销、资产调拨、资产变更、资产减值、盘点记账、报废处理、资产处置;实现资产与项目管理、物资管理、设备管理集成。搭建资产集中管理平台,实现集中的全数据统计查询;实现资产实物管理、专项管理等功能;实现对 ERP 用户操作、权限管理、流程审批的封装,如图 12-43 所示。

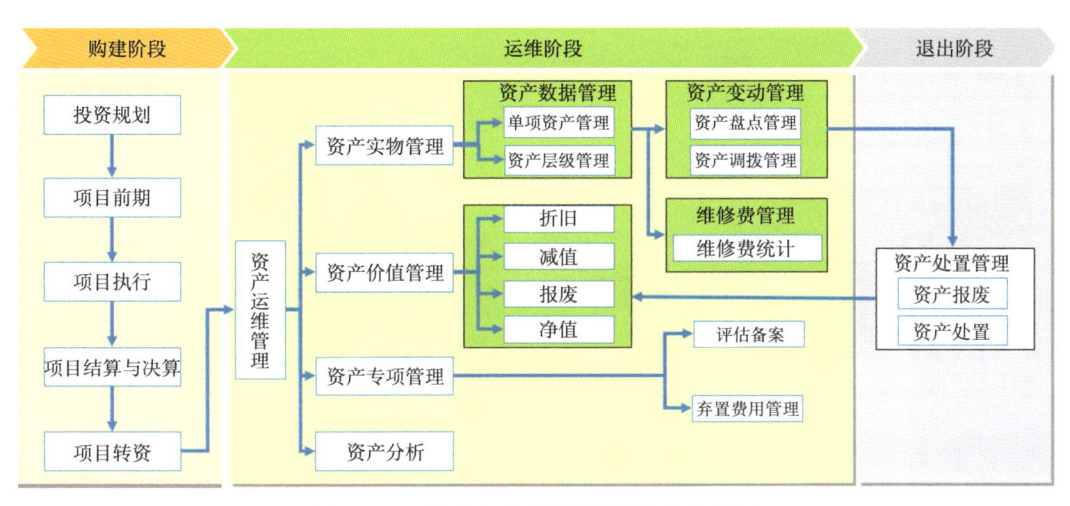

图 12-43 资产全生命周期管理业务架构图

(二) 具体功能

1. 资产主数据标准化管理

资产主数据标准化包括所属单位、资产目录、资产组、综合编码、卡片要素等的标准化。资产目录由中国石油按照资产属性对管理对象进行划分,所属单位是中国石油资产管理的组织单元,是资产业务管理的主体,卡片要素及综合编码是全集团规范的资产信息和内容,如图 12-44 所示。

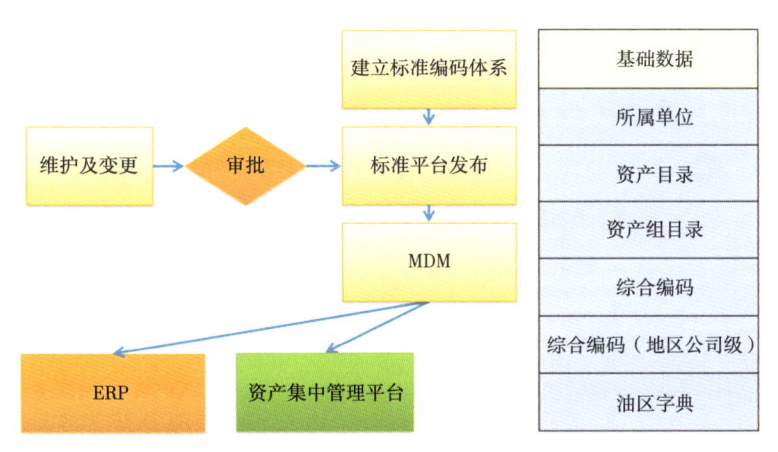

图 12-44 资产主数据标准化管理

2. 资产业务流程规范化管理

通过 ERP 系统资产管理模块对资产操作功能进行封装,形成的外部函数通过用户界面——资产管理平台(EAM)的开发调用 ERP 函数,将资产业务以简单易用的方式提供给用

数字化气田建设

户。使用工作流管理平台及非结构化文档管理,解决复杂的跨部门等业务的在线申请、审批、代办提醒与文档存储,提高资产管理的工作效率,如图 12-45 所示。

图 12-45 资产业务管理流程规范化

3. 资产管理与其他业务集成应用

基于 ERP 系统实施的资产管理模块,打通了资产管理与其他业务模块之间的隔阂,实现了资产从规划、购置、运维到退出的全生命周期管理,如图 12-46 所示。

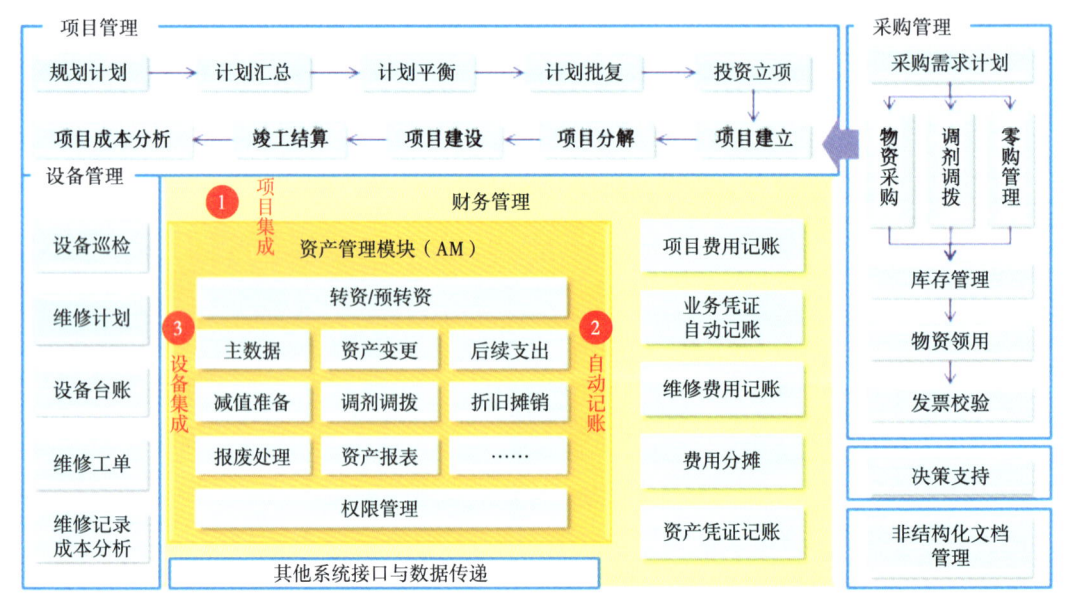

图 12-46 资产管理模块集成方案

4. 辅助决策支持

通过 FMIS 报表系统集中出具各级单位的资产类财务报表,并通过资产集中管理平台多维度展示各类统计查询报表,为各级资产管理者提供查询统计、分析决策依据,如图 12-47 所示。

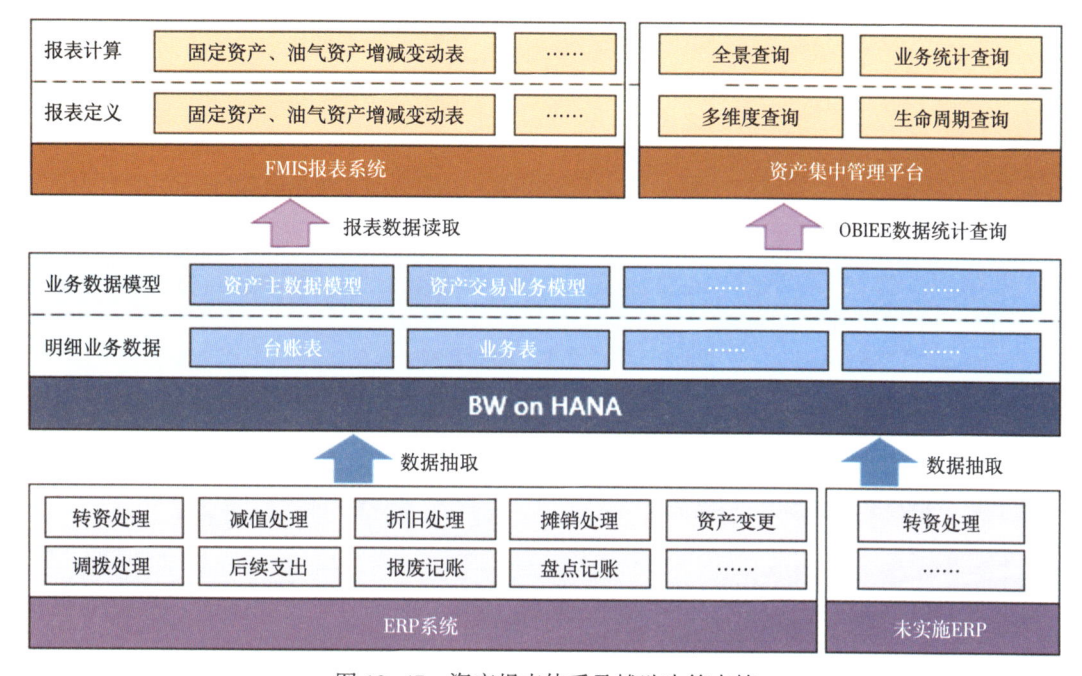

图 12-47 资产报表体系及辅助决策支持

三、应用成效

通过 ERP 系统资产模块和资产管理系统的集成应用满足了西南油气田对于资产全生命周期从规划、购建、运维到退出统一综合管理的总体需求,实现计划、物采、库存、设备、财务等资产相关业务的集成与协同,实现了西南油气田资产相关各管理层级及操作层级与资产业务的贯通与管控,实现了资产实物流、价值流、信息流"三流合一"的全过程集约化管理。

(一)资产全生命周期管理平台构建

资产全生命周期管理依托 ERP 系统强大的集成性,实现由计划、购建直至报废的全生命周期管理目标,实现了资产价值及业务的协同管理。资产管理平台提供了友好的用户操作界面,依靠调取 ERP 封装程序,实现 ERP 系统外操作,让用户在进行资产业务处理时不用去记住各类复杂的事务代码和关键字段信息,提升了工作效率,如图 12-48 所示。

(二)资产主数据标准化管理

资产管理模块实施后,标准化、结构化的资产主数据强化了资产的统一与专业管理,成为资产综合分析、资产报告及资产类财务报表出具的基础。同时,资产主数据管理优化了审批与操作流程,极大提高了用户工作效率,强化了西南油气田资产管理能力,如图 12-49 所示。

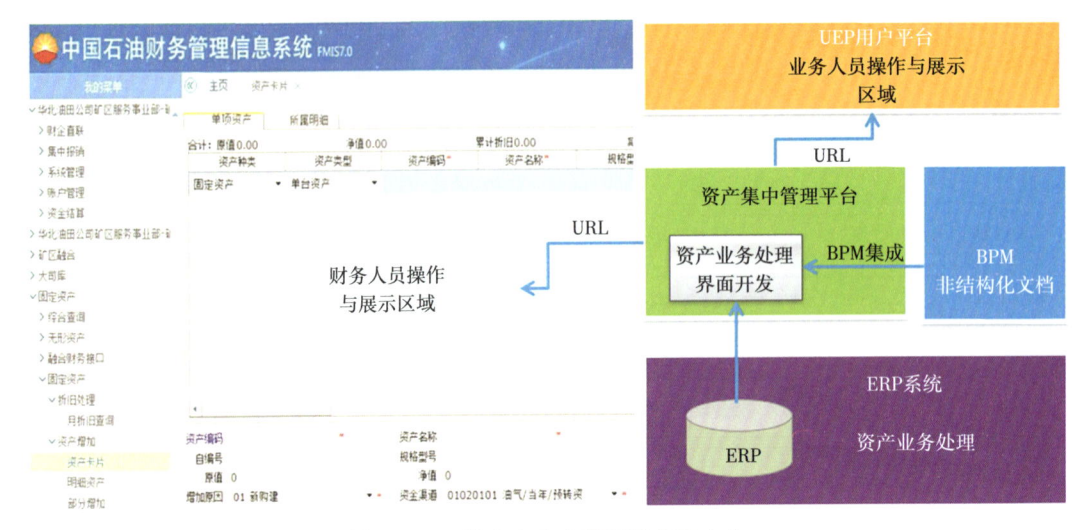

图 12-48 资产全生命周期管理平台化

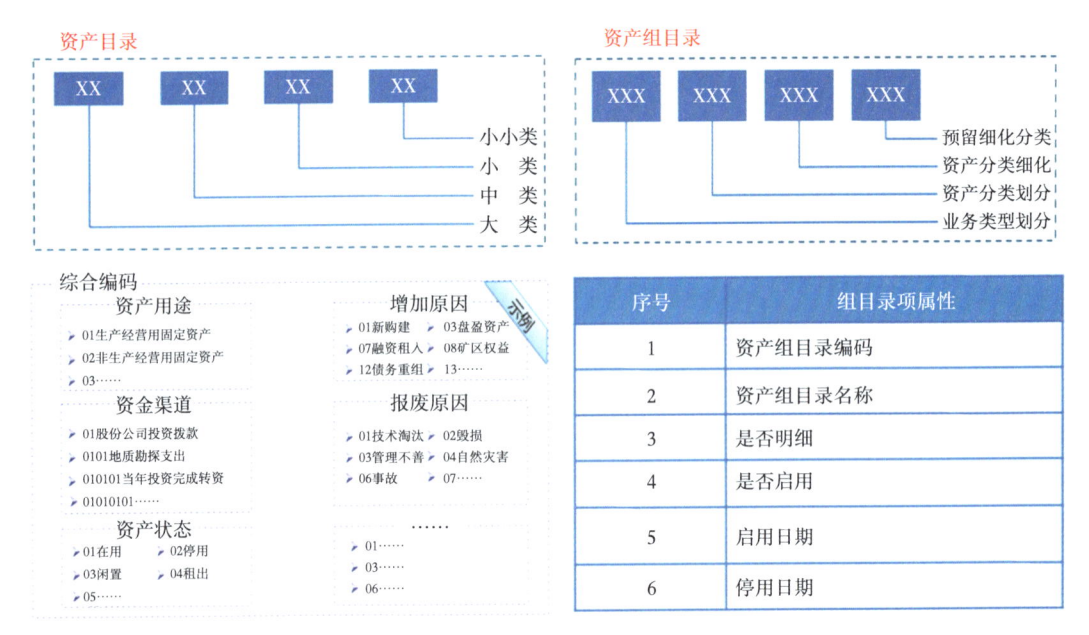

图 12-49 资产全生命周期管理主数据标准化

(三) 报表体系辅助决策支持

通过 FMIS 报表系统集中出具各级单位的资产类财务报表,资产集中管理平台展示各类统计查询。资产报表与查询基本模型包括特性维度 22 个,指标 31 个。基于 SAP HANA 的 BW 报表拥有灵活的公式编辑功能,用户通过自定义取数公式来获取需要的资产类财务报表数据,同时,SAP HANA 强大的计算能力为数据的准确性提供可靠的保障,如图 12-50 所示。

— 286 —

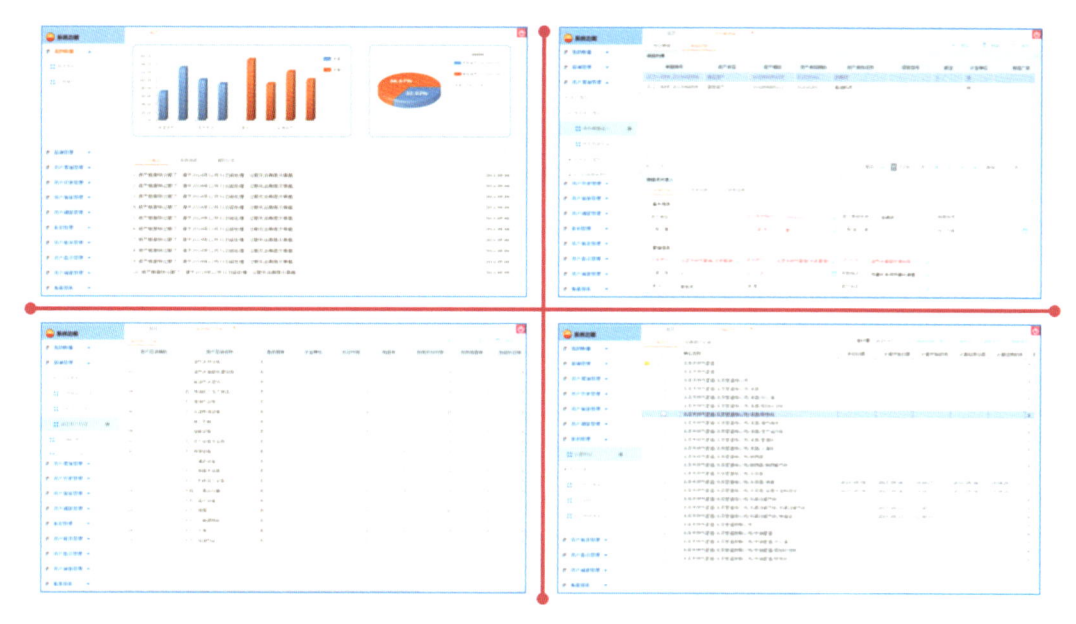

图 12-50　资产管理报表辅助决策支持应用界面示例

第六节　天然气销售精细化管理

一、应用需求

(一) 总体需求

通过销售业务管理环节的系统实现,为企业整体经营的闭环管理提供保障,实现天然气销售业务与财务管理紧密衔接、数据集成、信息共享,优化工作流程,提高油气田天然气销售精细化管理水平。主要需求集中在以下两个方面。

1. 天然气销售核算精细化需要

结合西南油气田天然气销售核算体系以及天然气销售特点,采用"客户+物料+价格清单"的推导规则,优化配置天然气销售方式,将天然气销售价值明细推导到每一种销售价格上,实现天然气销售方式核算的精细化管理,对油气田天然气生产经营分析和市场营销策略制定提供信息依据。

2. 天然气销售管理全面化需要

结合西南油气田天然气销售客户数量多,补收价款的金额大,业务工作量大的特点,优化业务流程,注重风险管控,打通计划、执行、产销平衡等业务环节,实现财务与销售两个部门销售业务相关主数据的一致性和实时共享,实现对客户的信用控制,降低客户欠款和出现呆坏账风险,从而实现天然气销售的全面管理。

(二)建设目标

集合西南油气田天然气及化工产品销售业务,提高实际业务与系统流程实现的匹配度,弱化销售业务的管理层级分散、客户数量众多、气价结构多样、结算方式复杂等难点,促进产品、客户、供应商、销售价格、出入库的收入与成本核算等重点功能与油气田天然气营销管理实际业务的有效结合。打通天然气销售各环节流程和数据壁垒,实现油气销售的卓越运营,提升管控能力与运行效率,如图 12-51 所示。

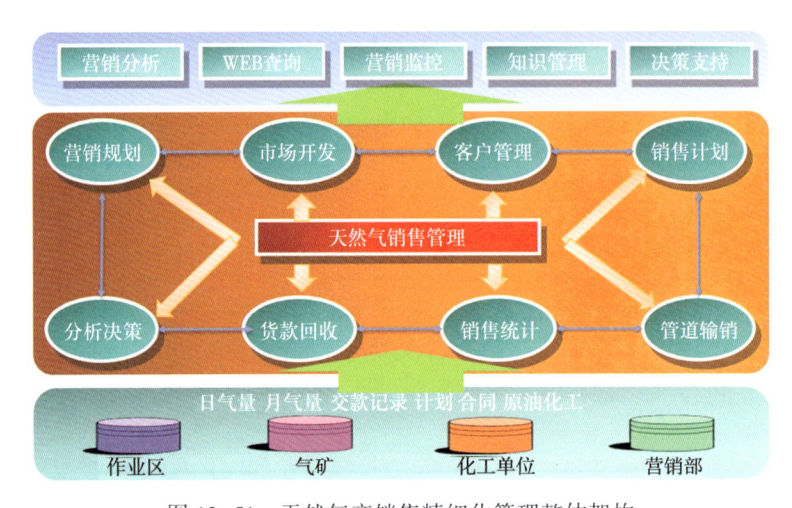

图 12-51 天然气产销售精细化管理整体架构

(三)建设策略

1. 整体策略

西南油气田在天然气销售精细化管理方面通过 ERP 系统和营销管理信息系统集成应用,在前端 ERP 系统销售与物资管理集成,实现了商品收发货;后端销售与财务管理集成,实现了销售收入与成本集成处理;加强销售关键环节线上分级审批管控;优化销售方式,实现销售结算与财务核算联动;优化特殊业务流程,两套系统紧密集合,实现了具有西南油气田特色的油气价值链管理。

2. 具体做法

西南油气田在天然气销售精细化管理平台建设过程中,严格按照公司《两化融合实施过程管理办法(试行)》要求,开展了以下工作:

(1)优化调整主要业务流程和组织结构。

结合中国石油总部内控对天然气销售拟定的 22 个风险控制点,在 ERP 系统中相对应的逐一设置了业务分级审批功能,实现天然气关键环节的有效管控;优化销售方式,调整业务流程,创新推导规则,实现天然气销售核算精细化管理。

(2)强化项目过程管理。

在建设过程中,强化项目过程管理,严格按照油气田营销管理实际和营销业务内控流程体系,按照项目建设与实施五个阶段的内容、标准和方法,各单位抽调业务骨干人员,全程参与和负责平台建设与实施的各项工作。

(3) 有效的数据开发利用。

平台涵盖营销规划、市场开发、用户管理等 20 多项功能,自动生成报表 14 大类 70 余张,实现多种营销业务的监控分析,实现财务与销售两个部门销售业务相关主数据的一致性和实时共享,为营销及财务部门决策提供参考信息,也进一步促进了与地方经委、规划计划部门、生产管理部门的数据集成与信息共享。

(4) 匹配与规范。

从系统上线前试运行准备,到开展试运行,确立了各项技术、业务流程、组织结构的规范性文件,通过加强技术、业务流程和组织结构的适应性,加速了天然气销售精细化管理平台同步创效和持续优化。

(5) 运行与控制。

各单位营销部门以集中、现场和视频等多种培训方式,开展了系统的全面培训,严格按照业务蓝图的设计流程,定期以抽查、现场检查、交叉检查等方式督促和指导各单位最终用户正确应用系统,及时有效地开展各项销售业务;有力地推进了销售精细化管理在油气田营销工作中的全面应用。

二、业务功能

(一) 整体功能

西南油气田天然气销售精细化管理包括天然气销售综合管理、原油炼化产品销售报表管理、终端报表导入管理等内容,在系统中集中实现用户基础信息管理、天然气产品规划数据库管理、市场开发管理、计划管理、合同管理、数据采集管理、查询监控管理、销售统计管理、分析管理、终端管理、原油炼化管理等功能。实现多种营销业务的监控分析,为营销决策提供参考信息,也是实现营销管理水平的重要数据来源,如图 12-52 所示。

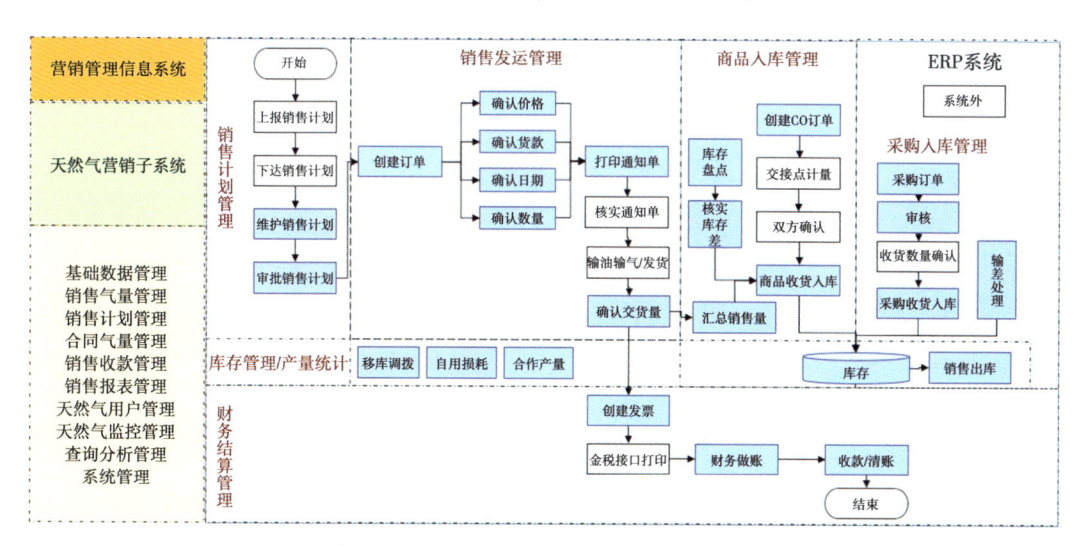

图 12-52 天然气销售精细化管理功能架构

(二) 具体功能

1. 销售业务全过程精细化管理

一方面,通过建立基于"作业区—矿区—油气田公司"的三级营销数据采集和管理平台,并配套建立一套全面适应营销业务的三级监控体系,部署了天然气销售业务、油化品及终端销售两大子系统,实现了计划管理、合同气量管理、外购气管理、产销平衡管理、管存气量管理、倒输气管理等功能。另一方面,通过 ERP 系统实现从销售计划开始,通过多种不同运输方式的发运,到对客户开票结算和收款清账的全过程管理,如图 12-53 所示。

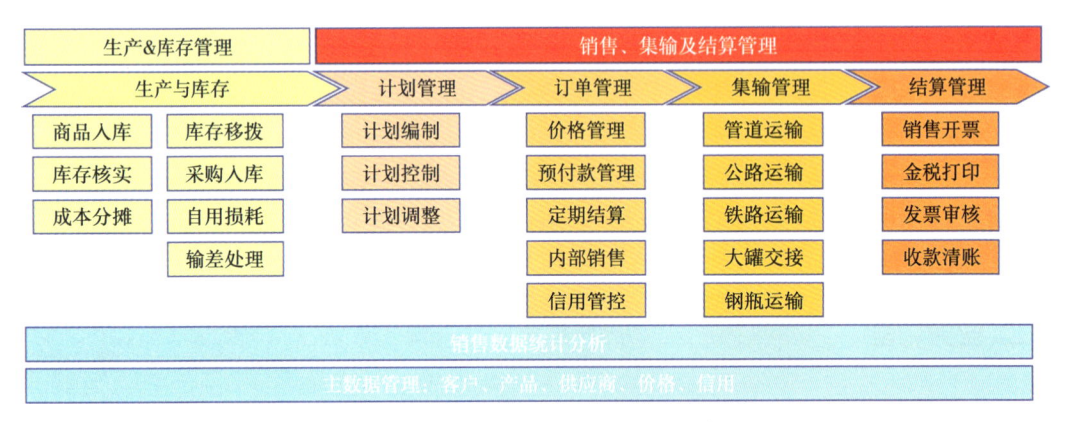

图 12-53 油气销售业务过程管理示意图

2. 营销领域相关信息系统集成应用

ERP 系统与营销管理信息系统建立接口实现油气及化工产品销售数据集成,系统间的数据通过对照表准确对应;营销管理信息系统与 A3 系统、生产运行系统、数据采集管理信息平台等建立接口,进一步促进了营销领域数据和信息的共享同时也为地方经委、西南油气田规划计划部门、生产管理部门等提供数据集成与信息服务,如图 12-54 所示。

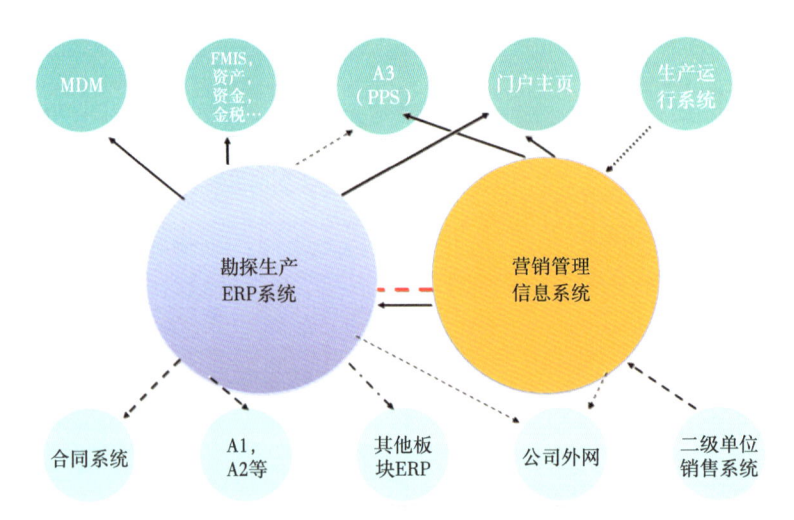

图 12-54 西南油气田营销领域信息系统集成关系

3. 营销主数据标准化管理

客户主数据、供应商主数据、产品主数据、价格主数据和信用主数据在 ERP 系统的信息标准化配置管理,确保了系统处理销售业务时主数据信息的完整性和准确性。进一步实现了西南油气田营销业务管理的规范和统一,规范了三级营销信息化管理与管控体系,如图 12-55 所示。

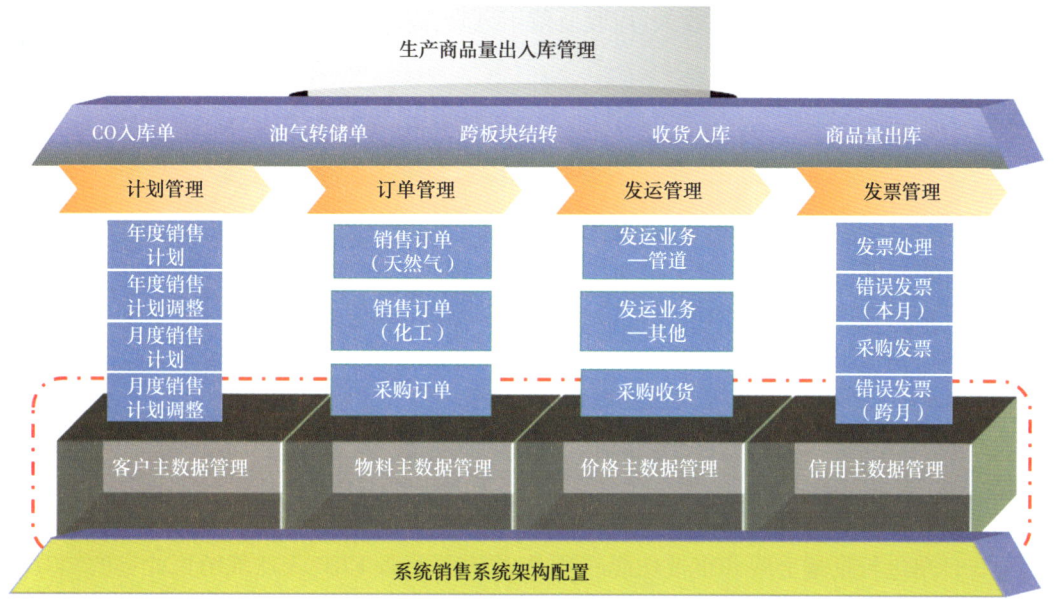

图 12-55 营销主数据标准化

4. 辅助决策支持

ERP 系统能生成客户主数据、信用、价格、计划、订单、交货单以及预制发票等业务清单,生成天然气、原油销售综合报表各一张;营销管理信息系统自动生成报表 14 大类 70 余张,从而实现多种营销业务的监控分析,为营销决策提供参考信息,如图 12-56 所示。

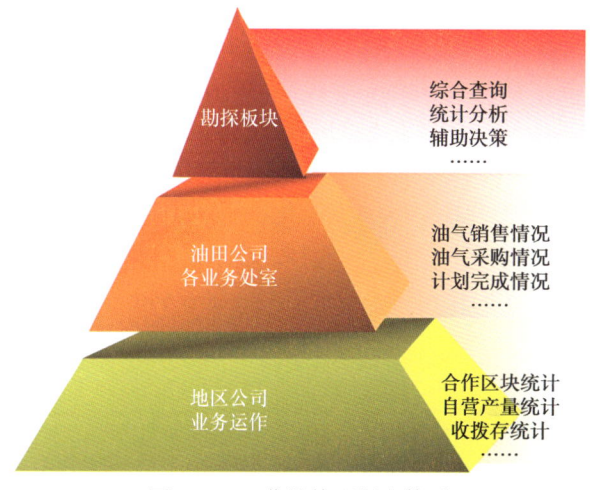

图 12-56 营销管理报表体系

三、应用成效

西南油气田通过 ERP 系统、营销管理信息系统等营销领域信息系统集成应用,建立了全面的销售业务精细化管理平台,打通了计划、执行、产销平衡业务环节,强化了油气田企业的销售业务管理,实现对计划、价格和信用的严格控制,油气从入库、库存调拨、计划、销售、外购、自用损耗等全过程管理,实现销售收入、应收及信用风险、商品量成本、销售成本等账务处理与财务的实时集成。具体如下。

(1)实现了油气价值链一体化管理。

西南油气田将先进的销售管理理念与西南油气田特有的天然气营销复杂业务进行了较好的系统融合,将 ERP 系统销售模块中产品、客户、供应商、销售价格、收入与成本核算等重点功能,与营销管理信息系统中计划管理、合同气量管理、外购气管理等功能相结合,实现油气价值链一体化管理。通过两套系统的集成应用加强西南油气田对销售各环节的管控,实现销售业务全过程一体化管理,满足了西南油气田及所属各单位产品销售业务与财务系统集成管理的要求,实现销售收入与财务应收"不差一分钱"。

(2)实现了天然气营销业务与信息系统的深度融合。

针对油气田天然气产销缺口和供需缺口,结合油气田天然气营销计划的监控管理特色,加强了超计划、超信用和天然气采购订单审批等营销关键环节线上的分级审批管控功能管理。针对油气田众多客户信息、多种出厂价和管输费形成的各类价格信息以及每月数量众多的销售计划与订单进行批量上载和审批功能的开发,提高了每月 ERP 天然气销售业务的结算与核算效率,实现油气田天然气营销业务与 ERP 系统销售功能贴近实际地结合和融合。

(3)营销业务与财务的无缝集成。

实现了财务与销售业务的无缝集成,将天然气销售出入库产生的收入与成本进行集成工厂化配置和平台化处理,在提高天然气月结工作效率的同时,与对外提供客户销售发票的航天金税系统建立接口,减轻油气田财务人员开票过程中的手工劳动与核对工作量,大大提高出具客户销售发票的效率。开票后的发票信息也能自动反映到财务相关报表中去,确保每个月纳税申报业务的顺利完成,实现天然气营销业务在 ERP 系统中流水线作业操作与全过程管理控制。

(4)促进了销售及财务管理能力提升。

实现了财务与销售两个部门销售价格的一致性和实时共享。通过销售和结算信息集成管理,减少了营销与财务手工对账环节。实现了对客户信用的自动化控制管理,降低了客户欠款和出现呆坏账的风险。实现了营销业务的流程化控制处理,提高了营销业务管理的风险控制级别,降低了营销业务管理风险。实现了油气"收支两条线"上各业务环节的相互支撑和相互制约的系统自动化管理,规范了西南油气田油气主营业务利润的实现。

第十三章 安全生产与应急管理应用

生产安全受控是指生产过程中人的行为、物的状态、生产环境等因素都处于稳定受控状态。安全监管监察对象点多面广、过程连续、动态变化，仅仅依靠传统的人工方式难以实现安全监管监察对象全员、全过程、全方位的安全管理。随着信息化与工业化的深度融合，信息化不断渗透到生产经营活动的全过程，融入安全生产管理的各环节，通过物联网等信息化手段对人的不安全行为、物的不安全状态、环境的不安全条件进行有效监测和预警，实现企业安全生产信息的采集、处理和分析，是提高企业安全生产水平的有效途径，其最终目的是实现生产过程中的全员、全过程、全方位安全受控，确保企业本质安全。

西南油气田安全生产工作始终贯彻"安全第一，预防为主"的方针，坚持"谁主管、谁负责"，生产经营管理要服从安全需要的原则，在不断完善配套管理制度、加强安全生产监管的同时，通过信息技术的应用，构建安全生产与应急管理系统，着力提升企业安全生产水平，实现安全生产、绿色生产和文明生产。

第一节 安全生产与应急管理需求

一、生产受控管理需求

西南油气田在生产管理制度上构建了一套比较完善的安全保障体系，在 HSE 管理上已形成一整套的操作规程、岗位操作卡、检维修作业规程等，规范业务流程，各生产单位按照西南油气田 HSE 管理体系要求进行生产管理。但是要真正做到安全生产，还需要利用信息技术手段，有效监督生产过程的执行，加强对生产过程的控制，使各项规章制度落到实处。为此，生产受控管理需结合 HSE 管理要求，充分利用当前信息技术和网络条件，强化生产过程受控管理，建立"作业风险事前提示、关键环节步步确认、工作过程真实记录、工作质量全程评价"的日常工作过程的信息化管理，准确掌控生产管理过程动态信息，统一西南油气田各级生产单位的生产受控信息和应用，为各级管理者及时、准确地提供生产指挥决策提供依据。

按照西南油气田作业许可管理要求，参照 PDCAR 管理模式，生产受控管理需包括生产作业受控、生产管理受控、生产信息受控三个方面，实现 9 类 14 个受控业务流程网上申请、审批、关闭及信息发布，实现生产作业受控、生产管理受控、生产信息受控。

二、应急管理需求

西南油气田是中国石油确立的国内重点发展的 5 个规模油气区之一，是西南油气战略通道的重要枢纽，油气田业务范围点多、线长、面广，面对易燃易爆、有毒有害、高温高压高含硫等风险。

数字化气田建设

西南油气田通过日常监管,利用技术手段,对现场生产及施工人员的不安全行为、设备设施的不安全状态等进行视频或图像取证,并利用与现场的语音通讯功能,及时对不安全行为发生人、不安全状态设备设施管理人传达整改指令,降低事故发生率。当突发事件发生后,可通过固定或移动音视频采集,使西南油气田领导及相关人员第一时间依靠指挥中心大屏、电脑、手机、Pad等终端设备随需调看现场情况,了解第一手的音视频资料,并与生产现场快捷沟通,下达应急处置指令,保障突发事件的科学合理决策、快速高效应对。

同时,应急管理还需要按照"平战结合"原则,实现日常监管和战时指挥。通过多种信号的整合集成,向上与西南油气田总部应急指挥大厅音视频互通,向下接入工业视频、应急通信车与单兵视频,满足西南油气田日常监管和战时指挥的应急管理要求,如图13-1所示为应急指挥平台功能页面。

图13-1 应急指挥平台功能界面

第二节 安全生产管理业务功能

图13-2 生产受控管理建设内容

按照西南油气田数字化气田规划总要求,建立一套集信息录入、处理、发布为一体的生产受控管理系统,满足各级受控管理需要,实现现场生产作业受控、二级单位生产管理受控和西南油气田生产信息受控,实现对风险的管控,达到安全生产的目的。建设内容包括生产作业受控、生产管理受控、生产信息受控三部分,如图13-2所示。

一、生产作业受控

通过对日常关键岗位操作、检维修作业、施工作业(停气碰头作业、清管作业、安全隐患治理作业、投资及大修项目施工作业、钻完井作业)等进行流程化管控,实现生产作业受控管理,如图13-3为生产作业受控功能页面。

图13-3 生产受控管理信息系统生产作业受控功能页面

(1)日常岗位关键操作:对场站开关井、装置启停等有一定风险的关键操作,需要先申请,通过调度人员许可后,再执行操作,操作完成后归档。

(2)检维修作业:对检维修作业通过制订计划、编制方案、申请、审核、作业许可办理、对关键环节步步确认,作业完成后归档。

(3)停气碰头作业:对停气碰头作业通过制订计划、编制方案、相关业务处室审核、作业许可办理、对关键环节步步确认,作业完成后归档。

(4)清管作业:对清管作业通过制订计划、编制方案、相关业务处室审核、作业许可办理、对关键环节步步确认,作业完成后归档。

(5)安全隐患治理:对安全隐患问题进行跟踪处理及反馈,形成闭环管理;安全隐患发现单位录入隐患问题,发出整改信息,责任部门处理问题,安全主管部门对整改过程进行跟踪督促,问题整改完成后对问题进行审核确认。

(6)投资及大修项目施工作业:对投资及大修项目施工作业通过制订计划、编制方案、对关键环节步步确认,作业完成后归档。

(7)钻完井作业:从生产运行系统中获取钻完井作业中存在的问题,对问题进行跟踪。

二、生产管理受控

对单井、管线、气田、基层生产单位,通过日产量与计划的差异、每日产销平衡等日常生产情况及生产异常信息汇总分析,进行生产受控管理,如图13-4为生产管理受控业务流程图。

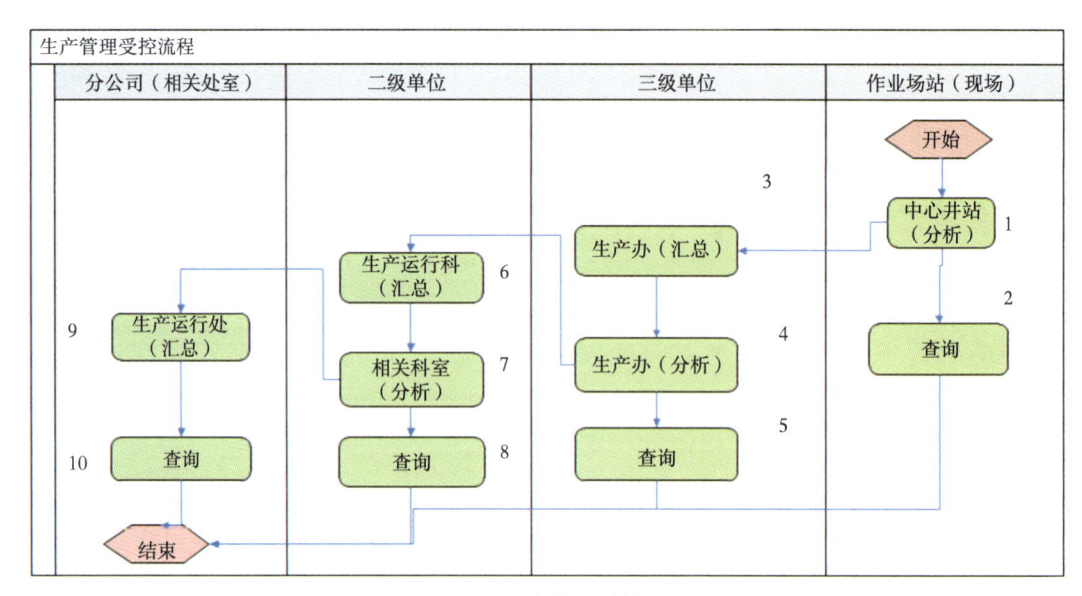

图 13-4　生产管理受控流程

如图 13-5 为生产受控管理信息系统生产管理受控功能页面。

图 13-5　生产受控管理信息系统生产管理受控功能页面

生产管理受控包括以下功能：

(1) 日常生产受控。日常生产受控包括对各类型生产井的日常跟踪分析、对气田产量跟踪分析、对管线输气量跟踪分析、对用户用气跟踪分析。

(2) 异常情况管理。对生产装置临停、管线泄漏、自然灾害及其他突发事件进行收集、上报、处理。

(3)项目进度管理。通过对项目基础信息的录入维护管理,设置工程项目的关键节点,实现对工程项目的进度管理。

三、生产信息受控

通过对受控信息审核、受控日报发布、基层数据、生产信息上报等进行管控,实现生产信息受控,如图 13-6 为生产信息受控流程图。

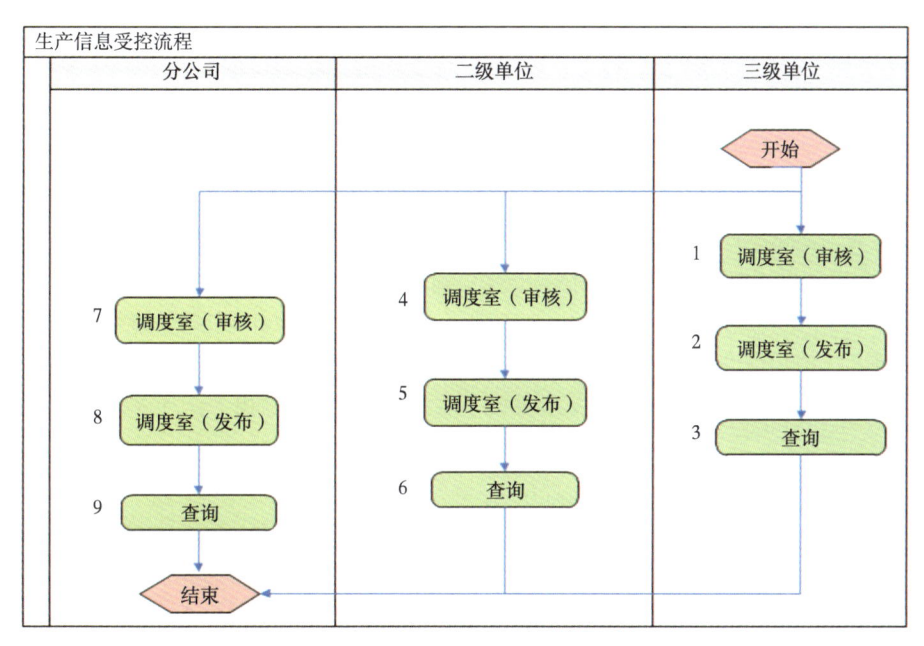

图 13-6　生产信息受控流程

如图 13-7 为生产受控管理信息系统生产信息受控功能页面。

图 13-7　生产信息受控功能页面

生产信息受控模块包含以下功能。
(1)信息审核管理。各级生产单位对受控信息进行审核,并发布受控日报。
(2)受控日常管理。浏览各级生产单位审核发布后的受控日报。
(3)统计分析。对各类操作、作业、施工等进行统计、分析管理。
(4)应用查询。对各类操作、作业、施工等信息进行查询。
(5)基础数据查询。查询受控系统中包含的各类基础数据信息。

第三节　应急管理业务功能

西南油气田建立了基于"统一指挥、反应灵敏、协调有序、运转高效"应急机制下的应急信息管理平台,并植入下属36家单位的生产场所、重大危险源、应急物资和储备库、应急专家、救援队伍、社会依托资源等8类基础数据,对近300张油气场站平面图及周边环境进行了地图配准,对10余个净化及化工厂区进行地图矢量化,对油气田应急预案体系进行了数字化,接入重大危险源、部分重要场站监控视频信号,并实现了应急管理系统扩展到移动终端的应用,为西南油气田"平时"值班管理、信息接报等日常管理,"战时"对突发事件的应急指挥提供了便捷的信息技术支撑,提高西南油气田突发事件的应急管理处置能力和工作效率[1]。

一、日常监管监察

西南油气田建立了覆盖重要气田工区范围的高精度三维地形地貌图,矢量化入库生产场所周边居民、敏感目标、应急救援力量等信息,依托油气生产物联网与站控系统实现对生产现场的异常报警,对管道风险、井筒完整性风险预测,为应急决策和快速疏散提供了有效支撑,如图13-8为采气设施周边单户居民分布与敏感目标分布图。

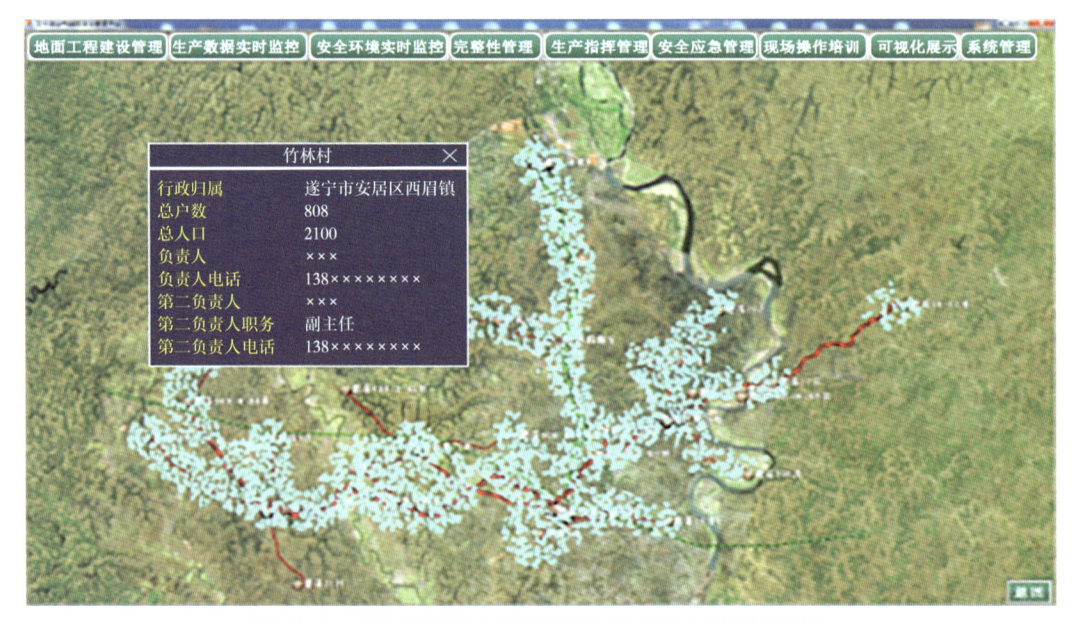

图13-8　采气设施周边单户居民分布与敏感目标分布图

二、重要施工场所、重大危险源的监督管理

依托生产视频监控系统,西南油气田实现生产现场的生产视频的多级实时监控、分级管理、多用户调用、安全访问。对于没有现场接入生产视频的场站或临时施工场所,借助便携式音视频采集终端,实现现场的音视频信号移动回传,满足各级管理人员对重要施工场所、重大危险源和重点防护对象的监管监察,如图 13-9 为重要施工场所、重大危险源的监督管理功能页面。

图 13-9 重要施工场所、重大危险源的监督管理

日常监管发现生产现场及施工人员的不安全行为、设备设施的不安全状态等,通过视频或图像进行取证,利用与现场的语音通讯功能,及时对不安全行为发生人、不安全状态设备设施管理人传达整改指令,从而降低事故发生率。

三、培训与演练

将生产工艺流程、设备操作规程、应急处置流程信息化,并建立真实生产工艺及设备三维实景,实现气田现场可视化、培训可视化和演练可视化,形成观摩受训和交互演练相结合的应急培训形式,定期开展系统模拟应急演练,提升应急处置能力,如图 13-10 为系统中进行模拟演练的场景与现场演练示例图。

图 13-10 模拟演练场景与现场演练同步

四、应急通信保障

西南油气田以软交换平台为基础,形成了集语音通信、海事卫星电话、生产网与办公网、营运商 3G/4G 网络、卫星通信于一体的应急融合通信体系,如图 13-11 所示。

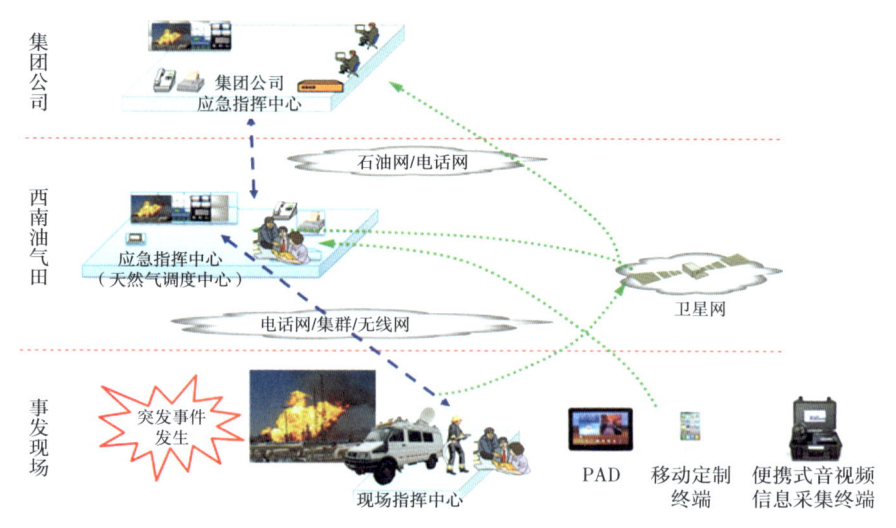

图 13-11 应急融合通信体系

卫星通信车是以石油广域网、石油卫星广域网、公众通信网为依托,以中国石油应急平台为中心,企业可视化调度终端为枢纽,车载应急通信系统为主要接入手段的"应急通信网络",实现中国石油总部、西南油气田和突发事件现场之间实时音视频的交流和传输,为日常生产和应急事件的处理提供通信、调度、指挥和决策支撑手段。卫星通信车在极端情况下借助于卫星传输通道,为应急指挥提供了通信保障。便携式音视频信息采集终端作为卫星通信车的补充,弥补卫星通信车到达突发事故现场前,以及无法到达的区域,提供移动音视频回传的手段,实现指挥中心与突发事故现场音视频联动与交互指挥。

为了弥补突发事故现场不固定,运营商公网可能存在覆盖盲区等不足,应急现场融合通信网络扩展了 LTE 基站(图 13-12),扩大应急通信覆盖范围,便携式 LTE 基站能够快速接入卫

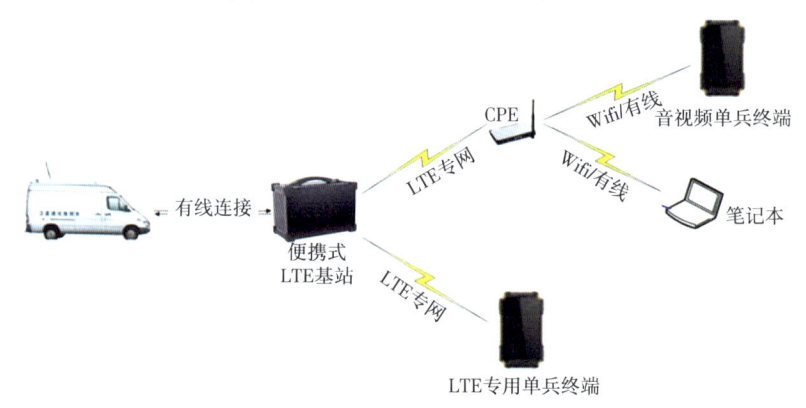

图 13-12 便携式 LTE 基站示意图

星通信车内网,结合卫星通信车网络在应急现场构建覆盖半径 2~3km 的无线宽带专网。在运营商公网不足以覆盖的情况下,构建以应急卫星通信车为核心的应急现场通讯能力,同时新增离线回传能力确保在极端情况下现场音视频回传,提升应急通信保障能力。

五、应急信息汇聚

汇聚生产实时数据。集成利用 DCS/SCADA 生产管理系统,按西南油气田级、油气矿级、作业区级,以二三维交互方式查看实时生产工艺数据和工艺流程;以专题图形式统计分析生产关键指标的变化;提供三维同步超限报警、通信短路报警,能查询生产数据的平均值、累计值、日报、月报及生产趋势。

汇聚安全环境实时数据。集成利用生产现场工业视频监控系统,调阅站场(厂)摄像头实时监控画面,根据云台参数同步展示三维视窗场景;实现三维查看 FGS/SIS 仪表分布,动态浏览消防流程和联锁过程;支持二三维交互数据监控、报警,历史趋势查询和报表统计;实时查询各类环境监控动态信息,包括气象站实时气象信息、生产区域门禁和周界报警信息,实现故障、报警、联锁与视频监控的联动管理,达到对生产安全环境的直观真实的远程监控和突发事件下的及时高效的应急响应。

六、应急调度指挥

支持生产计划、检修计划、用户检修安排报表的编制、审核、入库与查询,以生产动态数据为基础,生成各类统计图和生产综合报表;可对车辆运输、井场道路、水电讯设施管网的分布情况和运行状态进行统一的三维查询展示,辅助应急调度指挥。

七、应急辅助决策支持

建立三维应急地理信息系统,直观动态管理生产单位重大危险源和隐患,对站场(厂)周边 2km、管线周边 1km 范围内的单户居民、敏感目标以及政府、医疗、公安、消防等应急资源进行管理;将应急预案体系化、模块化管理,制作成三维可视化行动方案;事故状态下支持应急资源查询、在线灾情汇报、异地远程会商、事故推演分析和指挥抢险救援。

(1)基于气体泄漏模型的推演。

集成中国安全生产科学研究院的火灾、爆炸与气体泄漏快速计算模型,特别针对四川地区复杂地形和气象特征进行数据匹配,支持实时气象监测数据采集,可在演练或真正事故发生第一时间推演有毒气体(重气体)的扩散范围,为指挥决策和实施快速疏散提供支持,如图 13-13 是有毒气体扩散范围实时计算功能界面。

(2)基于工艺流程的应急方案支持。

植入采气、集输、净化的工艺流程数据并实现过程建模,通过事故点上下游工艺查询分析,快速分析确定应急控制方案,并由关联的 SCADA 系统实现远程控制,提高突发事故反应速度,降低风险与损失。

对于磨溪龙王庙组"高温、高压、高含硫"气藏,以磨溪净化厂调控中心为核心,建立了单井—集气站—净化厂三个控制层级、五级连锁的自动控制系统,确保气田本质安全。

这套自动控制系统包括 DCS 系统、SIS 系统、F&GS 系统、SCADA 系统,可以让气田实现

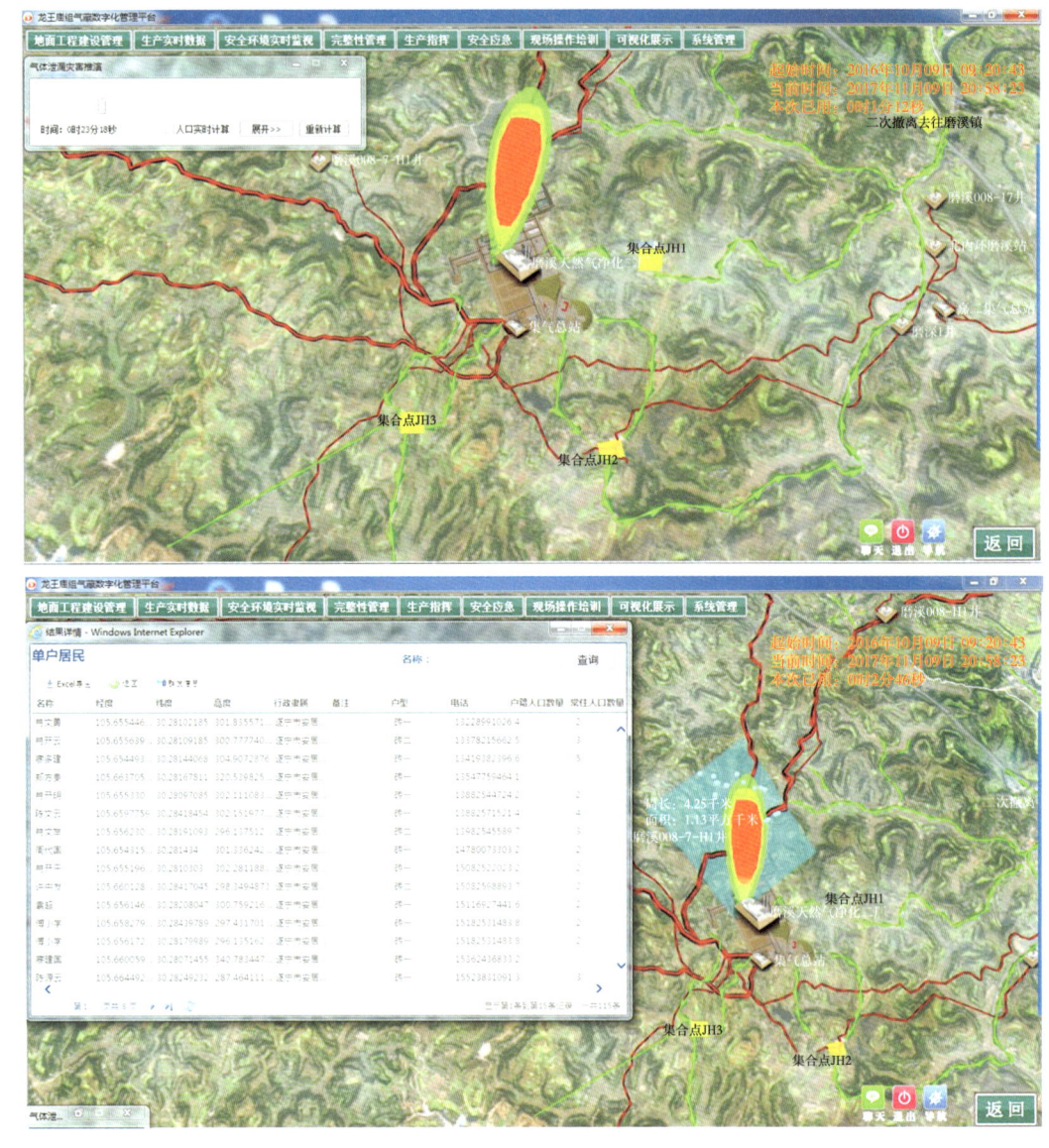

图 13-13 有毒气体扩散范围实时计算功能界面

"八级截断,三级放空"的全气藏连锁,在应急状态下达到"快速反应、远程关断、有限放空"。如果净化厂装置突然停车,可自动触发远程关闭井口采气装置。

各井场有安全仪表系统 SIS、RTU/PLC 控制系统,井口设置安全截断系统,出站管线设有紧急截断阀,当检测点压力超高或超低时,系统能自动关闭井口。

在井场设有火灾探测器、可燃气体探测器、有毒气体探测器、声光报警器和手动报警按钮。报警后通过 SIS 系统触发声光报警器,根据报警规模和危险程度,启动相应的安全联锁。净化厂及气田 DCS、SIS 系统将在两分钟内截断上游气源。

八级截断阀是指:井下安全截断阀、井口截断阀、单井出站截断、集气站进/出站截断、集气干线截断、集气总站进/出站截断、净化厂进出站截断、外输气截断(图13-14)。

图13-14 远程控制八级截断示意图

三级放空是指:单井站放空、集气站放空、净化厂放空(图13-15)。

图13-15 远程控制三级点火放空示意图

(3)基于GIS的高效应急资源调配。

应急资源包含应急物资、应急抢险队伍以及医疗等应急救援力量。借助于GIS技术，实现对应急资源的标绘，结合西南油气田业务覆盖区域路网信息进行物资调度、队伍调度的路径分析，得出最优的调度方案。

应急物资储备管理信息系统基于GIS导航直观快速定位应急物资库，实时跟踪应急物资储备点（库房）、入库、出库、库存动态情况，实现了应急队伍、应急专家的信息管理与查询功能，完成西南油气田应急物资库基础数据初始化并在地图上标注，初始化了873类物资编码及15万条应急物资信息，并与中国石油安全管理平台（E2）进行对接，实现对应急物资、应急队伍、应急专家的信息常态化有效管理，极大提高了西南油气田应急物资管理水平，如图13-16为基于GIS的应急物资储备管理系统应用界面。

图13-16　基于GIS的应急物资储备管理

通过对事故影响范围计算，快速检索地方公安、消防、医疗救护等应急救援力量信息，通过群发短信与网络通知等方式通报事故灾情并争取配合，应对必要的警戒、疏散、救护等周边社会范围应急处置需要，实现企业与地方应急协同联动。

第四节　应用成效

生产受控管理系统针对西南油气田总部及二三级生产单位的受控管理业务，建立了统一的信息交流、查询和发布的工作平台，实现了生产作业过程、生产管理过程分级受控，提高了受控管理水平和工作效率。

西南油气田依托应急管理系统建设成果，科学高效处置了"5·12"汶川特大地震、"4·20"芦山强烈地震、川渝地区洪水及强降雨灾害等突发事件。

2014年6月，西南油气田依托应急管理系统（E2）与自建系统等相关资源，成功与重庆市忠县人民政府开展地企联合应急演练。2015年11月26日，在指挥大厅召开了"2015年西南油气田生产办公网中断突发事件应急演练";2016年6月22日,在指挥大厅依托生产安全应急管理平台成功召开了"龙王庙气藏开发多方联动应急演练"。2018年在西南油气田公司、川庆钻探工程有限公司和剑阁县政府三方联合开展井喷突发事件应急演练中,融合自建网络、运营商、卫星通信传输三种模式,实现现场主会场通过视频会议系统交互及12个点位不同场景的高清视频实时回传,圆满支撑了多方参与的应急演练。在2018年连彭线鸭子河穿越段应急抢险过程中,依托卫星通信链路和LTE基站,利用单兵终端和无人机前端采集终端设备,实现抢险现场语音、视频图像等数据高清实时回传,为应急指挥人员提供全方位的信息服务。

参 考 文 献

[1] 黄骞,郭菁,万春晓.西南油气田应急通信系统深化应用探讨[J].计算机产品与流通,2020,37(01):35-36.

第十四章 科研协同环境应用

本章所说的科研协同环境主要是指在石油天然气勘探开发科学研究工作中,建立一套使科研人员能够快速获取计算机硬件、软件、数据以及各类成果等科研攻关必备的资源,并通过数据交换、工作流、科研项目支撑库等技术,实现支撑科研业务资源共享、协同工作的机制与生态,提升油气勘探、评价、开发研究业务的效率与水平,以达到科研支撑管理、科研指导生产、科研成果与生产需求及时互动与良性迭代的目的。

第一节 科研协同环境建设需求

油气勘探开发科研协同环境,就是在油气田已建立的网络、软件、硬件和数据资源基础上,通过工作流程管理机制,实现勘探开发研究工作的过程控制和任务跟踪、软硬件资源动态分配、数据信息集成应用、研究成果上下游共享,最终达到勘探开发一体化协同研究目的。传统油气科研模式业务与数据是分离的,研究成果在跨专业、跨部门传递、共享及继承方面存在障碍,造成资源独占与浪费、闲忙不均、共享困难等问题,研究工作管理科学性差,项目进展、任务分配、成果归档等都处于人治状态,需要靠人与人的沟通协调才能完成,造成效率低下、资源浪费、共享协同困难。随着油气勘探开发难度的不断加大,油气勘探研究、油气藏研究日益复杂,跨专业、跨部门协同研究等需求日益迫切,具体需求有:

(1)提供一体化研究环境,包括从盆地研究、油气勘探、油藏评价、油藏描述到储量评价等。

(2)基于同一且共享模型的地震、地质、油藏协同研究需求。

(3)科研与生产管理协同:研究院所、油气矿(采油厂)、专业处室等单位跨部门的协同研究与决策需求。

(4)地质模型动态更新:结合生产情况,地质模型动态修正的需求。

(5)工程、地质协同:基于地质模型的钻井设计与施工修正需求。

(6)研究业务流程规范化:实现研究业务流程规范化、成果数据标准化。

(7)研究成果数据继承、共享需求。

(8)项目数据库:规范的项目库建设,研究工区快速建立需求。

一、项目管理需求

油气勘探开发规划、勘探/评价/开发井部署、储量评价、综合地质研究等项目需要多专业、多团队共同协作研究来完成。这些项目几乎都需要设置地震、测井、构造与储层、油气水岩分析辅助项目进行专题研究。目前的项目数据存储在个人电脑上,项目和专题项目之间、项目个人及成员之间资料传接存在多个版本工作文件、数据命名不统一,给项目成果的共用、汇总带来较大难度,很容易发生主观工作失误。因此,需要建立一个紧密的网络方式的项目工作环境,将项目的工作任务分配、研究内容界定、工作标准要求、项目所需数据及软件资源配置、项目提交成果、项目运行考核等工作在网上实施科学管理,这将大大提高油气勘探开发研究项目的整体工作能力和效率,甚至可以提高项目的研究水平。

根据以上项目管理中出现的问题,总结需求如下:

(1)基于任务分配的协同管理机制,提升研究项目过程管理协同水平;

(2)项目团队成员、不同团队间的成果顺畅共享与沟通机制;

(3)针对研究对象与目标,组织多专业、多人员协同研究,将项目所需数据及软件资源配置、项目成果提交、项目运行考核等工作实施网上管理。

二、数据应用需求

基础数据:项目引用的基础数据是指研究区域的地震采集数据、钻井、录井、测井、试油、实验分析等数据。这些数据作为基础数据可以提供给项目研究人员直接应用,或提供给软件作为输入数据使用。根据项目类型和特点,设置项目基础数据引用库,将区域勘探、评价、开发井相关钻井、录井、测井、试油、分析化验数据筛选和整理后置于综合研究项目库,这些基础数据即是项目研究的数据输入,也是该研究项目供后人论证和审查的原始依据。

前期项目研究成果:同一区域前期相关地震部署、勘探与评价井部署、地质油藏、各级储量等项目研究成果,是项目引用参考的重要资料,项目使用这些资料可以继承、完善和发展以往在该区域上开展研究的成果。

以上两类数据一方面要做到数据覆盖完整,数据质量可信。要保证数据库中研究区域的以往历史资料齐全、新数据及时入库,做到与油田存档的勘探开发技术资料一致,这是项目协同研究的基础,协同研究平台要具有验证研究区域资料完整性的相关手段。另一方需要提供方便的数据查询、数据图示化展示、转换推送等手段,让项目研究人员快速确认和下载数据。

多学科协同研究需要勘探开发专业基础数据、研究成果等全面的数据支撑,并提供数据快捷查询、在线浏览与可视化展示等功能,支持按研究岗位或业务应用场景的高效数据组织与集成应用,提升数据应用与成果共享水平。

根据数据应用中出现的问题,总结需求如下:

(1)提供空间导航、全文检索、数据钻取、新数据提示等功能,方便用户查询数据;

(2)提供数据在线浏览与图形展示等功能,数据可视化,方便用户确认数据;

(3)建立综合研究项目库,实现基础数据(统建及自建专业库)、研究成果(中间及最终)、专业软件相关成果的关联组织与集成应用。

三、软硬件应用需求

目前,部分专业研究软件部署在个人电脑上,要求配备较高性能的个人计算机或工作站,安装和维护这些软件需要花费很大的精力,这也是制约项目工作效率提高的一个因素。同时,在年初或年底科研繁忙时期,安装在大型服务器上的部分商品软件使用许可不够,存在着影响项目研究进度的问题。

油气勘探开发主要使用的软件是地震处理、解释、反演、属性分析等相关软件,以及盆地模拟、测井解释、油藏数值模拟、地质制图、油藏地质建模、储量计算、综合油藏分析等软件。一个研究项目组建后，若根据项目需要，建立类似软件应用池的机制，将以上软件放在应用池中，在项目启动时配置资源，将相关软件及应用数据分配给项目，这将大大提高科研软件的应用效率。

专业软件云有利于软硬件资源共享应用，大幅降低投资，提高资源利用率。根据软件应用中出现的问题，总结如下需求：

（1）具备多CPU、多GPU、集群机等高精度高性能计算处理能力；

（2）提供专业软件许可池化管理机制，许可证数量根据不同团队、不同时段的业务按需分配；

（3）提供在线成图分析、专业统计分析等常用工具，提升日常工作效率；

（4）OpenWorks、GeoEast、Petrel等主流软件项目数据规范化管理，主流软件间数据可相互转换互通，支持软件的集成应用。

四、项目成果共享需求

项目研究产生的结果是项目输出的产品，包括文字报告、图件、地震解释数据体、研究产生的地层分层等数据，是项目数据管理的重要部分，需要建立必要的综合研究项目库对项目成果数据进行管理。油气勘探、开发与评价研究项目产生的主要成果，包括盆地模拟成果、地震处理成果、地震解释成果、地震反演与属性分析成果、测井解释成果、地质油藏认识成果、井位部署图、开发方案、成果报告及图表、圈闭评价报告及图表、储量评估报告及图表、单井综合解释报告等。根据油气研究项目类型和特点，在综合研究项目库中设置项目成果数据集，在项目任务分配时，可以按照事先定义的项目类型成果模板，由项目长配置任务需要提交的报告、图件及数据，规定提交的时间，定义成果的审核人。

面向研究项目建立综合研究项目库，实现基础数据、研究成果（中间及最终）、专业软件项目库、非结构化文件等相关数据及成果的关联组织，支持基于项目单元的数据及成果共享；同时，依托统一数据库实现不同项目之间的数据共享，如图14-1为综合研究项目库共享示意图。

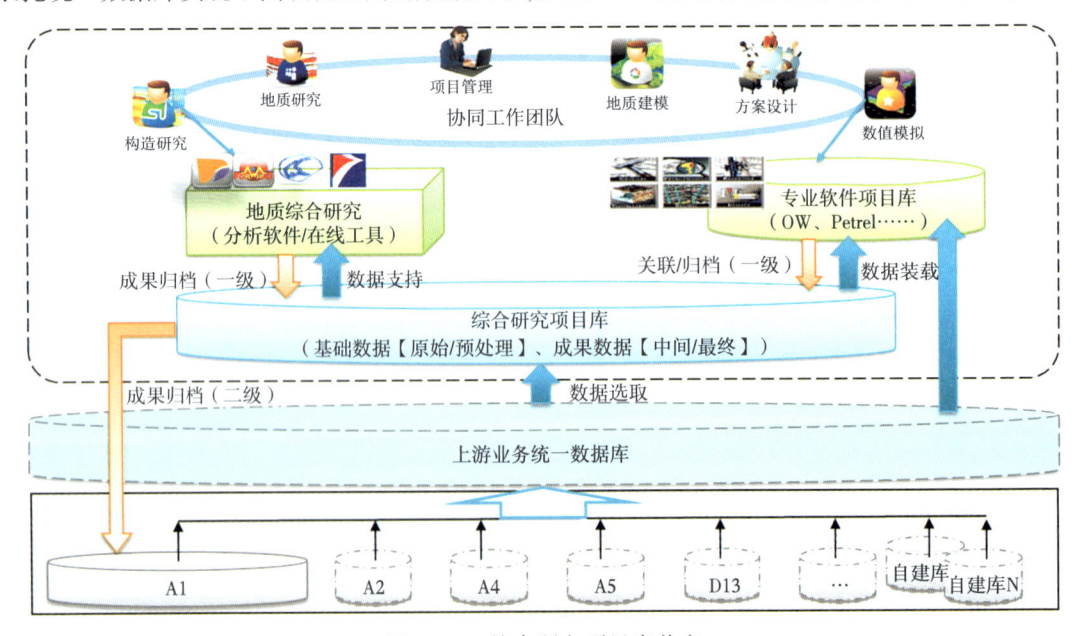

图14-1 综合研究项目库共享

以储量研究与计算为例,应用勘探开发项目协同研究环境,首先对区域控制储量研究所应用的基础数据、生成的成果实施有效的存储。在对该区域进行探明储量研究时,通过项目协同研究机制,将控制储量研究所应用的基础数据、生成的成果配置给探明储量研究项目,达到成果的有效传递和继承。

根据项目成果管理中出现的问题,总结如下需求:
(1)项目成果包括报告、图件、数据体、地层分层数据等;
(2)需要建立综合研究项目库对中间及最终成果进行管理;
(3)成果数据分版本管理,共享应用需授权管理,防止泄密;
(4)多软件输出成果图件在线可视化,便于共享应用。

第二节　科研协同环境解决方案

西南油气田依托中国石油勘探开发一体化协同研究及应用平台(以下简称 A6),搭建了勘探开发科研协同环境及科研信息共享平台,支撑勘探开发研究业务,应用效果良好[1]。以下围绕中国石油 A6 平台采用的核心技术及实施内容,阐述科研协同环境建设及应用解决方案。

一、科研协同环境建设目标

(一)总体目标

通过硬件集成(及云化)、数据整合与服务、专业研究应用软件集成与功能服务发布等技术手段,建立数据和成果共享机制,搭建勘探、评价、开发与生产全过程综合研究的协同工作环境,实现数据协同、成果协同、软件协同,提高勘探开发生产综合研究效率和研究水平。

实现的主要功能包括:
(1)建设标准化的业务数据采集流程和开放的上游业务模型标准和数据库模型标准,实现上游业务数据的高效汇聚,支持勘探与开发一体化、工程与地质一体化、科研与生产管理一体化、静态与动态一体化信息采集、质量审核与存储管理,支持上游业务数据的分级管理和高效应用服务;
(2)研发与应用上游统一的信息技术平台,支持应用集成、业务流程管理和业务应用场景编排;
(3)在统一数据库、统一技术平台的基础上,构建协同研究业务应用环境,实现数据共享、信息共享、应用共享、知识共享,满足勘探开发协同研究(勘探、评价、开发、生产等)、科学决策与大数据分析的需求。

(二)建设目标

(1)建设勘探开发一体化数据库。
基于中国石油勘探开发数据模型(EPDM V2.0),实现 A1、A2、A5、A8、A11、D13 等系统的勘探开发数据有效集成和互联互通。
(2)建设上游业务统一应用和开发平台。
建立面向业务应用的统一开发技术平台,制订软件开发统一标准及接口规范,建立包括数据服务、专业绘图服务和算法服务的企业服务目录,提高软件开发和应用效率。

(3)建立勘探开发协同研究环境。

在统一数据库和平台基础上,为勘探业务研究及决策人员构建一体化工作平台,实现跨地域、跨组织、跨专业的数据共享、成果继承及专业软件整合应用,并通过项目研究环境支持基于主流软件的多学科协同。

二、建设内容

搭建上游业务一体化信息与应用共享平台,按照统一数据库、统一技术平台和集成通用应用(简称"两统一,一通用")三个层次进行建设,建立数据和成果共享机制,为勘探、评价、开发与生产全过程综合研究提供工作环境,满足地质油藏综合研究、方案编制、多学科协同、数据成果共享等应用需求,提高勘探开发生产科研效率和研究水平。

(1)统一数据库层面,建设中国石油勘探开发一体化数据库,基于集团公司勘探开发数据模型(EPDM),实现 A1、A2、A4、A5、A8、A11 等勘探开发数据有效集成和互联互通;

(2)统一技术平台层面,建立面向业务应用的统一开发技术平台,制订统一软件开发标准及接口规范,建立包括数据服务、专业绘图服务和算法服务的企业服务目录,提高软件开发和应用效率;

(3)集成通用应用层面,建立勘探开发协同研究环境,在统一数据库和平台基础上,构建满足地震解释、地质建模及数值模拟等专业软件研究环境,实现勘探、开发协同研究。

三、解决方案

(一)总体架构

勘探开发科研协同环境总体架构包括统一数据库、统一技术平台、集成应用三个层次。总体架构图见图 14-2。

(1)数据库层:以 A1 系统为基础,通过数据整合集成,将各统建库、油田自建库进行整合,实现勘探开发相关数据的一体化管理,构建中国石油统一的上游数据库系统,满足上游业务数据共享应用的需求。

(2)技术平台层:构建统一的、标准的、开放的、可扩展的核心技术平台,依托底层的统一云基础设施和数据集成,构建企业资源服务目录,支撑上层的勘探开发协同研究业务。

(3)集成应用层:以统一数据库、统一技术平台为基础,构建协同研究与决策主题应用环境,支持地球物理、地质综合、油藏工程等协同研究和井位部署论证等综合应用。

基于统一技术平台,为勘探开发研究及决策人员构建一体化工作平台,实现跨地域、跨组织、跨专业的数据共享、成果继承及专业软件整合应用,并通过项目研究环境支持基于主流软件的多学科协同,如图 14-3 所示为平台建设的功能架构。

协同研究工作平台是一个一体化的工作平台,为勘探开发研究及技术决策提供全面支撑。平台建设理念是基于业务流程,按岗位或决策主题构建工作场景,每个场景都包括数据推送(Input)、研究应用(Process)、成果归档(Output)三部分基础功能,从而支持前后场景间的衔接与成果继承,多场景的串联形成对业务流程的完整支撑。

图 14-2　科研协同环境总体架构图

图 14-3　勘探开发一体化协同研究工作平台建设功能结构图

在勘探开发研究领域，专业软件的应用是核心，特别是以 OpenWorks、Petrel 等主流产品为代表的大型专业软件，通过建立项目库应用模式，能够支撑共享地质模型、先进工作流的多学科协同研究，因此，流程化的一体化工作平台需要融合主流专业软件项目库，实现整合的应用环境。

— 311 —

数字化气田建设

综合研究的目标是为勘探开发生产提供各类技术方案，一体化平台将按技术方案决策需要的信息链，汇总各类动、静态数据与成果进行综合展示，从而实现决策场景的在线支撑，实现研究与决策的协同。

基于以上思路，构建一体化协同研究平台，以研究业务流程为支撑，实现数据协同、成果协同、专业软件协同及研究与决策的协同，具体包括如图14-4所示应用。

图14-4 勘探开发一体化协同研究平台应用架构

（二）科研协同环境主要功能

1. 研究工作环境

研究工作环境是基于勘探开发业务流程和职责任务梳理，按研究岗位定制工作界面，包括应用的所需的数据、工具、专业软件入口、成果归档入口等，为用户提供集成的工作门户，如图14-5为研究工作平台界面示意图。

图14-5 研究工作平台界面

因此，首先要对各研究单位的业务流程进行梳理：以业务流程为主线梳理业务节点，体现各节点的输入、输出，以及用到的主要研究工具、手段及专业软件，这是研究环境搭建的基础。

2. 数据推送服务

为实现数据推送，需按应用粒度，将各类数据(结构化、非结构化)统一封装为数据集，如图 14-6 所示。

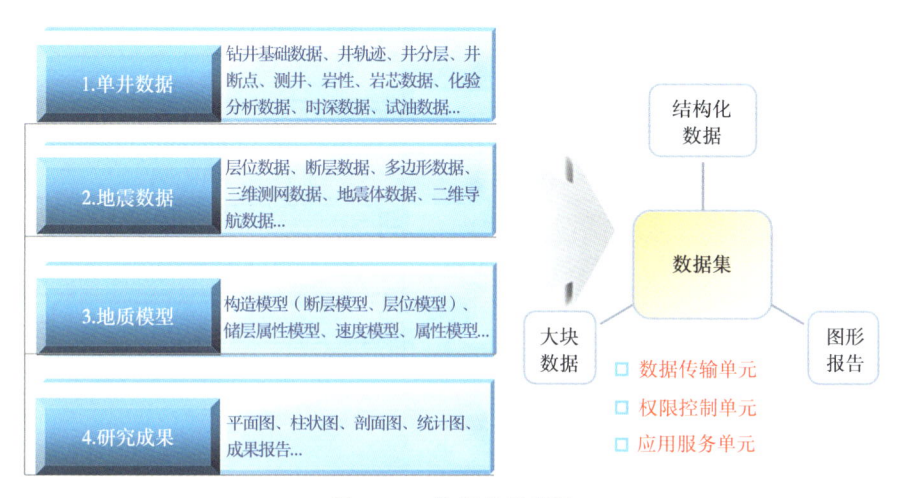

图 14-6 数据集示意图

数据集定义为：基于元数据，按应用粒度将各类结构化、非结构化数据进行封装，便于对数据、成果的统一管理与应用。数据集不仅可作为平台的数据应用单元，同时作为最小数据传输单元、权限控制单元。

数据集按照业务可被划分为单井数据、地震数据、地质模型、研究成果四大类，按数据类型又可被划分为结构化数据、大块数据体数据和图形报告归档数据，如图 14-7 所示。

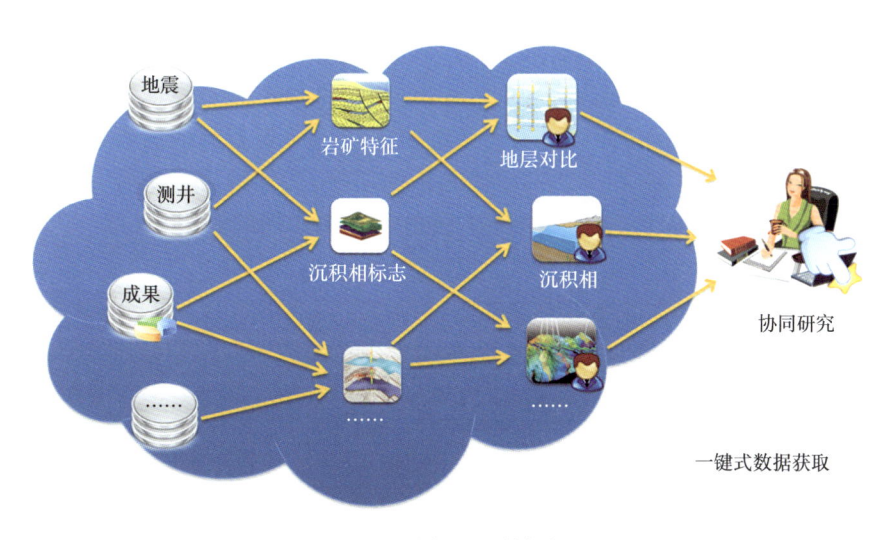

图 14-7 按场景的数据推送

平台将提供数据集分类编目、新数据提示等功能,支持多种方式进行数据推送,如图14-8所示。

图14-8 数据推送方式

3. 井筒可视化

井筒可视化系统作为系统的一个模块,其主要目的是实现钻、录、测、试、分析化验各类数据信息的图形化,并通过图形化应用,满足研究人员直观地对专业数据的查询、应用需求,主要功能如下:

基于模板管理技术,灵活展现单井地质图件。对各油田录井图、测井图样式进行搜集、整理,建立图样显示模板库,通过模板管理,灵活展现各单井地质图件。

建立单井集成综合图,集成展示录井、测井、试油、化验信息。即将单井录井信息、测井信息、试油信息、化验信息整合在一起,实现"一张纸"方式的井筒地质信息的集成,满足研究人员快速查询和开展单井评价的需求。单井资料的集成展示应具备灵活的操作体验,全面满足用户对各种常见图件的浏览需求,如不同地质图件的切换、图件的灵活扩展、多次完井信息的综合浏览能力,并能够集成展示岩心照片、薄片照片和相关文档的调用。

(1)单井图显示。

单井图显示模块可以灵活显示综合录井图、岩心图、综合测井图、标准测井图。单井图显示模块引入了模板管理技术,通过将图件显示样式保存为模板,通过模板控制不同单井图的显示风格,如图14-9所示。

(2)单井集成综合图。

单井集成综合图是井筒可视化系统的核心功能,通过单井综合图,将单井录井、测井、试油、化验资料按深度进行集成展示(图14-10),做到单井资料一目了然,便于用户数据查询的同时,也为用户单井分析提供了方便。

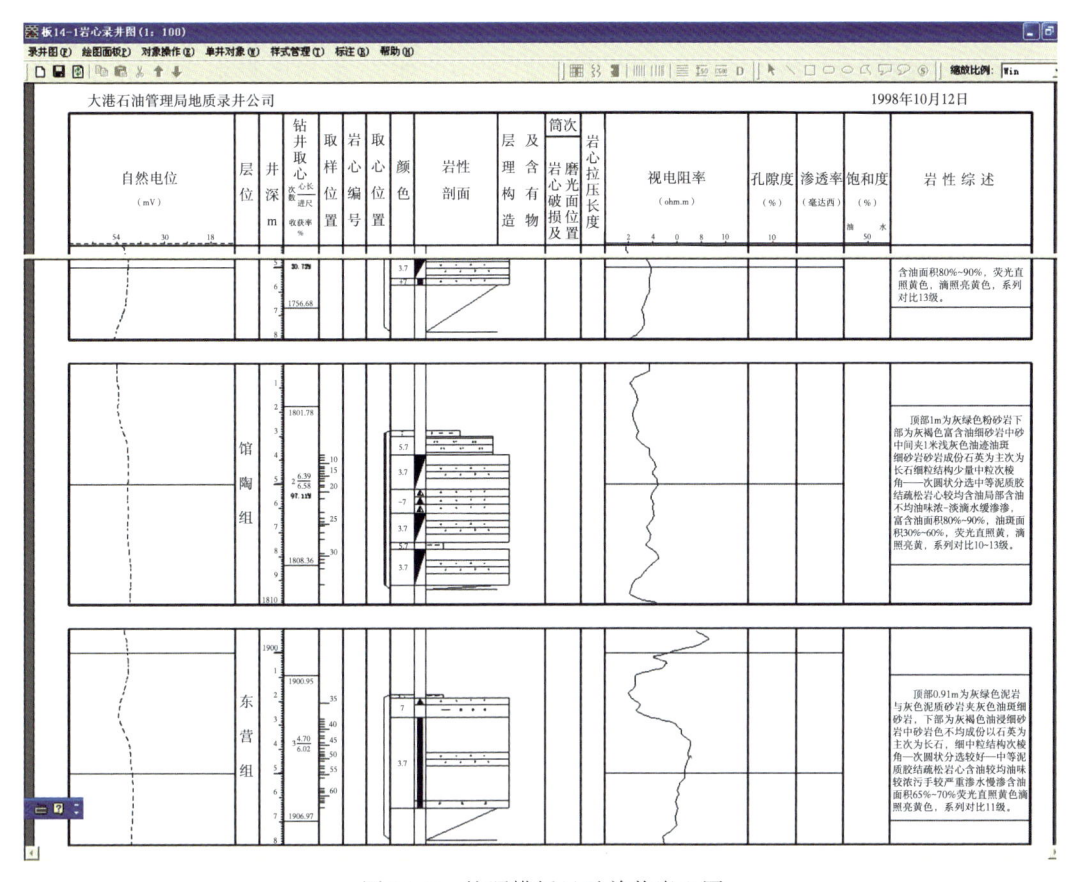

图 14-9　按照模板显示单井岩心图

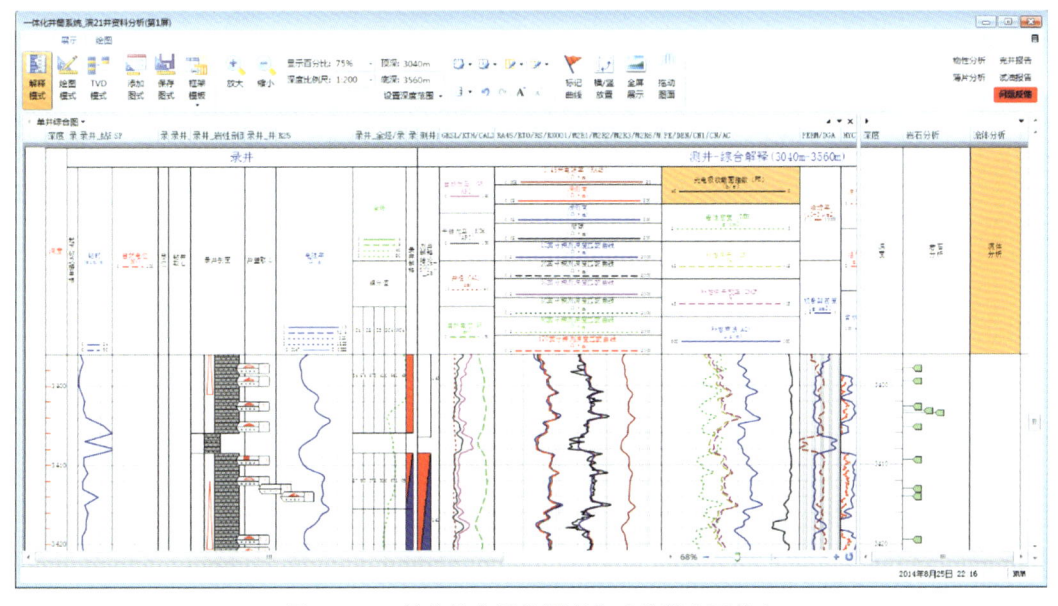

图 14-10　单井综合图按深度集成井筒主要信息

4. 成果可视化应用

针对成果图件,支持缩略图模式的在线浏览,选中图件后,支持图件在线打开,并提供放大、缩小、漫游等查看功能,支持导航应用。支持开放标准与接口,允许各图形软件厂商开发图形展示组件,挂接到平台,实现对其图形格式的展示,如图14-11和图14-12所示。

图14-11 成果图件缩略图浏览

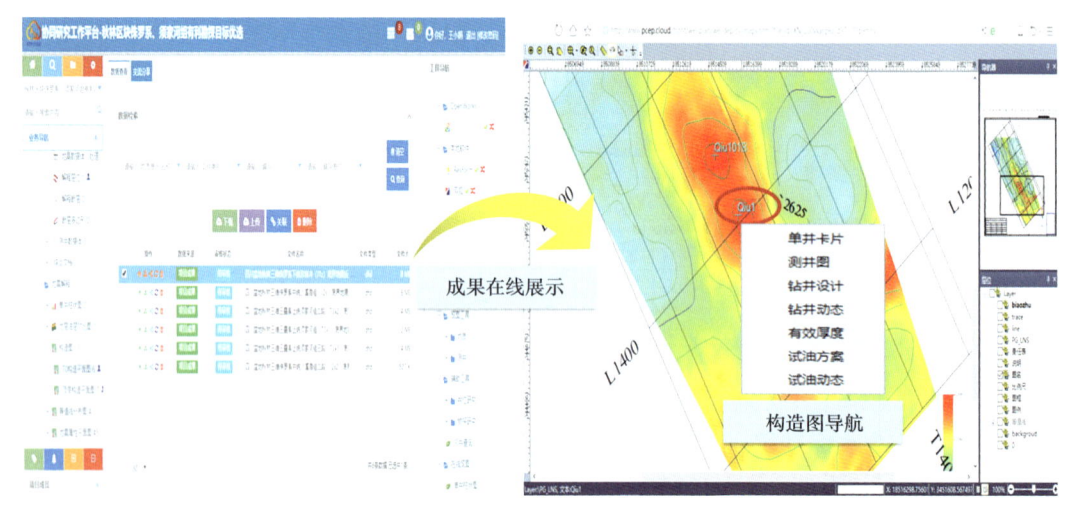

图14-12 成果在线展示

目前,中国石油在用地质图形软件种类很多,图形格式不兼容,为实现统一的展示应用,平台推荐应用PCG2.0作为公共图形存储与交换格式,图件的可视化功能将以该标准为基础。2012年由大庆油田勘探院制定的石油行业标准SY/T 6932—2012《石油地质图形数据交换规范》即PCG1.0发布实施;2013年,勘探与生产分公司组织制定《石油地质与地球物理图形数据格式规范》,PCG 标准升级为 2.0;2015 年颁布《Q/SY 1833—2015 石油地质与地球物理图形数据 PCG 格式规范》,同时该标准得到各家地质绘图软件公司支持。目前,该标准支持以下图件类型:平面图、柱状图、地质剖面图、地震剖面图、栅状图、交会图等。

5. 在线成图

平台提供数据服务,支持单井、连井、平面等专业地质图件的在线绘制,并支持数据叠加,各类专业图制作。平台还将支持开放接口,允许第三方成图服务挂接,如图 14-13 和图 14-14 所示。

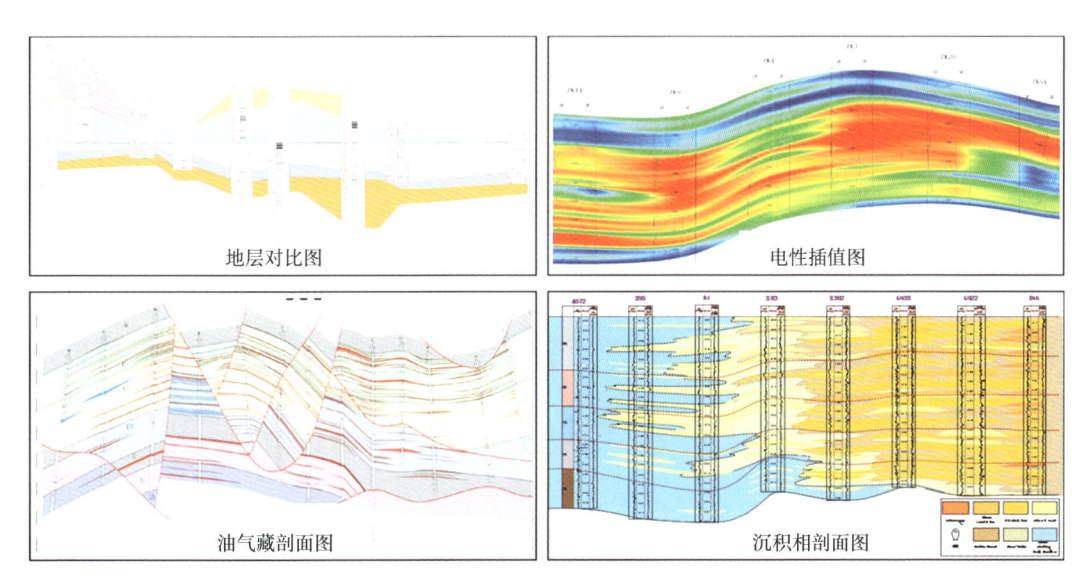

地层对比图　　电性插值图

油气藏剖面图　　沉积相剖面图

图 14-13　连井图自动生成

储层参数自动提取成图　　沉积相图

有效厚度图　　岩性数据自动提取成图

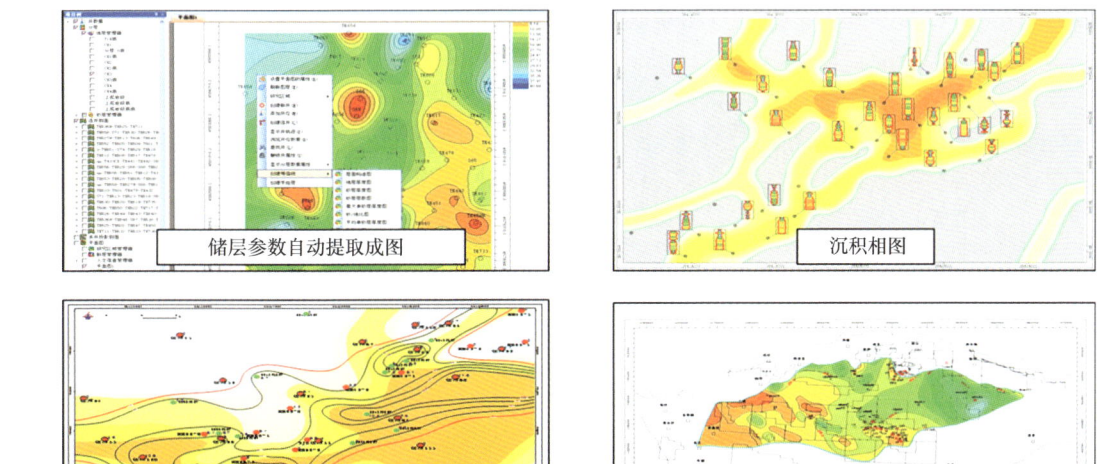

图 14-14　平面图自动生成

— 317 —

6. 专业软件接口

面向专业软件的集成应用,平台提供统一开发框架与数据服务,实现专业软件所需数据快速提取、标准格式自动转换与成果结构化归档等功能,从而支撑专业软件。

(1)专业软件集成框架。

平台提供统一接口,支持专业软件的安全连接、数据传输与事件机制:

```
AsiEoDataService     createAsiDataService()
List<DataSourceType>     getDataSourceTypes()
List<String>     getOperators
Project     getProject()
Iterable<EoBase>     findAll()
Iterable<EoBase>     findBy()
List<String>         saveToDataSource()
Double[]       getSpatialRange()
List<String> getWellList()
List<String> getNewlyDataInfo()
……
```

基于统一框架,项目完成与主流专业软件 OpenWorks、GeoEast 等软件的接口开发,并可其他支持厂商接口开发。

图 14-15　专业软件接口

(2)专业软件集成机制。

专业软件集成框架提供开放、稳定(向后兼容)的数据接口标准及事件处理总线机制,固化基于统一技术平台的专业软件接入标准,支持软件厂商自主开发与平台的集成应用接口。

平台作为数据交换的中间通道,支持不同厂商、不同软件产品之间的数据交换,实现专业软件间的数据共享与成果继承应用。

7. 项目数据库

由于勘探开发情况日益复杂,油藏认识需要不断地深化,勘探开发研究要求向多学科综合性研究方向发展,整合数据资源,建立支持勘探开发一体化研究项目数据库,是实现协同研究的必要环节。

通过软件接口直接读取底层统一数据库(勘探开发一体化数据库),将基础数据加载到 OpenWorks、Petrel 项目数据库,新井数据亦是通过该接口随时读取、定时更新同步底层勘探开发一体化数据库,如图 14-16 所示。

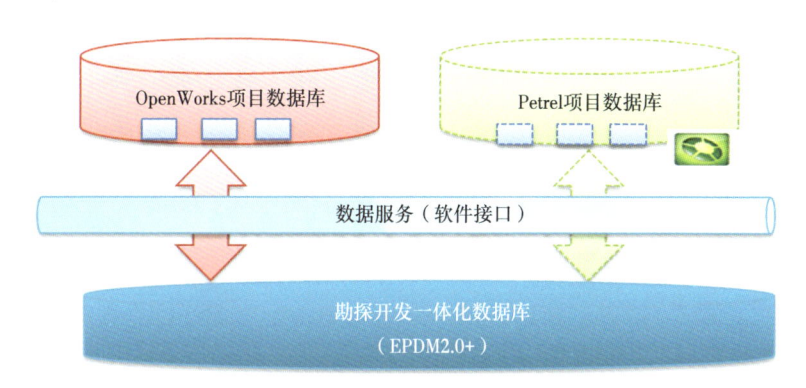

图 14-16 项目数据库功能技术方案

(1)项目数据库管理规范。

编制项目数据库管理规范,制定的目的是为了规范项目数据库管理,通过井和解释成果命名的规范,实现项目数据库数据的标准化、规范化,从而推动项目数据库数据共享、成果共享,提高开发研究的工作效率。

(2)项目基础数据。

基础数据标准化入库。井、地震标准化数据基于软件接口,从科研协同环境勘探开发一体化数据库获取,项目数据库内容主要包括井基本信息、井轨迹、井曲线、井分层、岩性、构造模型等勘探开发研究核心数据,地震、层位/断层等解释成果。

(3)成果数据标准化管理。

历史工区归档环境。对于大型专业软件研究成果管理,建立研究成果现场归档环境,主要为 OpenWorks 归档环境,当项目研究工作结束,并通过专家组验收,项目组需要将研究成果工区提交,并将工区恢复到归档环境,并可以随时为勘探开发用户提供在线查询和使用,从而推动研究成果的再利用。

提供项目库数据质量检查工具。开发 OpenWorks 项目数据库质量检查工具,对项目数据库进行全面扫描,对项目数据库中各类成果数据相关命名存在的问题总结、提取,形成项目数据库数据质量检查公报,定期发布,用以指导用户规范操作和命名。

在项目数据库上形成的研究成果,经过数据质量检查工具检查之后,为用户提供一个归档标准化清单,推荐修改、命名方案,用户经过修改合格后归档到科研协同环境。

8. 成果归档

(1)成果文件归档。

基于岗位,建立标准化的成果归档与审核流程,支持成果多版本管理,知识产权归属可追溯,促进研究成果共享应用,同时为研究过程的量化考核奠定基础。

(2)专业软件成果归档。

为实现专业软件的成果复用,基于专业软件接口,开发专业软件成果归档功能,并在归档过程中对成果进行标准化命名与版本管理,如图14-17所示。

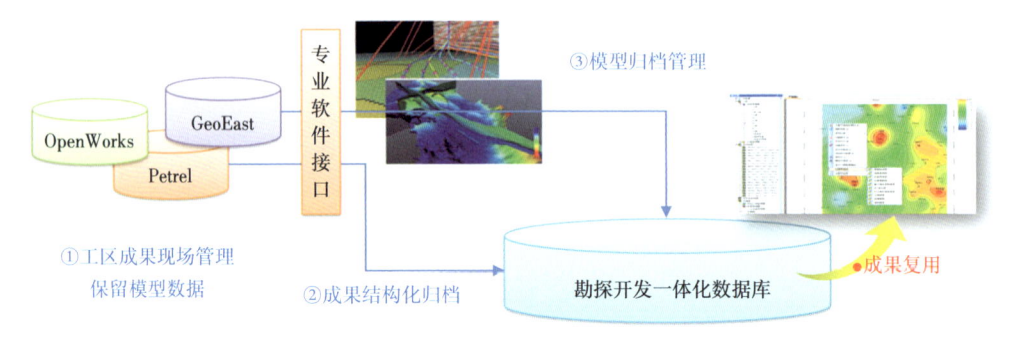

图14-17 专业软件成果归档管理

主要实现 OpenWorks、Petrel、GeoEast 软件的成果归档,归档内容包括:
(1)工区归档。实现项目工区的归档及在线查询。
(2)结构化成果归档。包括井分层、构造解释层位、断层、时深关系数据等。
(3)模型归档。实现地质模型的归档管理。
归档的成果,可支持其他软件复用。

9. 专业软件云应用

专业软件云应用模块,主要是在专业软件云服务基础上,为勘探开发研究直接提供面向用户的专业软件服务。在专业软件云服务基础上,开发专业软件云桌面、许可证管理系统,为用户提供专业软件应用服务和用户资源管理功能,并提供专业软件社区,分享软件应用成果和知识,如图14-18所示。

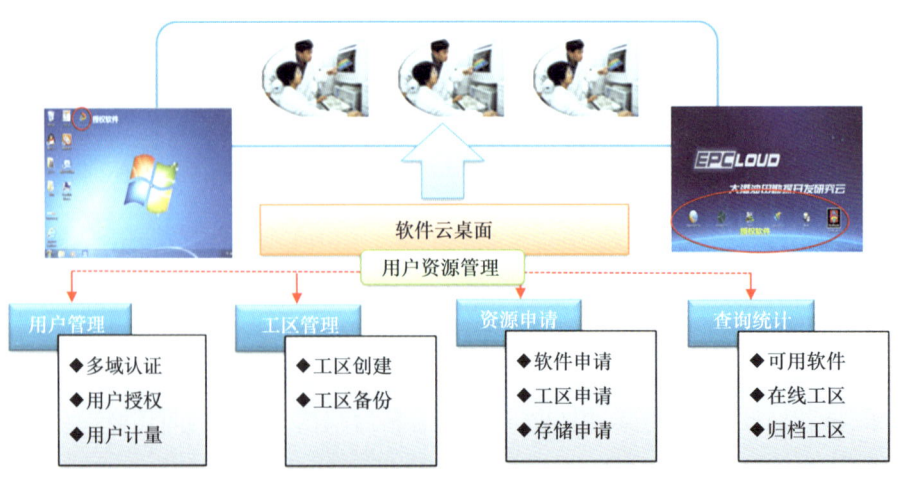

图14-18 专业软件云桌面与用户资源管理

(1)软件云桌面与用户资源管理。

开发专业软件云桌面,实现软件授权、分辨率自适应等功能,为用户提供专业软件应用入口,同时提供用户管理、工区管理、资源申请、查询统计等功能,为科研用户提供快速、全面的专业软件服务。

(2)专业软件许可证管理。

石油大型专业软件价格昂贵、资源有限,为了有效管理软件许可资源,提高软件使用效率,需要开发部署专业软件许可证管理系统,由于石油行业大型专业软件许可主要是采用 FLEX-LM 管理,该系统主要是实现对基于 FLEXLM 方式管理的专业软件许可管理,实现勘探开发专业软件许可统一监控、许可调度、使用分析、动态回收等功能,从而提高专业软件许可使用率,如图 14-19 所示。

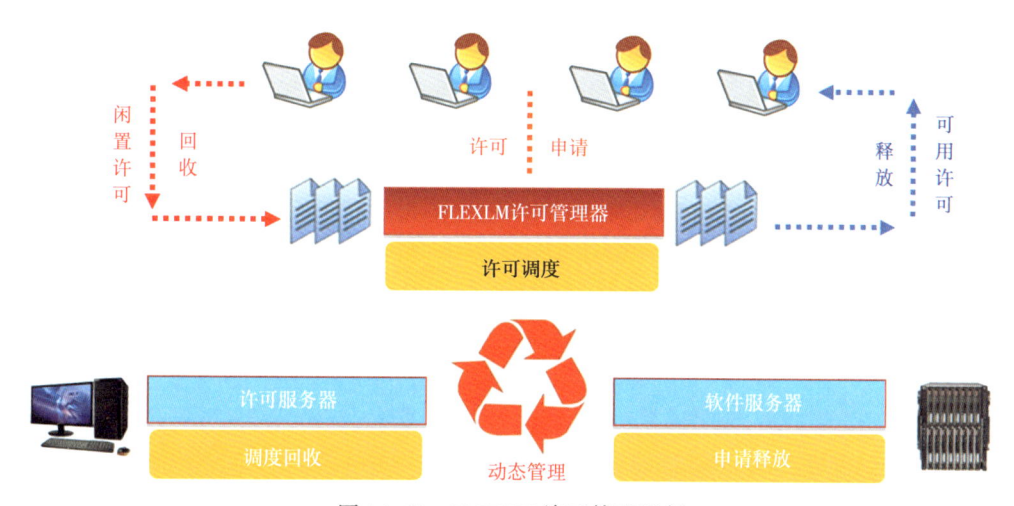

图 14-19 FLEXLM 许可管理机制

(3)专业软件社区。

为所有基于勘探开发科研协同环境的科研生产用户提供一个沟通、交流、共享的服务社区,用户可以在此提交相关信息和问题,实现问题探讨、经验交流和知识共享。同时,用户社区还提供知识信息,主要包括各类石油专业软件的知识,用户可以上传自己的经验和知识,经验、教训积累成知识和资源,形成运维知识库,并在科研协同环境中共享,提高专业软件管理运维水平,实现共享科研协同环境的目的。

10. 专业统计分析

基于统一数据库提供的海量动、静态数据,系统按研究业务需求,提供按坐标范围、按地质分层、按时间范围等多维度的统计分析功能,包括:物性统计、钻井取心、井壁取心、原油密度、试油统计等。

11. 井位部署论证

主要用于油气勘探、油藏评价等业务领域的井位部署论证、日常钻探生产动态跟踪,支持随钻分析及钻探效果评价,支持快速调用生产动态资料、最新研究成果,对多学科动态资料(如探井钻井、试油等生产动态信息)、研究成果等进行可视化集成展现,提供决策分析依据,辅助支持井位部署论证应用模式。

井位部署论证过程中主要涉及与勘探历程、油藏地质特征、储量评价相关的研究成果资料、地震数据、邻井分层和钻录测试等数据,具体如数据范围见表14-1。

表14-1 井位部署论证相关数据集列表

数据集类型	数据集描述
研究成果数据集	研究项目成果:与勘探历程、油藏地质特征、储量评价相关的研究总结报告、汇报多媒体、综合性图件、综合成果表等
	勘探、部署现状:阶段规划方案及附图、附表,年度部署方案及附图、附表
物探数据集	二维、三维地震结构化数据及大块数据体
单井数据集	地质:分层数据
	地震:地震井位卡片
	钻井:钻井地质设计、钻井日报(结构化)
	取心描述:取心描述、岩心扫描、岩心(岩屑)照片、岩屑描述、岩屑油气显示数据、录井解释卡片、录井综合图、完井报告、随钻录井图、矢量化录井图
	测井:测井蓝图、矢量化测井图、四性关系卡片、测井综合解释成果表、有效厚度数据表(Excel)、有效厚度数据表(结构化)
	试油气:试油(气)地质、工程设计、压裂施工曲线、试油日报(结构化)、试气日报(结构化)、试油气地质总结报告、原油分析、天然气分析、地层水分析、油井生产曲线、气井生产曲线
	岩矿:薄片鉴定照片、砂岩薄片鉴定数据、碳酸盐岩薄片鉴定数据、重矿物鉴定、扫描电镜照片、阴极发光照片、图像孔隙分析数据、图像粒度分析数据
	物性:岩心分析物性、压汞曲线

(1)井位部署论证。

快速调用相关研究成果,以多图联动、平剖联动等交互手段,结合专业软件,方便业务人员对井位目标区构造特征、沉积相、储层特征、储量评价等条件进行论证分析,在线支持标准化井位部署论证业务流程。

在井位研究业务流程的基础上,建立标准化井位部署论证业务流程,通过研究成果与基础数据的纵向打通和横向共享,实现研究与决策的在线协同,从而支持井位目标区概况分析、多图联动布井、邻井对比分析、剖面联动分析等功能,支持在线井位部署论证与分析。此外,支持将意向井基础信息和井位部署过程中涉及的相关成果进行在线归档,并可以基于标准模板在线生成井位设计书素材,如图14-20所示。

(2)勘探生产动态跟踪。

采用活数字报表、可视化展示等方式自动汇总探井钻井、试油等生产动态信息,支持资料钻取,方便对各个阶段的实施进展进行了解和跟踪。

(3)勘探生产动态分析。

建立动态分析流程,关联动、静态数据与研究成果,基于地质图形导航,快速调用地震、钻、录、测、试及分析试验等各类资料及研究成果,支持在线对当前钻井、试油等实施效果进行综合分析,为下步部署和调整决策提供依据。

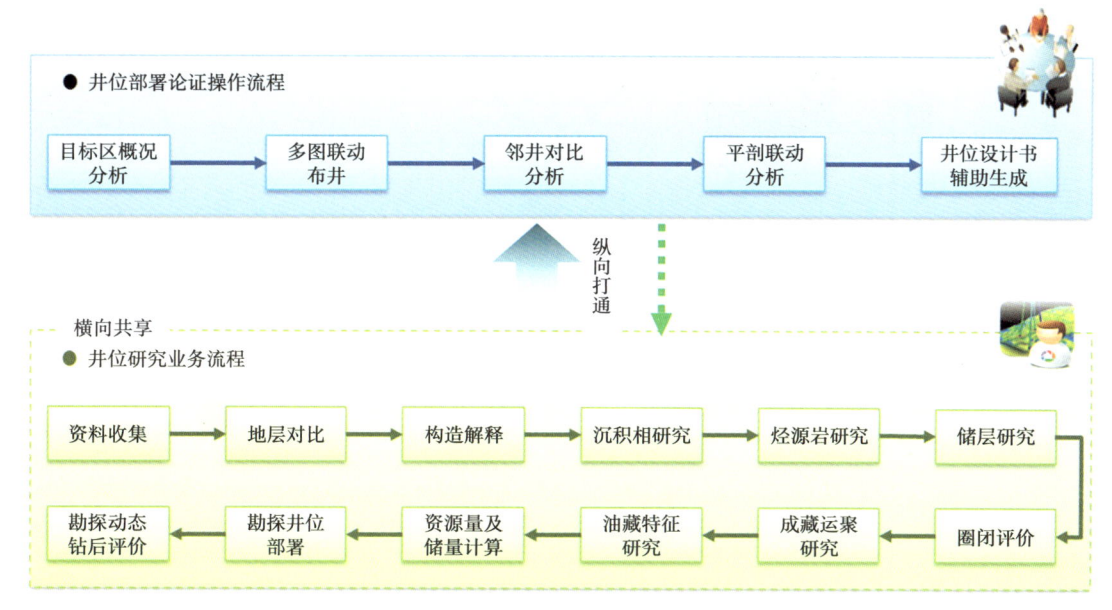

图 14-20　井位部署流程示意图

第三节　科研协同环境应用成效

西南油气田在中国石油 A6 平台的基础上,搭建了科研协同环境及科研信息共享平台,新的协同研究模式以油气藏研究为主线,以数据高效组织及顺畅传递为基础,通过专业软件集成,支撑跨专业、跨部门的协同研究,逐步转变科研工作模式,提升了科研工作效率和管理水平。

一、科研人员收集数据时间缩短

对科研项目而言,传统的数据准备一般是研究人员各自为政,自行收集、整理和加载数据,费时费力,且数据质量难以保证,项目最终完成的质量和水平很大程度上受制于数据资源的获取。科研项目数据库全面建成并步入常态化管理后,可以大大减少科研人员的数据准备时间,从而缩短了研究项目的周期,这样在相同的时间周期内,科研人员可赢得较长的时间专注于研究工作,而不再把精力浪费在数据的收集、整理上,如图 14-21 所示。

目前,西南油气田建有 120 多个地震解释工区项目库,支撑了秋林区块、大猫坝西地区、川东奉节南礁滩等项目的研究工作。通过科研协同环境的应用,提升了数据与历史成果的快速收集、快速组织、快速加载、快速应用的时效,改善研究业务与数据分离的状况,逐步克服了研究成果在跨专业跨部门传递、共享及继承存在障碍等问题,不仅为科研人员节约了大量的时间和精力,而且研究效率整体得到了提升。

图 14-21 研究效率提升示意图

二、项目库的规范化保障研究协同和成果继承

项目数据库的规范化是确保项目研究过程在不同科研团队之间开展交流互动和协同工作的基础,不规范的项目库建设方法、不统一的数据命名、不标准的数据加载流程,将使得不同研究人员、不同项目团队之间的交流、协作十分困难。同时,不规范的项目库维护、不统一的工区/成果归档要求,也将造成后续科研人员无法获得前人的研究成果,即使能够得到归档的成果,也因为项目库及其数据命名的不规范,使得无法看懂库中的具体内容。

通过建立相关规范,为西南油气田规范研究项目库的建设与管理提供依据,这些规范包括:《项目数据库命名规范》《项目数据库数据加载规范》《项目数据库管理规范》等,对数据命名、数据加载、数据服务、数据归档等进行了统一的标准化要求和规定。这些规范涉及的命名规则和入库规则,主要是针对 OpenWorks 地震处理解释项目和 Petrel 地质建模项目,但同时也适用于其他项目库的建设与管理。

科研项目数据库规范化建设及标准化管理,为现代油气勘探开发跨团队、多学科协同化研究奠定了基础,也为后人(或后轮)对同一(或类似)目标的研究提供了基础数据和研究成果再利用。

三、科研软件的使用效率提高

通过科研协同环境,实现了对 CGG、Paradigm、LandMark、GeoEast、Petrel 等专业软件许可证的模块级的监控,基本涵盖了西南油气田目前主流勘探开发专业应用软件,实现了许可证的动态调度管理,提升了软件的利用率。同时,软件管理人员可以随时跟踪掌握各部门、各用户软件使用情况,对专业软件的应用效果进行评估,为将来专业软件购置提供依据。

优化了部署方式,仅需一天的时间,系统运维管理人员即可完成软件部署、许可配置、账户设置等工作,真正实现了当天部署当天使用,解决了以往运维人员部署及维护软件操作烦琐、费时的烦恼,提高了工作效率。

四、开启协同科研新模式

支撑了 PC 端的研究应用。通过应用 GPU 直通技术及 DCV 三维远程可视化技术,支持 GPU 图形资源的共享应用及远程调用。用户在自己的办公室 PC 机上无须配置专业显卡即可进行三维地震解释、地质建模研究工作的图形渲染,满足用户在本地享用远端机房强大的计算机处理能力及大型软件资源使用的需求。通过软件集成,实现了 OpenWorks、Petrel、Eclipse 等 9 种主流专业软件的远程发布,涵盖地震处理、地震解释、地质建模、数值模拟、储层反演等研究。实现了远程桌面共享,用户可以将自己的解释桌面共享给远程的其他工程师,方便相互沟通和交流,该功能也可应用于科研项目的远程在线汇报。

表 14-2 西南油气田勘探开发研究主流专业软件

序号	软件名称	软件版本	生产厂商	软件功能
1	OpenWork	R5000.8	美国兰德马克公司	地震资料解释
2	GeoEast	V2.6 V3.2	中国石油东方地球物理勘探公司	地震资料处理、解释
3	CGG	V4.1	法国地球物理公司	地震资料处理
4	Paradigm	V4.1	以色列帕拉代姆地球物理公司	地震资料处理
5	GeoFrame	V4.4	美国斯伦贝谢公司	测井解释
6	HRS	V8	加拿大 HapsonRussell 公司	储层精细反演
7	Jason	V8.2	法国地球物理公司	储层反演
8	Peterl	V2016.1	美国斯伦贝谢公司	地质建模
9	Eclipse	V2016.2	美国斯伦贝谢公司	油气藏数值模拟

初步实现了对多学科协同研究的支撑。在软件共享的基础上,按统一要求建立规范的研究项目数据库,并进行项目库之间的接口开发,打通软件与数据之间、主流软件的数据与数据之间的传输(转换)屏障。同时,按研究目标和研究团队提供数据组织、成果共享、数据可视化、在线成图等应用功能,支撑了勘探、评价、开发与生产全过程综合研究业务,满足多学科一体化协同研究、数据高度共享及成果无缝继承的需求,初步实现跨项目、跨部门、跨地域的多学科协同研究,如图 14-22 所示。

逐步改变了传统的研究工作方式。以四川盆地致密油气勘探研究项目为例,该项目的研究对象是以上三叠统及陆相致密砂岩地层为主,常规油气则以震旦系至中三叠统海相地层为主,研究手段主要依赖三维地震对优质储渗体进行精细解释与刻画,通过"砂中找储""河道砂体精细刻画"寻找油气富集甜点区。通过建立并应用协同研究工作环境,支撑了致密油气勘探研究业务,逐步培养科研人员形成从线下到线上、从个体到团队协作的研究工作方式转变,如图 14-23 所示。

R5000 SeisWorks　　　　　　　　　科研信息共享平台

Petrel建模工区　　　　　　　　　科研信息共享平台

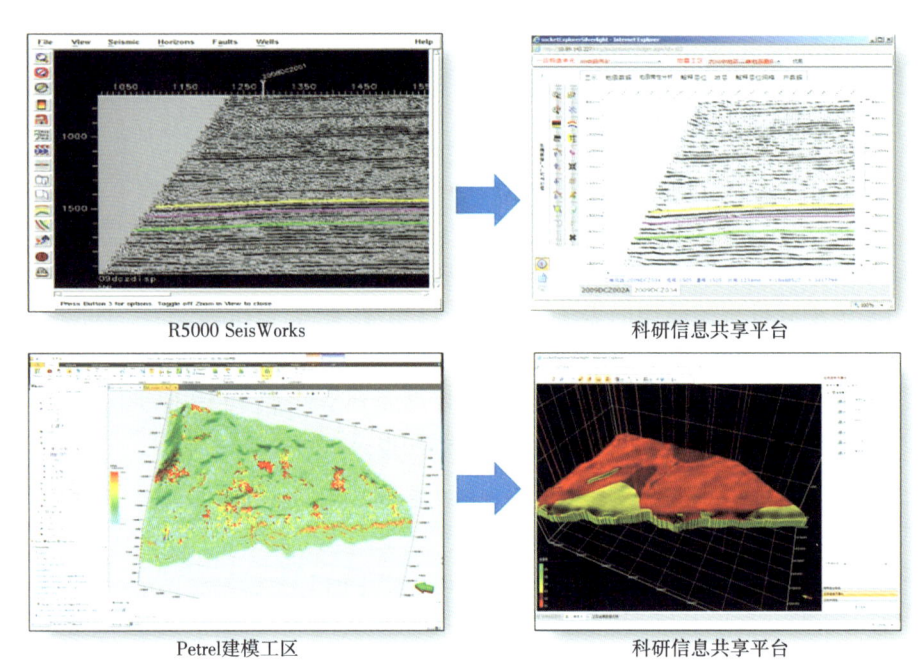

图14-22　项目工区与科研信息共享平台联动效果对比图

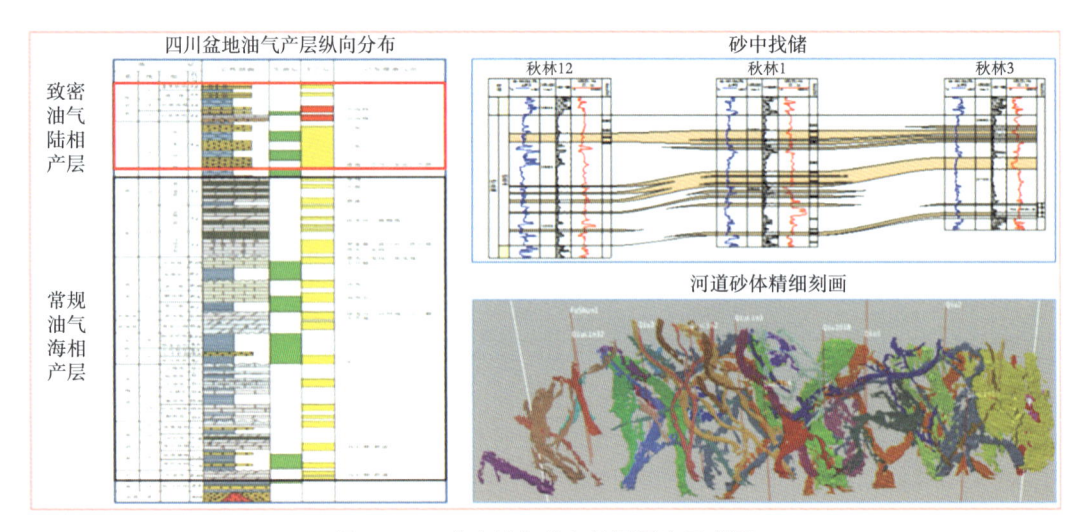

图14-23　致密油气业务协同研究示意图

实际应用效果显著。通过井位部署论证场景的应用,为"秋林区块有利勘探目标优选"等项目的井位研究与论证工作提供支撑。在科研协同环境中,科研人员能快速调用相关研究成果,选用适合的专业软件,对井位目标区的构造特征、沉积相、储层特征等条件进行论证分析,形成一套标准化的井位部署研究业务流程。在井位研究业务标准化流程的基础上,通过研究成果与基础数据的纵向打通和横向共享,支持井位目标区概况分析、多图联动布井、邻井对比分析、剖面联动分析等工作,实现在线井位部署论证与分析,提高了研究人员的工作效率,如图14-24所示。

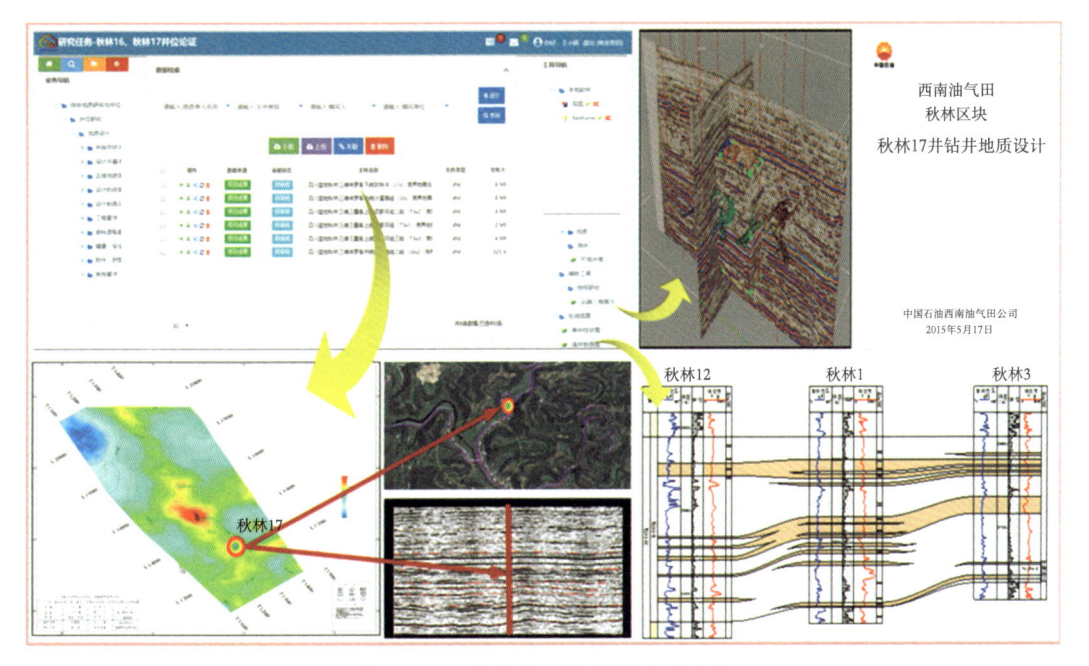

图 14-24　井位论证协同研究示意图

参 考 文 献

[1] 张华义,张苏,罗涛,等.油气勘探开发研究协同工作环境架构与建设探索[J].石油工业计算机应用,2017,25(2):13-17.

第十五章　数字化气田应用成效

从油气田生产现场的物联网建设、到联通整个油气田的光通信与网络建设,再到各业务管理领域的信息化应用建设以及面向生产经营决策的综合性支撑平台建设,数字化气田的建设与应用覆盖了油气田生产、科研、经营和决策的方方面面,也推动了油气田在业务管理、科学研究、经营管理和管理决策等方面工作模式的优化提升和转型升级。

第一节　业务管理转型升级

数字化建设和应用促成西南油气田最大的转变是,把油气田各领域、各层级的业务管理按照行业或油气田的统一标准搬到网上运行,持续推进了各业务层级、各业务领域的管理创新,在统一优化业务流程、创新生产组织方式、强化过程管控、优化资源配置、提升业务效率和决策水平等方面的支撑作用越来越显著[1]。

一、油气田生产组织方式创新升级

通过油气生产物运行监控,扩展为整个油气作业区甚至整个油气田的全面感知、实时上传、集中监控和智能预警。油气田运行与巡检及维护管理的生产组织规模,从单井或基于中心站的井组扩展到整个油气作业区。借助于油气生产物联网所赋予油气田一线井站的"千里眼、顺风耳和无影手",逐步打造了作业区生产调控中心、中心井站巡井班组、作业区维修队三位一体的"电子巡井 + 针对性巡护保养 + 定期检维修"的创新生产组织模式。

以油气田某试点作业区为例,在基础设施完善和操作流程信息化管理的基础上,将原分布在 37 个井站的操作人员集中到 5 个直管站、3 个中心站进行统一管理,实现 25 个单井无人值守。数字化条件下一线劳动用工与传统管理模式下用工相比,减少了 13.2%。

二、油气田生产运行模式安全智能

通过数字化气田建设和应用,依托"双环双回路"光通信与网络和油气生产物联网,集成了 SCADA、DCS、SIS、FGS、ESD 等自动化控制系统,汇聚了油气田生产的各类实时数据,在各生产管理层级按照生产管控需要组态了油气田生产工艺运行图,实现了对各阀室、井站、集气站、净化厂工艺装置的集中监管,为油气田生产运行实时监管、安全受控、智能预测和及时处置提供了全新和强大的技术手段,为保证油气田安全生产、高效生产提供了有力的信息化支撑。

以龙王庙气田生产运行为例,基于数字化气田建设和应用,在"八级截断,三级放空"和"快速反应、远程关断、有限放空"的全气藏联锁和应急工艺措施基础上,通过物联网建设应用能够实现生产重点现场自动连续监控,发生异常能够快速反应、及时处理,有效支撑了龙王庙气藏的安全生产和环保工作;同时,将边远井站改造成无人值守井站,使员工从恶劣的边远环境转移到条件较好的中心站;将现场定期巡检改为"远程电子巡检+问题驱动巡检",减少员工高风险现场工作的频次和时间,也从企业员工安全角度有力保障了油气田的安全生产。

数字化气田的建设与应用,改观了油气田生产场站的数字化覆盖程度和远程可控能力,大幅度降低了生产井的异常关井井次,能够有效减少异常关井造成的产量损失,提高了生产井的生产效率,为油气田稳产、上产提供了有力的支撑。

三、油气田生产操作流程规范固化

数字化气田的建设与应用,在作业区层面推动了以"岗位标准化、属地规范化、管理数字化"为目标的作业区数字化、标准化建设,作业区巡回检查、常规操作、分析处理、维护保养、检查维修(施工作业)、变更管理、属地监督、作业许可、危害因素辨识、物资管理等10大关键业务流程通过作业区数字化管理平台建设得到标准化、固化和优化,现场作业员工基于移动应用可以快速获取现场操作所需的工艺步骤提示、安全风险提醒、应急处置指引等信息,有力地支撑了作业区现场操作的规范化管理、有效规避各类作业风险,实现了作业区生产操作的流程固化和安全高效。

以油气田试点作业区为例,通过作业区数字化管理平台建设和推广应用,作业区关键业务流程标准化率提升至81.8%,基层班组减少20个、有人值守站减少25个,有效推动作业区层级的生产安全高效,大幅提升了作业区的生产效率和管理水平。

四、油气田业务管理协同高效

数字化气田的建设与应用,在油气田业务管理层面推动了以"业务流程化、流程信息化、信息平台化"为思路的业务管理平台建设,在勘探生产、开发生产、生产运行、工程技术、管道储运、天然气销售等业务管理领域,逐步建立了覆盖规划计划、方案与设计、施工建设、运行维护等全业务链条的业务管理工作信息化支撑平台,有效支撑了油气田各专业领域的业务管理工作。

在勘探生产管理领域,通过数字化气田建设和应用,进一步规范和优化了勘探生产管理业务,实现勘探业务流程标准化流转,满足甲方与乙方、科研与生产、现场与后方、管理者与执行者的协同需求,实现勘探生产管理部门规划部署、施工单位现场作业、科研单位分析研究的全面协同和高效工作,从而提高勘探生产的业务质量和工作效率,提升用户在勘探生产关键业务节点的分析决策能力,最终达到提升勘探生产的整体效率与效益的目标。

在开发生产管理领域,通过数字化气田建设和应用,有效优化和固化了开发生产领域规划计划、年度部署、开发方案、产能建设、配产与产量管理、气藏监测与动态分析、地面集输与净化等业务管理流程,有力推动了开发生产业务的协同高效管理。同时,通过统一的信息化平台支撑,有效整合开发生产各专业技术数据和生产现场实时数据,保障了开发生产运行和应急指挥更加及时快速、开发业务管理和决策更加量化精准。总之,开发生产领域的数字化气田建设与应用大幅提升了开发生产业务管理工作的效率和质量。

在西南油气田数字化气田建设和应用中,勘探生产管理平台、开发生产管理平台、生产运行平台、科研支撑平台、经营管理平台、综合办公平台等,将共同组成数字化气田的业务管理工作支撑,最终实现从工程施工、生产作业、地质研究到经营管理和决策指挥全过程的科学管理与工作协同,实现油气勘探、开发、集输、净化、销售等业务全链条的协同高效运行。

第二节 科研工作高效协同

数字化气田的建设与应用,在科研工作领域中以"协同研究环境"和"地质工程一体化"为核心,实现了跨专业、跨地域的协同研究支撑能力,有力地推动了科研工作领域的生产组织优化和工作效率的大幅提升。同时,在工程设计建设和运行管理领域,以"数字化移交"为桥梁,实现了地面工程设计、建设和运行管理的全生命周期协同管理,有效提升了地面工程建设与运行管理的业务协同能力和工作效率。

一、勘探开发跨专业研究协同

基于气藏、井筒、地面的数字化全生命周期管理,贯穿天然气勘探、评价、开发和生产全过程,建立集气藏、井筒、地面集输处理于一体的油气资产模型,实现"勘探开发、地质工程、地下地上"三个一体化的数据信息管理,打通勘探开发、地质工程、地下地上的业务数据通道,更有效地支撑油气田勘探、开发、生产不同专业领域的协同研究分析,大幅度提升了科研工作的效率、研究成果的质量,并由此带来了勘探、开发、生产业务领域的效率和质量的提升,如图15-1为勘探开发全生命周期协同研究示意图。

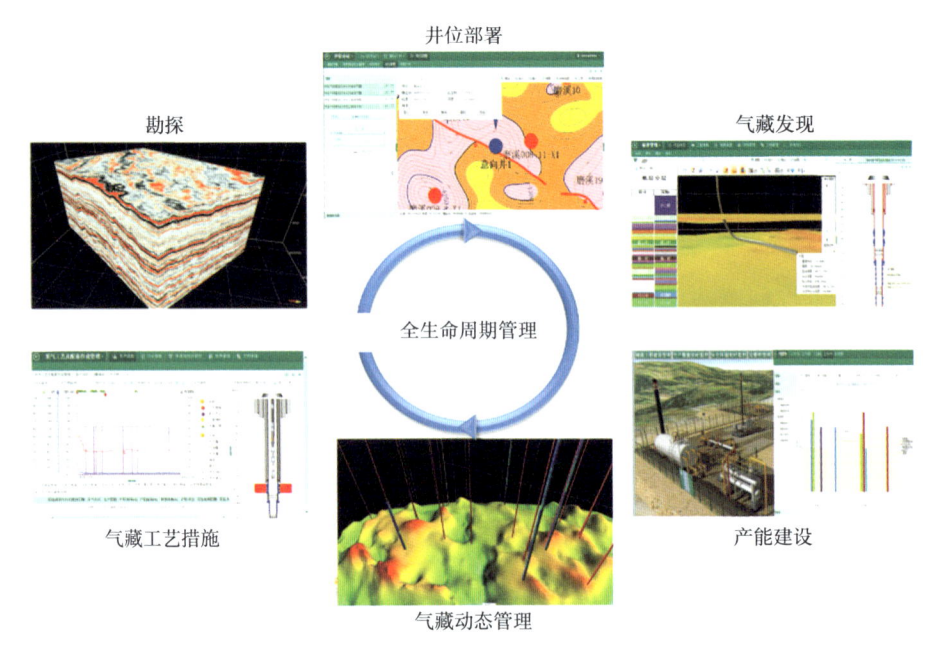

图15-1 勘探开发全生命周期协同研究示意图

二、地面工程全生命周期建管协同

通过数字化气田建设,从地面工程设计、建设,到地面运行管理,形成了一个统一的数字化支撑平台。一方面,地面工程设计基于现有地面工程及运行动态信息开展;另一方面地面工程建设基于设计方案信息进行建设管理;而后工程投产后,通过数字化移交,地面工程中所有设施设备的基础数据信息无缝接入气田地面生产运行,结合井场采集的生产数据以及地质、气藏数据快速地支撑起气田地面生产运行管理业务。如图15-2是地面工程建管一体化快速支撑生产运行管理的应用场景。

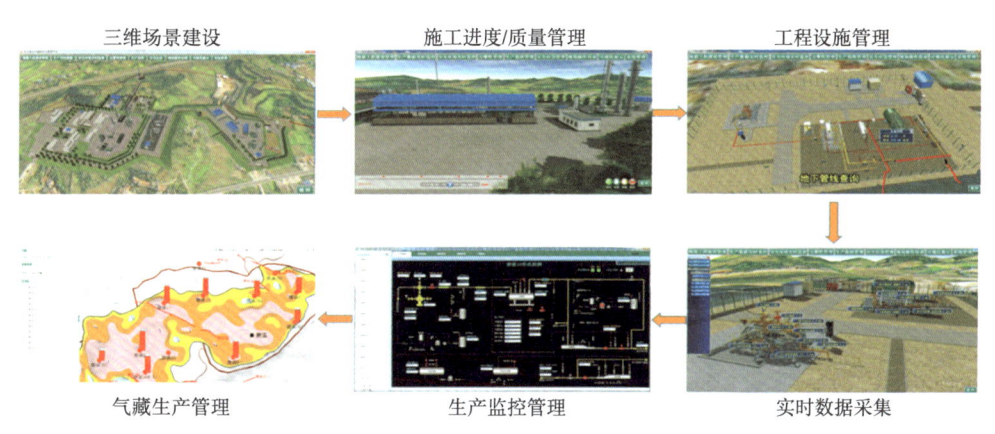

图 15-2 地面工程建管一体化支撑生产运行管理应用场景图

第三节 企业经营优化提升

在数字化气田建设和应用中,以中国石油集团公司 ERP 深化应用项目为主体,逐步形成了基于共享服务模式的人力资源管理、财务控制管理、物资采购与供应链管理、产供销一体化管理、资产全生命周期管理以及投资项目全生命周期管理等,有力推动了油气田经营管理工作的规范化、精细化和高效化。

一、物资采购与供应链优化管理

通过数字化气田建设与应用,借助于业务流程可视化技术,使得管理者对物资采购与供应链管理整个业务过程能够"看得见";内外部供应商通过物资采购平台实现流程协同,与 MDM 平台、ERP 平台、合同管理系统的集成,使业务主管部门能够"管得住";决策支持平台实现了物资采购与供应链管理的绩效及报表统计和智能分析,使得主管领导能够及时发现经营过程中存在的问题,制定相应的改进措施,对不足之处"改得了"。从而,在油气田物资采购与供应链管理领域,形成良性循环的闭环管理体系。

整个油气田以电子采购和供应链管理两个系统的深化应用为契机,实现物资和服务采购"管""采""办"的闭环管理,支撑"集中市场、集中资源、共同参与、分散操作"的物资供应运营模式,建立形成了集约化、专业化、国际化的服务型采购管理体系,有效提升了油气田物资供应管理工作的质量、效率和效益。

二、投资项目全生命周期跟踪评价

通过数字化气田建设和应用,基于全生命周期管理理念的天然气开发项目跟踪评价,在油气田企业运营管理上实现了天然气开发项目从设计、建设,到投运各阶段的持续一致的效益评估分析,能够使项目管理者全面、量化和精准地监控项目的运营情况,为油气田投资和经营决策提供了量化和精准的信息支撑。

以龙王庙天然气开发项目为例,通过数字化气田建设和应用,并在油气田生产、经营和管理部门的共同协作下,天然气开发项目经济评价在评价主体、评价范围、评价频度等几个方面都产生了变化,直接推动了油气田对天然气开发项目运营管理与决策的优化升级。在经济评价的主体上,从传统的由经济评价研究部门按整个项目进行评价,前移到由财务部门利用数字化气田整合集成的数据进行项目结算、成本管理和效益评估等经济评价工作;在经济评价的范围上,从传统模式下只对1000万以上的项目进行经济评价,转变为对所有项目全覆盖;在经济评价的频度上,从传统模式下对项目只进行三次评价,转变为利用数字化气田建设形成的信息化支撑可实时对天然气开发项目进行相关的资金分析、效益评估等评价工作,大大提升了天然气开发项目的管理能力,有力地促进了天然气开发项目内部收益率、强化了成本管控。截至2017年底,龙王庙气藏开发项目已实现项目经济评价数据完整性100%,项目结算、成本、效益评价管理覆盖率100%;其生产数据同步周期与开发井效益评价周期上升至1月/次,其评价的内部收益率达到30.29%。

第四节 管理决策快速精准

一、油气生产动态实时分析决策

通过数字化气田建设,完善了自动控制与实时数据采集,能够实时推送生产数据给生产运行管理人员并自动生成业务报表,极大缩短了人工抄录、手工填报时间。同时,实时上传汇聚的生产数据,能够有效支持气藏实时动态分析,使气藏管理人员实时了解生产趋势,分析生产影响要素,及早进行生产决策,不断优化气藏生产,如图15-3为气藏实时动态分析辅助决策工具。

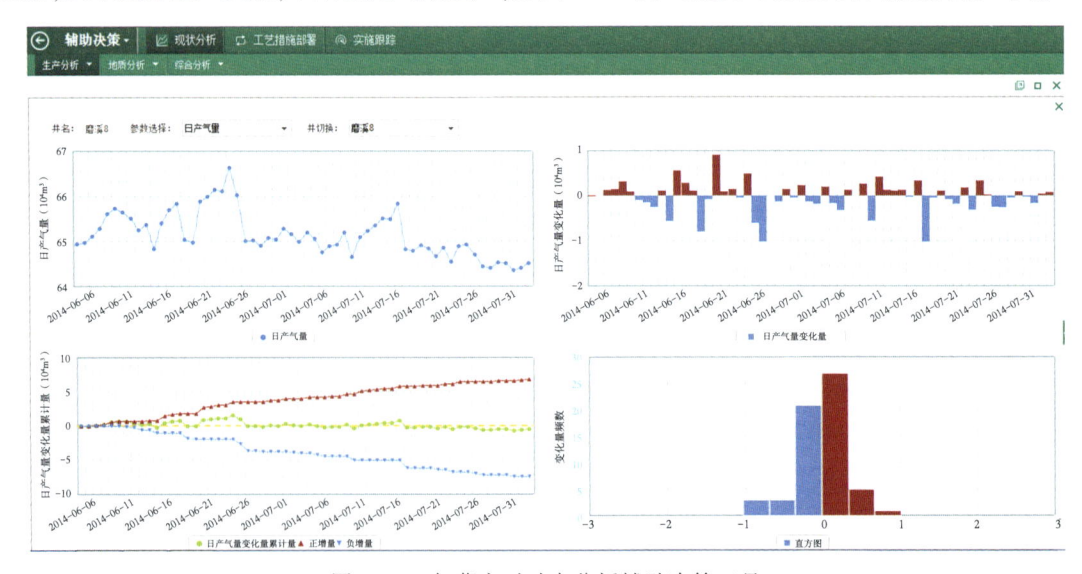

图15-3 气藏实时动态分析辅助决策工具

二、油气田管理决策快速准确

数字化气田建设与应用,在油气田管理综合决策支持方面以服务油气生产全产业链管理为价值核心,基于油气田勘探、开发、生产、集输、净化、输气到销售等各业务领域的数据资源,利用大数据、GIS、企业智能等技术,建立了面向管理决策的跨业务领域关联分析、全产业链动态管理的信息化支撑平台,形成了集油气田总况、开发规划部署、产能建设、油气生产、集输处理、油气销售、开发项目跟踪分析、生产单元安全预警等跨业务领域信息的集成和可视化展示于一体"全企业一张图"的信息化综合支撑能力(图15-4)。

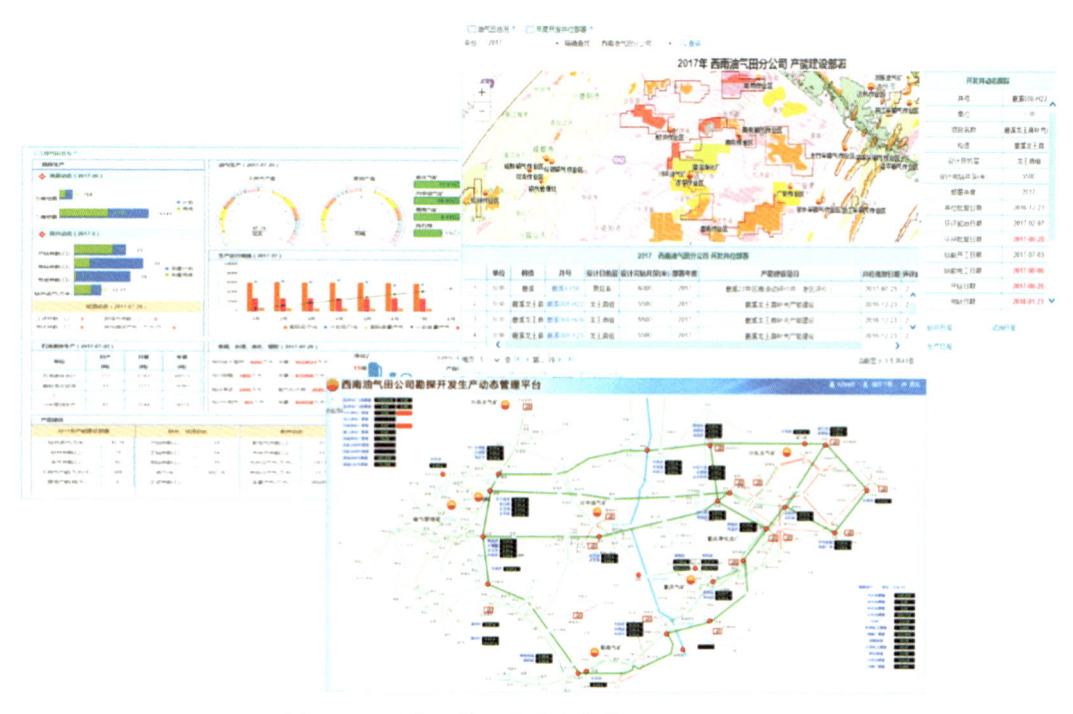

图15-4 油气田管理综合决策信息化支撑示意图

第五节 安全生产智能可控

数字化气田建设与应用,充分利用物联网"感知+控制"能力,实现了生产安全风险的快速感知、精准辨识,有效提升了油气田安全生产管控和应急指挥与处置能力。

一、突发事件智能高效处置

基于三维可视化场景,结合管道压力、温度、地形等因素,利用体积法智能分析预测管网泄露,可对管道泄漏、压降异常进行预警提醒。依托数字化气田建设与应用成果,西南油气田科学高效处置了"5·12"汶川特大地震、"4·20"芦山强烈地震、川渝地区洪水及强降雨灾害等突发事件,如图15-5管道泄漏量计算及提前预警示意图。

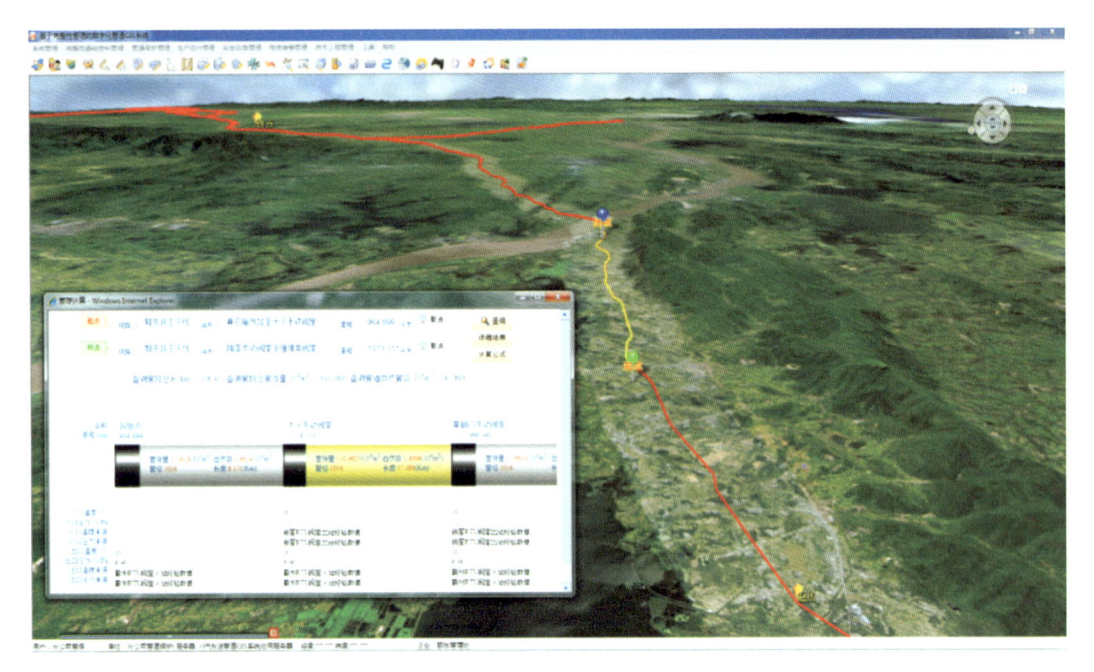

图 15-5　管道泄漏量计算及提前预警示意图

二、仿真应急演练降本增效

油气田能够基于数字化气田建设成果,以更低成本和更形象逼真的方式手段开展应急演练工作,持续提升西南油气田应急处置能力。数字化平台能够以真实模拟场景再现以及现场信息数据反馈的形式将各种类型灾害影响范围推演出来,为模拟演练提供不同的背景设置,尤其在多灾害并发联合应急处置的演练中有着无可替代的作用,成功地弥补了大型联合演练次数少、停工消耗大、难以全过程动态回溯分析的难题。据初步估算,每次单项应急预案演练需要物资消耗及停工减产损失大约20万元,每次综合应急预案演练需要医院、周边救援队伍参演费用、物资消耗费用、停工减产损失费用合计50万元。

综合数字化油气田建设和应用的多年实践和众多案例分析,西南油气田通过数字化气田建设,在油气田生产现场层面实现了生产组织的转型升级和生产运行的实时高效管控;在油气田安全生产管理层面实现了基于物联网的实时安全预警和协同应急指挥;在业务管理层面实现了业务流程化合规管理和业务管理环节的全过程协同;在经营管理层面,借助于 ERP 深化应用实现了产供销管理一体化、项目全生命周期评价、资产全生命周期管理等;在管理决策层面,实现了油气藏动态实时决策、油气田生产经营一体化决策、油气田生产应急指挥智能决策等。由此,数字化气田建设和应用,为油气田提供了较全面的一体化综合性的信息化支撑,有力带动了整个油气田的质量与效益的提升。

参 考 文 献

[1] 马新华,胡勇,何润民,等.天然气产业一体化发展模式[M].北京:石油工业出版社,2019:189-209.